Beschreibende und schließende
Statistik

Aufgaben und Beispiele

Von
Dr. Fiedrich Vogel
o. Professor für Statistik

4., vollständig überarbeitete und erweiterte Auflage

R. Oldenbourg Verlag München Wien

Die Deutsche Bibliothek – CIP-Einheitsaufnahme

Vogel, Friedrich:
Beschreibende und schließende Statistik / von Friedrich Vogel.
– München ; Wien : Oldenbourg.

Aufgaben und Beispiele. – 4., vollst. überarb. und erw. Aufl. –
1992
ISBN 3-486-22172-8

Gesamtherstellung: Rieder, Schrobenhausen

ISBN 3-486-22172-8

Inhaltsverzeichnis

Vorwort zur ersten Auflage VII

Vorwort zur zweiten Auflage VIII

Vorwort zur dritten Auflage IX

Vorwort zur vierten Auflage X

1. Beschreibende Statistik 1

1.1 Aufgaben 1
1.2 Lösungen 50

2. Schließende Statistik 169

2.1 Aufgaben 169
2.2 Lösungen 221

3. Überprüfen Sie Ihre Statistik-Kenntnisse 365

3.1 Vorbemerkung 365
3.2 Aussagen zur beschreibenden Statistik 365
3.3 Lösungen 380
3.4 Aussagen zur schließenden Statistik 381
3.5 Lösungen 395

Vorwort zur ersten Auflage

Diese Sammlung von Aufgaben und Beispielen zur beschreibenden und schließenden Statistik ist aus Vorlesungen und Übungen zur statistischen Grundausbildung, vor allem für Wirtschafts- und Sozialwissenschaftler, hervorgegangen. Sie ergänzt meine "Formelsammlung" (Beschreibende und schließende Statistik - Formeln, Definitionen, Erläuterungen, Stichwörter und Tabellen, R. Oldenbourg Verlag, München - Wien) und ist daher im Aufbau, in der Symbolik und in der Darstellungsweise eng an diese angelehnt. Aufgaben oder zumindest Beispiele finden sich zu jedem Kapitel der Formelsammlung.

Die Aufgabensammlung soll es dem Studierenden und dem Praktiker ermöglichen, sich häufig verwendete statistische Methoden zu erarbeiten und eine gewisse Vertrautheit bei ihrem Einsatz zu gewinnen und ihre Voraussetzungen, Grenzen und Interpretationsmöglichkeiten verstehen zu lernen. Sie soll dazu beitragen, typische Fehler, aber auch Mißverständnisse sowie Fehlinterpretationen bei der Anwendung statistischer Verfahren in der Praxis und in der empirischen Forschung zu vermeiden und statistische Methoden sachgerecht anzuwenden.

Die Aufgaben und Beispiele stammen überwiegend aus dem Bereich der Wirtschafts- und Sozialwissenschaften und sind von unterschiedlichem Schwierigkeitsgrad. Ein Teil der Aufgaben entspricht etwa denen, die üblicherweise in Diplom-Vorprüfungsklausuren gestellt werden. Ergänzend zu den Aufgaben und Beispielen wurden noch je 140 Aussagen zur beschreibenden und schließenden Statistik in die Sammlung aufgenommen. Sie sind mit "richtig" oder "falsch" zu kennzeichnen und ermöglichen eine Überprüfung der erworbenen Kenntnisse.

Erfahrungsgemäß ist bei realitätsnahen Aufgaben der Rechenaufwand erheblich. Um diesen und den Umfang der Sammlung in Grenzen zu halten, wurden sowohl einige weniger realitätsnahe als auch theoretisch-formale Aufgaben beziehungsweise Beispiele eingefügt.

Besonderer Wert wurde auf die gute Verständlichkeit der Lösungen gelegt, die daher ausführlich und gelegentlich auch recht umfangreich sind. Die einzelnen Lösungsschritte werden erklärt und die Lösungen durch zahlreiche Abbildungen ergänzt. Spezielle mathematische Kenntnisse werden nicht vorausgesetzt; die zur Lösung der Aufgaben benötigten Tabellen finden sich in der Formelsammlung.

Aufgabensammlung und Formelsammlung können als Begleittexte für ein zweisemestriges Grundstudium in Statistik verwendet werden und ein zeitraubendes Mitschreiben von Aufgaben, Lösungen und Formeln ersparen. Wegen der Ausführlichkeit der Lösungen sind die Sammlungen, wenn sie auch ein Lehrbuch nicht ersetzen sollen, auch für ein Selbststudium geeignet.

Meinen Mitarbeitern, Herrn Dr. Reinhard Dobbener und Herrn Dr. Werner Grünewald, gilt mein besonderer Dank für ihre überaus tatkräftige Unterstützung, vor allem bei der Ausarbeitung der Lösungen. Herzlich danke ich auch Frau Sieglinde Wachter, die mit großer Sorgfalt, Geduld und Ausdauer für eine fristgerechte Fertigstellung des schwierigen Typoskripts sorgte, Herrn Bernd Knorr, der mit großer Sachkenntnis die Plots erstellte und nicht zuletzt Herrn Dipl.-Vw. Martin Weigert, R. Oldenbourg Verlag, für die gute Zusammenarbeit.

Für Anregungen und kritische Hinweise bin ich stets dankbar.

Friedrich Vogel

Vorwort zur zweiten Auflage

Gegenüber der ersten Auflage, die bereits nach drei Semestern vergriffen war, wurden einige Aufgaben und Lösungen exakter formuliert, Druck- und Rechenfehler korrigiert sowie kleinere Ungenauigkeiten beseitigt. Außerdem wurde die Sammlung um ein drittes Kapitel "Klausuraufgaben und Ergänzungen" erweitert.

Viele Studierende haben Verbesserungsvorschläge gemacht. Ihnen sei dafür herzlich gedankt. Mein besonderer Dank gilt meinen Mitarbeitern, Herrn Dr. Werner Grünewald und Herrn Dipl.-Kfm. Christoph Braun, für viele wertvolle Anregungen und Frau Sieglinde Wachter für einige meisterhafte Collagen.

Friedrich Vogel

Vorwort zur dritten Auflage

Für die dritte Auflage wurden alle Aufgaben und Lösungen überarbeitet, Druck- und Rechenfehler korrigiert sowie Unklarheiten in Aufgabenstellungen und Lösungen beseitigt. Einige Aufgaben und Lösungen wurden entfernt, um Platz für notwendige Erweiterungen zu schaffen. Aufgaben, die sich als Klausuraufgaben weniger eignen sowie vertiefende und ergänzende Aufgaben und Beispiele wurden mit einem * versehen. Die "Klausuraufgaben und Ergänzungen" des dritten Kapitels der zweiten Auflage wurden meiner "Formelsammlung" (Beschreibende und schließende Statistik - Formeln, Definitionen, Erläuterungen, Stichwörter und Tabellen, R. Oldenbourg Verlag, München - Wien) entsprechend eingegliedert. Schließlich wurden die Lösungen der etwas geänderten Symbolik der Formelsammlung (4. Auflage) angepaßt.

Die dritte Auflage wurde mit dem Textverarbeitungsprogramm ChiWriter geschrieben und mit einem KYOCERA LASER-Drucker gedruckt, daher konnte der Umfang dieser Sammlung - trotz einiger Erweiterungen - in den gesetzten Grenzen gehalten werden.

Für die zur zweiten Auflage eingegangen Hinweise und Anregungen danke ich sehr; sie wurden, soweit möglich, bei der Überarbeitung berücksichtigt. Für ausdauernde Hilfe und konstruktive Kritik danke ich meinen Mitarbeitern, Herrn Dipl.-Kfm. Ch. Braun, Herrn Dr. W. Grünewald und Frau Dipl.-Kfm. S. Kohaut sehr herzlich.

Mein besonderer Dank gilt Frau S. Wachter, die wiederum mit großem Einsatz für eine termingerechte Fertigstellung des schwierigen Typoskripts sorgte.

Herrn Dipl.-Vw. Martin Weigert, Lektoratsleiter beim Oldenbourg Verlag, danke ich für die stets gute Zusammenarbeit.

Friedrich Vogel

Vorwort zur vierten Auflage

Die vierte Auflage unterscheidet sich von ihrer Vorgängerin durch noch weniger Druck- und Rechenfehler und Unklarheiten in Aufgaben und Lösungen, vor allem aber durch eine ganze Reihe neuer Aufgaben und Lösungen zur beschreibenden und schließenden Statistik. Einige Aufgaben und Lösungen dienen der Vertiefung und Abrundung bestimmter Gebiete, die bei Klausuren häufig wenig ergiebig waren, einige ergänzende Aufgaben und Lösungen, wie z.B. die zu den "Kaufkraftparitäten" und die zu den "Tests und Konfidenzintervallen für die Differenz zweier Anteilswerte" sind bedingt durch Anpassungen an die neue Auflage meiner "Formelsammlung" (Beschreibende und schließende Statistik, Formeln, Definitionen, Erläuterungen, Stichwörter und Tabellen, 6. Auflage, R. Oldenbourg Verlag, München - Wien 1991).

Die Aussagen und Lösungen zur beschreibenden und schließenden Statistik wurden überarbeitet und ergänzt und zu einem Kapitel "Überprüfen Sie Ihre Statistik-Kenntnisse" zusammengefaßt.

Auch wegen abschreckender Beispiele von Fehlanwendungen statistischer Methoden und/oder Fehlinterpretationen von erzielten Ergebnissen in der sozial- und wirtschaftswissenschaftlichen Literatur wurde bei der Überarbeitung wiederum besonderer Wert darauf gelegt, die Voraussetzungen und Grenzen der eingesetzten Methoden zu erläutern und zu erklären, wie statistische Ergebnisse zu interpretieren sind.

Meinen Mitarbeitern, Herrn Dr. Werner Grünewald und Herrn Dipl.-Kfm. Torben Wiede, danke ich für Ihre stets tatkräftige Unterstützung beim Entwurf und der Korrektur von Aufgaben und Lösungen, Frau Sieglinde Wachter für die zügige Erstellung der Druckvorlage und den Lesern für Ihre konstruktive Kritik. Für die langjährige gute Zusammenarbeit danke ich Herrn Dipl.-Vw. Martin Weigert, Lektoratsleiter beim Oldenbourg Verlag.

Friedrich Vogel

1. Beschreibende Statistik

1.1 Aufgaben

Aufgabe 1

In der amtlichen Statistik der Bundesrepublik Deutschland gibt es zwei Erhebungsverfahren, um Aufschluß über die Bevölkerung der Bundesrepublik zu gewinnen: die Volkszählung und den Mikrozensus. Allerdings bestehen zwischen beiden Verfahren erhebliche Unterschiede. Bei der Volkszählung werden die Mitglieder aller Haushalte der Bundesrepublik Deutschland erfaßt. Da diese Erhebung großen organisatorischen und finanziellen Aufwand erfordert, können Volkszählungen nur im Abstand mehrerer Jahre durchgeführt werden. Um auch zwischen zwei Volkszählungen Informationen über die Bevölkerung zu erhalten, werden zusätzlich Mikrozensuserhebungen durchgeführt. Im Gegensatz zur Volkszählung werden beim Mikrozensus nur 1% der Wohnbevölkerung, d.h. ca. 280.000 Haushalte befragt. Der Fragenkatalog des Mikrozensus ist sehr umfangreich: er reicht von Fragen nach der Haushaltsgröße und dem Haushaltseinkommen bis zu Fragen nach Alter, Geschlecht, Beruf, Art der Krankenkasse und Familienstand einzelner Haushaltsmitglieder. Es fehlen hingegen (wie übrigens auch bei der Volkszählung) Fragen nach Geburten und Sterbefällen.

a) Erläutern Sie am Beispiel der Volkszählung (VZ) und des Mikrozensus (MZ) die Begriffe:
Merkmalsträger (statistische Einheit), Gesamtheit, Umfang der Gesamtheit, Merkmal, Merkmalsausprägungen, Erhebungsmerkmal, Vollerhebung, Teilerhebung, Primär-/Sekundärstatistik.

b) Ordnen Sie die erwähnten Merkmale nach ihrem Merkmalstyp!
Kennzeichnen Sie: binäre, häufbare, diskrete, stetige Merkmale!

c) Warum fehlen sowohl bei der Volkszählung als auch beim Mikrozensus Fragen zu Geburten und Sterbefällen?

Aufgabe 2

Anzahl der landwirtschaftlichen Betriebe (eines bestimmten Landes zu einem bestimmten Zeitpunkt) nach der landwirtschaftlich genutzten Fläche.

Fläche von ... bis unter ... ha	Anzahl der Betriebe
1 - 2	100620
2 - 5	150300
5 - 10	144400
10 - 20	176370
20 - 50	176450
50 - 100	27790
100 und mehr	4560

a) Bestimmen Sie aus diesen Angaben die approximierende Verteilungsfunktion, den Median und das arithmetische Mittel!

b) Wieviel Prozent der landwirtschaftlichen Betriebe haben eine landwirtschaftlich genutzte Fläche

- von höchstens 20 ha,
- von mehr als 50 ha,
- zwischen 20 ha und 75 ha?

Aufgabe 3

In einem Betrieb wurden der laufenden Produktion 25 fertiggestellte Wellen entnommen. Die Messung ihrer Länge (in mm) brachte folgendes Ergebnis.

ν	x_ν	ν	x_ν	ν	x_ν	ν	x_ν	ν	x_ν
1	29,9	6	30,2	11	30,0	16	30,4	21	30,0
2	29,7	7	30,0	12	30,1	17	29,7	22	29,9
3	30,2	8	30,1	13	29,9	18	30,5	23	29,8
4	29,8	9	30,2	14	29,6	19	29,8	24	30,1
5	30,3	10	30,0	15	30,3	20	29,9	25	30,0

a) Stellen Sie die Häufigkeitsverteilung und die empirische Verteilungsfunktion graphisch dar!

b) Teilen Sie die Beobachtungswerte in linksoffene Klassen mit $\Delta(x_i) = \text{const.} = 0,1$ mm ein und stellen Sie das Ergebnis in Form eines Histogramms und einer approximierenden Verteilungsfunktion graphisch dar! Begründen Sie die Wahl von $\tilde{x}_o$!

c) Ermitteln Sie mit Hilfe der approximierenden Verteilungsfunktion (vgl. b)) einen Bereich, in dem sich 80% der Beobachtungswerte befinden!

d) Teilen Sie die Beobachtungswerte wie folgt in linksoffene Klassen ein:
$\tilde{x}_o = 29,55$, $\Delta(x_1) = \Delta(x_6) = 0,1$ mm, $\Delta(x_2) = \Delta(x_3) = \Delta(x_4) = \Delta(x_5) = 0,2$ mm!
Zeichnen Sie das zugehörige Histogramm!

Aufgabe 4

Anzahl der Privathaushalte eines Landes in einem bestimmten Monat mit einem monatlichen Haushaltseinkommen von ... bis unter ... DM (in 1000).

Einkommensklasse	Anzahl der Haushalte
unter 1200	4479
1200 - 1800	5194
1800 - 2500	5605
2500 - 3000	2752
3000 - 4000	3429
4000 - 5000	1356
5000 und mehr	1079

a) Bestimmen Sie die approximierende Verteilungsfunktion!

b) Stellen Sie die Häufigkeitsverteilung in Form eines Histogramms und einer approximierenden Verteilungsfunktion graphisch dar!

c) Bestimmen Sie rechnerisch und graphisch, wie groß der Anteil der Haushalte ist, der über ein monatliches Nettoeinkommen

- von weniger als 1500,-- DM,
- mehr als 3800,-- DM,
- mehr als 1700,-- DM, aber weniger als 2900,-- DM

verfügt!

Welche Annahme müssen Sie treffen?

Aufgabe 5

Der Import von Unsitten aus dem Ausland läßt nicht nach. Mit der Liberalisierung des Sargangebotes begann für das deutsche Bestattungsgewerbe der Kampf ums Überleben. Nicht nur bei der Nachfrage nach Särgen und Urnen befürchtet man "ausländische Zustände".

Um tiefere Einblicke in das Nachfrageverhalten beim Kauf von Särgen und Urnen zu bekommen, stellt ein Marktforschungsinstitut die folgende Tabelle zusammen.

Nachfrage nach Särgen und Urnen in einem bestimmten Zeitraum (in % der Gesamtnachfrage)

Nachfrage	Inland	Ausland
Särge im Selbstbausatz	1	10
Leihsärge	0	6
Cash- und carry Särge	5	25
Tischlersärge	75	20
Urnen	19	39

a) Bestimmen Sie Merkmalsträger, Merkmal und Merkmalstyp!

b) Charakterisieren und vergleichen Sie die beiden Häufigkeitsverteilungen hinsichtlich der zentralen Tendenz und der Streuung! Welche inhaltlichen Aussagen können aus dem Vergleich abgeleitet werden?

Aufgabe 6

Bei Straßenverkehrsunfällen mit Personenschaden werden die folgenden Unfalltypen unterschieden: Fahrunfall (A_1), Abbiege-Unfall (A_2), Einbiegen-/Kreuzen-Unfall (A_3), Überschreiten-Unfall (A_4), Unfall durch ruhenden Verkehr (A_5), Unfall im Längsverkehr (A_6) und Sonstiger Unfall (A_7).

In einem westeuropäischen Land ereigneten sich in einem bestimmten Jahr insgesamt 374107 Unfälle mit Personenschaden; sie verteilten sich wie folgt auf die genannten Unfalltypen.

Unfalltyp	Anzahl der Unfälle
A_1	75769
A_2	54584
A_3	83569
A_4	39168
A_5	12561
A_6	65961
A_7	42495

a) Stellen Sie die Häufigkeitsverteilung graphisch dar!

b) Bestimmen Sie den Modus der Verteilung!

c) Berechnen Sie geeignete Streuungs-/Konzentrationsmaße!

Aufgabe 7

Bei den Bundestagswahlen 1980 und 1983 erzielten die Parteien die folgenden Ergebnisse:

	1980	1983
SPD	42,9%	38,2%
CDU/CSU	44,5%	48,8%
FDP	10,6%	7,0%
Grüne	1,5%	5,6%
Sonstige	0,5%	0,4%

a) Läßt sich aus diesen Daten schließen, daß die (Stimmen-)Konzentration von 1980 auf 1983 zu-/abgenommen hat?

b) Wie ändert sich das Ergebnis, wenn die Stimmenanteile der "Grünen" und der "Sonstigen" zusammengefaßt werden? Hat sich durch diese Zusammenfassung die Konzentration im Vergleich zu Teilaufgabe a) verändert?

Aufgabe 8

An einer Diplom-Vorprüfung im Fach Statistik nahmen 80 Studierende teil. Von den Teilnehmern haben 8 nicht bestanden (Note 5), 22 haben die Note 4, 28 die Note 3, 20 die Note 2 und zwei die Note 1 erzielt.

a) Stellen sie die Häufigkeitsverteilung und die kumulierten Häufigkeiten graphisch dar!

b) Bestimmen Sie für diese Notenverteilung ein Maß der zentralen Tendenz sowie ein geeignetes Streuungsmaß und interpretieren Sie die Ergebnisse.

Aufgabe 9

Holzaufwurf (Kiefer) zweier Forstämter in m^3 nach Güteklassen (SS beste, H schlechteste Qualität)

Güteklasse	Forstamt A	Forstamt B
SS	30	160
TS	0	20
B	10	20
C	50	0
H	10	0

a) Bestimmen Sie Merkmalsträger, Merkmal und Merkmalstyp!

b) Charakterisieren und vergleichen Sie die beiden Häufigkeitsverteilungen, indem Sie

- geeignete Maße der zentralen Tendenz und der Streuung berechnen
- und die kumulierten Häufigkeitsverteilungen bestimmen!

Aufgabe 10

Zwei Gruppen von Studierenden der Studiengänge "Betriebswirtschaftslehre" und "Germanistik" (kein Doppelstudium!) wurden über ihre Einstellung zur "modernen Lyrik" befragt. Sie konnten ihre Einstellung mit den Skalenwerten 1 (sehr positiv) bis 5 (sehr ablehnend) bewerten.

Die Befragung lieferte die beiden folgenden Verteilungen.

Skalenwert	Anzahl der Studierenden der BWL	der Germanistik
1	1	28
2	2	19
3	10	20
4	10	5
5	18	2

Vergleichen Sie diese beiden Verteilungen mit Hilfe geeigneter Maße/ Verfahren!

Aufgabe 11

Nach einem Bericht des Bayerischen Innenministeriums wird auf den bayerischen Autobahnen immer schneller gefahren. Aufgrund einer umfangreichen Erhebung (bei der nur PKW erfaßt wurden) wurde festgestellt, daß in einem bestimmten Jahr nur 25,3% der Autofahrer bis zu 100 km/h fuhren, zwischen 100 und 130 km/h fuhren 49,2%, zwischen 130 und 150 km/h fuhren 19,3% und über 150 km/h fuhren 6,2%.

Nach den Vorstellungen bestimmter Gruppen soll die Höchstgeschwindigkeit auf Autobahnen auf 110 km/h begrenzt werden. Wieviel Prozent der Autofahrer wären von einer solchen Regelung betroffen?

* Aufgabe 12

Im Bereich der OR-unterstützten Unternehmensplanung sind in vielen Fällen nicht von vornherein alle Kostenaspekte der möglichen Alternativen exakt oder vollständig zu berücksichtigen, da häufig schon recht grobe, dafür aber einfach zu handhabende Modelle hinreichend genaue Hinweise auf einige wenige Planungsalternativen liefern, die ernsthafte Realisierungschancen besitzen. So ist es beispielsweise üblich, bei der Standortplanung von zentralen Lägern, von denen aus eine gewisse Anzahl von Verkaufsstellen beliefert werden sollen, anzunehmen, daß die Transportkosten zwischen Zentrallager und Verkaufsstelle je Gütereinheit dem quadrierten euklidischen Abstand der beiden Standorte proportional ist.

Die folgende Tabelle enthält die Standortangaben (rechtwinklige Rasterkoordinaten) von 5 Verkaufsstellen.

Nr. der Verkaufsstelle	x_i	y_i
1	2	2
2	13	5
3	5	10
4	12	17
5	10	15

a) Geben Sie die Koordinaten des optimalen Standortes des Zentrallagers an, wenn die nachgefragte Menge an allen Verkaufsstellen gleich groß ist und unterstellt wird, daß die Transportkosten dem quadrierten euklidischen Abstand proportional sind!

b) Wie ändert sich das Ergebnis zu a), wenn sich die an den Verkaufsstellen 1, 2, 3, 4 und 5 nachgefragten Mengen wie 2 : 3 : 1 : 6 : 15 verhalten?

* Aufgabe 13

Bei der Festlegung des Standortes für eine Feuerwehrwache in einem neu angelegten Stadtteil einer deutschen Kleinstadt erscheint es dem zuständigen Planungsamt wesentlich, daß die folgenden Einrichtungen im Mittel möglichst schnell zu erreichen sind:

(1) Krankenhaus
(2) Möbelfabrik
(3) Altersheim
(4) Hochhaus
(5) Schule .

Die nachfolgende Skizze zeigt einen Ausschnitt aus dem örtlichen Stadtplan mit den Standorten der fünf besonders schutzwürdigen Einrichtungen (die der Einfachheit halber jeweils an Kreuzungen liegen).

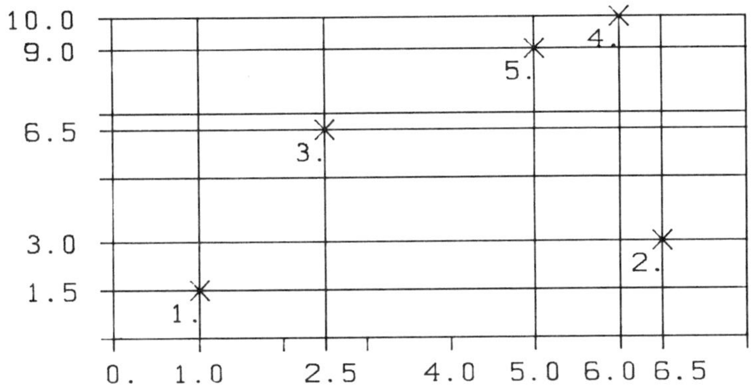

a) Geben Sie die Lage (Koordinaten) der fünf Schutzobjekte in einem geeigneten Koordinatensystem an!

b) Die "Straßen-Entfernung" zwischen zwei Kreuzungen ist mit Hilfe ihrer Koordinaten auszudrücken!
Beachten Sie dabei die Besonderheiten des angegebenen Straßennetzes!

c) Geben Sie die Koordinaten des Standorts für die Feuerwehrwache an! Gehen Sie davon aus, daß die Fahrzeit zwischen zwei Punkten der zurückgelegten Entfernung proportional ist!

d) Wie groß ist die mittlere Entfernung von der Feuerwehrwache zu den fünf Schutzobjekten?

e) Wie ändert sich das Ergebnis von Teilaufgabe c), wenn bekannt ist, daß man in west-östlicher Richtung schneller fahren kann als in nord-südlicher Richtung?

Aufgabe 14

Aus der Personalkartei eines Unternehmens wurde von 20 Arbeitnehmern die Betriebszugehörigkeit in (vollendeten) Jahren festgestellt.

Betriebszugehörigkeit in Jahren	Anzahl der Arbeitnehmer
1	2
2	3
3	1
7	3
9	1
11	1
15	1
18	1
21	1
25	1
29	1
30	2
33	1
47	1

Berechnen Sie aus diesen Angaben

a) das arithmetische Mittel und den Median,

b) die Standardabweichung und die durchschnittliche Abweichung vom Median

und interpretieren Sie die Ergebnisse!

Aufgabe 15

Bei einem Zehnkampf-Wettbewerb der Herren werden im Hochsprung und im 100m-Lauf von fünf Teilnehmern folgende Leistungen erzielt:

Teilnehmer	Hochsprung in m	100m in sec.
1	2,06	10,83
2	1,97	11,01
3	1,91	11,18
4	2,00	10,65
5	2,16	10,78

Welcher Teilnehmer erzielte in Bezug auf diese beiden Disziplinen die beste Gesamtleistung?

Aufgabe 16

Aus den fünf Abteilungen eines H.+H.-Marktes werden der Betriebsleitung die folgenden monatlichen Umsätze gemeldet.

Abteilung	Umsatz	Umsatz je m^2 Verkaufsfläche
A	285600,-- DM	700,-- DM/m^2
B	273700,-- DM	1100,-- DM/m^2
C	345100,-- DM	4200,-- DM/m^2
D	154700,-- DM	1500,-- DM/m^2
E	130900,-- DM	900,-- DM/m^2

Berechnen Sie den durchschnittlichen Umsatz je m^2 Verkaufsfläche!

Aufgabe 17

Im Juni 1991 trafen sich 1500 Manta-Fahrer beim "Internationalen Manta-Treffen" im Spessart. Bei den Gesprächen rund ums Auto ging es nicht nur um das Tieferlegen, die Stoßdämpfer und Spoiler, sondern auch um den Benzinverbrauch der Fahrzeuge.

Manni I bis V machten dazu folgende Angaben:

Manta von Manni	Verbrauch je 100 km	Jahresverbrauch je Manta
I	12,8 l	23040 l
II	13,4 l	16080 l
III	15,6 l	12480 l
IV	14,0 l	21000 l
V	20,2 l	22220 l

Aus diesen Angaben berechnete Manni III den Durchschnittsverbrauch der fünf Mantas wie folgt:

$$\bar{x} = \frac{1}{5}(12{,}8 + 13{,}4 + 15{,}6 + 14{,}0 + 20{,}2) = 15{,}2 \ (l/100 \text{ km}).$$

a) Wieviel l/100 km haben die fünf Mantas tatsächlich im Durchschnitt verbraucht?

b) Unter welcher Bedingung wäre die Berechnung von Manni III richtig?

Aufgabe 18

Berechnen Sie aus den folgenden Angaben die durchschnittliche Bevölkerungsdichte der ABC-Länder zu einem bestimmten Zeitpunkt und zwar

a) als Beziehungszahl,

b) als arithmetisches Mittel,

c) als harmonisches Mittel!

Land	Fläche in 1000 km^2	Bevölkerung in 1000	Einwohner je km^2
A	31	9860	318
B	3	363	121
C	41	14140	345

* Aufgabe 19

a) Für welche reelle Zahl a ist $\sum_{\nu=1}^{n} (x_\nu - a) = 0$?

b) Für welche reelle Zahl b nimmt $f(b) = \frac{1}{n} \sum_{\nu=1}^{n} (x_\nu - b)^2$ das Minimum an?

Aufgabe 20

Ein Autofahrer fährt von B nach N. Auf dem Hinweg (rush-hour!) fährt er 7,2 km je Liter Benzin, auf dem Rückweg fährt er 12,0 km je Liter Benzin.

Wieviel km fährt er im Durchschnitt je Liter Benzin?

Aufgabe 21

Ein Handelsunternehmen hat die Bundesrepublik in vier Vertreterbezirke (Nord, Süd, Ost, West) eingeteilt. Von den Bezirksleitern werden die

Anzahl der eingesetzten Vertreter und die durchschnittlichen (jährlichen) Vertreterprovisionen wie folgt angegeben.

Bezirk	Anzahl der Vertreter	durchschnittliche Vertreterprovision in DM
Nord	15	68300,-- DM
Süd	38	70900,-- DM
Ost	22	61500,-- DM
West	45	86100,-- DM

Berechnen Sie die durchschnittliche Vertreterprovision für das Handelsunternehmen und die Summe der Vertreterprovisionen!

Angenommen, es würde (aus diesen Daten) die Varianz der durchschnittlichen Vertreterprovisionen berechnet; wie wäre diese zu erklären?

Aufgabe 22

Veranschaulichen Sie mit Hilfe der empirischen Verteilungsfunktion, daß der Median - wie auch die Quantile - nicht immer eindeutig bestimmbar ist!

Aufgabe 23

An einer Wiederholungsklausur in Statistik haben 24 Studierende teilgenommen. Die erzielten Punkte - maximal 100 - enthält die folgende Tabelle.

ν	u_ν	ν	u_ν	ν	u_ν	ν	u_ν
1	45	7	57	13	12	19	79
2	63	8	94	14	33	20	9
3	67	9	85	15	84	21	84
4	24	10	5	16	59	22	29
5	38	11	66	17	17	23	90
6	51	12	75	18	81	24	83

Werten Sie diese Informationen statistisch aus, indem Sie

- die Häufigkeitsverteilung und die kumulierten Häufigkeiten bestimmen,
- die Quartile, ein Lagemaß und - falls erforderlich - ein geeignetes Streuungsmaß berechnen!

Welche dieser Ergebnisse lassen sich sinnvoll interpretieren?

Aufgabe 24

Von einer Häufigkeitsverteilung seien nur $\bar{x} = 81$ und $s^2 = 16$ bekannt. Lassen sich aus diesen Angaben weitere Informationen über die Häufigkeitsverteilung ableiten? Wenn ja, welche?

Aufgabe 25

Ein Unternehmen der Investitionsgüterindustrie hat in einem bestimmten Jahr für die (männlichen) Arbeiter und Angestellten ein durchschnittliches Bruttojahresgehalt in Höhe von 38502,40 DM bezahlt. Das durchschnittliche Bruttojahresgehalt der Arbeiter betrug DM 32720,-- und das der Angestellten 50790,-- DM. Wieviel Prozent der (männlichen) Arbeitnehmer waren Angestellte?

Aufgabe 26

In einem Entwicklungsland wird an einem bestimmten Stichtag eine Volkszählung durchgeführt. Die folgende Tabelle enthält die Altersverteilung der Bevölkerung an diesem Tag.

Alter von .. bis unter ... Jahre	Anteil der Bevölkerung im Alter von ... bis unter ... Jahre
0 - 15	44,6%
15 - 30	25,7%
30 - 45	14,2%
45 - 65	10,8%
65 und älter	4,7%

a) Bestimmen Sie - approximativ - das Durchschnittsalter der Personen dieser Bevölkerung am Erhebungsstichtag durch Berechnung des arithmetischen Mittels und des Medians. Welche der beiden Maßzahlen ist besser geeignet, das mittlere Alter der Bevölkerung anzugeben?

b) Die Regierung dieses Landes will aufgrund der Volkszählungsergebnisse das Rentenalter neu festlegen. Nach den vorliegenden Plänen sollen die 10% ältesten Personen der Bevölkerung in den sofortigen Genuß der Rente kommen. Wie ist (approximativ) die Altersgrenze für den Bezug einer Rente festzulegen?

* Aufgabe 27

Gegeben seien zwei Häufigkeitsverteilungen 1 und 2 eines Merkmals X mit $n_1 = 60$ bzw. $n_2 = 40$ Merkmalsträgern. Es sei $\bar{x}_1 = \bar{x}_2 = 70$, $s_1^2 = 188$ und $s_2^2 = 160$. Beide Häufigkeitsverteilungen werden zusammengefaßt.

a) Es ist die Standardabweichung der zusammengefaßten Häufigkeitsverteilung zu bestimmen!

b) Was ergäbe sich, wenn $\bar{x}_1 = 70$ und $\bar{x}_2 = 50$ wäre?

Aufgabe 28

Bei der Prüfung der Tragkraft von Plastik-Tragetaschen der Sorten A und B ergaben sich folgende Häufigkeitsverteilungen.

Tragkraft von ... bis unter ... kg	Anzahl der Tragetaschen Sorte A	Sorte B
unter 6,4	16	6
6,4 - 7,4	16	4
7,4 - 8,4	30	14
8,4 - 9,4	84	35
9,4 - 10,4	136	67
10,4 - 11,4	98	48
11,4 - 12,4	50	22
12,4 - 13,4	36	20
13,4 - 14,4	24	0
14,4 und mehr	10	4

Charakterisieren und vergleichen Sie die beiden Verteilungen mit Hilfe geeigneter Maße/Verfahren!

Aufgabe 29

Versorgungsempfänger im Öffentlichen Dienst nach Laufbahngruppen

Laufbahngruppe	Anzahl der Versorgungsempfänger 1.2.1983	1.2.1977
Einfacher Dienst(E)	181.168	207.095
Mittlerer Dienst (M)	391.083	382.420
Gehobener Dienst (G)	275.277	263.540
Höherer Dienst (H)	149.988	138.060

Beurteilen Sie die zeitliche Entwicklung, indem Sie

- die relativen und kumulierten relativen Häufigkeiten bestimmen,
- zeitliche Meßzahlen für die einzelnen Laufbahngruppen und für den öffentlichen Dienst insgesamt berechnen und die Ergebnisse interpretieren!

* Aufgabe 30

Die folgenden Häufigkeitsverteilungen eines klassierten metrischen Merkmals sind durch geeignete Maßzahlen zu charakterisieren!

Klassen	$n_i^{(1)}$	$n_i^{(2)}$	$n_i^{(3)}$
130 b.u. 150	2	0	2
150 b.u. 170	10	12	12
170 b.u. 190	42	52	50
190 b.u. 210	92	72	58
210 b.u. 230	42	52	76
230 b.u. 250	10	12	2
250 b.u. 270	2	0	0

Kommentieren Sie die Ergebnisse!

Stellen Sie die Verteilungen graphisch dar!

Aufgabe 31

In der folgenden Tabelle sind die Längen der fünf Etappen einer Fahrradrundfahrt in Spanien und die jeweilige Durchschnittsgeschwindigkeit des Siegers des gesamten Rennens aufgeführt.

Etappe i	Länge der i-ten Etappe in km	Durchschnittsgeschwindigkeit des Siegers in km/h auf der i-ten Etappe
1	135	23
2	325	38
3	70	27
4	175	26
5	295	34

a) Stellen Sie die empirische Verteilungsfunktion der Etappenlänge graphisch dar!

b) Berechnen Sie für die Etappenlänge jeweils ein geeignetes Lage- und Streuungsmaß!

c) Mit welcher Durchschnittsgeschwindigkeit fuhr der Sieger während des gesamten Rennens?

Aufgabe 32

Gegeben sind die durchschnittlichen Heizölpreise und die Varianzen (bei Abnahme von 8000 bis 10000 l) ohne Mehrwertsteuer in einer bestimmten Woche für den Raum Köln, Paris und London.

Raum	Durchschnittspreis	Varianz
Köln	65,45 (DM/100 l)	0,30 $(DM/100\ l)^2$
Paris	228,95 (FF/100 l)	7,53 $(FF/100\ l)^2$
London	15,6 (£/100 l)	0,012 $(£100\ l)^2$

Wie kann man etwas über die Streuung der Preise aussagen, ohne den Wechselkurs in die Überlegungen einzubeziehen?

Aufgabe 33

Bei einem Zehnkampf-Wettbewerb der Herren werden in den Disziplinen Hochsprung, 100m-Lauf und Kugelstoßen von fünf Teilnehmern folgende Leistungen erzielt:

Teilnehmer	Hochsprung in cm	100m in sec	Kugelstoßen in m
1	206	10,83	17,58
2	197	11,01	16,76
3	191	11,18	15,60
4	200	10,65	16,82
5	216	10,78	17,24

In welcher Disziplin waren die durchschnittlichen Leistungsunterschiede am größten? Beantworten Sie diese Frage durch Berechnungen einer geeigneten Maßzahl!

* Aufgabe 34

Zwei Dreher stellen eine größere Anzahl von zwei verschiedenen Wellen her. Um die Qualität der Arbeit dieser Dreher zu beurteilen, wurden der Produktion je zehn Wellen entnommen, und es wurde ein für die Präzision (Qualität) maßgebliches Merkmal (zum Beispiel der Durchmesser der Wellen an einer bestimmten Stelle) gemessen. Die Messungen lieferten folgende Ergebnisse (in mm).

Dreher 1	Dreher 2
50,89	20,09
51,01	20,84
50,36	20,57
50,69	20,50
50,66	20,47
50,09	20,06
50,70	20,48
51,07	20,27
50,94	20,94
50,80	20,51

Begründen Sie, warum es nicht möglich ist, mit den gegebenen Informationen und den Ihnen bekannten statistischen Verfahren die Qualität der Arbeit dieser beiden Dreher zu beurteilen!

Analysieren Sie inhaltlich, welche Probleme beim Vergleich der Qualität der Arbeit dieser Dreher auftreten können!

Aufgabe 35

Zeitungsverlage und Beschäftigte eines bestimmten Landes zu einem bestimmten Zeitpunkt nach Beschäftigtengrößenklassen

Verlage mit ... bis ...Beschäftigten	Anzahl der Verlage	Anzahl der Beschäftigten
bis 9	14	86
10 - 19	19	294
20 - 49	38	1265
50 - 99	51	3629
100 - 199	57	7799
200 - 499	62	20298
500 - 999	36	25270
1000 und mehr	34	65656

a) Berechnen Sie die Anzahl der Verlage mit mehr als 150 Beschäftigten!

b) Wieviel Beschäftigte haben die Verlage im Mittel?

c) Warum kann $\bar{x}$ hier exakt bestimmt werden?

d) Die Hälfte der Beschäftigten arbeitet in Verlagen mit höchstens d Beschäftigten. Berechnen Sie d!

Aufgabe 36

Auf einer Geflügelfarm werden täglich rd. 2500 Eier produziert, die für den Verkauf sieben Güteklassen (Gewichtsklasse 1 $\hat{=}$ beste Qualität: 70 g und mehr) zugeordnet werden. Mit Hilfe einer neuen Kraftfuttermischung hofft man, die Qualität der Eier wesentlich verbessern zu können. Ein halbes Jahr nach der Einführung der neuen Kraftfuttermischung liegen die folgenden Daten vor.

Güteklasse	Durchschnittliche Anzahl der täglich produzierten Eier			
	mit Standardkraftfutter	in %	mit neuer Kraftfuttermischung	in %
1	50	2	127	5
2	200	8	357	14
3	449	18	637	25
4	873	35	892	35
5	524	21	382	15
6	249	10	127	5
7	150	6	25	1
Σ	2495	100	2547	100

Werten Sie diese Daten mit Hilfe geeigneter statistischer Verfahren/Maße aus!

Aufgabe 37

Berechnen Sie aus den Daten der Aufgabe 3 das arithmetische Mittel, die Varianz und die Standardabweichung

a) aus den Einzelwerten,

b) aus den gemäß 3 d) klassierten Werten!

Aufgabe 38

Grundlage ist die Aufgabe 3!

a) Bestimmen Sie den Median aus den Einzelwerten, mit Hilfe der approximierenden Verteilungsfunktion gemäß 3 b) und aus den gemäß 3 d) klassierten Werten!

b) Bestimmen Sie die durchschnittliche (absolute) Abweichung vom Median aus den Einzelwerten und aus den gemäß 3 d) klassierten Werten!

Aufgabe 39

Die folgenden Daten für ein westeuropäisches Land sind durch die Berechnung geeigneter Verhältniszahlen (Beziehungszahlen, Meßzahlen mit fester und wechselnder Basis) auszuwerten!

Jahr	Chemische Industrie Bruttoproduktionswert in Mio. DM	Chemische Industrie Personalkosten in Mio. DM
1981	113090	25682
1982	115019	26920
1983	134994	29245
1984	133103	30247
1985	143041	31877

* Aufgabe 40

Vergleichen Sie anhand der folgenden Daten das Sterblichkeitsniveau der Bundesrepublik Deutschland mit dem Griechenlands, indem Sie

a) die rohe Sterberate:

$$\bar{b}^S = \frac{\text{Anzahl der im Kalenderjahr Gestorbenen}}{\text{durchschnittlicher Bevölkerungsbestand im Kalenderjahr}} \cdot 1000 ,$$

b) altersspezifische Sterberaten:

$$b_i^S = \frac{\text{Anzahl der im Kalenderjahr Gestorbenen der i-ten Altersklasse}}{\text{durchschnittlicher Bevölkerungsbestand der i-ten Altersklasse im Kalenderjahr}} \cdot 1000$$

für beide Bevölkerungen berechnen!

c) Weisen Sie nach, daß die rohe Sterberate das arithmetische Mittel der mit den Bevölkerungsanteilen in den jeweiligen Altersklassen gewichteten altersspezifischen Sterberaten ist!

d) Berechnen Sie sogenannte standardisierte rohe Sterberaten, indem Sie die altersspezifischen Sterberaten der Bundesrepublik Deutschland mit der Altersstruktur Griechenlands gewichten und umgekehrt. Wie sind diese Werte insbesondere im Hinblick auf die Ergebnisse von Teilaufgabe a) zu interpretieren?

Altersstruktur der Bevölkerung und der Gestorbenen in der Bundesrepublik Deutschland und in Griechenland 1978

i	Altersklassen	mittlerer Bevölkerungsbestand BRD in 1000	Griechenland in 1000	Gestorbene BRD	Griechenland
1	u. 15	12009	2189	13134	3676
2	15 b.u.30	13558	1996	13750	1426
3	30 b.u.45	13086	1840	25300	2199
4	45 b.u.65	13300	2131	113408	13415
5	65 u.älter	9373	1205	557617[1)]	60872[1)]
-	Σ	61326	9361	723209	81588

1) Einschließlich Alter unbekannt.

Quelle: United Nations (Hrsg.), Demographic Yearbook, New York 1979.

Aufgabe 41

Anzahl der Studierenden in einem Wintersemester an einer kleinen Universität

Fakultät \ Studienabschnitt	Erstes Fachsemester	Höhere Fachsemester
Katholische Theologie	45	199
Pädagogik, Philosophie, Psychologie	160	962
Sozialwesen	140	545
Sprach- und Literaturwissenschaften	162	466
Geschichts- und Geowissenschaften	144	371
Sozial- und Wirtschaftswissenschaften	354	520

Bestimmen Sie

a) die gemeinsame Häufigkeitsverteilung und die Randverteilungen,

b) die bedingten Verteilungen

und interpretieren Sie ausgewählte Werte dieser Verteilungen!

Aufgabe 42

Zur Wohnbevölkerung eines Landes zählten an einem Stichtag 61712800 Personen, darunter 32189900 weibliche. Die nach dem Geschlecht differenzierte Wohnbevölkerung verteilte sich wie folgt auf den Familienstand.

Familienstand (A)	Geschlecht (B)	
	männlich	weiblich
ledig	0,442	0,354
verheiratet	0,508	0,470
verwitwet	0,026	0,144
geschieden	0,024	0,032

Interpretieren Sie ausgewählte Werte dieser Tabelle und ermitteln Sie die gemeinsame Häufigkeitsverteilung der beiden Merkmale sowie die Randverteilungen!

Aufgabe 43

Eheschließungen in einem bestimmten Land und Jahr nach der Religionszugehörigkeit der Ehepartner

Religionszugehörigkeit des Mannes	Religionszugehörigkeit der Frau				
	evangelisch	röm.-kath.	anders christl.	jüdisch	sonstige[1)]
evangelisch	93349	43503	920	29	6311
röm.-kath.	42282	111515	833	19	3799
anders christl.	923	915	2983	-	207
jüdisch	36	45	1	61	34
sonstige[1)]	20122	12094	444	25	19208

1) Sonstige Religion, freireligiös, gemeinschaftlos und ohne Angabe.

Bestimmen Sie

a) die gemeinsame Häufigkeitsverteilung der Merkmale A (Religionszugehörigkeit des Mannes) und B (Religionszugehörigkeit der Frau) sowie die Randverteilungen,

b) die bedingten Häufigkeitsverteilungen $f(A_i|B_2)$ und $f(B_j|A_2)$ und interpretieren Sie die Werte $f(A_2|B_2)$ und $f(B_2|A_2)$!

Aufgabe 44

Die folgende Vierfeldertafel enthält relative Häufigkeiten. Sie ist unter der Annahme, daß die Merkmale A und B statistisch unabhängig sind, zu vervollständigen!

A \ B	0	1	Σ_j
0	0,144		
1			
Σ_i		0,520	

Aufgabe 45

Ein Dozent pflegt aus pädagogischen Gründen seinen (meist weiblichen) Hörern tief in die Augen zu blicken. Ihm deucht, daß es zwischen Augen- und Haarfarbe einen Zusammenhang gibt. In Denkpausen fertigt er die folgende Übersicht an.

Haarfarbe \ Augenfarbe	grau	grün	blau
blond	1	4	18
brünett	15	10	6
schwarz	10	12	4

a) Sind die beiden Merkmale statistisch unabhängig?

b) Berechnen Sie geeignete Zusammenhangsmaße und interpretieren Sie diese!

c) Wie ändert sich der Wert von χ^2 (bzw. V), wenn in der Tabelle alle Häufigkeiten mit $c > 0$ multipliziert werden?

d) Welche Auswirkungen auf die Werte der Zusammenhangsmaße hat ein Vertauschen von Zeilen und Spalten der Tabelle?

* Aufgabe 46

Den Rauchgewohnheiten wird ein erheblicher Einfluß auf verschiedene Krankheitsrisiken zugeschrieben. Die folgende Tabelle enthält Angaben über Rauchgewohnheiten und Gesundheitszustand der Bürger (über 15

Jahren) eines westeuropäischen Landes in einem bestimmten Monat (Angaben in 1000 Einwohnern).

Gesundheits-zustand	Rauchgewohnheiten				
	zur Zeit regel-mäßig	zur Zeit gelegent-lich	zur Zeit nicht, aber früher regel-mäßig oder gelegentlich	niemals	ins-gesamt
Kreislauf-krankheiten	360	90	310	1280	2040
Krankheiten der Atmungsorgane	450	100	190	720	1460
Krankheiten der Verdauungsorgane	240	40	100	370	750
keine oder son-stige Krankhei-ten	12300	2480	3380	23620	41780
insgesamt	13350	2710	3980	25990	46030

Ein Statistiker möchte ein geeignetes Zusammenhangsmaß zwischen den beiden Merkmalen berechnen.

a) Welches Problem bei einem der beiden Merkmale macht die Berechnung des Zusammenhangsmaßes eigentlich unmöglich? Wodurch hätte dieses Problem gelöst werden können?

b) Berechnen Sie trotzdem auf der Basis der vorliegenden Informationen den Wert des Zusammenhangsmaßes. Berücksichtigen Sie bei der Ergebnisinterpretation die Überlegungen von Teilaufgabe a)!

Aufgabe 47

In einem Sanatorium für Manager wird versucht, den Gedächtnisschwund mit Hilfe von Frischzellen und Tiefschlaf zu heilen. Von der Gruppe 1 (n_1=100) der mit Frischzellen und Tiefschlaf behandelten werden 80, von der Kontrollgruppe 2 (n_2=100) der nicht (mit Frischzellen und Tiefschlaf) behandelten werden 55 geheilt.

a) Wie stark ist der Zusammenhang zwischen Behandlungsmethode und -ergebnis? Kann auch die Richtung des Zusammenhangs gemessen werden?

b) Ändert sich das Ergebnis, wenn aufgrund einer differenzierteren (weiteren) Untersuchung die folgenden Daten zur Verfügung stehen?

Behandlungsmethode \ Behandlungsergebnis	geheilt	unverändert	verschlechtert
Frischzellen und Tiefschlaf	40	35	25
nur Tiefschlaf	30	40	30
keine Behandlung	25	25	50

Hinweis: Die Behandlungsmethode sei ein komparatives Merkmal mit den Ausprägungen 1 (keine Behandlung), 2 (nur Tiefschlaf) und 3 (Frischzellen und Tiefschlaf).

Aufgabe 48

Nach Abschluß des Grundstudiums werden 20 Studierende nach ihren Leistungen in Statistik und Jura in eine Rangordnung gebracht. Das Ergebnis enthält die folgende Tabelle.

Lfd. Nr.	Rang Statistik	Rang Jura	Lfd. Nr.	Rang Statistik	Rang Jura
1	3	16	11	15	8
2	4	11	12	13	6
3	7	7	13	1	5
4	19	9	14	16	15
5	17	13	15	5	2
6	12	20	16	6	12
7	9	1	17	8	10
8	2	3	18	20	18
9	10	4	19	11	17
10	18	14	20	14	19

Berechnen Sie den Rangkorrelationskoeffizienten nach KENDALL und interpretieren Sie das Ergebnis!

Aufgabe 49

Entscheidend für die Leistungsfähigkeit eines Teams ist neben anderen Faktoren auch die Führungsqualität des Teamleiters. Eine Forschungsgemeinschaft aus Personalwissenschaftlern und Organisationspsychologen hat im Rahmen einer empirischen Untersuchung zunächst eine Methode zur Messung der Führungsqualität von Teamleitern entwickelt, um dann bei 100 Arbeitsgruppen mit untereinander vergleichbaren Aufgaben die Führungsqualität des Gruppenleiters und die Leistung der Arbeitsgruppe (gemessen durch die Wertschöpfung je Gruppenmitglied in einem bestimmten Zeitraum) zu erheben. Die Ergebnisse dieser Umfrage sind in der Tabelle dargestellt.

Wertschöpfung (in TDM) \ Führungsqualität	gering	mittel	hoch
0 - 100	30	10	5
100 - 200	10	5	20
über 200	5	5	10

a) Geben Sie Merkmalsträger, Merkmale und Merkmalstypen an!

b) Bestimmen Sie durch Berechnung einer geeigneten Maßzahl die Stärke und die Richtung des monotonen Zusammenhangs zwischen den beiden Merkmalen!

c) Können Sie aus dem Ergebnis von Teilaufgabe b) auf statistische Abhängigkeit der Merkmale schließen? Begründung!

Aufgabe 50

An einem größeren Lehrstuhl soll eine (Halbtags-) Sekretärin eingestellt werden. Angesichts der Arbeitsmarktlage finden sich nur sieben Bewerberinnen ein, die zum einen von der Frauenbeauftragten (F) und dem Lehrstuhlinhaber (L), zum anderen von den beiden Assistenten (A1 und A2) nach ihren Fähigkeiten eingestuft werden.

Die Ergebnisse der Einstufung finden sich in der folgenden Tabelle (A $\hat{=}$ hohe Qualifikation, . . . , L $\hat{=}$ geringe Qualifikation).

Bewerberin Nr.	Einstufung			
	F	L	A1	A2
1	E	D	B	C
2	B	A	A	A
3	A	C	A	A
4	C	B	C	C
5	G	E	D	E
6	F	F	C	A
7	J	G	L	G

a) Stellen Sie fest, inwieweit ein Zusammenhang besteht zwischen den Einstufungen der Bewerberinnen von der Frauenbeauftragten und dem Lehrstuhlinhaber einerseits sowie von den beiden Assistenten andererseits! Interpretieren Sie die Ergebnisse!

b) Welche Bewerberin würden Sie einstellen?

Aufgabe 51

Zu Beginn eines jeden FORTRAN-Kurses pflegt der Dozent die Studierenden auf den engen Zusammenhang zwischen den praktischen Übungen (gemessen durch die Anzahl der Läufe) und der Note, die der einzelne Student erzielt, hinzuweisen.

Bei Brause verfehlen solche "einfältigen, psychologischen Tricks" ihre Wirkung. Da er jedoch durch sein schlechtes Abschneiden in Statistik verunsichert ist, beschließt er, den Dingen auf den Grund zu gehen. Er besorgt sich die nötigen Daten (siehe unten) und wertet sie statistisch aus.

Die folgende Tabelle enthält die Anzahl der Punkte der Klausurteilnehmer des FORTRAN-Kurses eines Wintersemesters und die Anzahl ihrer Läufe.

Läufe \ Punkte	0 bis 39	40 bis 49	50 bis 69	70 bis 89	90 bis 100
0 bis 9	10	4	2	0	0
10 bis 19	3	3	0	0	0
20 bis 39	4	1	4	1	0
40 bis 79	0	2	3	2	0
80 bis 170	0	0	2	0	1

Brause versucht, die folgenden Fragen zu beantworten:

a) Wie groß ist die mittlere Anzahl der Läufe

- von Studierenden, die die Prüfung nicht bestanden, weil sie weniger als 40 Punkte erzielt haben,

- von Studierenden mit 70 und mehr Punkten?

b) Ist der (statistische) Zusammenhang zwischen der Anzahl der Läufe und der erzielten Note in der Tat so eng (und positiv) wie der Dozent behauptet?

Aufgabe 52

Die folgenden Tabellen enthalten die Noten der Wirtschaftsstudenten in den Prüfungsfächern Betriebswirtschaftslehre und Volkswirtschaftslehre bzw. Statistik und Recht in einer Diplom-Vorprüfung.

Note in BWL \ Note in VWL	1	2	3	4	5	insges.
1	0	0	0	0	0	0
2	0	1	0	0	0	1
3	0	3	11	0	1	15
4	0	0	15	5	2	22
5	0	0	4	4	3	11
insges.	0	4	30	9	6	49

Note in Recht \ Note in Statistik	1	2	3	4	5	insges.
1	0	0	0	0	0	0
2	0	5	3	0	0	8
3	3	6	9	3	1	22
4	1	2	5	4	0	12
5	0	0	3	3	1	7
insges.	4	13	20	10	2	49

a) Bestimmen Sie jeweils den Mittelwert der Noten in BWL, VWL, Statistik und Recht!
Welche Note wurde insgesamt am häufigsten vergeben?

b) Wieviel Prozent der Studierenden haben in den einzelnen Fächern nicht bestanden (Note 5)?

c) In jedes Vordiplomzeugnis wird eine Gesamtnote, und zwar das arithmetische Mittel der Einzelnoten in BWL, VWL, Statistik und Recht, eingetragen. Nehmen Sie dazu aus statistischer Sicht Stellung!

d) Überprüfen Sie an Hand einer geeigneten Maßzahl, wie stark der (statistische) Zusammenhang zwischen den Merkmalen "Note in BWL" und "Note in VWL" einerseits und "Note in Statistik" und "Note in Recht" andererseits ist!
Interpretieren Sie die Ergebnisse!

Aufgabe 53

Ein Testinstitut untersucht die Abhängigkeit des Benzinverbrauchs von der Geschwindigkeit bestimmter PKW-Typen. Zu diesem Zweck werden mit verschiedenen PKW eines Typs 120 Testfahrten durchgeführt. Bei diesen Testfahrten wird mit besonderen Meßgeräten die Geschwindigkeit (in km/h) und der Benzinverbrauch (in l/100 km) gemessen. Die Ergebnisse der Testfahrten sind in der folgenden Übersicht zusammengefaßt.

Geschwindikeit (X) von ... bis unter ... km/h	Benzinverbrauch (Y) von ... bis unter ... l/100 km						Σ
	4-6	6-8	8-10	10-12	12-14	14-16	
20 - 40	-	-	1	5	7	12	25
40 - 60	-	3	7	2	-	-	12
60 - 80	4	5	-	-	-	-	9
80 - 100	12	6	-	-	-	-	18
100 - 120	6	5	-	-	-	-	11
120 - 140	-	2	6	-	-	-	8
140 - 160	-	-	2	6	6	4	18
160 - 180	-	-	-	1	6	12	19
Σ	22	21	16	14	19	28	120

a) Bestimmen Sie die gemeinsame Häufigkeitsverteilung der beiden Merkmale sowie die Randverteilungen!

b) Bestimmen Sie die bedingten Verteilungen der beiden Merkmale und interpretieren Sie je eine!

c) Bei welchem Anteil von Testfahrten war der Verbrauch höher als 11 l/100 km?

d) Berechnen Sie $\bar{x}$ und $\bar{y}$, s_X^2 und s_Y^2 sowie die bedingten Mittelwerte und Varianzen $\bar{x}(y_j)$, $\bar{y}(x_i)$, $s_X^2(y_j)$ und $s_Y^2(x_i)$ für alle i und j!

e) Interpretieren Sie je einen bedingten Mittelwert und je eine bedingte Varianz!

f) Berechnen Sie die Korrelationsverhältnisse $H_{X|Y}^2$ und $H_{Y|X}^2$ und interpretieren Sie diese!

g) Stellen Sie die Regressionslinien $\bar{x}(Y)$ und $\bar{y}(X)$ graphisch dar!

h) Sind die beiden Merkmale statistisch unabhängig?

i) Berechnen Sie den Korrelationskoeffizienten und interpretieren Sie das Ergebnis!

Aufgabe 54

Bei einer Einkommens- und Verbrauchsstichprobe wurde unter anderem das monatliche Haushalts(netto-)einkommen und der Wertpapierbesitz (Tageswerte) privater Haushalte zu einem bestimmten Zeitpunkt erfaßt.

Für die 5,8 Mio. privaten Haushalte dieser Stichprobe ergab sich folgende Verteilung (Angaben in DM bzw. in Millionen Haushalte).

Wert der Wertpapiere (Y) / Haushaltseinkommen (X)	unter 2000	2000 bis unter 5000	5000 bis unter 15000	15000 bis unter 60000	insges.
unter 1200	0,1	0,1	0,3	0,2	0,7
1200 b.u. 2200	0,5	0,5	0,7	0,5	2,2
2200 b.u. 4000	0,4	0,5	0,7	0,8	2,4
4000 b.u. 20000	0,0	0,1	0,1	0,3	0,5
insgesamt	1,0	1,2	1,8	1,8	5,8

a) Bestimmen Sie die empirische Regressionsbeziehung des Wertes der Wertpapiere in Abhängigkeit vom Haushaltseinkommen und interpretieren Sie diese!

b) Stellen Sie die zu a) gehörende Regressionslinie graphisch dar!

c) Kann der Graphik entnommen werden, daß der Wert des Wertpapierbesitzes im Mittel von der Höhe des monatlichen Nettoeinkommens abhängt? Überprüfen Sie Ihre Feststellung durch Berechnung einer geeigneten Maßzahl!

* Aufgabe 55

Zeigen Sie, daß sich das Bestimmtheitsmaß und der Korrelationskoeffizient nicht ändern, wenn an Stelle der ursprünglichen Merkmale X und Y die (mit $a,c \in \mathbb{R}$ und $b,d>0$) transformierten Merkmale $X^* = (X-a)/b$ und $Y^* = (Y-c)/d$ verwendet werden!

Inwiefern ist diese Tatsache für praktische Anwendungen von Bedeutung?

Aufgabe 56

Eine wichtige Aufgabe der Bevölkerungsstatistik ist die Bereitstellung von Verfahren zur Messung demographischer Phänomene wie zum Beispiel der Fruchtbarkeit. Im Regelfall existieren mehrere, im Prinzip gleichwertige Verfahren zur Messung eines Phänomens. Im folgenden werden zwei Verfahren zur Messung der Fruchtbarkeit einer Bevölkerung vorgestellt: die rohe Geburtenrate, definiert als Verhältnis zwischen der Anzahl der Lebendgeborenen eines Jahres und dem mittleren Bevölkerungsbestand, und die allgemeine Geburtenrate, definiert als Verhältnis zwischen der Anzahl der Lebendgeborenen eines Jahres und dem mittleren Bestand an Frauen im Alter zwischen 15 und 44 Jahren. Die folgende Tabelle enthält die Werte beider Maßzahlen (jeweils multipliziert mit 1000) für die Bevölkerung einiger Länder.

Land	rohe Geburtenrate (Y)	allgemeine Geburtenrate (X)
1	9,5	45,4
2	9,4	44,4
3	9,5	44,3
4	10,1	46,7
5	10,1	46,6
6	10,1	46,2

a) Berechnen Sie die ausgleichende Regressionsgerade $\bar{X}(Y)$!

b) Berechnen Sie den Korrelationskoeffizienten nach BRAVAIS/PEARSON!

c) Interpretieren Sie das Ergebnis von Teilaufgabe b) inhaltlich!

Aufgabe 57

Zur Überprüfung der Wirkung eines Düngemittels für Getreide wurden sechs benachbarte Versuchsfelder von jeweils einem Hektar Größe in verschiedenem Maße gedüngt. Die Düngemittelmengen und die Erträge sind in der folgenden Tabelle dargestellt (Angaben jeweils in kg):

Feld	Menge des Dünge-mittels (X)	Ertrag (Y)
A	80	2700
B	200	3250
C	240	3500
D	140	3100
E	400	4000
F	320	3800

a) Stellen Sie die Werte der Tabelle graphisch dar und überprüfen Sie anhand dieser Zeichnung, ob es gerechtfertigt ist, einen annähernd linearen Zusammenhang zwischen den beiden Merkmalen anzunehmen!

b) Berechnen Sie die Parameter der ausgleichenden Regressionsgeraden $\bar{Y}(X)$, interpretieren Sie diese Werte und zeichnen Sie die Gerade in das Streuungsdiagramm ein!

c) Lohnt sich der Einsatz des Düngemittels, wenn 1 kg 0,80 DM kostet und für einen Doppelzentner Getreide ein Preis von DM 30,-- erzielt werden kann?

d) Welchen Hektar-Ertrag könnte man bei globaler Gültigkeit der in Teilaufgabe b) berechneten Regressionsgeraden bei einem Düngemitteleinsatz von 1500 kg pro Hektar erwarten? Ist dieses Ergebnis realistisch?

Aufgabe 58

In einem Familienunternehmen herrscht Uneinigkeit über die zukünftige Unternehmenspolitik. Während der mittlerweile hochbetagte Unternehmensgründer weiterhin an personalintensiven Produktionsverfahren festhalten will, spricht sich sein als Geschäftsführer tätiger Enkel für ein kapitalintensiveres Verfahren bei gleichzeitigem Personalabbau aus. Um seinem Großvater zu zeigen, daß der von diesem unterstellte Zusammenhang zwischen Personaleinsatz und Produktionsergebnis keineswegs so eng ist wie dieser zu glauben scheint, stellt er in einer Tabelle die durchschnittliche Anzahl der Beschäftigten und die Umsätze verschiedener Betriebe seines Gewerbezweiges im letzten Jahr zusammen.

Betrieb	Anzahl der Beschäftigten (in Tsd.)	Umsatz (in Mio.)
A	1,5	400
B	3,6	500
C	2,4	200
D	0,5	100

Berechnen und interpretieren Sie den Wert eines geeigneten Zusammenhangsmaßes für die beiden betrachteten Merkmale!

Aufgabe 59

Zu den unabdingbaren Pflichten eines Besuchers des "Yellowstone National Park" in den Vereinigten Staaten gehört auch die Beobachtung einer Eruption von "Old Faithful", dem größten Geysir des Landes. Der "Old Faithful Staff" weist in einem speziellen Merkblatt darauf hin, daß zwischen der Dauer einer Eruption und der Zeit zwischen zwei Eruptionen ein sehr enger (wechselseitiger) linearer Zusammenhang besteht, so daß jeder Besucher anhand einer Tabelle den Zeitpunkt der jeweils nächsten Eruption bestimmen und sich rechtzeitig mit Filmen und dergleichen versorgen kann.

Ein Europäer glaubt das nicht. Aufgrund einer längeren Beobachtungsserie ordnet er acht Eruptionen deren Dauer und die Zeit, die zwischen dem Beginn einer Eruption und dem Beginn der darauf folgenden Eruption verstrichen ist (= "Zwischenzeit"), zu.

Dauer einer Eruption in min	Zwischenzeit in min
2,8	65
3,1	65
3,9	76
4,9	98
1,4	50
2,2	56
4,1	88
4,5	89

a) Bestimmen Sie die Parameter der ausgleichenden Regressionsgeraden, aus der abgelesen werden kann, wie groß - im Mittel - die Zwischenzeit bei vorgegebener Eruptionsdauer ist!

b) Wann ist mit der nächsten Eruption zu rechnen, wenn die letzte Eruption um 10.15 Uhr begann und 4,2 min dauerte?

c) Lassen die verfügbaren Daten den Schluß zu, daß der lineare Zusammenhang zwischen der Dauer einer Eruption und der Zwischenzeit tatsächlich "sehr eng" ist?

Aufgabe 60

Ein Soziologe interessiert sich für den Zusammenhang zwischen dem Alter von Straffälligen bei ihrer ersten einschlägigen Fühlungnahme mit der Polizei (X) und deren Alter beim Antritt der ersten Freiheitsstrafe (Y). Aufgrund besonderer Beziehungen zur Verwaltung einer nahegelegenen Justizvollzugsanstalt (Gefängnis) verfügt er über die folgende Datenmenge:

x_i: 10; 18; 11; 12; 17; 17; 20;

y_i: 23; 27; 30; 19; 25; 30; 21.

In der Fachliteratur publizierten und daher wohl ernst gemeinten Ansichten zufolge soll es zwischen den Merkmalen X und Y eine lineare Beziehung geben.

a) Berechnen Sie den Korrelationskoeffizienten nach BRAVAIS/PEARSON und interpretieren Sie das Ergebnis!

b) Berechnen Sie die Parameter der ausgleichenden Regressionsgeraden $\bar{Y}(X)$! Bestimmen Sie den Wert dieser Geraden an der Stelle X = 4 und kommentieren Sie das Ergebnis!

* Aufgabe 61

Eine (lineare) Regressionsbeziehung werde durch $\bar{Y}(X) = 6 + 1{,}5\ X$ beschrieben. Es sei ferner $\bar{x} = 12$ und $r = 0{,}9$. Man bestimme die Regressionsgerade $\bar{X}(Y)$!

Aufgabe 62

Aus den folgenden Angaben sind die Parameter der beiden Regressionsgeraden $\bar{Y}(X)$ und $\bar{X}(Y)$ abzuleiten: $r = 0{,}7$, $s_X^2 = 4{,}0$, $s_Y^2 = 16{,}0$, $\bar{x} = 20$ und $\bar{y} = 40$!

Aufgabe 63

In der folgenden Tabelle ist der Bestand an Gütermotorschiffen der Binnenschiffahrt eines westeuropäischen Landes an einem bestimmten Stichtag nach dem Alter (Y) und der Tragfähigkeit (X) aufgegliedert.

Alter (in Jahren) / Tragfähigkeit (t)	unter 20	20 bis unter 40	40 bis unter 60	60 bis unter 80	80 und mehr	insges.
unter 400	60	60	170	200	40	530
400 b.u. 1000	80	280	370	380	170	1280
1000 b.u. 3000	370	280	130	50	20	850
insgesamt	510	620	670	630	230	2660

a) Bestimmen Sie die ausgleichende Regressionsgerade $\bar{X}(Y) = b_o + b_1Y$!

Berechnen und interpretieren Sie den Wert $\bar{X}(36)$!
Gehen Sie bei Ihren Berechnungen davon aus, daß kein Güterschiff älter als 100 Jahre ist!

b) Geben Sie, ohne die Parameter der ausgleichenden Regressionsgeraden $\bar{Y}(X) = a_o + a_1X$ zu berechnen, das Vorzeichen des Parameters a_1 an!

c) Berechnen Sie die Parameter a_o und a_1!

d) Berechnen Sie den Korrelationskoeffizienten nach BRAVAIS/PEARSON und interpretieren Sie diesen!

e) Worin unterscheiden sich der Korrelationskoeffizient nach BRAVAIS/PEARSON und das Bestimmtheitsmaß inhaltlich und formal? Welchen Wert nimmt das Bestimmtheitsmaß in diesem Falle an?

Aufgabe 64

Ein Student der Volkswirtschaftslehre hat in einer Vorlesung den Hinweis eines Professors aufgeschnappt, daß viele makroökonomische Größen wechselseitig voneinander abhängen. Nun will er seine frisch erworbenen Statistikkenntnisse an einem volkswirtschaftlichen Beispiel erproben. Er wählt willkürlich zwei gesamtwirtschaftliche Variable (Saldo des Warenverkehrs und Saldo der Kapitalbilanz) aus und ermittelt deren Werte für je ein Land aus verschiedenen Kontinenten.

Land	Saldo des Warenverkehrs 1986 (X) in Mio SZR[1)]	Saldo der Kapitalbilanz 1986 (Y) in Mio SZR[1)]
Niederlande	6150	2053
Kenia	-248	-14
Guatemala	148	48
China	-7791	-6207
Papua-Neu-guinea	61	-113

1) Die SZR sind Werteinheiten, die dem Wert eines gewogenen Mittels der Währungen der wichtigsten am Welthandel beteiligten Länder entsprechen.

Quelle: Statistisches Bundesamt (Hrsg.), Statistisches Jahrbuch 1988

Mit diesen Werten berechnet er:

a) die beiden ausgleichenden Regressionsgeraden und den Schnittpunkt dieser Geraden,

b) eine geeignete Maßzahl, mit der die Modellannahme der ausgleichenden Regressionsgeraden überprüft werden kann.

Zu welchen Ergebnissen hätte er kommen müssen?

c) Es wird behauptet, daß das Bestimmtheitsmaß r^2 "jenen Varianzanteil kennzeichnet, der durch die Regressionsgerade erklärt wird". Der Student versteht das nicht, weil es ja zwei Regressionsgerade gibt; und überhaupt, Anteil von welcher Varianz?
Erklären Sie es anhand dieses Beispiels!

Aufgabe 65

Im Rahmen einer Wirtschaftlichkeitsuntersuchung soll die durchschnittliche Verweildauer an einem Arbeitsplatz und die durchschnittliche Reparaturzeit von Kraftfahrzeugen in einer Reparaturwerkstätte grob abgeschätzt werden. Zu diesem Zwecke wurden für 20 Kraftfahrzeuge die folgenden Zeiten aufgeschrieben.

Kfz. Nr.	Verweildauer in min.	Reparaturzeit in min.
1	85	65
2	40	30
3	130	110
4	90	70
5	95	85
6	55	35
7	25	15
8	40	20
9	110	90
10	150	140
11	10	5
12	205	190
13	80	50
14	150	125
15	240	230
16	115	105
17	95	90
18	465	450
19	160	150
20	190	170

Berechnen Sie die durchschnittliche Verweildauer und die durchschnittliche Reparaturzeit der Kraftfahrzeuge!

Aufgabe 66

In einem Unternehmen sind im Bereich "Kurzstrecken" zwölf LKW eingesetzt, die jeden Morgen beladen werden. Bestimmen Sie aus den folgenden Angaben die mittlere Dauer der Beladung eines LKW!

Nr. des LKW	Ankunftszeit ... Uhr	Abfahrtszeit ... Uhr
1	7.00	7.30
2	7.00	8.50
3	7.10	10.20
4	7.15	8.45
5	7.30	8.30
6	7.40	8.00
7	7.40	8.15
8	7.45	8.00
9	7.45	9.05
10	7.50	9.30
11	8.00	10.10
12	8.15	9.50

Aufgabe 67

Ein 600-Betten-Krankenhaus (Klinikum) beginnt zum Jahresanfang seinen Betrieb mit 200 Patienten. Am Ende des jeweiligen Quartals werden 400, 470, 500 und 540 Patienten gezählt.

a) Wurde die geplante Belegungsquote von durchschnittlich 70% erreicht?

b) Am Jahresende wird die mittlere Verweildauer der Patienten mit sieben Tagen angegeben. Bestimmen Sie den Zugang und Abgang während des Jahres!

Aufgabe 68

Die Lehrstühle einer Universität haben das Recht, außerhalb der Universitätsbibliothek einen eigenen Präsenzbestand an wichtigen Fachbüchern zu halten (Handapparat). Dieser Handapparat darf im Jahresmittel nicht mehr als 200 Bücher umfassen, anderenfalls tritt ein Bestellstop für diesen Handapparat in Kraft. Die Lehrstühle können aber veraltete oder aus anderen Gründen nicht mehr benötigte Bücher zurückgeben und gegebenenfalls durch neue Bücher ersetzen.

Ein Lehrstuhl dieser Universität hat am Anfang eines Jahres 190 Bücher im Handapparat. Im Laufe dieses Jahres werden folgende Anzahlen von Büchern zurückgegeben bzw. angeschafft.

Quartal	Anzahl der Rückgaben	Anzahl der Neuanschaffungen
I	3	15
II	10	20
III	15	45
IV	2	10

a) Erhält dieser Lehrstuhl ein Buch, das er am Anfang des nächsten Jahres für seinen Handapparat bestellt, sofort, ohne daß er Bücher zurückgibt?

b) Wie lange befindet sich im Mittel ein Buch in diesem Handapparat?

Aufgabe 69

Detlev Brause, 29, Luxusstudent, besitzt eine Hausbar, die regelmäßig sieben Tage vor einem Klausurtermin (um 7.00 Uhr) mit 300 Flaschen Bier bestückt wird. Damit glaubt er, über einen hinreichenden Vorrat an Beruhigungsmitteln zu verfügen. Allmorgentlich um 7.00 Uhr registriert er den aktuellen Bestand und kommt zu folgendem Ergebnis:

Bestand am ... Morgen (7.00 Uhr)	Flaschen
2.	280
3.	260
4.	220
5.	180
6.	120
7.	50
8.	0

Bei dem Versuch, kurz vor Klausurbeginn (übungshalber) den Durchschnittsbestand und die mittlere Verweildauer des Bieres zu bestimmen, wird es dunkel um ihn, so daß er den Versuch erfolglos abbrechen muß. Zu welchem Ergebnis hätte er kommen müssen? (Annahme: Brause trinkt gleichmäßig über die 24 Stunden eines Tages hinweg.)

Aufgabe 70

In einem Laborversuch werden 1000 neugeborene weiße Mäuse mit einem neuen Serum geimpft. In den folgenden Wochen wird jeweils am Wochenende (Samstag, 10.00 Uhr) festgestellt, wieviel Mäuse zu diesem Zeitpunkt noch leben. Das Ergebnis enthält folgende Tabelle.

Alter x in vollendeten Wochen	Anzahl der Mäuse, die das Alter x vollendet haben
1	980
2	860
3	430
4	210
5	90
6	20
7	0

Bestimmen Sie den Durchschnittsbestand und die mittlere Verweildauer der Mäuse! Wie kann die mittlere Verweildauer interpretiert werden?

Aufgabe 71

Der Forderungsbestand eines Unternehmens entwickelte sich wie folgt.

Zeitpunkt[1)]	Bestand in DM	Zugang in DM im Zeitraum t_{i-1} bis t_i
t_o	400000	-
t_1	500000	1080000
t_2	320000	1200000
t_3	380000	1500000
t_4	440000	1320000
t_5	520000	900000

1) $t_i - t_{i-1} = 0,5$ Jahre

Bestimmen Sie

a) den Durchschnittsbestand,

b) die mittlere Laufzeit (λ=0,5) und

c) die Umschlaghäufigkeit der Forderungen!

Aufgabe 72

Eine westdeutsche Galerie hat sich auf sozialistische Kunst spezialisiert. Während die Ausstellungen dieser Galerie vor der Änderung der gesellschaftlichen Verhältnisse in Osteuropa im allgemeinen sehr gut besucht waren, nahm insbesondere seit der Wiedervereinigung Deutschlands das Interesse an dieser Kunstform deutlich ab. Zur Eröffnung einer Ausstellung mit Skulpturen des stalinistischen Bildhauers Antonow Glasnost kamen gerade noch sieben Interessenten. Ihre individuellen Aufenthaltsdauern sind in folgender Tabelle zusammengestellt.

Besucher Nr.	Aufenthaltsdauer von ... bis ... Uhr
1	18.00 - 21.35
2	18.00 - 19.10
3	18.20 - 18.50 und 19.30 - 22.00
4	19.30 - 22.00
5	18.30 - 20.45
6	18.00 - 19.00 und 19.30 - 21.20
7	18.00 - 18.10

a) Bestimmen Sie den Bestand zum Zeitpunkt 20.00 Uhr!

b) Berechnen Sie
b_1) die durchschnittliche Verweildauer je Besucher und
b_2) die durchschnittliche Aufenthaltsdauer je Zugang!

c) Berechnen und interpretieren Sie die Zeitmengenfläche!

Aufgabe 73

Die Anzahl der Bakterien vermehrte sich in einer bestimmten Nährlösung innerhalb von fünf Tagen von 100 auf 895. Bestimmen Sie den durchschnittlichen prozentualen Zuwachs je Tag!

Aufgabe 74

Eine Maschine, die zu Beginn eines Jahres für DM 50000,-- angeschafft wurde, soll in fünf Jahren degressiv (in gleichen Prozentsätzen vom Restbuchwert) abgeschrieben werden bis auf einen Erinnerungsposten von DM 1,--. Es sind die Abschreibungsbeträge und Restbuchwerte zu berechnen!

Aufgabe 75

Bestimmen Sie anhand der folgenden Meßzahlenreihen die mittlere Wachstumsrate der (durchschnittlichen) Bruttomonatsverdienste im betrachteten Zeitraum in der Mineralölverarbeitung und im Versicherungsgewerbe sowie das Jahr mit dem jeweils größten Verdienstzuwachs!

Jahr t	Meßzahlen der Bruttomonatsverdienste in der Mineralölverarbeitung Bezugszeit t_o=2	im Versicherungsgewerbe Bezugszeit t_o=5
1	93,22	78,46
2	100,00	83,28
3	109,74	89,74
4	116,94	94,80
5	124,18	100,00

Um wieviel Prozent haben die Bruttomonatsverdienste von t=3 auf t=4 zugenommen?

Aufgabe 76

Ein Portefeuille besteht aus den folgenden Investment-Zertifikaten:

Zertifikat	Anzahl	Rücknahmepreis (in DM) t_1	t_2
Interstat	120	154,24	163,17
Uniba	80	51,41	47,10
Erzetbe	150	35,11	40,40
Eurofonds	30	81,25	70,18

a) Bestimmen Sie die durchschnittliche jährliche Wertsteigerungsrate des Portefeuilles! (t_2-t_1= 2 Jahre).

b) Welche Wertsteigerungsrate ergäbe sich, wenn der Rücknahmepreis für Interstat-Zertifikate zum Zeitpunkt t_2 auf DM 151,-- gesunken wäre?

Aufgabe 77

In den Jahren t=1 bis t=5 hat die Anzahl der in der Bundesrepublik tätigen Ärzte, Apotheker und Zahnärzte zugenommen. Bestimmen Sie anhand der folgenden Meßzahlenreihen

a) die Berufsgruppe, die von t=1 bis t=5 prozentual am stärksten zugenommen hat,

b) die durchschnittliche jährliche Wachstumsrate für die drei Berufsgruppen!

Jahr t	Ärzte	Apotheker	Zahnärzte
	Bezugszeit jeweils t-1	t_o=1	t_o=3
1	1,026	1,000	0,975
2	1,038	1,025	0,986
3	1,044	1,040	1,000
4	1,027	1,069	1,009
5	1,025	1,099	1,016

Aufgabe 78

In der folgenden Tabelle sind die Entwicklungen der Ausgaben in der Bundesrepublik Deutschland für drei EDV-Bereiche im Zeitraum von 1986 bis 1990 aufgeführt.

Jahr	Hardware in Mio. DM	Hardwarewartung Meßzahlen; Bezugszeit ist jeweils das Vorjahr	Software und Services Meßzahlen; Bezugsjahr ist 1988
1986	16182	1,087	0,694
1987	16647	1,099	0,839
1988	17796	1,079	1,000
1989[1]	19307	1,067	1,187
1990[1]	20700	1,069	1,410

[1]) Schätzungen der Ausgaben

Quelle: UNIT 2/89, S. 1.

a) Bestimmen Sie den EDV-Bereich, für den die Ausgaben im angegebenen Zeitraum prozentual am stärksten zugenommen haben!

b) Berechnen Sie die durchschnittliche jährliche Wachstumsrate für die Ausgaben in den drei Bereichen von 1986 bis 1990!

Aufgabe 79

Von einem Unternehmen sind in zwei Perioden t=1 und t=2 die folgenden Mengen $q_{j,t}$ von fünf Grundstoffen (j=1,2,...,5) zu den Preisen $p_{j,t}$ (j=1,2,...,5) bezogen worden.

j	$p_{j,1}$	$p_{j,2}$	$q_{j,1}$	$q_{j,2}$
1	12	17	85	95
2	27	26	40	45
3	4	3	18	20
4	40	58	8	10
5	16	18	22	22

a) Berechnen Sie die Indizes:

a_1) $_LP_{1,2}$, $_LP_{2,1}$; a_2) $_PP_{1,2}$, $_PP_{2,1}$;

a_3) $_LQ_{1,2}$, $_LQ_{2,1}$; a_4) $_PQ_{1,2}$, $_PQ_{2,1}$;

a_5) $U_{1,2}$, $U_{2,1}$!

b) Welche inhaltliche Bedeutung haben diese Indizes?

Aufgabe 80

Ein Student der Wirtschaftswissenschaften im 1. Semester hat sich vorgenommen, während seines Studiums exakt über seine Ausgaben Buch zu führen. Er interessiert sich besonders für die Preisentwicklung von Grundnahrungsmitteln, da ihm seine Großmutter hierfür monatlich einen festen Betrag zukommen läßt. Nach den ersten Monaten möchte er sich einen Überblick über die bisherige Entwicklung seiner Ausgaben für Grundnahrungsmittel verschaffen.

Seinen Aufzeichnungen entnimmt er folgende Informationen:

Gut	durchschnittlicher Preis des Gutes j im ersten Monat	durchschnittlicher Preis des Gutes j im zweiten Monat
1	2,50 DM	2,75 DM
2	1,00 DM	1,13 DM
3	2,00 DM	2,40 DM
4	2,40 DM	2,52 DM

a) Um wieviel Prozent ist der Preis eines jeden Gutes gestiegen? Geben Sie für jedes Gut die entsprechende Preismeßzahl an!

b) Um seiner Großmutter in einfacher Weise die besorgniserregende Preisentwicklung zu schildern, faßt der Student die vier Preismeßzahlen zusammen, indem er die Summe der Preismeßzahlen durch die Anzahl der Güter teilt. Stimmen Sie seiner so gewonnenen Aussage zu, damit seien auch seine Ausgaben für die vier Güter insgesamt um 12% gestiegen?

c) Während des ersten Monats seines Studiums verbrauchte der Student folgende Gütermengen:

Gut j	verbrauchte Menge des Gutes j
1	2
2	1
3	3
4	5

Berechnen Sie das arithmetische Mittel der in Teilaufgabe a) ermittelten Preismeßzahlen! Verwenden Sie dabei die Ausgabensummen des ersten Monats als Gewichte! Um wieviel Prozent sind die Preise der vier Güter dann im Durchschnitt gestiegen?

d) Das in Teilaufgabe c) berechnete (gewogene) arithmetische Mittel ist ein Preisindex. Um was für einen Preisindex handelt es sich?

Aufgabe 81

Theobald, ein Student der Wirtschaftswissenschaften mit einer sehr fortgeschrittenen Semesterzahl, meint, daß ihn sein Vater ungerecht behandelt, weil er den monatlichen Scheck während der letzten 17 Semester nie erhöht hat. Auf der Suche nach Argumentationshilfen verfällt er auf die Idee, einerseits einen Preisvergleich und andererseits einen Mengenvergleich der wichtigsten Waren seines täglichen Bedarfs über die letzten 8 Jahre hinweg anzustellen. Er stellt folgende Liste mit ausgewählten Gütern des täglichen Bedarfs samt Preisen zusammen.

Gut i	verbrauchte Menge des i-ten Gutes im Juli 1982	verbrauchte Menge des i-ten Gutes im Juli 1990	Preis des i-ten Gutes im Juli 1982 in DM je Mengeneinheit	Preis des i-ten Gutes im Juli 1990 in DM je Mengeneinheit
Miete (warm)	1	1	560,--	580,--
Benzin in l	120	200	1,40	1,10
Bier in l	32	46	1,30	1,60
Wein/Sekt/ Spirituosen in l	10	16	18,--	16,--
Brot in kg	8	4	1,80	3,20
Fleisch und Wurstwaren in kg	7	5	13,80	15,80
Obst und Gemüse in kg	14	9	1,70	2,40

Führen Sie einen Preis- und einen Mengenvergleich durch!

Verwenden Sie für Ihre Berechnungen die Strukturen von 1990 und kommentieren Sie die Ergebnisse!

Aufgabe 82

Der Preisindex für die Lebenshaltung (LASPEYRES-Index) ist in einem Entwicklungsland E_1 im Laufe von acht Jahren von 340 auf 560 und in einem anderen Entwicklungsland E_2 im gleichen Zeitraum von 172 auf 289 gestiegen.

a) In welchem Land ist der Preisindex für die Lebenshaltung stärker gestiegen und wie groß ist der Unterschied?

b) Wie groß ist die durchschnittliche jährliche Zunahme des Preisindex in diesen Ländern?

Aufgabe 83

In einer bayerischen Stadt bieten 3 Tankstellen (unter anderem) Normal- und Superkraftstoff an. Beunruhigt über die Preispolitik der Mineralölkonzerne und die nach ihrer Ansicht drohenden Umsatzeinbußen setzen sich die drei Pächter zusammen, um ihre Lage zu analysieren. Ausgangspunkt ihrer Überlegungen ist das folgende Datenmaterial.

Tankstelle	Normalkraftstoff t_o Preis je l in DM[1)]	t_o Abgabemenge in 1000 l	t_1 Preis je l in DM[1)]	t_1 Abgabemenge in 1000 l
1	1,41	90	1,29	110
2	1,40	80	1,32	80
3	1,43	50	1,34	60

Tankstelle	Superkraftstoff t_o Preis je l in DM[1)]	t_o Abgabemenge in 1000 l	t_1 Preis je l in DM[1)]	t_1 Abgabemenge in 1000 l
1	1,46	90	1,33	100
2	1,44	80	1,35	80
3	1,46	90	1,38	70

1) Die Preise sind Durchschnittspreise des jeweiligen Zeitraums.

a) Welche prozentuale Veränderung ergibt sich bei einem Vergleich der Umsätze aus dem Verkauf von Normal- und Superkraftstoff in t_o und t_1 bei jeder Tankstelle?

b) Um wieviel Prozent erhöhte oder verringerte sich der Gesamtumsatz der drei Tankstellen zusammen in diesem Zeitraum?

c) Zerlegen Sie die Umsatzänderung der Tankstelle 1 in die Mengen- und Preiskomponente und interpretieren Sie das Ergebnis! .

Aufgabe 84

Der Index der Grundstoffpreise (nach LASPEYRES) wird in Veröffentlichungen der amtlichen Statistik unter anderem auch "nach dem produktionswirtschaftlichen Zusammenhang" ausgewiesen.

Berechnen Sie aus den folgenden Angaben

a) den Preisindex der Grundstoffe aus der Land- und Forstwirtschaft, Fischerei,

b) den Preisindex der Grundstoffe aus dem Produzierenden Gewerbe,

c) den Preisindex der Grundstoffe insgesamt (Gesamtindex) zum Zeitpunkt t_1!

	Wägungsanteil am Gesamtindex in %	Teilindex zum Zeitpunkt t_1
1. Grundstoffe aus der Land- und Forstwirtschaft, Fischerei	13,410	
a) inländisch	7,598	112,6
b) importiert	5,812	121,6
2. Grundstoffe aus dem Produzierenden Gewerbe	86,590	
a) inländisch	57,261	135,2
b) importiert	29,329	158,4

d) Der Gesamtindex ist von t bis t_1 um 1,1% gestiegen. Welchen Wert hatte der Gesamtindex im Zeitpunkt t?

Aufgabe 85

Der Preisindex für die Lebenshaltung aller privaten Haushalte wird insgesamt und für 9 Hauptgruppen ausgewiesen. Die Hauptgruppen (in Klammern jeweils der Anteil der Hauptgruppe am Warenkorb in t_o in %) sind: 1. Nahrungs- und Genußmittel (26,672), 2. Kleidung, Schuhe (8,746), 3. Wohnungsmiete (13,327), 4. Elektrizität, Gas, Brennstoffe (4,913), 5. übrige Waren und Dienstleistungen für die Haushaltsführung (10,010), Waren und Dienstleistungen für 6. Verkehrszwecke, Nachrichtenübermittlung (14,753), 7. Körper- und Gesundheitspflege (4,316), 8. Bildungs- und Unterhaltungszwecke (7,873), 9. Persönliche Ausstattung, sonstige Waren und Dienstleistungen (9,390).

Berechnen Sie aus den folgenden Angaben

a) die durchschnittliche Preisänderung für die Güter der Hauptgruppen 2 und 4 von t_o bis t_1 bzw. von t_o bis t_2,

b) den Preisindex für die Lebenshaltung aller privaten Haushalte für t_2!

Hauptgruppe	Teilindizes t_1	t_2
1	106,4	125,5
2	109,4	132,5
3	106,4	126,4
4	103,3	171,0
5	106,8	129,3
6	105,1	130,9
7	108,0	131,7
8	103,4	118,2
9	109,4	137,5

c) Um wieviel Prozent haben sich die Preise der Güter und Dienstleistungen für die Lebenshaltung in der Zeit von t_1 bis t_2 durchschnittlich verändert?

Aufgabe 86

In der Bundesrepublik Deutschland waren kurz nach der Wiedervereinigung enorme Kaufkraftunterschiede zwischen dem östlichen und dem westlichen Landesteil festzustellen.

a) Beschreiben Sie die Kaufkraftunterschiede im Bereich der Grundnahrungsmittel am Beispiel zweier in etwa gleichgroßer Städte in Ost- (L) und Westdeutschland (H) durch die Berechnung von Kaufkraftparitäten auf der Basis von fünf repräsentativen Gütern! Ihre durchschnittlichen Preise (in DM) und ihre von einem durchschnittlichen Privaten Haushalt der jeweiligen Stadt gekauften Mengen (in jeweiligen Mengeneinheiten) sind für einen Monat kurz nach der Wiedervereinigung in der folgenden Tabelle zusammengestellt.

Gut	L		H	
	p_j	q_j	p_j	q_j
Kaffee (500 g)	7,88	1,5	7,15	4
Reis (500 g)	3,24	3	3,09	2
Schokolade (100 g)	1,18	20	1,08	5
Fruchtsaft (0,7 l)	2,19	3	1,94	10
Margarine (500 g)	1,88	5	1,72	3

b) Zu Vergleichszwecken liegen zusätzlich die von einem durchschnittlichen Privaten Haushalt einer Kleinstadt (B) in der Nähe der früheren innerdeutschen Grenze gekauften Mengen vor:

Gut	$q_{j,B}$
Kaffee (500 g)	2
Reis (500 g)	2
Schokolade (100 g)	10
Fruchtsaft (0,7 l)	6
Margarine (500 g)	4

Inwieweit verändert sich die Kaufkraftparität zwischen L und H, wenn die Berechnung auf der Basis des Warenkorbs von B durchgeführt wird?

* Aufgabe 87

Preisvergleiche von Urlaubsgebieten (verschiedener Länder) werden anhand von Reisegeldparitäten, eine besondere Form von Kaufkraftparitäten durchgeführt.

Familie Weckermann hört kurz vor ihrer diesjährigen Urlaubsentscheidung erstmals von diesem statistischen Begriff und beschließt, die endgültige Entscheidung über ihr Urlaubsgebiet anhand von Reisegeldparitäten zu treffen. Nach eingehendem Literaturstudium in der Stadtbücherei seiner Wohngemeinde stellt Vater Weckermann den Urlaubswarenkorb (für sechs Tage) seiner 4-köpfigen Familie mit fünf repräsentativen Gütern und Dienstleistungen zusammen. Anschließend stellt er durch intensive Befragungen bei allen ortsansässigen Reisebüros die Preise dieser Güter und Dienstleistungen für die beiden Urlaubsgebiete fest, die Familie Weckermann von Anfang an ins Auge gefaßt hatte. Die folgende Tabelle enthält neben diesen Informationen außerdem die Preise der Güter und Dienstleistungen des Warenkorbs in der Heimatregion der Familie Weckermann.

Gut	Menge in jeweiligen Einheiten	Preis je Mengeneinheit Busitanien (in B$)	Brulandie (in BF)	Heimatregion (in DM)
Wiener Schnitzel (Stück)	24	32000	55,--	10,--
Deutsches Bier (0,33 l)	42	2000	3,--	0,70
Postkarte incl. Porto (weniger als 5 Worte) (Stück)	10	800	3,50	1,10
Besuch einer landesüblichen Folkloreveranstaltung (Anzahl)	1	85000	480,--	120,--
Unterkunft in Mittelklassehotel (Anzahl)	1	1950000	8550,--	2800,--

a) Berechnen Sie die Kosten des Urlaubswarenkorbs von Familie Weckermann in ihrer Heimatregion sowie in den beiden Urlaubsregionen. Welche Informationen erhält man, wenn man die Kosten für jeweils zwei Regionen zueinander in Beziehung setzt?

b) Für welche Urlaubsregion wird sich Familie Weckermann entscheiden, wenn zum Zeitpunkt der Entscheidung 1000 Busitanien-Dollar 1,40 DM und 100 Brulandie-Francs 33,-- DM kosten?

Aufgabe 88

Brause hat auf einem Rosenmontagsball kräftig harten Alkoholika zugesprochen. Als verantwortungsbewußter Verkehrsteilnehmer möchte er jedoch erst dann wieder seinen Wagen besteigen, wenn sein Blutalkoholgehalt den Wert 0,8 Promille erreicht hat. Um 5 Uhr morgens ergibt ein Blutalkoholtest bei ihm einen Promillegehalt von 3,15. Daraufhin stellt er unverzüglich den Alkoholgenuß ein und läßt seinen Blutalkoholgehalt in den nächsten fünf Stunden regelmäßig messen. Das Ergebnis ist in folgender Tabelle enthalten:

Zeitpunkt	Blutalkoholgehalt in Promille
5.00	3,15
6.00	2,98
7.00	2,87
8.00	2,69
9.00	2,53
10.00	2,36

a) Bestimmen Sie den (linearen) Trend nach der Methode der kleinsten Quadrate!

b) Wie gut läßt sich das dargestellte Phänomen durch ein lineares Modell approximieren?

c) Ist aufgrund des Ergebnisses von Teilaufgabe a) damit zu rechnen, daß Brause rechtzeitig um 19.00 Uhr beim Faschings-Kehraus im Nachbarort mit seinem Wagen erscheint?
Von welcher Annahme ist bei der Beantwortung dieser Frage auszugehen?

Aufgabe 89

In einem Industriebetrieb wurde die Anzahl der täglichen Arbeitsunfälle registriert (der erste Tag ist ein Montag).

Tag	Anzahl der Unfälle	Tag	Anzahl der Unfälle	Tag	Anzahl der Unfälle
1	24	8	26	15	27
2	18	9	16	16	19
3	14	10	14	17	15
4	10	11	9	18	10
5	25	12	25	19	24
6	9	13	9	20	10
7	8	14	7	21	7

a) Bestimmen Sie den Trend nach der Methode der kleinsten Quadrate und stellen Sie die Ursprungswerte und die Werte der geschätzten glatten Komponente graphisch dar!

b) Ermitteln Sie die Restkomponente! Tragen Sie ihre Werte in die Graphik ein und interpretieren Sie diese!

c) Berechnen Sie den Trend und die Restkomponente nach der Methode der gleitenden Durchschnitte! Die Anzahl der Glieder dieses Durchschnitts ist geeignet festzulegen!

Aufgabe 90

Für das Überleben, das Wachstum und die Innovationskraft von Unternehmen und damit einer Volkswirtschaft ist eine ausreichende Eigenkapitalbasis von entscheidender Bedeutung. In der Bundesrepublik Deutschland hat die (durchschnittliche) Eigenkapitalquote über einen längeren Zeitraum hinweg ständig abgenommen.

Jahr	Eigenkapitalquote in %
1967	31,4
1968	30,6
1969	28,4
1970	26,7
1971	25,9
1972	24,6
1973	24,0
1974	23,7
1975	23,7
1976	23,1
1977	22,9
1978	22,4
1979	21,7
1980	19,8
1981	18,7

a) Stellen Sie die Zeitreihe graphisch dar!

b) Berechnen Sie den (linearen) Trend nach der Methode der kleinsten Quadrate und zeichnen Sie die Trendgerade in die Abbildung zu a) ein!

c) Wie gut läßt sich die zeitliche Entwicklung der Eigenkapitalquote durch einen linearen Trend beschreiben?

Aufgabe 91

Der Bestand an Personenkraftwagen eines westeuropäischen Landes entwickelte sich wie folgt:

Jahr	Bestand an Personenkraftwagen in Mio.
1977: 1.7.	18,5
1978: 1.1.	18,9
1.7.	19,6
1979: 1.1.	20,0
1.7.	20,8
1980: 1.1.	20,9
1.7.	21,4
1981: 1.1.	21,5
1.7.	21,9
1982: 1.1.	21,8
1.7.	22,2
1983: 1.1.	22,1

a) Stellen Sie die Zeitreihe graphisch dar!

b) Berechnen Sie den linearen Trend nach der Methode der kleinsten Quadrate und zeichnen sie die Trendgerade ein!

c) In welchem Umfang erklärt der lineare Trend die (Varianz der) Bestandsentwicklung? Berechnen Sie eine geeignete Maßzahl!

d) Bestimmen Sie den Trend nach der Methode der gleitenden Durchschnitte und tragen Sie diesen in die Zeichnung ein!

e) Welchen Bestand an Personenkraftwagen könnte man aufgrund des linearen Trends für den 1.1.1984 erwarten? Ist dieser Wert realistisch?

1.2 Lösungen

Lösung 1

a) - Merkmalsträger: Personen bzw. Haushalte bei VZ und MZ;
- Gesamtheit: Wohnbevölkerung der Bundesrepublik Deutschland zu einem bestimmten Zeitpunkt;
- Umfang der Gesamtheit: 1987 etwa 61 Mio. Personen;
- Merkmale: erfaßbare (meßbare) Eigenschaften (Tatbestände) der Merkmalsträger, zum Beispiel das Haushaltseinkommen;
- Merkmalsausprägung: beim Merkmal Beruf zum Beispiel Lehrer, Schlosser, Zahnarzt,...;
- Erhebungsmerkmal: im Rahmen einer Erhebung erfaßte Eigenschaft, beim MZ zum Beispiel die Haushaltsgröße;
- Vollerhebung oder Totalerhebung: alle statistischen Einheiten der Gesamtheit werden erfaßt (zum Beispiel bei der VZ);
- Teilerhebung oder Stichprobenerhebung: aus der Menge aller Merkmalsträger der Grundgesamtheit wird mit Hilfe eines geeigneten statistischen Verfahrens eine Teilmenge entnommen und erfaßt (zum Beispiel beim MZ);
- Primärstatistik: VZ und MZ; im Gegensatz zur Sekundärstatistik, wie zum Beispiel der Lohnsteuerstatistik, die auf Daten zurückgreift, die zu Steuerzwecken erhoben wurden.

b) Klassifikatorisch: Geschlecht (binär), Beruf (häufbar), Art der Krankenkasse (häufbar), Familienstand.

Metrisch: Haushaltsgröße (diskret), Haushaltseinkommen (diskret), Alter (stetig, aber diskret erfaßt).

c) Geburten und Sterbefälle können als Bewegungsmassen nur zeitraumbezogen erfaßt werden; VZ und MZ sind aber Erhebungen von Bestandsmassen zu einem bestimmten Zeitpunkt.

Lösung 2

Merkmal: landwirtschaftlich genutzte Fläche eines Betriebes; Merkmalstyp: stetiges metrisches Merkmal, klassiert; Merkmalsträger: landwirtschaftliche Betriebe jenes Landes.

a) Arbeitstabelle

i	$\tilde{x}_i$	x_i	$f_i=n_i/n$	$\hat{F}^*_X(\tilde{x}_i)$	$x_i f_i$
1	2	1,5	0,129	0,129	0,1935
2	5	3,5	0,193	0,322	0,6755
3	10	7,5	0,185	0,507	1,3875
4	20	15,0	0,226	0,733	3,3900
5	50	35,0	0,226	0,959	7,9100
6	100	75,0	0,036	0,995	2,7000
7	300[1)]	200,0	0,006	1	1,2000

1) Als Obergrenze der Klasse über 100 ha wird 300 ha angenommen.

Approximierende Verteilungsfunktion $\hat{F}^*_X(\tilde{x}_i)$ siehe Arbeitstabelle.

In diesem Beispiel ist $\hat{F}^*_X(\tilde{x}_i) = f(X<\tilde{x}_i)$!

Median, Medianklasse i=3,

$$x_{0,5} = \tilde{x}_{i-1} + (0{,}5-F_X(\tilde{x}_{i-1}))\Delta(x_i)/f_i$$

$$= 5 + (0{,}5-0{,}322) \cdot 5/0{,}185 = 9{,}81 \text{ (ha)}.$$

Arithmetisches Mittel:

$$\bar{x} \sum_{i=1}^{k} x_i f_i = 17{,}46 \text{ (ha) bei } \tilde{x}_7 = 300 \text{ (ha)}.$$

Der Median beträgt 9,81 ha, d.h. mindestens 50% der Betriebe unterschreiten die landwirtschaftliche Fläche von 9,81 ha nicht und mindestens 50% überschreiten diesen Wert nicht, und das arithmetische Mittel beträgt 17,46 ha landwirtschaftlich genutzte Fläche. Der Wert des arithmetischen Mittels hängt von der gewählten Obergrenze der siebten Größenklasse ab ($\tilde{x}_7$=300 ha).

b) $\hat{F}^*_X(\xi) = \hat{F}_X(\tilde{x}_{i-1}) + (\xi-\tilde{x}_{i-1})f_i/\Delta(x_i)$ falls $\tilde{x}_{i-1} < \xi \le \tilde{x}_i$

$f_X(X\le 20) = \hat{F}^*_X(20) = \hat{F}_X(20) = 0{,}733$.

$f_X(X>50) = 1 - f_X(X\le 50) = 1 - \hat{F}^*_X(50) = 0{,}041$ ($\neq 0{,}036+0{,}006=0{,}042$ wegen Rundungsfehlern).

$\hat{F}^*_X(75) = 0{,}959 + (75-50)0{,}036/50 = 0{,}977$,

$f_X(20\le X\le 75) = f_X(X\le 75) - f_X(X\le 20) = \hat{F}^*_X(75) - \hat{F}^*_X(20) = 0{,}977 - 0{,}733 =$
$= 0{,}244$.

73,3% der Betriebe haben eine landwirtschaftlich genutzte Fläche von höchstens 20 ha, 4,1% von mehr als 50 ha und 24,4% der Betriebe haben eine Fläche zwischen 20 und 75 ha.

Lösung 3

Merkmal: Wellenlänge in mm; Merkmalstyp: stetig, metrisch; Merkmalsträger: Wellen, die in dem betrachteten Betrieb gefertigt werden.

a) Arbeitstabelle 1

j	$x'_{[j]}$	$f(x'_{[j]}) = f_j$	$\hat{F}_X(x'_{[j]})$
1	29,6	0,04	0,04
2	29,7	0,08	0,12
3	29,8	0,12	0,24
4	29,9	0,16	0,40
5	30,0	0,20	0,60
6	30,1	0,12	0,72
7	30,2	0,12	0,84
8	30,3	0,08	0,92
9	30,4	0,04	0,96
10	30,5	0,04	1,00

Stabdiagramm

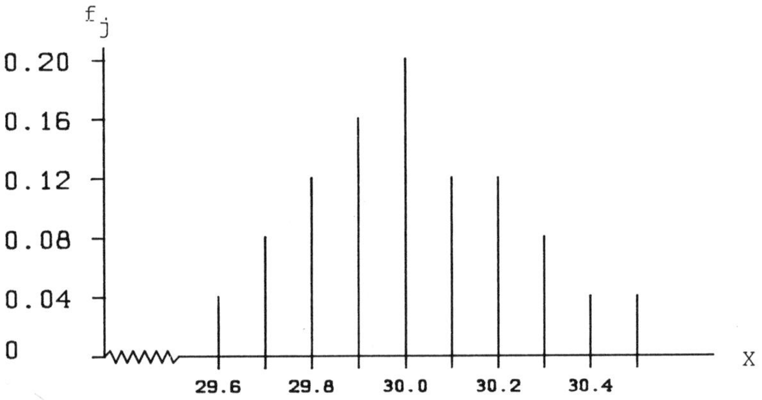

Empirische/approximierende Verteilungsfunktion

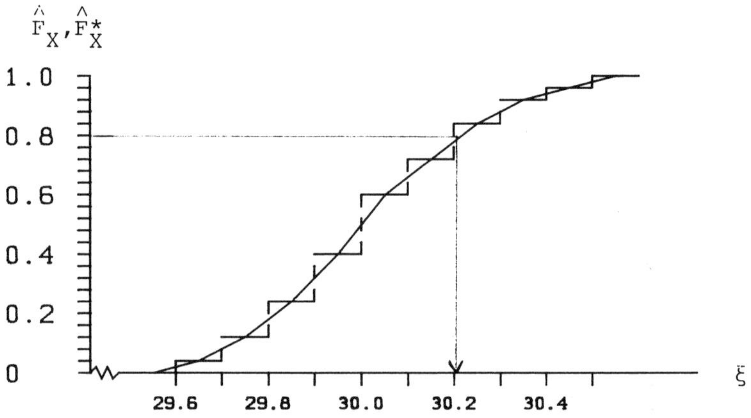

b) $\tilde{x}_o$ = 29,55; technische Begründung: Meßgenauigkeit; statistische Begründung: Klassenmitten = Klassenmittelwerte (=Meßwerte) = x_1 = 29,6; Klassenbreite = 0,1; $\tilde{x}_o = x_1 - \Delta(x_1)/2 = 29{,}6 - 0{,}05 = 29{,}55$ (mm).

Arbeitstabelle 2

i	über ... bis einschl. mm	x_i 1)	f_i 1)	$\hat{F}^*_X(\tilde{x}_i)$	$f_i/\Delta(x_i)$
1	29,55 - 29,65	29,6	0,04	0,04	0,4
2	29,65 - 29,75	29,7	0,08	0,12	0,8
3	29,75 - 29,85	29,8	0,12	0,24	1,2
4	29,85 - 29,95	29,9	0,16	0,40	1,6
5	29,95 - 30,05	30,0	0,20	0,60	2,0
6	30,05 - 30,15	30,1	0,12	0,72	1,2
7	30,15 - 30,25	30,2	0,12	0,84	1,2
8	30,25 - 30,35	30,3	0,08	0,92	0,8
9	30,35 - 30,45	30,4	0,04	0,96	0,4
10	30,45 - 30,55	30,5	0,04	1,00	0,4

1) Vgl. Arbeitstabelle 1

Histogramm

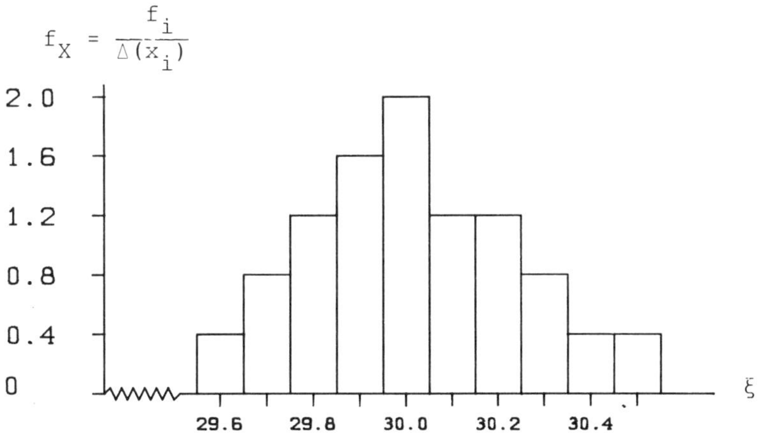

Approximierende Verteilungsfunktion siehe Teilaufgabe a).

c) Wegen

$x_{0,8} = \tilde{x}_{i-1} + (0{,}8-\hat{F}_X(\tilde{x}_{i-1}))\Delta(x_i)/f_i =$

$= 30{,}15 + (0{,}8-0{,}72)0{,}1/0{,}12 \doteq 30{,}22$ (mm) ist $(-\infty;30,22] = [0;30,22] = [29,55;30,22]$ ein Bereich, in dem sich 80% der Beobachtungswerte befinden, allerdings nur approximativ! Vergleiche die approximierende Verteilungsfunktion! Bei hinreichend großem n und gleichmäßig verteilten Beobachtungswerten innerhalb der Klassen ist der Genauigkeitsverlust vernachlässigbar.

N.B.: Es gibt (unendlich) viele derartiger Bereiche!

d) Arbeitstabelle 3

i	$\tilde{x}_i$	f_i	$f_i/\Delta(x_i)$
1	29,65	0,04	0,4
2	29,85	0,20	1,0
3	30,05	0,36	1,8
4	30,25	0,24	1,2
5	30,45	0,12	0,6
6	30,55	0,04	0,4

Histogramm

$$f_X = \frac{f_i}{\Delta(x_i)}$$

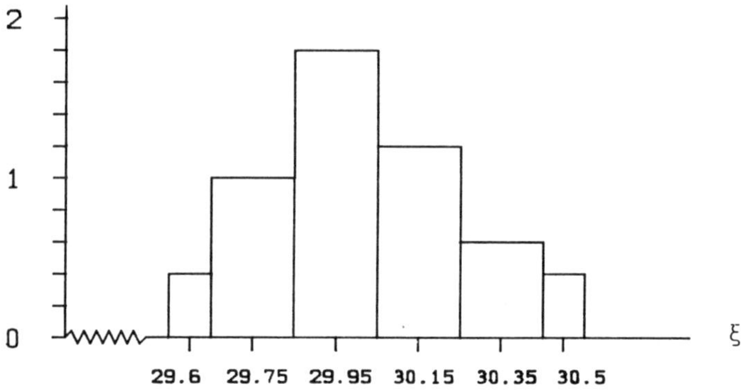

Lösung 4

Merkmal: Haushaltseinkommen in DM; Merkmalstyp: metrisch, diskret, klassiert; Merkmalsträger: Privathaushalte jenes Landes.

a) Arbeitstabelle

i	$\tilde{x}_i$	f_i	$\hat{F}_X(\tilde{x}_i)$	$f_i/\Delta(x_i)$
1	1200[1)]	0,187	0,187	0,00031
2	1800	0,217	0,404	0,00036
3	2500	0,235	0,639	0,00034
4	3000	0,115	0,754	0,00023
5	4000	0,144	0,898	0,00014
6	5000	0,057	0,955	0,00006
7	10000[2)]	0,045	1,000	0,00001

1) $\tilde{x}_o$ = 600 (=Existenzminimum),

2) $\tilde{x}_7$ = 10000 (Ausreißer werden vernachlässigt)

b) Histogramm

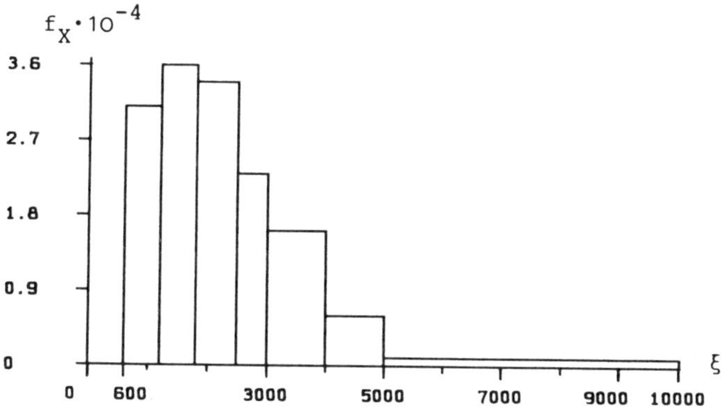

Approximierende Verteilungsfunktion

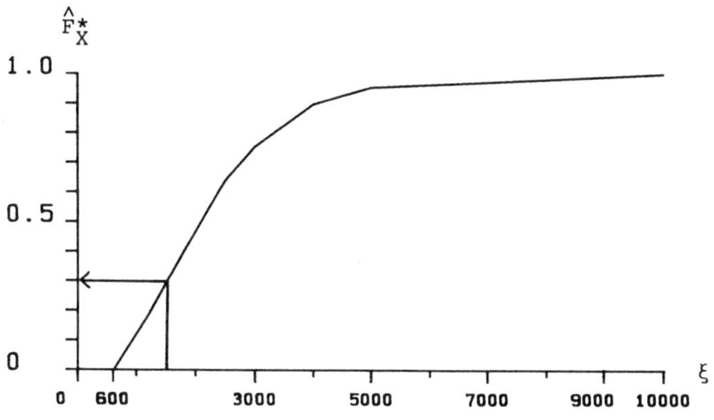

c) $\hat{F}^*_X(\xi) = \hat{F}_X(\tilde{x}_{i-1}) + (\xi-\tilde{x}_{i-1}) \cdot f_i/\Delta(x_i)$

$\hat{F}^*_X(1500) = 0{,}187 + (1500-1200)0{,}217/600 = 0{,}187 + 0{,}1085$

$= 0{,}2955 \doteq 0{,}3$, 30% der Haushalte.

$\hat{F}^*_X(3800) = 0{,}754 + (3800-3000)0{,}144/1000 = 0{,}754 + 0{,}1152 =$

$= 0{,}8692 \doteq 0{,}87$,

$1 - \hat{F}^*_X(3800) \doteq 1 - 0{,}87 = 0{,}13$, 13% der Haushalte.

$\hat{F}^*_X(2900) = 0{,}639 + (2900-2500)0{,}115/500 = 0{,}639 + 0{,}092 =$

$= 0{,}731 \doteq 0{,}73$,

$\hat{F}^*_X(1700) = 0{,}187 + (1700-1200)0{,}217/600 = 0{,}187 + 0{,}181 =$

$= 0{,}368 \doteq 0{,}37$,

$\hat{F}^*_X(2900) - F^*_X(1700) = 0{,}73 - 0{,}37 = 0{,}36$, 36% der Haushalte.

Es haben zum Beispiel 13% der Haushalte ein monatliches Nettoeinkommen über 3800,-- DM.

Annahme: Gleichmäßige Verteilung der Beobachtungswerte innerhalb der Einkommensklassen.

Lösung 5

a) Merkmalsträger: Sargkäufe; Merkmale: Sargtyp im Inland (A) und Ausland (B); Merkmalstyp: klassifikatorisch.

b) Für klassifikatorische Merkmale ist der Modus ein geeignetes Maß der zentralen Tendenz und die Entropie oder das Maß vom Typ HERFINDAHL ist ein Maß zur Charakterisierung der Streuung.

Modus:

$$n(A_4) = \max_{i=1,2,\ldots,k} n(A_i) = 75 ,$$

$$n(B_5) = \max_{i=1,2,\ldots,k} n(B_i) = 39 .$$

Der Modus des Merkmals A (Sargtyp im Inland) ist die vierte Merkmalsausprägung, Tischlersärge, der des Merkmals B (Sargtyp im Ausland) Urnen.

Die weitaus häufigste Beerdigungsart im Inland ist die Beerdigung in Tischlersärgen, im Ausland werden Urnen präferiert.

Entropie:

$$H(A) = -\sum_{i=1}^{k} f_i \operatorname{ld} f_i =$$

$$= -(0{,}01 \operatorname{ld} 0{,}01 + 0{,}00 \operatorname{ld} 0{,}00 + 0{,}05 \operatorname{ld} 0{,}05 + 0{,}75 \operatorname{ld} 0{,}75 +$$

$$+ 0{,}19 \operatorname{ld} 0{,}19) =$$

$$= 0{,}0664 + 0{,}0000 + 0{,}2161 + 0{,}3113 + 0{,}4552 = 1{,}0490$$

$$H(B) = 0{,}3322 + 0{,}2435 + 0{,}500 + 0{,}4644 + 0{,}5298 = 2{,}0699$$

$$0 \le H(A), H(B) \le \operatorname{ld} k \, ; \qquad \operatorname{ld} k = \operatorname{ld} 5 = 2{,}3219 \, .$$

Die Streuung der Nachfrage nach Särgen und Urnen im Ausland ist wesentlich größer. Sie tendiert zur Gleichverteilung ($H(B) = 2{,}07$ ist nahe an $\operatorname{ld} k = 2{,}32$, der Gleichverteilung), die Streuung der Nachfrage im Inland ist deutlich niedriger, aber dennoch nicht nahe an der Ein-Punkt-Verteilung.

Maß vom Typ HERFINDAHL

Arbeitstabelle

Nachfrage	A f_i	A f_i^2	B f_i	B f_i^2
Särge im Selbstbausatz	0,01	0,0001	0,10	0,0100
Leihsärge	0	0	0,06	0,0036
Cash- und carry Särge	0,05	0,0025	0,25	0,0625
Tischlersärge	0,75	0,5625	0,20	0,0400
Urnen	0,19	0,0361	0,39	0,1521
Σ	1,0	0,6012	1,0	0,2682

$$K_H(A) = \sum_{i=1}^{k} f_i^2 = 0{,}6012 \, , \quad S_H(A) = 1 - 0{,}6012 = 0{,}3988 \, ,$$

$$K_H(B) = 0{,}2682 \, , \quad S_H(B) = 1 - 0{,}2682 = 0{,}7318 \, ,$$

$$0 \le S_H(A), S_H(B) \le 1 - \frac{1}{k} = 1 - 0{,}2 = 0{,}8 \, .$$

Die Streuung des Merkmals B liegt nahe an der Grenze des Wertebereichs des Maßes vom Typ HERFINDAHL zur empirischen Gleichverteilung. Die Streuung des Merkmals A ist niedriger, läßt aber keine präzise Interpretation zu, da der Wert in der Mitte des Wertebereichs liegt.

Auf jeden Fall ist die Streuung von A (Inland) wesentlich geringer als die Streuung von B (Ausland).

Lösung 6

Merkmal: Unfalltyp von Verkehrsunfällen; Merkmalstyp: klassifikatorisch; Merkmalsträger: Straßenverkehrsunfälle mit Personenschaden.

a) Geeignete Darstellungsform ist das Stabdiagramm. Mit den relativen Häufigkeiten (in Prozent)

A_i	A_1	A_2	A_3	A_4	A_5	A_6	A_7
$100 \cdot f_i$	20,3	14,6	22,3	10,5	3,4	17,6	11,4

ergibt sich das folgende Stabdiagramm:

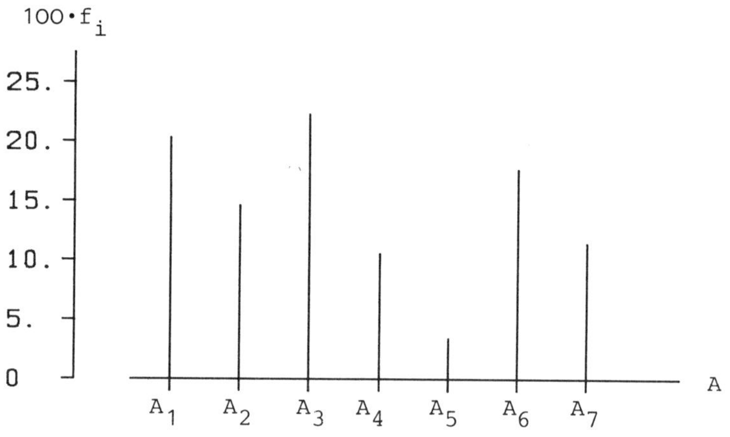

b) Wegen $n(A_3) = 83569 = \max_i\{n(A_i)\}$ ist A_3 (Einbiegen-/Kreuzen-Unfall) der Modus.

c) Geeignete Streuungs-/Konzentrationsmaße sind die Entropie und das Maß vom Typ HERFINDAHL.

A	f_i	$-f_i \text{ ld } f_i$	f_i^2
A_1	0,203	0,4670	0,041209
A_2	0,146	0,4053	0,021316
A_3	0,223	0,4828	0,049729
A_4	0,105	0,3414	0,011025
A_5	0,034	0,1659	0,001156
A_6	0,176	0,4411	0,030976
A_7	0,114	0,3571	0,012996
Σ	1,001	2,6606	0,168407

$$H(A) = -\sum_{i=1}^{7} f_i \text{ ld } f_i = 2{,}6606 < \text{ld } 7 = 2{,}8074 \text{ (Gleichverteilung);}$$

$$K_H(A) = \sum_{i=1}^{7} f_i^2 \doteq 0{,}168, \quad S_H(A) \doteq 1 - 0{,}168 \doteq 0{,}832 < 0{,}857 \text{ (Gleichverteilung).}$$

Die Abweichung der empirischen Verteilung von der Gleichverteilung ist - gemessen mit diesen Maßen - nicht sehr ausgeprägt, denn die Werte der beiden Streuungsmaße weichen nicht stark von den entsprechenden Werten für eine empirische Gleichverteilung ab.

Lösung 7

Merkmal A: Partei
Merkmalsträger: Wähler (abgegebene Stimmen)
Merkmalstyp: klassifikatorisch

Ein geeignetes Maß zur Beschreibung der Konzentration der Stimmen auf die fünf unterschiedenen Parteien ist das Maß von HERFINDAHL.

a) Es ist: $K_H(A) = \sum_{i=1}^{k} f_i^2$ mit $\frac{1}{k} = \frac{1}{5} \leq K_H(A) \leq 1$; dabei ergibt sich $K_H(A) = 1$ im Fall der vollständigen Konzentration auf eine Partei und $K_H(A) = \frac{1}{5}$ im Fall minimaler Konzentration, d.h. Gleichverteilung der Stimmen auf die Parteien.

Arbeitstabelle

i	$-f_i \text{ ld } f_i$		f_i^2	
	1980	1983	1980	1983
1	0,5238	0,5304	0,184041	0,145924
2	0,5198	0,5051	0,198025	0,238144
3	0,3432	0,2686	0,011236	0,004900
4	0,0909	0,2329	0,000225	0,003136
5	0,0382	0,0319	0,000025	0,000016
Σ	1,5159	1,5689	0,393552	0,392120

Damit erhält man

$K_H(A)_{80} \doteq 0{,}394$ und $K_H(A)_{83} \doteq 0{,}392$.

Da der Wert des Maßes von HERFINDAHL von 1980 bis 1983 geringfügig zurückgegangen ist, hat die Konzentration der Stimmen auf die Parteien minimal abgenommen.

Da Verteilungen mit gleicher Anzahl von Ausprägungen (k=5) miteinander verglichen werden, muß das Maß von HERFINDAHL nicht normiert werden.

Anmerkung: Da zwischen Streuung und Konzentration ein enger Zusammenhang besteht, kann die Fragestellung auch mit der Entropie und dem Streuungsmaß vom Typ HERFINDAHL beantwortet werden. Es gilt (vgl. Arbeitstabelle):

$$H(A)_{80} \doteq 1,52,\ H(A)_{83} \doteq 1,57,\ S_H(A)_{80} = 1 - K_H(A)_{80} \doteq 0,606,$$

$$S_H(A)_{83} = 1 - K_H(A)_{83} \doteq 0,608\ .$$

Die Werte der Streuungsmaße haben von 1980 bis 1983 geringfügig zugenommen, d.h. sie haben sich ihren Grenzwerten für den Fall der empirischen Gleichverteilung angenähert, was bedeutet, daß die Konzentration abgenommen hat.

b) Werden die Stimmenanteile der "Grünen" und der "Sonstigen" zusammengefaßt, ergibt sich für k' = 4:

	$-f_i \text{ ld } f_i$		f_i^2	
	1980	1983	1980	1983
i=k' = 4	0,1129	0,2435	0,0004	0,0036

Damit ist:

$$K'_H(A)_{80} \doteq 0,394 \quad \text{und} \quad K'_H(A)_{83} \doteq 0,393 \quad \text{bzw.}$$

$$H'(A)_{80} \doteq 1,50 \quad \text{und} \quad H'(A)_{83} \doteq 1,55,$$

$$S'_H(A)_{80} \doteq 0,606 \text{ und } S'_H(A)_{83} \doteq 0,611.$$

Alle Ergebnisse belegen, daß auch im Fall der Zusammenfassung der beiden Merkmalsausprägungen "Grüne" und "Sonstige" die Konzentration von 1980 bis 1983 geringfügig abgenommen hat.

Für einen Vergleich der Konzentrationen mit und ohne Zusammenfassung der Stimmenanteile der "Grünen" und der "Sonstigen" sind die verwendeten Maße (wegen k=5 und k'=4) zu normieren. Die Ergebnisse der Normierung mit

$$0 \le R(A) = \frac{H(A)}{\text{ld } k} \le 1 \quad \text{und } 0 \le K_H(A)_{\text{norm.}} = \frac{k \cdot K_H(A) - 1}{k-1} \le 1 \qquad \text{bzw.}$$

$$S_H(A)_{\text{norm.}} = \frac{k \cdot S_H(A)}{k-1}$$

sind für die Fälle a (k=5) und b (k'=4) der folgenden Übersicht zu entnehmen:

	$K_H(A)_{norm.}$		R(A)		$S_H(A)_{norm.}$	
	1980	1983	1980	1983	1980	1983
a	0,2425	0,2400	0,655	0,676	0,758	0,760
b	0,1920	0,1907	0,750	0,775	0,808	0,810

Aus dieser Übersicht geht hervor, daß die Stimmenkonzentration in beiden Fällen geringfügig abgenommen hat. Die Übersicht zeigt aber auch, daß die "relative Konzentration" im Falle b nicht unwesentlich geringer als im Falle a ist (weil sich die Stimmenanteile gleichmäßiger auf weniger Parteien/Ausprägungen verteilen).

Lösung 8

a) Merkmalsträger sind die Studierenden, die an der Diplomvorprüfung im Fach Statistik teilnahmen. Komparatives Merkmal "Note", mit der Verteilung

Note U_i	Anzahl $n(U_i)$	Anteil $f(U_i)$	$F_U(U_i)$
1	2	0,025	0,025
2	20	0,250	0,275
3	28	0,350	0,625
4	22	0,275	0,900
5	8	0,100	1,000
Σ	80	1	---

Stabdiagramm (Häufigkeitsverteilung)

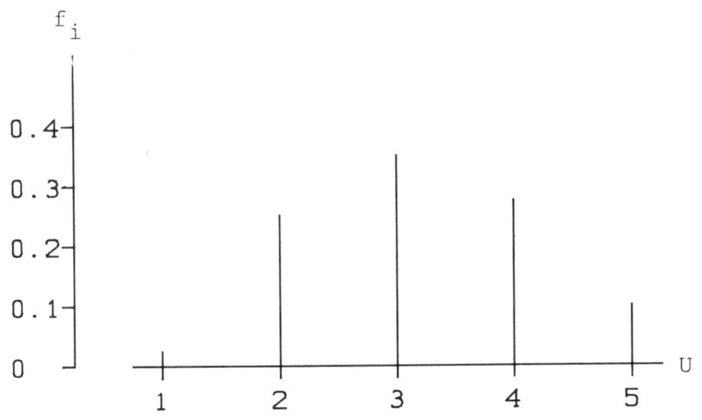

Kumulierte relative Häufigkeiten

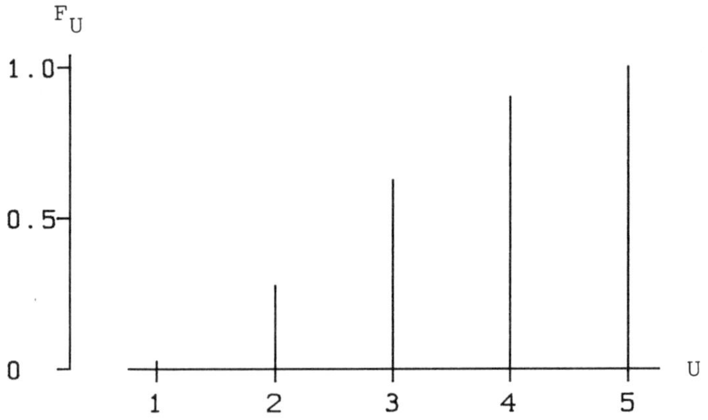

b) Der Median ist ein geeignetes Lagemaß für komparative Merkmale. Median $U_{0,5} = 3$, d.h. mindestens 50% der Teilnehmer haben die Note 3 und besser und mindestens 50% die Note 3 oder eine schlechtere Note erzielt. Da 28 Teilnehmer die Note 3 erzielt haben, ist der Median - wie so oft - nicht besonders aussagefähig.

Ein Streuungsmaß für komparative Merkmale ist

$$S(U) = \sum_{j=1}^{k-1} H(A_j), \text{ mit } H(A_j) = -[f_{j,1} \text{ ld } f_{j,1} + f_{j,2} \text{ ld } f_{j,2}] .$$

A_j	$f_{j,1}$	$f_{j,2}$	$H(A_j)$
A_1	0,975	0,025	0,1686
A_2	0,725	0,275	0,8486
A_3	0,375	0,625	0,9544
A_4	0,100	0,900	0,4690

Damit ist $S(U) = \sum_{j=1}^{4} H(A_j) = 2,4406$ und $S(U)_{norm.} = 2,4406/4 \doteq 0,6$.

Wegen $0 \leq S(U)_{norm.} \leq 1$ ist die Streuung dieser Verteilung also nicht sehr stark. Die Verwendung der normierten Streuung hat den Vorteil, daß Verteilungen mit unterschiedlicher Anzahl von Ausprägungen (zum Beispiel Zwischennoten) hinsichtlich der Streuung miteinander verglichen werden können.

Lösung 9

a) Merkmalsträger sind die gefällten Kiefern der beiden Forstämter. Die Güteklassen der Kiefern sind Ausprägungen des komparativen Merkmals "Güte".

b) Für komparative Merkmale ist der Median ein geeignetes Maß der zentralen Tendenz, und der Quartilsabstand oder das Maß auf der Basis der Entropie sind geeignete Streuungsmaße.

Arbeitstabelle 1

	Güte-klasse	Forstamt A		Forstamt B	
		$n(U_i)$	$S_U(U_i)$	$n(V_i)$	$S_U(V_i)$
1	SS	30	30	160	160
2	TS	0	30	20	180
3	B	10	40	20	200
4	C	50	90	0	200
5	H	10	100	0	200

Median:

Der Median $U_{0,5} = 4$ ist - für das Forstamt A - die Merkmalsausprägung vierte Güteklasse (Güteklasse C). 90% des Holzaufwurfes ist von gleicher oder besserer und 60% von gleicher oder schlechterer Holzqualität. Für das Forstamt B ergibt sich analog $V_{0,5} = 1$, die beste Güteklasse (SS). 80% sind von der gleichen Güteklasse und 100% von der gleichen oder einer schlechteren Güteklasse. Der Median ist hier - wie so oft - von nur geringer Aussagekraft.

Quartilsabstand:

$$q_A = U_{0,75} - U_{0,25} = 4 - 1 = 3 \quad \text{(Forstamt A)},$$

$$q_B = V_{0,75} - V_{0,25} = 1 - 1 = 0 \quad \text{(Forstamt B)}.$$

Der Quartilsabstand für das Forstamt A beträgt 3 Güteklassen (Merkmalsausprägungen), der für das Forstamt B 0 Güteklassen. Die Aussagekraft des Quartilsabstands ist grundsätzlich (fast immer) gering. Am Beispiel des Forstamtes A besagt der Quartilsabstand, daß mindestens 50% der gefällten Kiefern (Merkmalsträger) Ausprägungen zwischen den Güteklassen SS und C aufweisen. Die Betrachtung der absoluten Häufigkeiten ist hier aufschlußreicher.

Maß auf der Basis der Entropie:

Arbeitstabelle 2: Forstamt A

A_j	$f_{j,1}$	$f_{j,2}$	$-f_{j,1}$ ld $f_{j,1}$	$-f_{j,2}$ ld $f_{j,2}$	$H(A_j)$
A_1	0,7	0,3	0,3602	0,5211	0,8813
A_2	0,7	0,3	0,3602	0,5211	0,8813
A_3	0,6	0,4	0,4422	0,5288	0,9710
A_4	0,1	0,9	0,3322	0,1368	0,4690
Σ	-	-	-	-	3,2026

$$S(U) = \sum_{j=1}^{4} H(A_j) = 3{,}2026, \qquad 0 \leq S(U) \leq k-1 = 4 .$$

Arbeitstabelle 3: Forstamt B

B_j	$f_{j,1}$	$f_{j,2}$	$-f_{j,1}$ ld $f_{j,1}$	$-f_{j,2}$ ld $f_{j,2}$	$H(B_j)$
B_1	0,2	0,8	0,4644	0,2575	0,7219
B_2	0,1	0,9	0,3322	0,1368	0,4690
B_3	0	1,0	0	0	0
B_4	0	1,0	0	0	0
Σ	-	-	-	-	1,1909

$S(V) = 1{,}1909 , \quad 0 \leq S(V) \leq k-1 = 4 .$

Für das Forstamt A weist dieses Streuungsmaß eine relativ starke Streuung aus. Die Verteilung des Merkmals Güte des Forstamts B ähnelt eher einer Ein-Punkt-Verteilung als die entsprechende Verteilung des Forstamts A, da das Streuungsmaß wesentlich näher an der Untergrenze (S(U)=0), der empirischen Ein-Punkt-Verteilung, liegt.

Kumulierte Häufigkeitsverteilungen: Siehe Arbeitstabelle 1!

Lösung 10

Komparatives Merkmal: Einstellung zur modernen Lyrik; Merkmalsträger sind die Studierenden der Studiengänge Betriebswirtschaftslehre und Germanistik. Es werden zwei Gesamtheiten betrachtet.

Der Median ist ein geeignetes Lagemaß und das Maß auf der Basis der Entropie ein Streuungsmaß zur Charakterisierung von Häufigkeitsverteilungen komparativer Merkmale. Die Spannweite wird hier nicht als Streuungsmaß verwendet, da sie in der Regel wenig aussagefähig ist. Im folgenden wird das oben definierte Merkmal mit U bezeichnet, wenn es sich auf die Betriebswirte bezieht und mit V, wenn die Germanisten gemeint sind.

Arbeitstabelle 1

U_i, V_i	$f(U_i)$	$F_U(U_i)$	$f(V_i)$	$F_V(V_i)$
1	0,024	0,024	0,378	0,378
2	0,049	0,073	0,257	0,635
3	0,244	0,317	0,270	0,905
4	0,244	0,561	0,068	0,973
5	0,439	1	0,027	1

Der Median $U_{0,5} = 4$ ist der Skalenwert 4 und $V_{0,5} = 2$ ist der Skalenwert 2. Die Betriebswirte haben also im Mittel eine ablehnendere Einstellung zur modernen Lyrik als die Germanisten. Mindestens 50% der Betriebswirte geben ihre Einstellung mit dem Skalenwert 4 oder schlechter und mindestens 50% mit 4 oder besser an. Die Interpretation von $V_{0,5}$ erfolgt analog.

Maß auf der Basis der Entropie

Arbeitstabelle 2

	U			V		
A_j	$f_{j,1}$	$f_{j,2}$	$H(A_j)$	$f_{j,1}$	$f_{j,2}$	$H(A_j)$
A_1	0,976	0,024	0,1633	0,622	0,378	0,9566
A_2	0,927	0,073	0,3770	0,365	0,635	0,9467
A_3	0,683	0,317	0,9011	0,095	0,905	0,4529
A_4	0,439	0,561	0,9892	0,027	0,973	0,1791
Σ	-	-	2,4306	-	-	2,5353

$$S(U) = \sum_{j=1}^{k} H(A_j) = 2,4306 \quad \text{wobei}$$

$$H(A_j) = -[f_{j,1} \operatorname{ld} f_{j,1} + f_{j,2} \operatorname{ld} f_{j,2}];$$

$$S(V) = 2,5353 \;,$$

$$0 \le S(U), S(V) \le k-1 = 4 \;.$$

Die Streuung von V ist etwas stärker als die von U, beide Verteilungen weisen eine mittlere Streuung auf. D.h. es liegt weder eine empirische Gleichverteilung ($S(U), S(V)=0$) noch die Konstellation $f_1 = f_5 = 0,5$ ($S(U), S(V)=4$) vor.

Lösung 11

Gegeben ist die Verteilung der relativen Häufigkeiten von Beziehungszahlen ($\hat{X}$=km/h). Merkmalsträger sind die in der Erhebung erfaßten PKW.

i	$\tilde{x}_i$	f_i	$\hat{F}_X(\tilde{x}_i)$
1	100	0,253	0,253
2	130	0,492	0,745
3	150	0,193	0,938
4	über 150	0,062	1,000

Es ist approximativ $\hat{F}^*_X(\xi) = \hat{F}_X(\tilde{x}_{i-1}) + (\xi-\tilde{x}_{i-1})f_i/\Delta(x_i)$.

Bei der Approximation des Anteils wird eine Gleichverteilung der Geschwindigkeiten der PKW in den Geschwindigkeitsklassen angenommen.

Mit ξ = 110 (km/h) ergibt sich i=2 und

$$\hat{F}^*_X(110) = \hat{F}_X(100) + (110-100)0,492/30 = 0,253 + 0,164 = 0,417 \; ,$$

so daß 1-0,417 = 0,583 = 58,3% der Autofahrer von einer solchen Regelung betroffen wären.

Lösung 12

a) Der quadrierte euklidische Abstand des Zentrallagers Z zur i-ten Verkaufsstelle V_i (i=1,...,5) ist definiert durch

$$d^2(Z,V_i) = (x_Z-x_i)^2 + (y_Z-y_i)^2 \; .$$

Die Summe (und damit auch die gesamten Transportkosten)

$$\sum_{i=1}^{5} d^2(Z,V_i) = \sum_{i=1}^{5} (x_Z-x_i)^2 + \sum_{i=1}^{5} (y_Z-y_i)^2 = 5\cdot s^2_X(x_Z) + 5\cdot s^2_Y(y_Z)$$

ist (sind) minimal, wenn $x_Z = \bar{x} = \sum_{i=1}^{5} x_i\cdot g_i$ und $y_Z = \bar{Y} = \sum_{i=1}^{5} y_i\cdot g_i$,

mit $g_i \geq 0$ und $\sum_{i=1}^{n} g_i = 1$ (Minimaleigenschaft der Varianz bezüglich des arithmetischen Mittels).

Mithin sind $\bar{x}$ = 8,4 und $\bar{y}$ = 9,8 (mit gleichen Gewichten g_i = 0,2 für i=1,...,5) die Koordinaten des optimalen Standorts von Z.

b) In diesem Falle sind $\bar{x}$ und $\bar{y}$ mit den Gewichten $g_1 = 2/27$, $g_2 = 3/27$, $g_3 = 1/27$, $g_4 = 6/27$ und $g_5 = 15/27$ zu berechnen.

Damit sind $\bar{x} = 10{,}0$ und $\bar{y} \doteq 13{,}2$ die Koordinaten des optimalen Standorts von Z.

Lösung 13

a) Rechtwinkliges Koordinatensystem parallel zu den Straßen; Koordinaten:

Objekt	x_i	y_i
1	1,0	1,5
2	6,5	3,0
3	2,5	6,5
4	6,0	10,0
5	5,0	9,0

b) Die Straßenentfernung zwischen zwei Kreuzungen i und j ist durch $d(i,j) = |x_i - x_j| + |y_i - y_j|$ definiert. Zum Beispiel ist $d(1,2) = |1 - 6{,}5| + |1{,}5 - 3{,}0| = 7$ Entfernungs-/Koordinateneinheiten. Wenn zum Beispiel 1 Koordinateneinheit = 200 m, dann sind 7 Einheiten gleich 1,4 km.

c) Die mittlere Entfernung der Feuerwehrwache (F) zu den Objekten 1 bis 5 soll minimal sein.

$$\bar{d} = \frac{1}{5}\sum_i |x_i - x_F| + \frac{1}{5}\sum_i |y_i - y_F| = d(x_F) + d(y_F) \rightarrow \min.$$

Die durchschnittliche Abweichung $d_X(b)$ bzw. $d_Y(b)$ ist minimal für $b = x_{0,5}$ bzw. $b = y_{0,5}$; d.h. für $x_F = x_{0,5} = 5$ und $y_F = y_{0,5} = 6{,}5$. Somit sind $x_F = 5$ und $y_F = 6{,}5$ die Koordinaten der Feuerwehrwache.

d) $\bar{d} = d(x_F{=}5) + d(y_F{=}6{,}5) = \frac{1}{5}\sum_{i=1}^{5} |x_i - 5| + \frac{1}{5}\sum_{i=1}^{5} |y_i - 6{,}5| = 1{,}8 + 2{,}9 = 4{,}7$ Entfernungseinheiten.

e) Das Ergebnis ändert sich nicht, weil der Median gegenüber monotonen Transformationen invariant ist.

Lösung 14

Merkmal: Betriebszugehörigkeit in Jahren (X); Merkmalstyp: metrisch; Merkmalsträger: Arbeitnehmer des Betriebs.

a) $\bar{x} = \frac{1}{20} \sum_{i=1}^{14} x_i \cdot n_i$ = 15 Jahre Betriebszugehörigkeit.

Wegen $n(x \leq 9) = 10 = n/2$ und $n(x \geq 11) = 10 = n/2$ kann jeder Wert zwischen 9 und 11 Median sein. Es ist vielfach üblich, $x_{0,5}$ in der Mitte eines solchen Intervalls, hier also mit $x_{0,5} = 10$ (Jahre Betriebszugehörigkeit) festzulegen.

b) $s^2 = \frac{1}{n} \sum_i (x_i - \bar{x})^2 n_i = 0{,}05 \cdot 3426 = 171{,}3 \text{ (Jahre)}^2$,

$s = \sqrt{171{,}3} \doteq 13{,}1$ (Jahre) .

$d(x_{0,5}) = \frac{1}{n} \sum_i |x_i - x_{0,5}| \cdot n_i = 0{,}05 \cdot 218 = 10{,}9$ (Jahre).

Bei asymmetrischen Verteilungen - wie dieser - sind häufig Median und durchschnittliche Abweichung vom Median geeignete Maße. Der Median ist von Extremwerten unabhängig, das arithmetische Mittel hingegen nicht, daher ist letzteres hier auch nicht unwesentlich größer. Die durchschnittliche Abweichung ist minimal bezüglich des Medians. Sie hat die gleiche Dimension wie der Median und ist leichter zu interpretieren als die Standardabweichung (Varianz).

Lösung 15

Hochsprungergebnisse und 100m-Zeiten lassen sich schon aufgrund der unterschiedlichen Dimensionen (m, sec.) nicht einfach addieren. Bei Wettbewerben werden die Leistungen daher nach einem vorgegebenen Punkteschema bewertet und die in den einzelnen Disziplinen erzielten Punkte zum Gesamtergebnis zusammengezählt (statistisch problematisch!).

Eine andere Möglichkeit besteht in der Standardisierung der Merkmale. Standardisierte Merkmale sind dimensionslos und somit addierbar.

Sei X_1 die erzielte Höhe im Hochsprung in m und X_2 die 100m-Zeit in sec.; dann sind

$$X^*_1 = \frac{X_1 - \bar{x}_1}{s_1} \text{ und } X^*_2 = \frac{X_2 - \bar{x}_2}{s_2}$$

die beiden standardisierten Merkmale. Ein sinnvolles Maß für die Gesamtleistung ist $(X_1^* - X_2^*)$. X_2^* wird von X_1^* abgezogen, weil eine geringere 100m-Zeit (X_2^* negativ) besser zu bewerten ist als eine höhere. Die Gesamtleistung ist umso besser, je größer $(X_1^* - X_2^*)$ ist.

$$\bar{x}_1 = \frac{1}{n} \sum_{i=1}^{n} x_{1i} = \frac{1}{5} (2{,}06 + 1{,}97 + 1{,}91 + 2{,}00 + 2{,}16) = 2{,}02 \text{ ,}$$

$$s_1^2 = \frac{1}{n}\sum_{i=1}^{n}(x_{1i}-\bar{x}_1)^2 = \frac{1}{5}[(2,06-2,02)^2 + \ldots + (2,16-2,02)^2] = 0,00724,$$

$$s_1 = +\sqrt{s_1^2} = \sqrt{0,00724} = 0,0851 \; ;$$

$$\bar{x}_2 = \frac{1}{n}\sum_{i=1}^{n} x_{2i} = \frac{1}{5}(10,83+11,01+11,18+10,65+10,78) = 10,89 \; ,$$

$$s_2^2 = \frac{1}{n}\sum_{i=1}^{n}(x_{2i}-\bar{x}_2)^2 = \frac{1}{5}[(10,83-10,89)^2 + \ldots + (10,78-10,89)^2] = 0,03436,$$

$$s_2 = +\sqrt{s_2^2} = \sqrt{0,03436} = 0,1854 \; .$$

Arbeitstabelle

Teilnehmer i	x_{1i}	x_{2i}	$x^*_{1i} = \frac{x_{1i}-\bar{x}_1}{s_1}$	$x^*_{2i} = \frac{x_{2i}-\bar{x}_2}{s_2}$	$x^*_{1i} - x^*_{2i}$
1	2,06	10,83	0,4700	-0,3236	0,7936
2	1,97	11,01	-0,5875	0,6472	-1,2347
3	1,91	11,18	-1,2926	1,5642	-2,8568
4	2,00	10,65	-0,2350	-1,2945	1,0595
5	2,16	10,78	1,6451	-0,5933	2,2384

Die beste Gesamtleistung erzielte somit der Teilnehmer Nr. 5.

Lösung 16

Merkmale: Umsatz in DM (Y) und Verkaufsfläche in m^2 (X); Merkmalstyp: metrisch, Beziehungszahlen; Merkmalsträger: Abteilungen.

Bei Beziehungszahlen ist das harmonische Mittel das geeignete Maß zur Berechnung von Durchschnittswerten, wenn die Gewichte (hier die Umsätze) und das Merkmal im Zähler der Beziehungszahlen (hier: Umsätze/Verkaufsfläche) übereinstimmen.

Mit $b_i = y_i/x_i$ (Umsatz/m^2) und

$h_i = y_i/\sum_j y_j$ (Umsatzanteile) gilt

$$\bar{b}_H = \frac{1}{\sum_i \frac{1}{b_i} h_i} = \frac{\sum_i y_i}{\sum_i \frac{1}{b_i} y_i} \; .$$

$\sum_i y_i$ = 1190000,-- DM (Gesamtumsatz),

$\sum_i (y_i/b_i) = \sum_i x_i \doteq 987{,}5\ m^2$ (Gesamtfläche),

so daß $\bar{b}_H \doteq 1190000/987{,}5 = 1205$,-- DM/$m^2$ der durchschnittliche Umsatz je m^2 Verkaufsfläche ist.

Lösung 17

Merkmalsträger: n = 5 Mantas; Merkmale: Benzinverbrauch, gefahrene Strecke; metrisch;

Der Verbrauch je 100 km ist eine Beziehungszahl der Art

$$b = \frac{y}{x} = \frac{1}{100\ \text{km}} .$$

a) Ein spezieller Mittelwert für solche Beziehungszahlen ist das harmonische Mittel

$$\bar{b}_H = \frac{1}{\sum\limits_{i=1}^{n} \frac{1}{b_i} \cdot h_i} \qquad \text{mit den (gegebenen) Gewichten}$$

$$h_i = \frac{y_i}{\sum\limits_{j=1}^{n} y_j} \geq 0 , \quad \sum_{i=1}^{n} h_i = 1 ;$$

dabei ist h_i der Anteil des Jahresverbrauchs des i-ten Mantas am Jahresverbrauch aller fünf Mantas.

Arbeitstabelle

i	b_i	$\frac{1}{b_i}$	h_i	$\frac{1}{b_i} \cdot h_i$
1	12,8	0,0781	0,2430	0,0190
2	13,4	0,0746	0,1696	0,0127
3	15,6	0,0641	0,1316	0,0084
4	14,0	0,0714	0,2215	0,0158
5	20,2	0,0495	0,2343	0,0116
Σ	–	–	1,0000	0,0675

Somit ist

$$\bar{b}_H = \frac{1}{0{,}0675} \doteq 14{,}8 \ (1/100 \text{ km}).$$

Die fünf Mantas haben also im Durchschnitt 14,8 l/100 km verbraucht.

b) Die Berechnung von Manni III wäre nur dann richtig, wenn die fünf Mantas in dem betreffenden Jahr alle die gleiche Fahrtstrecke zurückgelegt hätten, denn dann wäre

$$\bar{x} = \frac{\sum_i b_i}{n} = \frac{1}{\sum_i \frac{1}{b_i} \cdot h'_i} = \bar{b}_H .$$

Für die Gewichte h_i galt:

$$h_i = \frac{y_i}{\sum_j y_j} = \frac{b_i \cdot f_i}{\sum_j b_j \cdot f_j} \text{ ; dabei ist } f_i \text{ die Fahrtstrecke des i-ten Mantas.}$$

Unter der Bedingung gleicher Fahrtstrecken für alle Mantas, d.h.

$f_i = f$ für $i=1,2,\ldots,n$, ist

$$h'_i = \frac{b_i \cdot f}{\sum_j b_j \cdot f} = \frac{b_i}{\sum_j b_j} .$$

Daraus folgt

$$\bar{b}_H = \frac{1}{\sum_i \frac{1}{b_i} \cdot h'_i} = \frac{1}{\sum_i \frac{1}{b_i} \cdot \frac{b_i}{\sum_j b_j}} = \frac{1}{\sum_i \frac{1}{\sum_j b_j}} = \frac{1}{\frac{n}{\sum_j b_j}} = \frac{\sum_j b_j}{n} = \bar{x} .$$

Lösung 18

Merkmale: Fläche in km^2 (Y) und Bevölkerung in 1000 Personen (X); Merkmalstyp: metrisch, Beziehungszahlen; Merkmalsträger: Länder.

In dieser Aufgabe werden drei Methoden zur Berechnung eines Mittelwertes von Beziehungszahlen vorgestellt.

a) $b = y/x = \sum_i y_i / \sum_i x_i$ mit y = Bevölkerung und x = Fläche.

$b = 24363/75 \doteq 325$ Einwohner/km^2 .

b) $\bar{b} = \sum_i b_i g_i$, $g_i = x_i / \sum_j x_j$, arithmetisches Mittel mit den Gewichten g_i (Flächenanteile).

$$\bar{b} = (318 \cdot 31 + 121 \cdot 3 + 345 \cdot 41)/75 \doteq 325 \text{ Einwohner/km}^2 .$$

c) $\bar{b}_H = \dfrac{1}{\sum\limits_i \frac{1}{b_i} \cdot h_i}$, $h_i = y_i / \sum\limits_j y_j$, harmonisches Mittel mit den Gewichten h_i (Bevölkerungsanteile).

$$\bar{b}_H = 24363/75 \doteq 325 \text{ Einwohner/km}^2 .$$

Der Mittelwert beträgt in jedem Falle 325 Einwohner je Quadratkilometer.

Lösung 19

a) $\sum\limits_\nu (x_\nu - a) = \sum\limits_\nu x_\nu - na \overset{!}{=} 0$

$$\Rightarrow na = \sum_\nu x_\nu \Rightarrow a = \frac{1}{n} \sum_\nu x_\nu = \bar{x} .$$

b) $f(b) = \frac{1}{n} \sum\limits_\nu (x_\nu - b)^2 = \frac{1}{n} \sum\limits_\nu (x_\nu^2 - 2x_\nu b + b^2)$.

$$\frac{\delta f(b)}{\delta b} = - \frac{2}{n} \sum_\nu x_\nu + 2b = 2(-\bar{x} + b) \overset{!}{=} 0$$

$$\Rightarrow b = \bar{x} .$$

Lösung 20

Merkmale: gefahrene Kilometer (Y) und Benzinverbrauch in Liter (X); Merkmalstyp: metrisch, Beziehungszahlen; Merkmalsträger: zwei Fahrten von B nach N.

$b = y/x$,

$b_1 = 7{,}2$ km/l, $b_2 = 12{,}0$ km/l ,

$$\bar{b} = \frac{1}{\sum\limits_i \frac{1}{b_i} h_i} \quad \text{mit } h_i = y_i / \sum_j y_j .$$

Hier ist $h_1 = h_2 = 1/2$ (die zurückgelegten Strecken sind gleich!), so daß

$$\bar{b}_H = \frac{1}{\frac{1}{7{,}2} \cdot \frac{1}{2} + \frac{1}{12} \cdot \frac{1}{2}} = \frac{1}{0{,}0694 + 0{,}0417} = \frac{1}{0{,}1111} = 9 \text{ km/l}.$$

Der Autofahrer fährt auf dem Hin- und Rückweg im Durchschnitt 9 km mit einem Liter Benzin.

Lösung 21

Merkmal: Vertreterprovisionen in DM; Merkmalstyp: metrisch; Merkmalsträger: Vertreter in den vier Bezirken.

Die durchschnittliche Vertreterprovision ist ein arithmetisches Mittel von Vertreterprovisionen ($\bar{x}_i$, i=1,2,3,4), so daß

$$\bar{x} = \frac{1}{n} \sum_{i=1}^{k} \bar{x}_i \cdot n_i \quad 8946200/120 \doteq 74552 \text{ (DM)}$$

die (~~approximative~~) durchschnittliche Vertreterprovision für das Handelsunternehmen und die Summe der Vertreterprovisionen gleich 8946200,-- DM ist.

Die Varianz der durchschnittlichen Vertreterprovisionen

$$s^2 = \frac{1}{n} \sum_{i=1}^{k} (\bar{x}_i - \bar{x})^2 \cdot n_i = s^2_{ext.}$$

wäre die externe Varianz der Vertreterprovisionen, d.h. die Varianz zwischen den Teilgesamtheiten (Bezirken).

Lösung 22

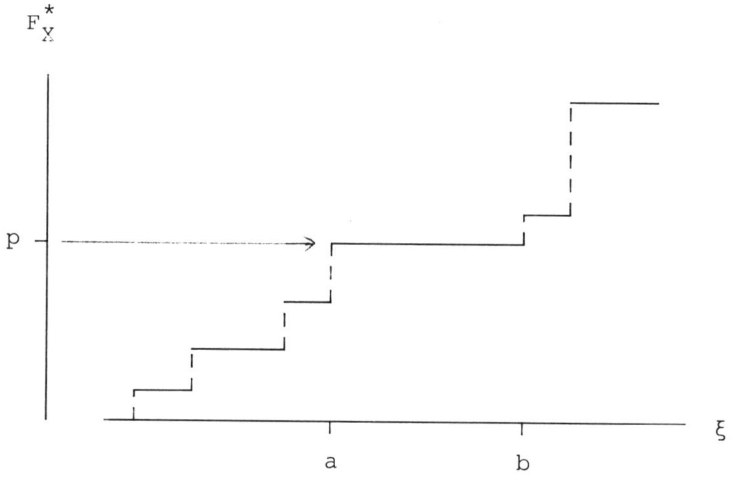

Jeder Wert zwischen a und b kann ein Quantil zur Ordnung p sein: $a \leq x_p \leq b$; das gilt (natürlich) auch für p = 0,5 (Median).

Lösung 23

Komparatives Merkmal Punkte mit $u_\nu \in U_i$, i=0,1,...,100.

Merkmalsträger sind die Studierenden, die an der Wiederholungsklausur in Statistik teilgenommen haben.

Zur Charakterisierung der Häufigkeitsverteilung (siehe Tabelle) komparativer Merkmale sind (unter anderem) die Quartile und der Median geeignete Lagemaße.

Häufigkeitsverteilung/kumulierte (absolute) Häufigkeiten

Punkte $u_{[j]}$	$n(u_{[j]})$	$S_U(u_{[j]})$	
5	1	1	
9	1	2	
12	1	3	
17	1	4	
24	1	5	
29	1	6	
⟵			⟵ 1.Quartil
33	1	7	
38	1	8	
45	1	9	
51	1	10	
57	1	11	
59	1	12	
⟵			⟵ Median
63	1	13	
66	1	14	
75	1	15	
76	1	16	
79	1	17	
81	1	18	
⟵			⟵ 3.Quartil
83	1	19	
84	2	21	
85	1	22	
90	1	23	
94	1	24	

n = 24; $u_{[j]}$, j=1,2,...,23 (eine Bindung der Länge 2).

n(57) = 1 besagt, daß ein Student in der Klausur 57 Punkte erzielt hat.

$S_U(57)$ = 11 bedeutet, daß 11 Studenten 57 Punkte oder weniger haben.

Der Median ist in diesem Beispiel - wie die Quartile auch - nicht eindeutig definiert (entweder $u_{[12]}$ = 59 Punkte oder $u_{[13]}$ = 63 Punkte oder 60, 61 oder 62 Punkte). Daher ist es wohl besser, die Häufigkeitsverteilung zum Beispiel wie folgt zu charakterisieren:

25% (6) haben 29 Punkte oder weniger,
50% (12) haben 59 Punkte oder weniger,
75% (18) haben 81 Punkte oder weniger.

Wenn bekannt wäre, daß die Klausur bestanden ist, wenn zum Beispiel 50 Punkte oder mehr erzielt wurden, ließe sich die Durchfallquote (hier 9/24 =0,375=37,5% für diese Klausur bestimmen.

Aus den oben genannten Gründen ist es auch wenig sinnvoll, den Quartilsabstand (q) zu bestimmen.

Das Streuungsmaß S(U) liefert hier auch keine zusätzlichen Informationen. Der oben angegebenen Verteilung der absoluten Häufigkeiten - die Merkmalsausprägungen verteilen sich relativ gleichmäßig auf den Wertebereich - läßt sich entnehmen, daß weder eine Ein-Punkt-Verteilung oder eine Tendenz zur Ein-Punkt-Verteilung (S(U)=0) noch die Konstellation $f_1 = f_{101} = 1/2$ (S(U)=100) vorliegt. S(U) wird einen Wert zwischen 0 und 100 annehmen. Dieser Sachverhalt läßt sich auch aus der Tatsache ableiten, daß 101 Merkmalsausprägungen, 24 Merkmalsträger aber nur eine Bindung existiert.

Lösung 24

Mit Hilfe der Ungleichung von TSCHEBYSCHEFF läßt sich der Anteil der Merkmalswerte, die das Intervall $(\bar{x}-cs, \bar{x}+cs)$ enthält, (grob) abschätzen. Beispielsweise ist

$$f(73<x_\nu<89) \geq 1 - 1/4 = 0,75 = 75\%,$$

$$f(69<x_\nu<93) \geq 1 - 1/9 \doteq 0,89 = 89\% \text{ und}$$

$$f(65<x_\nu<97) \geq 1 - 1/16 \doteq 0,94 = 94\%.$$

Diese Abschätzung läßt sich ohne weitere Informationen über die (Form, Gestalt der) Verteilung nicht verbessern.

Lösung 25

Merkmal: Bruttojahresgehalt eines (männlichen) Arbeiters oder Angestellten in einem Unternehmen der Investitionsgüterindustrie in einem bestimmten Jahr; Merkmalstyp: metrisch; Merkmalsträger: (männliche) Arbeiter und Angestellte.

Die Gesamtheit aller (männlichen) Arbeiter und Angestellten wird in die Teilgesamtheiten 1 (Arbeiter) und 2 (Angestellte) aufgeteilt. Gegeben sind für beide Teilgesamtheiten und für die Gesamtheit jeweils das arithmetische Mittel der Häufigkeitsverteilung des Bruttojahresgehalts. Hieraus soll der Anteil der Angestellten an allen (männlichen) Arbeiten und Angestellten bestimmt werden. Dies ist über den Additionssatz für das arithmetische Mittel möglich:

$$\bar{x} = \frac{1}{n}(\bar{x}_1 n_1 + \bar{x}_2 n_2) = \bar{x}_1 f_1 + \bar{x}_2 f_2 .$$

Der gesuchte Anteil $f_2 = n_2/n$ ergibt sich aus

$$\bar{x} = \bar{x}_1(1-f_2) + \bar{x}_2 f_2 = \bar{x}_1 - \bar{x}_1 f_2 + \bar{x}_2 f_2$$

$$\bar{x} - \bar{x}_1 = f_2(\bar{x}_2 - \bar{x}_1)$$

$$f_2 = (\bar{x} - \bar{x}_1)/(\bar{x}_2 - \bar{x}_1)$$

$$f_2 = \frac{38502{,}4 - 32720{,}0}{50790{,}0 - 32720{,}0} = 0{,}32 = 32\% \; .$$

Der Anteil der (männlichen) Angestellten an allen (männlichen) Arbeitern und Angestellten beträgt 32% .

Lösung 26

Merkmal: Alter eines Einwohners in einem Entwicklungsland am Volkszählungsstichtag; Merkmalstyp: metrisch; Merkmalsträger: Einwohner.

Zur Lösung der gestellten Aufgaben kann die folgende Arbeitstabelle verwendet werden.

i	x_i	f_i	$x_i f_i$	$\tilde{x}_i$	$\hat{F}_X(\tilde{x}_i)$
1	7,5	0,446	3,3450	15	0,446
2	22,5	0,257	5,7825	30	0,703
3	37,5	0,142	5,3250	45	0,845
4	55,0	0,108	5,9400	65	0,953
5	77,5	0,047	3,6425	90[1)]	1,000
Σ	-	1,000	24,0350	-	-

1) Festsetzung! Es sind auch andere Obergrenzen wie zum Beispiel 95 oder 100 Jahre sinnvoll.

a) Durchschnittsalter:

$$\bar{x} = \sum_{i=1}^{5} x_i f_i = 24{,}035 \doteq 24 \text{ (Jahre)} \; .$$

Das Durchschnittsalter der Bevölkerung - gemessen mit dem arithmetischen Mittel - beträgt also etwa 24 Jahre (approximativer Wert wegen Verwendung der Klassenmitten x_i!).

Auch der Median $x_{0,5}$ kann nur approximativ bestimmt werden. Es gilt:

$$x_{0,5} = \tilde{x}_{i-1} + (0{,}5 - \hat{F}_X(\tilde{x}_{i-1})) \frac{\Delta x_i}{f_i} \; .$$

Wegen $\hat{F}_X(\tilde{x}_1) = 0{,}446 < p \le \hat{F}_X(\tilde{x}_2) = 0{,}703$ ist $i=2$ (Medianklasse).

Somit ergibt sich

$$x_{0,5} = 15 + (0{,}5-0{,}446)\,\frac{15}{0{,}257} = 18{,}15 \text{ (Jahre).}$$

Das Durchschnittsalter der Bevölkerung - gemessen mit dem Median - beträgt also (approximativ) 18,15 Jahre.

Da die Altersverteilung dieser Bevölkerung sehr schief ist (rd. 45% der Bevölkerung sind höchstens 15 Jahre alt, weniger als 5% der Bevölkerung sind 65 Jahre alt und älter) und weil es für die Festsetzung der Obergrenze der 5. Klasse keine gesicherten Anhaltspunkte gibt (durch die Festsetzung $\tilde{x}_5 = 90$ Jahre wird der Wert des arithmetischen Mittels beeinflußt), ist der Median zu bevorzugen. Danach sind etwa 50% der Bevölkerung jünger und etwa 50% älter als 18 Jahre.

b) Zu berechnen ist das Alter, das von 90% der Bevölkerung nicht überschritten wird, also das Quantil zur Ordnung p=0,9. Approximativ ist

$$x_{0,9} = \tilde{x}_{i-1} + (0{,}9-F_X(\tilde{x}_{i-1}))\,\frac{\Delta(x_i)}{f_i}\,.$$

Wegen $\hat{F}_X(\tilde{x}_3) = 0{,}845 < p \le \hat{F}_X(\tilde{x}_4) = 0{,}953$ ist i=4, so daß

$$x_{0,9} = 45 + (0{,}9-0{,}845)\,\frac{20}{0{,}108} \doteq 55{,}2 \text{ (Jahre) ist.}$$

Die Altersgrenze ist folglich auf rd. 55 Jahre festzulegen.

Lösung 27

Es werden zwei Teilgesamtheiten 1 und 2 betrachtet, bei denen jeweils das Merkmal X interessiert. Von den Häufigkeitsverteilungen beider Teilgesamtheiten ist jeweils das arithmetische Mittel $(\bar{x}_1, \bar{x}_2)$ und die Varianz (s_1^2, s_2^2) bekannt. Beide Teilgesamtheiten werden im folgenden zusammengefaßt. Es soll die Standardabweichung s der zusammengefaßten Gesamtheit berechnet werden. Dies kann mit Hilfe der Varianzzerlegung erfolgen. Es gilt:

$$s^2 = \frac{1}{n}\sum_{i=1}^{2} s_i^2 n_i + \frac{1}{n}\sum_{i=1}^{2} (\bar{x}_i - \bar{x})^2 n_i\,.$$

a) $\bar{x}_1 = \bar{x}_2 = 70 = \bar{x}$, daher ist $s^2 = \frac{1}{n}(s_1^2 \cdot n_1 + s_2^2 \cdot n_2) + 0$.

$$s^2 = \frac{1}{100}\,(188 \cdot 60 \cdot 160 \cdot 40) = 176{,}80 \text{ und } s = \sqrt{s^2} \doteq 13{,}3\,.$$

Die Standardabweichung der zusammengefaßten Häufigkeitsverteilung beträgt 13,3.

b) $\bar{x}_1 = 70$, $\bar{x}_2 = 50$. Mit $\bar{x} = \bar{x}_1 \cdot f_1 + \bar{x}_2 \cdot f_2 = 70 \cdot 0{,}6 + 50 \cdot 0{,}4 = 62$ ist

$$s^2 = s_1^2 \cdot f_1 + s_2^2 \cdot f_2 + \{(\bar{x}_1 - \bar{x})^2 \cdot f_1 + (\bar{x}_2 - \bar{x})^2 \cdot f_2\} =$$

$$= 176{,}80 + (38{,}4 + 57{,}6) = 272{,}8 \text{ und } s = \sqrt{s^2} \doteq 16{,}5 \ .$$

Durch die unterschiedlichen arithmetischen Mittelwerte der Teilgesamtheiten erhöht sich die Standardabweichung auf 16,5.

Lösung 28

Merkmale: Tragkraft einer Plastik-Tragetasche der Sorte A (X), Tragkraft einer Plastik-Tragetasche der Sorte B (Y); Merkmalstyp: jeweils metrisch; Merkmalsträger: die jeweiligen Tragetaschen der beiden Sorten.

Da es sich jeweils um ein metrisches Merkmal handelt, können die beiden Häufigkeitsverteilungen charakterisiert werden durch
1. die Berechnung und/oder graphische Darstellung kumulierter und nicht-kumulierter insbesondere relativer Häufigkeiten und
2. die Berechnung geeigneter Maßzahlen. Von besonderer Bedeutung sind dabei Lage- und Streuungsmaße. Als Lagemaße kommen grundsätzlich das arithmetische Mittel und der Median, als Streuungsmaße die Standardabweichung und die durchschnittliche lineare Abweichung in Frage. Hierbei ist die Datensituation zu beachten: Die Merkmalswerte sind in Klassen zusammengefaßt, wobei beide Randklassen offen sind.

Um die Maßzahlen berechnen zu können, müssen diese Klassen sinnvoll, d.h. nach inhaltlichen Gesichtspunkten geschlossen werden. Im folgenden wird davon ausgegangen, daß die Untergrenze der ersten Klasse 0 kg und die Obergrenze der letzten Klasse 20 kg beträgt.

Den Berechnungen liegen folgende Arbeitstabellen zugrunde:

Merkmal X

i	$\tilde{x}_i$	x_i	n_i	f_i	$\hat{F}_X(\tilde{x}_i)$
1	6,4	3,2	16	0,032	0,032
2	7,4	6,9	16	0,032	0,064
3	8,4	7,9	30	0,060	0,124
4	9,4	8,9	84	0,168	0,292
5	10,4	9,9	136	0,272	0,564
6	11,4	10,9	98	0,196	0,760
7	12,4	11,9	50	0,100	0,860
8	13,4	12,9	36	0,072	0,932
9	14,4	13,9	24	0,048	0,980
10	20,0	17,2	10	0,020	1,000
Σ	-	-	500	1,0	-

Merkmal Y

i	$\tilde{y}_i$	y_i	n_i	f_i	$\hat{F}_Y(\tilde{y}_i)$
1	6,4	3,2	6	0,027	0,027
2	7,4	6,9	4	0,018	0,045
3	8,4	7,9	14	0,063	0,108
4	9,4	8,9	35	0,159	0,267
5	10,4	9,9	67	0,305	0,572
6	11,4	10,9	48	0,218	0,790
7	12,4	11,9	22	0,100	0,890
8	13,4	12,9	20	0,090	0,980
9	14,4	13,9	0	0	0,980
10	20,0	17,2	4	0,018	0,998[1)]
Σ	-	-	220	1,0000	-

1) Rundungsfehler!

Berechnung des arithmetischen Mittels der Häufigkeitsverteilung von X:

$$\bar{x} = \frac{1}{n}\sum_{i=1}^{10} x_i n_i = \frac{1}{500}\cdot(3{,}2\cdot 16+6{,}9\cdot 16+\ldots+17{,}2\cdot 10) =$$

$$= \frac{1}{500}\cdot 5125{,}8 \doteq 10{,}25 \text{ [kg]}.$$

Berechnung des arithmetischen Mittels der Häufigkeitsverteilung von Y:

$$\bar{y} = \frac{1}{n}\sum_{i=1}^{10} y_i n_i = \frac{1}{220}\cdot(3{,}2\cdot 6+6{,}9\cdot 4+\ldots+17{,}2\cdot 4) =$$

$$= \frac{1}{220}\cdot 2244 = 10{,}2 \text{ [kg]}.$$

Die durchschnittliche Tragfähigkeit der beiden Sorten, gemessen mit Hilfe des arithmetischen Mittels, stimmt mit rd. 10,25 kg bzw. 10,2 kg nahezu überein.

Berechnung des Medians der Häufigkeitsverteilung von X:
Mediianklasse i=5

$$x_{0,5} = \tilde{x}_4+(0{,}5-\hat{F}_X(\tilde{x}_4))\,\frac{\Delta(x_5)\cdot n}{n_5} = 9{,}4 + (0{,}5-0{,}292)\cdot\frac{1\cdot 500}{136} \doteq 10{,}165 \text{ [kg]}.$$

Berechnung des Medians der Häufigkeitsverteilung von Y:
Medianklasse i=5

$$y_{0,5} = \tilde{y}_4+(0{,}5-\hat{F}_Y(\tilde{y}_4))\frac{\Delta(y_5)\cdot n}{n_5} = 9{,}4 + (0{,}5-0{,}267)\cdot\frac{1\cdot 220}{67} \doteq 10{,}165 \text{ [kg]}.$$

Bei beiden Häufigkeitsverteilungen stimmt der Median mit etwa 10,16 kg überein, d.h. die Hälfte der Tragetaschen hat jeweils eine Tragkraft von etwa 10,16 kg oder weniger und die andere Hälfte von etwa 10,16 kg oder mehr. Damit stimmen aber auch die jeweiligen Werte von Median und arithmetischem Mittel fast überein, was auf symmetrische Verteilungen hindeutet.

Berechnung (der Varianz und) der Standardabweichung der Häufigkeitsverteilung von X:

$$s_X^2 = \frac{1}{n}\sum_{i=1}^{10}(x_i-\bar{x})^2 n_i = \frac{1}{n}\sum_{i=1}^{10} x_i^2 n_i - \bar{x}^2 =$$

$$= \frac{1}{500}\cdot(3,2^2\cdot 16+6,9^2\cdot 16+\ldots+17,2^2\cdot 10) - 10,25^2 =$$

$$= \frac{1}{500}\cdot 55090,98 - 105,0625 \doteq 5,12\ [kg^2]$$

$$s_X = \sqrt{s_X^2} = 2,26\ [kg].$$

Berechnung (der Varianz und) der Standardabweichung der Häufigkeitsverteilung von Y:

$$s_Y^2 = \frac{1}{n}\sum_{i=1}^{10}(y_i-\bar{y})^2 n_i = \frac{1}{n}\sum_{i=1}^{10} y_i^2 n_i - \bar{y}^2 =$$

$$= \frac{1}{220}\cdot(3,2^2\cdot 6+6,9^2\cdot 4+\ldots+17,2^2\cdot 4) - 10,2^2 =$$

$$= \frac{1}{220}\cdot 23794,5 - 104,04 \doteq 4,12\ [kg^2]$$

$$s_Y = \sqrt{s_Y^2} = 2,03\ [kg].$$

Gemessen mit der Varianz bzw. der Standardabweichung ist die Streuung der Häufigkeitsverteilung der Tragfähigkeit der Sorte A größer als die der Sorte B.

Berechnung der durchschnittlichen linearen Abweichung (vom Median) der Häufigkeitsverteilung von X:

$$d(x_{0,5}) = \frac{1}{n}\sum_{i=1}^{10}|x_i-x_{0,5}|n_i = \frac{1}{500}\cdot(|3,2-10,165|\cdot 16+|6,9-10,165|\cdot 16+\ldots$$

$$+ |17,2-10,165|\cdot 10) = \frac{1}{500}\cdot 791,16 \doteq 1,58\ [kg]\ .$$

Berechnung der durchschnittlichen linearen Abweichung (vom Median) der Häufigkeitsverteilung von Y:

$$d(y_{0,5}) = \frac{1}{n}\sum_{i=1}^{10}|y_i-y_{0,5}|n_i = \frac{1}{220}\cdot(|3,2-10,165|\cdot 6+|6,9-10,165|\cdot 4+\ldots$$

$$+ |17,2-10,165|\cdot 4) = \frac{1}{220}\cdot 304,88 \doteq 1,39\ [kg]\ .$$

Gemessen mit Hilfe der durchschnittlichen Abweichung vom Median ist die Streuung der Häufigkeitsverteilung der Tragfähigkeit der Sorte A mit 1,58 kg erneut höher als die der Sorte B, die nur 1,39 kg beträgt.

Für weitere Charakterisierungen muß ebenso wie für den Vergleich der Häufigkeitsverteilungen auf die (relativen) Häufigkeiten zurückgegriffen werden. Dabei fällt auf, daß beide Häufigkeitsverteilungen relativ ähnlich sind, wenngleich einige interessante Unterschiede bestehen. Beispielsweise ist der Anteil der Tragetaschen mit sehr geringer Tragkraft (unter 7,4 kg) und mit sehr hoher Tragkraft (13,4 kg und mehr) bei der Sorte A mit 6,4% bzw. 7,8% höher als bei der Sorte B mit 4,5% bzw. 1,8%. Dagegen ist der Anteil der Tragetaschen mit mittlerer Tragkraft (9,4 kg bis unter 10,4 kg) bei der Sorte B mit 30,5% deutlich höher als bei Sorte A mit 27,2%. Dies bestätigt obige Ergebnisse, daß bei - annähernd - gleichem Mittelwert die Streuung der Häufigkeitsverteilung der Sorte A höher ist als die Streuung der Häufigkeitsverteilung der Sorte B.

Anmerkung: Gibt es keine sachlichen Anhaltspunkte um die offenen Klassen zu schließen, muß auf die Berechnung des arithmetischen Mittels, der Varianz und der Standardabweichung sowie der durchschnittlichen Abweichung vom Median verzichtet werden. In diesem Fall ist auch eine graphische Darstellung der Häufigkeitsverteilungen unmöglich.

Lösung 29

Merkmal: Laufbahngruppe der Versorgungsempfänger im Öffentlichen Dienst; Merkmalstyp: komparativ; Merkmalsträger: Versorgungsempfänger im Öffentlichen Dienst.

Verteilungen des komparativen Merkmals "Laufbahngruppe" mit den Ausprägungen H $\prec$ G $\prec$ M $\prec$ E.

U_i	relative Häufigkeiten		kumulierte relative Häufigkeiten	
	1983	1977	1983	1977
E	0,18	0,21	0,18	0,21
M	0,39	0,39	0,57	0,60
G	0,28	0,27	0,85	0,87
H	0,15	0,14	1,00	1,00

Aus der Tabelle geht hervor, daß von 1977 bis 1983 eine (zunächst) geringfügig erscheinende Verschiebung in Richtung der höheren Laufbahngruppen stattfand. Die Zunahme der Anzahl der Versorgungsempfänger insgesamt (von 991115 auf 997516) ist mit rd. 0,6% gering.

Das Ausmaß der Verschiebung in Richtung der höheren Laufbahngruppen wird deutlich, wenn für die einzelnen Laufbahngruppen (zeitliche) Meßzahlen zur Basis t_o = 1977 (=100) berechnet werden.

Meßzahlen 1977 = 100	
E	87,5
M	102,3
G	104,5
H	108,6
insges.	100,6

Danach haben die Versorgungsempfänger des Höheren Dienstes um 8,6% zu-, die des einfachen Dienstes jedoch um 12,5% abgenommen.

Anmerkung: Das Ausmaß der Verschiebung zwischen den Laufbahngruppen, d.h. der Veränderung des Stellenkegels im Öffentlichen Dienst, wird besonders deutlich, wenn man Meßzahlen zwischen den Anzahlen der Versorgungsempfänger in den verschiedenen Laufbahngruppen zu verschiedenen Zeitpunkten berechnet und vergleicht. Beispielsweise kamen 1977 auf einen Versorgungsempfänger des Höheren Dienstes noch 1,5 Versorgungsempfänger des Einfachen Dienstes ($M_{H,E}^{1977} = \frac{207095}{138060} \doteq 1,5$), 1983 aber nur noch 1,2($M_{H,E}^{1983} = \frac{181168}{149988} \doteq 1,2$).

Lösung 30

Geeignete und gebräuchliche Maßzahlen zur Kennzeichnung von Verteilungen metrischer Merkmale sind (zunächst) arithmetisches Mittel und Varianz.

Arbeitstabelle

i	x_i	$f_i^{(1)}$	$f_i^{(2)}$	$f_i^{(3)}$	$x_i f_i^{(1)}$	$x_i f_i^{(2)}$	$x_i f_i^{(3)}$
1	140	0,01	0	0,01	1,4	0	1,4
2	160	0,05	0,06	0,06	8,0	9,6	9,6
3	180	0,21	0,26	0,25	37,8	46,8	45,0
4	200	0,46	0,36	0,29	92,0	72,0	58,0
5	220	0,21	0,26	0,38	46,2	57,2	83,6
6	240	0,05	0,06	0,01	12,0	14,4	2,4
7	260	0,01	0	0	2,6	0	0
Σ	-	1,00	1,00	1,00	200,0	200,0	200,0

Somit ist, mit $\bar{x} = \sum_i x_i f_i$, $\bar{x}_1 = \bar{x}_2 = \bar{x}_3 = 200$.

Die drei Verteilungen haben den gleichen Mittelwert. Wegen der Symmetrie der Verteilungen (1) und (2) zu $x_i = 200$ ist unmittelbar ersichtlich, daß $\bar{x}_1 = \bar{x}_2 = 200$ ist; man hätte diese Mittelwerte also gar nicht "berechnen" müssen!

Die Varianz ergibt sich aus $s^2 = \overline{x^2} - \bar{x}^2$.

Arbeitstabelle

i	$x_i^2 f_i^{(1)}$	$x_i^2 f_i^{(2)}$	$x_i^2 f_i^{(3)}$
1	196	0	196
2	1280	1536	1536
3	6804	8424	8100
4	18400	14400	11600
5	10164	12584	18392
6	2880	3456	576
7	676	0	0
Σ	40400	40400	40400

Offensichtlich sind auch die Varianzen dieser Verteilungen gleich, und zwar gleich $s^2 = 40400 - 40000 = 400$.

Mit Hilfe dieser Maßzahlen können diese Verteilungen also nicht unterschieden werden.

Da die ersten beiden Verteilungen symmetrisch sind (also S=0), können sie zusätzlich durch ein Maß der Wölbung, zum Beispiel durch

$$W = m_4^* - 3 = \sum_{i=1}^{k} \left[\frac{x_i - \bar{x}}{s}\right]^4 \cdot f_i - 3$$

charakterisiert werden. Für die dritte (asymmetrische) Verteilung kann ein Maß der Schiefe, zum Beispiel

$$S = m_3^* = \sum_{i=1}^{k} \left[\frac{x_i - \bar{x}}{s}\right]^3 \cdot f_i$$

berechnet werden.

Sei $\left[\frac{x_i - \bar{x}}{s}\right] = y_i$.

Arbeitstabelle

i	y_i	y_i^3	y_i^4	$y_i^4 f_i^{(1)}$	$y_i^4 f_i^{(2)}$	$y_i^3 f_i^{(3)}$
1	-3	-27	81	0,81	0	-0,27
2	-2	-8	16	0,80	0,96	-0,48
3	-1	-1	1	0,21	0,26	-0,25
4	0	0	0	0	0	0
5	1	1	1	0,21	0,26	0,38
6	2	8	16	0,80	0,96	0,08
7	3	27	81	0,81	0	0
Σ	-	-	-	3,64	2,44	-0,54

Damit ist $W^{(1)} = 3{,}64 - 3 = 0{,}64$ und $W^{(2)} = 2{,}44 - 3 = -0{,}56$. Die erste Verteilung ist also stärker, die zweite Verteilung schwächer gewölbt (als die Standardnormalverteilung, für die $W=0$ ist).

Für die dritte Verteilung ist $S^{(3)} = -0{,}54$, die Verteilung ist linksschief (oder rechtssteil).

Damit ist deutlich, daß mit Hilfe höherer Momente (in bestimmten Fällen) Verteilungen genauer beschrieben werden können.

Maß	Verteilung (1)	(2)	(3)
$\bar{x}$	200	200	200
s^2	400	400	400
S	0	0	-0,54
W	0,64	-0,56	- 1)

1) Für asymmetrische Verteilungen ist W nicht sinnvoll interpretierbar!

Zusätzliche Informationen können der Median $x_{0,5}$ und die durchschnittliche Abweichung vom Median $d(x_{0,5}) = \sum_i |x_i - x_{0,5}| f_i$ liefern.

Da die beiden ersten Verteilungen symmetrisch sind bezüglich $\bar{x} = 200$, ist $x_{0,5}^{(1)} = x_{0,5}^{(2)} = 200$. für die dritte Verteilung ist $x_{0,5}^{(3)} = \tilde{x}_{i-1} + (0{,}5-\hat{F}_X(\tilde{x}_{i-1}))\Delta(x_i)/f_i = 190 + (0{,}5-0{,}32)20/0{,}29 \doteq 202{,}4$.

In Bezug auf die durchschnittliche Abweichung, $d(x_{0,5}^{(1)}) = 13{,}6$, $d(x_{0,5}^{(2)}) = 15{,}2$, $d(x_{0,5}^{(3)}) = 16{,}528$, unterscheiden sich die Verteilungen nicht unwesentlich.

Histogramme

Häufigkeitsverteilung (1)

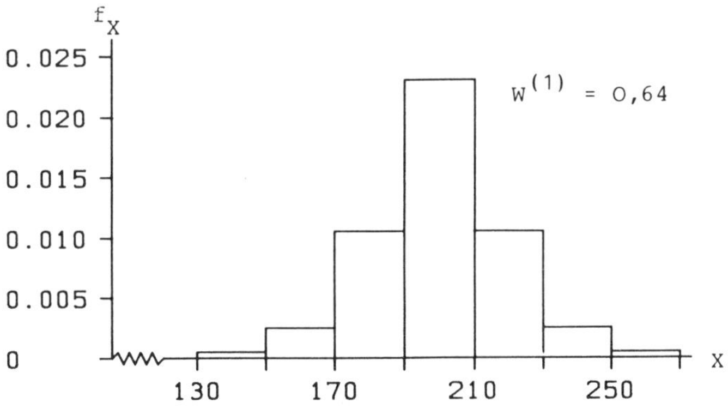

Häufigkeitsverteilung (2)

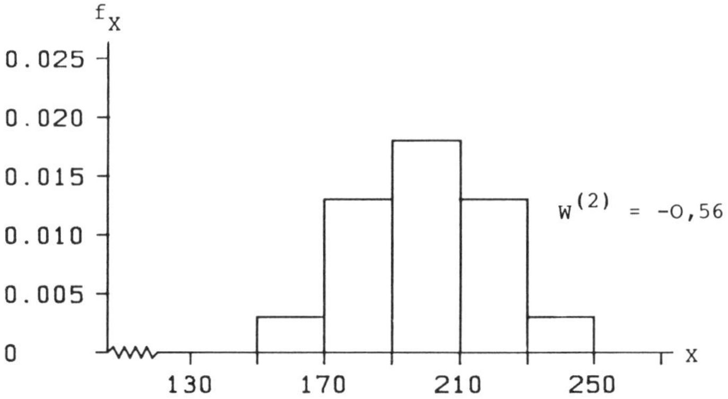

Häufigkeitsverteilung (3)

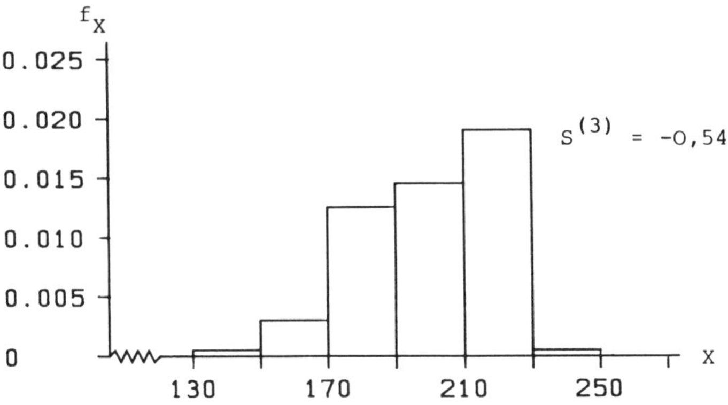

Lösung 31

Merkmale: Etappenlänge (X), metrisch; Zeit, die der Sieger für eine Etappe benötigte (Y), metrisch; Merkmalsträger: Etappe.

a) Empirische Verteilungsfunktion der Etappenlänge (X)

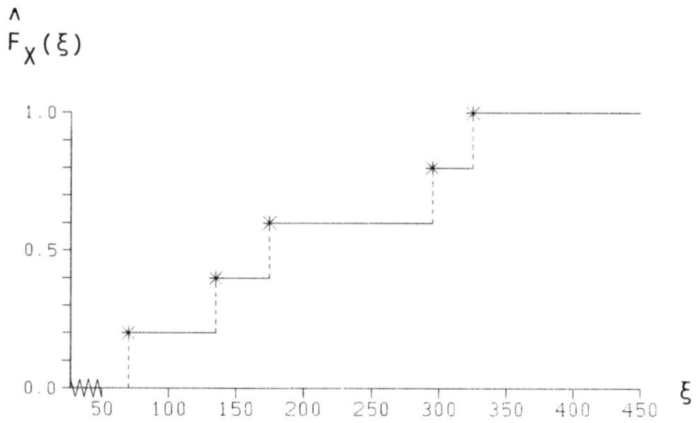

b) Ein geeignetes Lagemaß für die Etappenlänge ist das arithmetische Mittel:

$$\bar{x} = \frac{1}{n} \sum_{i=1}^{n} x_i = \frac{1}{5} \cdot 1000 = 200 \; .$$

Die durchschnittliche Etappenlänge beträgt 200 km.

Hinweis: Ein geeignetes Lagemaß für die Etappenlänge ist auch der Median $x_{0,5} = 175$ (km).

Ein geeignetes Streuungsmaß für die Etappenlänge ist die Varianz oder die Standardabweichung:

$$s_X^2 = \frac{1}{n} \sum_{i=1}^{n} x_i^2 - \bar{x}^2 = \frac{1}{5} \cdot 246400 - 200^2 = 49280 - 40000 = 9280 \; ,$$

$$s_X = +\sqrt{9280} \doteq 96{,}3 \; .$$

Die Varianz (Standardabweichung) der Etappenlänge beträgt 9280 km^2 (96,3 km).

Hinweis: Wird die mittlere Etappenlänge mit dem Median $x_{0,5} = 175$ km gemessen, dann ist die durchschnittliche absolute Abweichung vom Median ein geeignetes Streuungsmaß:

$$d(x_{0,5}) = \frac{1}{n} \sum_{i=1}^{n} |x_i - x_{0,5}| =$$

$$= \frac{1}{5} \cdot 415 = 83 \ .$$

Die durchschnittliche absolute Abweichung vom Median beträgt 83 km.

c) Ein geeigneter Mittelwert für Beziehungszahlen (km/h) ist das harmonische Mittel, weil als Gewicht die Etappenlängen (km) gegeben sind:

$$\bar{b}_H = \frac{1}{\sum_{i=1}^{n} \frac{1}{b_i} \cdot h_i} \ ; \text{ dabei ist } b_i = \frac{x_i}{y_i} = \frac{\text{km}}{\text{h}} \text{ und } h_i = \frac{x_i}{\sum_j x_j} \ .$$

$$\sum_{i=1}^{n} \frac{1}{b_i} \cdot h_i = \frac{1}{23} \cdot 0{,}135 + \frac{1}{38} \cdot 0{,}325 + \frac{1}{27} \cdot 0{,}07 +$$

$$+ \frac{1}{26} \cdot 0{,}175 + \frac{1}{34} \cdot 0{,}295 \doteq 0{,}03242$$

somit ist

$$\bar{b}_H = 1/0{,}03242 = 30{,}85 \ .$$

Der Sieger fuhr während des gesamten Rennens mit einer Durchschnittsgeschwindigkeit von 30,85 km/h.

Lösung 32

Merkmale: Heizölpreis je 100 l bei einer Abnahme von 8000 bis 10000 l in DM im Raum Köln (X), Heizölpreis je 100 l bei einer Abnahme von 8000 bis 10000 l in FF im Raum Paris (Y); Heizölpreis je 100 l bei einer Abnahme von 8000 bis 10000 l in £ im Raum London (Z); Merkmalstyp: jeweils metrisch; Merkmalsträger: Heizölhändler im jeweiligen Raum.

Der Wert der Varianz hängt (wegen $s_X^2 = b^2 s_Z^2$, $x_\nu = bz_\nu$, usw.) von der gewählten Maßeinheit ab, so daß die Varianzen ohne Einbeziehung der Wechselkurse nicht verglichen werden können.

Ein Vergleich ist aber mit Hilfe der Variationskoeffizienten $v_X = s_X/\bar{x}$, $v_Y = s_Y/\bar{y}$ und $v_Z = s_Z/\bar{z}$ möglich.

Dafür ergibt sich $v_X = 0{,}0084$, $v_Y = 0{,}0120$ und $v_Z = 0{,}0070$, so daß die relative Streuung der Preise im Raum Paris am größten ist.

Lösung 33

Merkmale: Leistung im Hochsprung (in cm) (X), metrisch; Zeit des 100m-Laufs (in sec) (Y), metrisch; Weite im Kugelstoßen (in m) (Z), metrisch; Merkmalsträger: n = 5 Zehnkampfteilnehmer.

Die durchschnittlichen Leistungsunterschiede können mit Hilfe geeigneter Streuungsmaße (Varianz, Standardabweichung, durchschnittliche absolute Abweichung) gemessen werden.

Da die Leistungen in den drei Disziplinen mit unterschiedlichen Maßeinheiten (cm, sec, m) gemessen werden, müssen die Streuungsmaße - weil sie untereinander verglichen werden sollen - so normiert werden, daß sie dimensionslos sind. Das kann durch die Berechnung relativer Streuungsmaße erreicht werden.

Die Voraussetzung: $x_\nu, y_\nu, z_\nu \geq 0$ ist erfüllt.

Geeignete Maßzahlen sind der Variationskoeffizient v und die relative durchschnittliche (absolute) Abweichung v_d .

(1) Variationskoeffizient $v = s/\bar{x}$

Arbeitstabelle

ν	x_ν	y_ν	z_ν	x_ν^2	y_ν^2	z_ν^2
1	206	10,83	17,58	42436	117,2889	309,0564
2	197	11,01	16,76	38809	121,2201	280,8976
3	191	11,18	15,60	36481	124,9924	243,3600
4	200	10,65	16,82	40000	113,4225	282,9124
5	216	10,78	17,24	46656	116,2084	297,2176
Σ	1010	54,45	84,00	204382	593,1323	1413,4440

Somit ist

$$\bar{x} = \frac{1}{n} \sum_\nu x_\nu = 1010/5 = 202 ,$$

$$\bar{y} = \frac{1}{n} \sum_\nu y_\nu = 54,45/5 = 10,89 \text{ und}$$

$$\bar{z} = \frac{1}{n} \sum_\nu z_\nu = 84,00/5 = 16,80 .$$

Wegen der Nachkommastellen ist es etwas einfacher, die Varianz (Standardabweichung) wie folgt zu berechnen:

$$s_X^2 = \frac{1}{n} \sum_\nu x_\nu^2 - \bar{x}^2 = \frac{1}{5} \cdot 204382 - 202^2 = 72,4 ,$$

$$s_X = +\sqrt{72,4} = 8,5088 \ ,$$

$$s_Y^2 = \frac{1}{n} \sum_\nu y_\nu^2 - \bar{y}^2 = \frac{1}{5} \cdot 593,1323 - 10,89^2 = 0,03436 \ ,$$

$$s_Y = +\sqrt{0,03436} = 0,1854 \ ,$$

$$s_Z^2 = \frac{1}{n} \sum_\nu z_\nu^2 - \bar{z}^2 = \frac{1}{5} \cdot 1413,444 - 16,8^2 = 0,4488 \ ,$$

$$s_Z = +\sqrt{0,4488} = 0,6699 \ .$$

Die Variationskoeffizienten nehmen folgende Werte an:

$$v_X = s_X/\bar{x} = 8,5088/202 = 0,0421 \ ,$$

$$v_Y = s_Y/\bar{y} = 0,1854/10,89 = 0,0170 \ ,$$

$$v_Z = s_Z/\bar{z} = 0,6699/16,8 = 0,0399 \ .$$

Mit den von der jeweiligen Maßeinheit unabhängigen (relativen) Streuungsmaßen ist $v_Y < v_Z < v_X$, so daß die durchschnittlichen Leistungsunterschiede im Hochsprung am größten sind.

(2) Relative durchschnittliche (absolute) Abweichung $v_d = d(x_{0,5})/x_{0,5}$

Wird die durchschnittliche Leistung mit Hilfe des Medians gemessen, ist v_d das geeignete relative Streuungsmaß.

Es ist $x_{0,5} = 200$,
$y_{0,5} = 10,83$ und
$z_{0,5} = 16,82$.

Arbeitstabelle

ν	$\lvert x_\nu - 200 \rvert$	$\lvert y_\nu - 10,83 \rvert$	$\lvert z_\nu - 16,82 \rvert$
1	6	0	0,76
2	3	0,18	0,06
3	9	0,35	1,22
4	0	0,18	0
5	16	0,05	0,42
Σ	34	0,76	2,46

Daraus ergibt sich:

$$d(x_{0,5}) = \frac{1}{n} \sum_{\nu} |x_{\nu} - x_{0,5}| = \frac{1}{5} \cdot 34 = 6{,}8 \quad ,$$

$$d(y_{0,5}) = \frac{1}{n} \sum_{\nu} |y_{\nu} - y_{0,5}| = \frac{1}{5} \cdot 0{,}76 = 0{,}152 \quad ,$$

$$d(z_{0,5}) = \frac{1}{n} \sum_{\nu} |z_{\nu} - z_{0,5}| = \frac{1}{5} \cdot 2{,}46 = 0{,}492$$

sowie

$$v_{d,X} = d(x_{0,5})/x_{0,5} = 6{,}8/200 = 0{,}034 \quad ,$$

$$v_{d,Y} = d(y_{0,5})/y_{0,5} = 0{,}152/10{,}83 = 0{,}014 \quad ,$$

$$v_{d,Z} = d(z_{0,5})/z_{0,5} = 0{,}492/16{,}82 = 0{,}029 \quad ,$$

so daß - wegen $v_{d,Y} < v_{d,Z} < v_{d,X}$ - wie zuvor die durchschnittlichen Leistungsunterschiede im Hochsprung am größten sind.

* Lösung 34

Merkmale: Durchmesser einer Welle, gefertigt von Dreher 1 (X), Durchmesser einer Welle, gefertigt von Dreher 2 (Y); Merkmalstyp: jeweils metrisch; Merkmalsträger: jeweilige Wellen.

Gegeben ist für jedes Merkmal eine Häufigkeitsverteilung. Es ist zu überprüfen, inwieweit allein aufgrund dieser Informationen Aussagen über die Qualität der Arbeit der beiden Dreher getroffen werden können.

Bevor man Aussagen über die Qualität der Arbeit machen kann, muß man vorab den Qualitätsstandard kennen und Qualitätskriterien festlegen. Bezogen auf das vorliegende Beispiel bedeutet dies, daß man zunächst wissen muß, wie groß der jeweilige Wellendurchmesser im Idealfall ist bzw. sein sollte (Sollwert) und - gegebenenfalls - wie groß die zulässige Toleranz ist. Es liegt aufgrund der gegebenen Werte nahe, auf die Sollwerte 50 mm bei Dreher 1 und 20 mm bei Dreher 2 zu schließen, doch ist dies keineswegs zwingend. Wenn diese Information vorliegen würde, wäre als nächstes ein geeignetes Qualitätskriterium festzulegen.

Als Qualitätskriterien verwendet werden könnten beispielsweise:

- Streuungsmaße (durchschnittliche Abweichung, Varianz, Standardabweichung),

- relative Streuungsmaße,

- die größte absolute oder relative Abweichung in einer Richtung oder in beiden Richtungen.

Allerdings müßten dabei die jeweiligen Differenzen vom Sollwert (und nicht von einem Mittelwert) bestimmt werden.

Es müßte auch gewährleistet sein, daß die beiden Dreher an gleichartigen Maschinen gleicher Präzision arbeiten und gleichartige Rohlinge (Material, Härte) verarbeiten. Schließlich müßte auch der Zeitfaktor und die Produktion von Ausschuß angemessen berücksichtigt werden.

Da jedoch all diese Informationen fehlen, ist keine Aussage über die Qualität der Arbeit der beiden Dreher möglich.

Lösung 35

Merkmal: Verlagsgröße, gemessen durch die Anzahl der Beschäftigten je Verlag; Merkmalstyp: metrisch; Merkmalsträger: Verlage.

Vorbemerkung: Das Merkmal "Verlagsgröße" ist metrisch-diskret; trotzdem liegen die Werte in diesem Fall klassiert vor. Dies hat Auswirkungen auf die Bildung der Klassengrenzen und dies wiederum auf die Werte der Klassenmitten. Im folgenden werden die in der Aufgabe angegebenen Klassen insofern modifiziert, als die Klassenobergrenzen beibehalten werden und die Klassenuntergrenzen den jeweiligen Obergrenzen der Vorklasse angepaßt werden (zum Beispiel wird die Klasse Nr. 2 "10 bis 19 Beschäftigte" transformiert in "über 9 bis 19 Beschäftigte"). Dies ist eine, aber keineswegs die einzige mögliche Anpassung der Klassengrenzen. Eine Alternative wäre zum Beispiel, die Klassenuntergrenzen beizubehalten und die Obergrenzen entsprechend zu modifizieren.

a) Die Anzahl der Verlage mit mehr als 150 Beschäftigten kann nur approximativ mit Hilfe der approximierenden Verteilungsfunktion $\hat{F}^*_X(\xi)$ bestimmt werden.

Arbeitstabelle

i	$\tilde{x}_i$	$\hat{F}_X(\tilde{x}_i)$
1	9	0,045
2	19	0,106
3	49	0,228
4	99	0,392
5	199	0,576
6	499	0,775
7	999	0,891
8	5999 [1)]	1,000

1) Festsetzung!

$$\hat{F}^*_X(\xi) = \hat{F}_X(\tilde{x}_{i-1}) + (\xi-\tilde{x}_{i-1}) \frac{n_i}{n\cdot\Delta(x_i)}, \quad \text{falls } \tilde{x}_{i-1} < \xi \le \tilde{x}_i \;;$$

$$\hat{F}^*_X(150) = \hat{F}_X(99) + (150-99) \frac{57}{311\cdot 100} = 0,392 + 51\cdot 0,001833 = 0,4855.$$

Die Anzahl der Verlage mit mehr als 150 Beschäftigten beträgt also approximativ $(1-\hat{F}^*_X(150))\cdot n = (1-0{,}4855)\cdot 311 \doteq 160$ (Verlage).

b) $\bar{x} = \frac{1}{n}\sum_{\nu=1}^{n} x_\nu = \frac{1}{n}\sum_{i=1}^{k} \bar{x}_i n_i = 124297/311 = 399{,}67 \doteq 400$ (Beschäftigte im Mittel).

c) Weil in der dritten Spalte der gegebenen Tabelle die klassenspezifischen Totalwerte $\bar{x}_i n_i$ aufgeführt sind.

d) Merkmal ist nun die Größe des Verlags, in dem die Beschäftigten tätig sind, gemessen durch die Anzahl der beschäftigten Personen (X'). X' ist metrisch. Merkmalsträger sind die im Verlagsgewerbe beschäftigten Personen.

Die Anzahl der Beschäftigten je Größenklasse, also die absoluten Häufigkeiten, sind durch $\bar{x}_i n_i = n'_i$ gegeben (vgl. Teilaufgabe c).

Es ist d, der Median des Merkmals X', also $x'_{0,5}$ zu berechnen.

$x'_{0,5}$ kann hier nur grob abgeschätzt werden, weil dieser Wert in diesem Beispiel (auch) von der Festlegung der Obergrenze der 8. (Rand-)Klasse abhängt. Wird diese Obergrenze mit 5999 $(=\tilde{x}_8)$ festgelegt, ergibt sich, mit $\hat{F}^*_{X'}(\tilde{x}_i)$, der approximierenden Verteilungsfunktion für die beschäftigten Personen und i=8, der Median $x'_{0,5}$ wie folgt.

Arbeitstabelle

i	$\tilde{x}_i$	$\hat{F}_{X'}(\tilde{x}_i)$
1	9	0,00059
2	19	0,00306
3	49	0,01323
4	99	0,04243
5	199	0,10518
6	499	0,26848
7	999	0,47178
8	5999[1)]	1,00000

0,00069

1) Festsetzung!

$$x'_{0,5} = \tilde{x}_{i-1} + (0{,}5-\hat{F}_{X'}(\tilde{x}_{i-1}))\frac{\Delta(x_i)\cdot n'}{n'_i},$$

$$x'_{0,5} = 999 + (0,5-0,47178)\ \frac{5000 \cdot 124297}{65656} =$$

$$= 999 + 0,02822 \cdot 9465,776 \doteq 1266,$$

so daß (approximativ) die Hälfte der Beschäftigten in Verlagen mit höchstens 1266 Beschäftigten arbeitet.

Lösung 36

Merkmale: Güteklasse des Eies einer Henne, die Standardkraftfutter erhalten hat (U), Güteklasse des Eies einer Henne, die neues Kraftfutter erhalten hat (V); Merkmalstyp: jeweils komparativ; Merkmalsträger: jeweilige Eier.

Anmerkung: Da die Güteklassen aufgrund des Gewichts der Eier festgelegt werden, handelt es sich ursprünglich um metrische Merkmale, die jedoch in komparative Merkmale transformiert wurden. Man spricht in diesem Zusammenhang davon, daß die Merkmale "komparatisiert" wurden.

Insgesamt hat die Produktion (im Mittel) um täglich 52 Eier = 2,08% zugenommen. Wesentlicher als diese geringfügige Zunahme sind jedoch die Qualitätsverbesserungen, die sich durch den Median (Güteklasse 4) und die Quartile (Güteklasse 3 und 5 bzw. 3 und 4) nicht angemessen beschreiben lassen. Informativer sind die kumulierten relativen Häufigkeiten $F_U(U_j)$ bzw. $F_V(V_j)$, j=1,2,...,7.

j	$F_U(U_j) \cdot 100$ Standardkraftfutter	$F_V(V_j) \cdot 100$ neues Kraftfutter
1	2	5
2	10	19
3	28	44
4	63	79
5	84	94
6	94	99
7	100	100

Danach konnte zum Beispiel der Anteil der mittleren Tagesproduktion in der Güteklasse 1 um 150%, in den Güteklassen 1 und 2 zusammen um 90% und in den Güteklassen 1 bis 4 um rd. 25% gesteigert werden, während dieser Anteil in den Güteklassen 5 bis 7 um rd. 43% abnahm.

Angesichts der gegebenen Daten ist die Berechnung des Streuungsmaßes S(U) bzw. S(V) entbehrlich; es sind keine wesentlichen zusätzlichen Informationen zu erwarten.

Anmerkung: Die Frage, ob die Einführung der neuen Kraftfuttermischung ökonomisch sinnvoll ist, kann ohne Einbeziehung der Einkaufs- und Absatzpreise nicht beantwortet werden.

Lösung 37

Hinsichtlich Merkmal, Merkmalstyp und Merkmalsträger vgl. Aufgabe 3

$\bar{x} = \frac{1}{n} \sum_{i=1}^{k} x_i n_i$, $s_X^2 = \overline{x^2} - \bar{x}^2$, mit $\overline{x^2} = \frac{1}{n} \sum_{i=1}^{k} x_i^2 n_i$.

a) Arbeitstabelle

i	x_i	n_i	$x_i n_i$	x_i^2	$x_i^2 n_i$
1	29,6	1	29,6	876,16	876,16
2	29,7	2	59,4	882,09	1764,18
3	29,8	3	89,4	888,04	2664,12
4	29,9	4	119,6	894,01	3576,04
5	30,0	5	150,0	900,00	4500,00
6	30,1	3	90,3	906,01	2718,03
7	30,2	3	90,6	912,04	2736,12
8	30,3	2	60,6	918,09	1836,18
9	30,4	1	30,4	924,16	924,16
10	30,5	1	30,5	930,25	930,25
-	-	25	750,4	-	22525,24

Damit ist $\bar{x}$ = 750,4/25 = 30,016 (mm), s_X^2 = 901,0096 - $(30,016)^2$ =
= 0,049344 (mm^2) und $s_X = \sqrt{s_X^2}$ = 0,222 (mm).

b) Arbeitstabelle

i	x_i	n_i	$x_i n_i$	$x_i^2 n_i$
1	29,60	1	29,60	876,1600
2	29,75	5	148,75	4425,3125
3	29,95	9	269,55	8073,0225
4	30,15	6	180,90	5454,1350
5	30,35	3	91,05	2763,3675
6	30,50	1	30,50	930,2500
-	-	25	750,35	22522,2475

Damit ist approximativ

$\bar{x}$ = 750,35/25 = 30,014 (mm), s_X^2 = 900,8899 - $(30,014)^2$ =
= 0,049704 (mm^2) und $s_X = \sqrt{s_X^2}$ = 0,223 (mm).

Durch die vorgenommene Klassierung ändern sich die Werte des arithmetischen Mittels, der Varianz und der Standardabweichung nur geringfügig.

Lösung 38

Hinsichtlich Merkmal, Merkmalstyp und Merkmalsträger vgl. Aufgabe 3.

a) Berechnung des exakten Wertes:

Der Median ($x_{0,5}$) ist der Wert, der in der aufsteigend geordneten Reihe der Merkmalswerte in der Mitte steht und das ist (bei n=25) $x_{0,5} = x_{[13]} = 30,0$ (mm).

Berechnung mit Hilfe der approximierenden Verteilungsfunktion:

Der Median liegt in der fünften Klasse zwischen $\tilde{x}_4 = 29,95$ und $\tilde{x}_5 =$
$= 30,05$. Somit ist

$$x_{0,5} = \tilde{x}_{i-1} + (0,5-\hat{F}_X(\tilde{x}_{i-1}))\Delta(x_i)/f_i =$$

$$= 29,95 + (0,5-0,4)0,1/0,2 = 30,00 \text{ (mm)}.$$

Berechnung mit Hilfe der gemäß 3 d) klassierten Werte:

Der Median liegt in der dritten Klasse zwischen $\tilde{x}_2 = 29,85$ und $\tilde{x}_3 =$
$= 30,05$. Somit ist approximativ

$$x_{0,5} = 29,85 + (0,5-0,24)0,2/0,36 = 29,994 \text{ (mm)}.$$

Dieses Beispiel zeigt, daß im allgemeinen bei Klassierungen mit zunehmenden Klassenbreiten die Linearitätsannahme immer weniger erfüllt ist und in der Folge daraus abgeleitete Maßzahlen immer stärker von den exakten Werten abweichen.

b) Berechnung des exakten Wertes:

$$d(x_{0,5}) = \frac{1}{n} \sum_{i=1}^{k} |x_i - x_{0,5}| n_i .$$

Mit $x_{0,5} = 30,0$ (mm) und k=10 ist $d(30,0) = \frac{1}{25}(4,4) = 0,176$ (mm).

Berechnung mit Hilfe der gemäß 3 d) klassierten Werte:

Mit $x_{0,5} = 29,994$ (mm) und k=6

ist $d(29,994) = \frac{1}{25}(4,52) = 0,1808$ (mm).

Zur Interpretation vgl. Teilaufgabe a).

Lösung 39

Merkmale: Bruttoproduktionswert der Chemischen Industrie in einem westeuropäischen Land (X), Personalkosten der Chemischen Industrie in einem westeuropäischen Land (Y); Merkmalstyp: jeweils metrisch; Merkmalsträger: jeweilige Jahre.

a) Beziehungszahlen $b_t = y_t/x_t$, t=1981,1982,...,1985.

Jahr t	b_t (in %)
1981	22,71
1982	23,40
1983	21,66
1984	22,72
1985	22,29

1981 betrugen die Personalkosten der Chemischen Industrie in diesem Land 22,71% des Bruttoproduktionswertes, 1985 nur noch 22,29%. Allerdings ist keine einheitliche Entwicklung der Werte dieser Beziehungszahl von 1981 bis 1985 erkennbar.

b) Zeitliche Meßzahlen mit fester Basis t_o = 1981:

$M^X_{1981,t} = x_t/x_{1981}$ bzw. $M^Y_{1981,t} = y_t/y_{1981}$, t=1981,1982,...,1985 ;

mit wechselnder Basis (in bezug auf das Vorjahr):

$M^X_{t-1,t} = x_t/x_{t-1}$ bzw. $M^Y_{t-1,t} = y_t/y_{t-1}$, t=1982,1983,...,1985 .

Jahr t	$M^X_{1981,t}$	$M^Y_{1981,t}$	$M^X_{t-1,t}$	$M^Y_{t-1,t}$
1981	1	1	-	-
1982	1,017	1,048	1,017	1,048
1983	1,194	1,139	1,174	1,086
1984	1,177	1,178	0,986	1,034
1985	1,265	1,241	1,075	1,054

Der Bruttoproduktionswert und die Personalkosten sind insgesamt von 1981 bis 1985 in etwa im gleichen Umfang gestiegen (um 26,5% bzw. 24,1%). Allerdings variiert die Entwicklung in den einzelnen Jahren zum Teil sehr stark. Beispielsweise sank der Bruttoproduktionswert von 1983 bis 1984 um 1,4%, während die Personalkosten im gleichen Zeitraum um 3,4% stiegen.

Lösung 40

Merkmale: Mittlerer Bevölkerungsbestand eines Landes in einem Jahr (X), Anzahl der Gestorbenen eines Landes in einem Jahr (Y); Merkmalstyp: jeweils metrisch; Merkmalsträger: jeweilige Länder.

a) Aus der Tabelle ergibt sich

$\bar{b}^{S,D} = \frac{723209}{61326} = 11{,}79$ Gestorbene je 1000 Einwohner für die Bundesrepublik und

$\bar{b}^{S,G} = \frac{81588}{9361} = 8{,}72$ Gestorbene je 1000 Einwohner für Griechenland.

Dieses Ergebnis könnte den Schluß nahelegen, das Sterblichkeitsniveau sei in der Bundesrepublik höher als in Griechenland. Der Unterschied zwischen den rohen Sterberaten kann (unter anderem) auf Unterschiede in der Altersstruktur und/oder in den Sterblichkeitsverhältnissen zurückgeführt werden.

b) Aus der Tabelle ergibt sich

Altersklasse	Altersspezifische Sterberate BRD	Altersspezifische Sterberate Griechenland
1	1,094	1,679
2	1,014	0,714
3	1,933	1,195
4	8,527	6,295
5	59,492	50,516

Diesen Werten ist zu entnehmen, daß die Sterblichkeit mit Ausnahme der ersten Altersklasse in allen anderen Altersklassen in der Bundesrepublik Deutschland höher ist als in Griechenland. Der in Teilaufgabe a) ermittelte Unterschied zwischen den beiden rohen Raten ist also auch auf Unterschiede in den Sterblichkeitsverhältnissen zurückzuführen.

c) Bezeichnet man mit x_i den mittleren Bestand der betrachteten Bevölkerung in der i-ten Altersklasse, mit y_i die Anzahl der Gestorbenen, die bei ihrem Tod der i-ten Altersklasse angehörten, und mit g_i die Gewichte der i-ten Altersklasse, dann gilt:

$$\sum_i b_i^S \cdot g_i = \sum_i b_i^S \cdot \frac{x_i}{\sum_i x_i} = \frac{1}{\sum_i x_i} \sum_i \frac{y_i}{x_i} x_i = \frac{1}{\sum_i x_i} \cdot \sum_i y_i = \frac{\sum y_i}{\sum x_i} = \bar{b}^S .$$

d) Arbeitstabelle der Anteile der Bevölkerung in den einzelnen Altersklassen am mittleren Gesamtbevölkerungsbestand

Altersklasse	Altersstruktur BRD	Altersstruktur Griechenland
1	0,196	0,234
2	0,221	0,213
3	0,213	0,197
4	0,217	0,228
5	0,153	0,129
Σ	1,000	1,001[1)]

1)Rundungsfehler!

Mit den Standardgewichten g_i^D (Altersstruktur der Bundesrepublik Deutschland) ergibt sich

$$\bar{b}_D^{S,G} = \sum_i b_i^G g_i^D =$$

$$= 1{,}679 \cdot 0{,}196 + 0{,}714 \cdot 0{,}221 + \ldots + 50{,}516 \cdot 0{,}153 = 9{,}84$$

Gestorbene je 1000 Einwohner für Griechenland.

Wenn also die Griechen 1978 die Altersstruktur der Deutschen gehabt hätten, dann wären in Griechenland (im Mittel) 9,84 - 8,72 = 1,12 Personen je 1000 Einwohner mehr gestorben, aber noch immer nicht so viele wie in der Bundesrepublik; d.h. 1,12 Gestorbene je 1000 Einwohner sind auf die unterschiedliche Altersstruktur zurückzuführen.

Mit den Standardgewichten g_i^G (Altersstruktur von Griechenland) ergibt sich

$$\bar{b}_G^{S,D} = \sum_i b_i^D g_i^G =$$

$$= 1{,}094 \cdot 0{,}234 + 1{,}014 \cdot 0{,}213 + \ldots + 59{,}492 \cdot 0{,}129 = 10{,}47$$

Gestorbene je 1000 Einwohner für die Bundesrepublik Deutschland.

Wenn also die Deutschen 1978 die Altersstruktur der Griechen gehabt hätten, dann wären in Deutschland (im Mittel) 11,79 - 10,47 = 1,32 Personen je 1000 Einwohner weniger gestorben, aber noch immer nicht so wenige wie in Griechenland; d.h. 1,32 Gestorbene je 1000 Einwohner sind auf die unterschiedliche Altersstruktur zurückzuführen.

Mithin ist es gerechtfertigt anzunehmen, daß das Sterblichkeitsniveau in der Bundesrepublik Deutschland höher als in Griechenland ist (vgl. auch Teilaufgabe b)).

Lösung 41

Merkmale: Fakultät (A), Studienabschnitt (B); Merkmalstyp: Merkmal A klassifikatorisch, Merkmal B komparativ; Merkmalsträger: Studierende.

a) Gemeinsame Häufigkeitsverteilung (f_{ij}), Randverteilungen ($f_{i\bullet}, f_{\bullet j}$)

A \ B	B_1	B_2	$f_{i\bullet}$
A_1	0,011	0,049	0,060
A_2	0,039	0,236	0,275
A_3	0,034	0,134	0,168
A_4	0,040	0,115	0,155
A_5	0,035	0,091	0,126
A_6	0,087	0,128	0,215
$f_{\bullet j}$	0,246	0,753	1

$f(A_1B_2) = f_{12} = 0{,}049$, d.h. 4,9% der Studierenden gehören der Fakultät Katholische Theologie an und sind in einem höheren Fachsemester.

$f(A_4) = f_{4\bullet} = 0{,}155$, d.h. 15,5% der Studierenden gehören zur Fakultät Sprach- und Literaturwissenschaften.

$f(B_1) = f_{\bullet 1} = 0{,}246$, d.h. 24,6% der Studierenden sind im ersten Fachsemester.

b) Bedingte Verteilungen des Merkmals A bezüglich des Merkmals B:

$f(A_i|B_j) = f_{ij}/f_{\bullet j} = n_{ij}/n_{\bullet j}$

A	$f(A_i\|B_1)$	$f(A_i\|B_2)$
A_1	0,045	0,065
A_2	0,159	0,314
A_3	0,139	0,178
A_4	0,161	0,152
A_5	0,143	0,121
A_6	0,352	0,170

$f(A_6|B_1) = 0,352$, d.h. 35,2% der Studierenden, die sich im ersten Fachsemester befinden, gehören zur Fakultät Sozial- und Wirtschaftswissenschaften.

$f(A_1|B_2) = 0,065$, d.h. 6,5 der Studierenden höherer Fachsemester gehören zur Fakultät Katholische Theologie.

Bedingte Verteilungen des Merkmals B bezüglich des Merkmals A:
$f(B_j|A_i) = f_{ij}/f_{i\cdot} = n_{ij}/n_{i\cdot}$.

$f(B_j\|A_i)$	B_1	B_2
$f(B_j\|A_1)$	0,184	0,816
$f(B_j\|A_2)$	0,143	0,857
$f(B_j\|A_3)$	0,204	0,796
$f(B_j\|A_4)$	0,258	0,742
$f(B_j\|A_5)$	0,280	0,720
$f(B_j\|A_6)$	0,405	0,595

$f(B_1|A_6) = 0,405$, d.h. 40,5% der Studierenden der Sozial- und Wirtschaftswissenschaften sind im ersten Fachsemester.

$f(B_2|A_2) = 0,857$, d.h. 85,7% der Studierenden der Fakultät Pädagogik, Philosophie, Psychologie sind in einem höheren Fachsemester.

Anmerkung: Zur Vermeidung größerer Rundungsfehler ist es zweckmäßig, die bedingten Verteilungen mit Hilfe der absoluten Häufigkeiten zu berechnen!

Lösung 42

Merkmale: Familienstand der Personen der Wohnbevölkerung eines Landes an einem Stichtag (A), Geschlecht der Personen der Wohnbevölkerung eines Landes an einem Stichtag (B); Merkmalstyp: jeweils klassifikatorisch; Merkmalsträger: Personen.

Die Werte in dieser Tabelle sind die bedingten relativen Häufigkeiten (bedingte Verteilungen) $f(A_i|B_j)$ $i=1,2,3,4$, $j=1,2$. Beispielsweise ist $f(A_2|B_2) = 0,47$, d.h. 47% der weiblichen Wohnbevölkerung war verheiratet, und $f(A_4|B_1) = 0,024$, d.h. 2,4% der männlichen Wohnbevölkerung war geschieden.

Die gemeinsame Häufigkeitsverteilung (f_{ij}) und die Randverteilungen ($f_{i\bullet}$ und $f_{\bullet j}$) ergeben sich aus $f(A_iB_j) = f_{ij} = f(A_i|B_j)f(B_j)$ mit

$f(B_2) = f_{\bullet 2} = 32189900/61712800 = 0{,}522$ und $f(B_1) = f_{\bullet 1} = 0{,}478$.

A \ B	B_1	B_2	$f_{i\bullet}$
A_1	0,211	0,185	0,396
A_2	0,243	0,245	0,488
A_3	0,012	0,075	0,087
A_4	0,011	0,017	0,028
$f_{\bullet j}$	0,477	0,522	1

Lösung 43

Merkmale: Religionszugehörigkeit des Mannes (A), Religionszugehörigkeit der Frau (B); Merkmalstyp: jeweils klassifikatorisch; Merkmalsträger: Eheschließungen.

a) Gemeinsame Häufigkeitsverteilung, Randverteilungen:

$f_{ij} = n_{ij}/n, \quad i,j=1,2,\ldots,5$

A \ B	B_1	B_2	B_3	B_4	B_5	$f_{i\bullet}$
A_1	0,260	0,121	0,002	0	0,018	0,401
A_2	0,118	0,310	0,002	0	0,011	0,441
A_3	0,003	0,003	0,008	-	0,001	0,015
A_4	0	0	0	0	0	0
A_5	0,056	0,034	0,001	0	0,053	0,144
$f_{\bullet j}$	0,437	0,468	0,013	0	0,083	1,001

0 bedeutet $< 0{,}0005$.

b) Bedingte Häufigkeitsverteilungen:

$f(A_i|B_2) = n_{i2}/n_{\cdot 2}$; $f(B_j|A_2) = n_{2j}/n_{2\cdot}$

A	$f(A_i\|B_2)$
A_1	0,259
A_2	0,663
A_3	0,005
A_4	0
A_5	0,072

B	$f(B_j\|A_2)$
B_1	0,267
B_2	0,704
B_3	0,005
B_4	0
B_5	0,024

$f(A_2|B_2) = 0,663$ bedeutet, daß 66,3 der röm.-katholischen Frauen, die im betreffenden Land und Jahr geheiratet haben, Männer derselben Konfession geheiratet haben. Hingegen haben $f(B_2|A_2) = 70,4\%$ der röm.-katholischen Männer, die im betreffenden Land und Jahr geheiratet haben, Frauen derselben Konfession geheiratet.

Lösung 44

Eine Vierfeldertafel ist (mit relativen Häufigkeiten) wie folgt definiert.

A \ B	0	1	Σ_j
0	f_{11}	f_{12}	$f_{1\cdot}$
1	f_{21}	f_{22}	$f_{2\cdot}$
Σ_i	$f_{\cdot 1}$	$f_{\cdot 2}$	1

Also ist $f_{\cdot 1} = 1 - f_{\cdot 2} = 1 - 0,520 = 0,480$.

A und B sind genau dann statistisch unabhängig, wenn

$f_{11} = f_{1\cdot}\, f_{\cdot 1}$.

Daraus folgt:

$0,144 = f_{1\cdot} \cdot 0,480$ und $f_{1\cdot} = 0,144/0,480 = 0,300$.

Somit ist

$f_{2\cdot} = 1 - f_{1\cdot} = 1 - 0,300 = 0,700$.

Die noch fehlenden Häufigkeiten sind die Differenzen

$f_{1\cdot} - f_{11} = 0,300 - 0,144 = 0,156 = f_{12}$,

$f_{\cdot 1} - f_{11} = 0,480 - 0,144 = 0,336 = f_{21}$ und

$f_{\cdot 2} - f_{12} = 0,520 - 0,156 = 0,364 = f_{22}$.

Es ergibt sich also (berechnete Werte in Klammern)

A \ B	0	1	Σ
0	0,144	(0,156)	(0,300)
1	(0,336)	(0,364)	(0,700)
Σ	(0,480)	0,520	1

Lösung 45

Merkmale: Haarfarbe eines Hörers (A), Augenfarbe eines Hörers (B); Merkmalstyp: jeweils klassifikatorisch; Merkmalsträger: Hörer.

A \ B	B_1	B_2	B_3	$n_{i\cdot}$
A_1	1	4	18	23
A_2	15	10	6	31
A_3	10	12	4	26
$n_{\cdot j}$	26	26	28	80

a) A und B sind statistisch unabhängig, wenn

$$n_{ij} = \frac{n_{i\cdot} n_{\cdot j}}{n} \quad \text{für alle i und j .}$$

Wegen $n_{1\cdot} n_{\cdot 1}/n = 23 \cdot 26/80 = 7,475 \neq 1 = n_{11}$ sind A und B nicht statistisch unabhängig.

Anmerkung: Es gibt auch andere Möglichkeiten (zum Beispiel den Vergleich der bedingten Verteilungen), die statistische Unabhängigkeit der beiden Merkmale zu überprüfen.

b) Für klassifikatorische Merkmale sind Zusammenhangsmaße auf der Basis von χ^2 und der Entropie geeignet.

$$\chi^2 = n\left[\left(\sum_{i=1}^{k}\sum_{j=1}^{l}\frac{n_{ij}^2}{n_{i\bullet}n_{\bullet j}}\right) - 1\right] =$$

$$= 80[(1/23\cdot 26+16/23\cdot 26+\ldots+16/26\cdot 28) - 1] = 80\cdot 0{,}3592 = 28{,}74\ .$$

Wegen $0 \le \chi^2 \le n\cdot\min\{(k-1),(l-1)\}$, $0 \le \chi^2 \le 160$ und

$$V = \sqrt{\frac{\chi^2}{n\cdot\min\{(k-1),(l-1)\}}} = \sqrt{28{,}74/160} = 0{,}42$$ (mit $0 \le V \le 1$) ist der

statistische Zusammenhang zwischen Haar- und Augenfarbe nicht sehr ausgeprägt.

Mit $H(A) = \mathrm{ld}\, n - \frac{1}{n}\sum_{i=1}^{k} n_{i\bullet}\,\mathrm{ld}\, n_{i\bullet} = 1{,}574$,

$H(B) = \mathrm{ld}\, n - \frac{1}{n}\sum_{j=1}^{l} n_{\bullet j}\,\mathrm{ld}\, n_{\bullet j} = 1{,}584$ und

$H(A,B) = \mathrm{ld}\, n - \frac{1}{n}\sum_{i=1}^{k}\sum_{j=1}^{l} n_{ij}\,\mathrm{ld}\, n_{ij} = 2{,}889$ ist

$T(A,B) = H(A) + H(B) - H(A,B) = 1{,}574 + 1{,}584 - 2{,}889 = 0{,}269$ und

$C(A,B|A) = T(A,B)/H(A) = 0{,}17$, so daß auch der mit diesem Maß gemessene Zusammenhang $(0 \le C(A,B|\cdot) \le 1)$ nicht sehr ausgeprägt ist.

c) Aus $\chi^2 = n\sum_{i=1}^{k}\sum_{j=1}^{l}\frac{(f_{ij}-f_{i\bullet}f_{\bullet j})^2}{f_{i\bullet}f_{\bullet j}}$ und

der Tatsache, daß die Multiplikation aller Häufigkeiten der Tabelle mit c zu einer Gesamtheit vom Umfang $c\cdot n$ führt, folgt, da sich die relativen Häufigkeiten (f_{ij}, $f_{i\bullet}$ und $f_{\bullet j}$) nicht ändern, daß χ^2 das c-fache des ursprünglichen Wertes annimmt.

V ändert sich nicht, da auch der Nenner des Bruches (s.o.) auf das c-fache des ursprünglichen Wertes steigt.

d) Das Vertauschen von Zeilen und Spalten der Tabelle ist wegen des Skalenniveaus der beiden Merkmale zulässig und hat keine Auswirkungen auf die berechneten Werte der Zusammenhangsmaße.

Lösung 46

Merkmale: Gesundheitszustand der Bürger eines westeuropäischen Landes in einem bestimmten Monat (A), Rauchgewohnheit der Bürger eines westeuropäischen Landes in einem bestimmten Monat (U); Merkmalstyp: bei Merkmal A klassifikatorisch, Merkmal U komparativ; Merkmalsträger: Bürger.

a) Probleme ergeben sich beim Merkmal "Gesundheitszustand", da es häufbar ist. Es muß davon ausgegangen werden, daß es Personen gibt, die neben Kreislaufkrankheiten (oder Krankheiten der Atmungsorgane oder Krankheiten der Verdauungsorgane) noch andere Krankheiten haben.

   Dieses Problem hätte dadurch umgangen werden können, daß man als Merkmalsausprägungen von vornherein, d.h. vor der Bestimmung der gemeinsamen absoluten Häufigkeitsverteilung, auch derart "kombinierte" Krankheiten gebildet hätte, so daß jeder Bürger eindeutig einer Merkmalsausprägung hätte zugeordnet werden können.

b) Der Zusammenhang zwischen den Rauchgewohnheiten und dem Gesundheitszustand kann nur auf dem niedrigeren Skalenniveau (Nominalskala) gemessen werden. Geeignete Maße sind (1) das Maß von CRAMER und (2) der Assoziationskoeffizient auf der Basis der Entropie.

   Zu (1) $V = \sqrt{\chi^2/(n \cdot \min\{(k-1),(l-1)\}}$, $0 \le V \le 1$.

$$\chi^2 = \left[\left(\sum_{i=1}^{k} \sum_{j=1}^{l} \frac{n_{ij}^2}{n_{i\bullet} n_{\bullet j}}\right) - 1\right] = 46030000(1{,}0068-1) = 313004 ,$$

   $V = \sqrt{313004/(46030000 \cdot 3)} \doteq 0{,}048$.

   Zu (2) $C(A,U|\bullet) = T(A,U)/H(\bullet)$, $0 \le C(A,U|\bullet) \le 1$.

   Arbeitstabelle

A \ U	U_1	U_2	U_3	U_4	$f_{i\bullet}$
A_1	0,008	0,002	0,007	0,028	0,045
A_2	0,010	0,002	0,004	0,016	0,032
A_3	0,005	0,001	0,002	0,008	0,016
A_4	0,267	0,054	0,073	0,513	0,907
$f_{\bullet j}$	0,290	0,059	0,086	0,565	1,000

Mit $H(A) = -\sum_{i=1}^{k} f_{i\bullet} \operatorname{ld} f_{i\bullet} = 0{,}5834$, $H(U) = -\sum_{j=1}^{l} f_{\bullet j} \operatorname{ld} f_{\bullet j} = 1{,}5286$

und $H(A,U) = - \sum_{i=1}^{k} \sum_{j=1}^{l} f_{ij} \text{ ld } f_{ij} = 2{,}1073$ ist

$T(A,U) = H(A) + H(U) - H(A,U) = 0{,}0047$ und

$C(A,U|A) = 0{,}0047/0{,}5834 \doteq 0{,}008$.

Da beide Maße im Intervall [0;1] variieren, deuten beide Werte auf einen sehr schwachen statistischen Zusammenhang hin. Eine genaue Interpretation ist nicht möglich, da die Werte

1. von der Tatsache, daß der Gesundheitszustand ein häufbares Merkmal ist,
2. von den unterschiedenen Merkmalsausprägungen des Merkmals "Gesundheitszustand" und
3. auch dadurch beeinflußt werden, daß Informationen über die Intensität des Rauchens nicht verwertet werden können.

Lösung 47

Merkmale: Behandlung von Managern mit Hilfe von Frischzellen und Tiefschlaf (U), Ergebnis des Sanatoriumsaufenthalts (V); Merkmalstyp: jeweils komparativ mit zunächst jeweils zwei Merkmalsausprägungen; Merkmalsträger: Manager.

Arbeitstabelle

a)

Behandlung \ Ergebnis	geheilt	nicht geheilt	$n_{i\bullet}$
ja	80	20	100
nein	55	45	100
$n_{\bullet j}$	135	65	200

Da es sich um zwei komparative Merkmale handelt, können Stärke und Richtung des (monotonen) Zusammenhangs mit dem Kontingenzmaß $\gamma = (n_c - n_d)/(n_c + n_d)$ von GOODMAN/KRUSKAL gemessen werden.

$n_c = 80 \cdot 45 = 3600$; $n_d = 20 \cdot 55 = 1100$.

Dafür ergibt sich der Wert $\gamma = \frac{2500}{4700} \doteq 0{,}53$; wegen $-1 \leq \gamma \leq +1$

also ein nicht unwesentlicher positiver Zusammenhang zwischen Behandlungsmethode und -ergebnis. Für die untersuchten Gruppen ist die Behandlung mit Frischzellen und Tiefschlaf eher positiv zu beurteilen.

b) Vorbemerkung: beide Merkmale sind komparativ mit jeweils drei Merkmalsausprägungen.

Erneut ist das Kontingenzmaß $\gamma = (n_c - n_d)/(n_c + n_d)$ ein geeignetes Zusammenhangsmaß.

Mit $n_c = 40 \cdot (40+30+25+50) + 35 \cdot (30+50) + 30 \cdot (25+50) + 40 \cdot 50 = 12850$

und $n_d = 25 \cdot (30+40+25+25) + 35 \cdot (30+25) + 30 \cdot (25+25) + 40 \cdot 25 = 7425$

ergibt sich $\gamma = 5425/20275 \doteq 0,27$,

also ein schwacher positiver Zusammenhang $(-1 \le \gamma \le +1)$ zwischen Behandlungsmethode und -ergebnis.

Lösung 48

Merkmal: Leistung in Statistik, komparativ; Merkmal: Leistung in Jura, komparativ; Merkmalsträger: Studierende.

Der Rangkorrelationskoeffizient nach KENDALL ist wie folgt definiert:

$$\tau = \frac{2(n_c - n_d)}{n(n-1)} = \frac{n_c - n_d}{\binom{n}{2}}, \quad -1 \le \tau \le +1 .$$

Schon bei recht kleinem n ist es ziemlich umständlich, die Anzahl der konkordanten (n_c) und die der diskordanten Paare (n_d) zu bestimmen. Zur Bestimmung dieser Anzahlen kann eine $n \cdot n$-Kontingenztabelle verwendet werden, die bei Bindungsfreiheit (auch in den Randverteilungen) nur die Werte 0 und 1 enthält (dann ist auch $\tau = \gamma$).

Einfacher ist es wohl, wie folgt vorzugehen. Wenn es - wie in diesem Beispiel - keine Bindungen gibt, dann ist $n_c + n_d = \binom{n}{2}$ und

$$\tau = \frac{\binom{n}{2} - n_d - n_d}{\binom{n}{2}} = 1 - \frac{2n_d}{\binom{n}{2}} = 1 - \frac{4n_d}{n(n-1)} .$$

Es muß also nur noch die Anzahl n_d bestimmt werden.

Werden die Rangpaare (Statistik, Jura) nach dem Rang in Statistik aufsteigend geordnet und werden die Jura-Ränge "mitsortiert",

Statistik (i)	1	2	3	4	5	6	7	8	9	10
Jura j(i)	5	3	16	11	2	12	7	10	1	4
$n_{d,i}$	4	2	13	8	1	7	3	5	0	0

Statistik (i)	11	12	13	14	15	16	17	18	19	20
Jura j(i)	17	20	6	19	8	15	13	14	9	18
$n_{d,i}$	6	8	0	6	0	3	1	1	0	0

dann kann für jeden Jura-Rang j(i) festgestellt werden, wie groß $n_{d,i}$, die Anzahl der Jura-Ränge ist, die eine kleinere Rangzahl aufweisen als der betrachtete Jura-Rang und in der Anordnung rechts von dem betrachteten Jura-Rang stehen. In der obigen Arbeitstabelle wurden diese Anzahlen mit $n_{d,i}$ (i=1,2,...,20) bezeichnet. Zum Beispiel ist $n_{d,8} = 5$, weil rechts von j(8) = 10 fünf Jura-Ränge stehen, die kleiner als 10 sind, nämlich die Ränge j(•)=1,4,6,8,9.

Die Anzahl der diskordanten Paare insgesamt ist dann $n_d = \sum_{i=1}^{20} n_{d,i} = 68$.

Somit ist $\tau = 1 - \frac{4 \cdot 68}{380} = 0{,}28$, d.h. es existiert ein schwacher positiver (monotoner) Zusammenhang zwischen den Leistungen in Statistik und denen in Jura.

Lösung 49

a) Merkmalsträger: 100 Arbeitsgruppen; Merkmal Führungsqualität: komparativ; Merkmal Wertschöpfung: metrisch.

b) Da es sich hier um "gemischte" Merkmale handelt, muß zur Berechnung eines geeigneten Zusammenhangmaßes das metrische Merkmal Wertschöpfung wie ein komparatives Merkmal behandelt werden, d.h. die Wertschöpfungsklassen sind wie die Ausprägungen eines komparativen Merkmals zu interpretieren. Zur Messung von Stärke und Richtung eines monotonen Zusammenhangs zwischen zwei komparativen Merkmalen sind grundsätzlich der Rangkorrelationskoeffizient von KENDALL und das Kontingenzmaß von GOODMAN/KRUSKAL geeignet. Da in diesem Beispiel jedoch Bindungen, also ranggleiche Paare auftreten, kann hier nur das Kontingenzmaß von GOODMAN/KRUSKAL berechnet werden.

$n_c = 30(5+20+5+10) + 10(20+10) + 10(5+10) + 5 \cdot 10 = 1700$,

$n_d = 5(5+10+5+5) + 10(10+5) + 20(5+5) + 5 \cdot 5 = 500$, somit ist

$$\gamma = \frac{n_c - n_d}{n_c + n_d} = \frac{1700-500}{1700+500} \doteq 0{,}55 .$$

Es besteht also ein nicht sehr ausgeprägter positiver monotoner Zusammenhang zwischen den beiden Merkmalen.

c) Weil aus der statistischen Unabhängigkeit zweier Merkmale U und V folgt, daß $\gamma = 0$ ist, kann aus $\gamma \doteq 0{,}55$ geschlossen werden, daß die beiden Merkmale nicht statistisch unabhängig sind.

Lösung 50

Merkmale: Einstufung der Bewerberinnen durch die Frauenbeauftragte, den Lehrstuhlinhaber und die beiden Assistenten; Merkmalstyp: komparativ; Merkmalsträger: Bewerberinnen.

a) Geeignete Zusammenhangsmaße sind der Rangkorrelationskoeffizient von KENDALL (τ) und das Kontingenzmaß von GOODMAN/KRUSKAL (γ), die bei Bindungsfreiheit übereinstimmen.

Der Zusammenhang zwischen den Einstufungen der Frauenbeauftragten (U_F) und dem Lehrstuhlinhaber (U_L) sowie zwischen den Bewertungen der beiden Assistenten A1 und A2 (U_{A1} und U_{A2}) läßt sich auch mit Hilfe von Kontingenztabellen bestimmen, da lediglich die Anzahl der Konkordanten (n_c) und der diskordanten (n_d) Paare interessiert.

U_L \ U_F	A	B	C	D	E	F	G	H	I	J	K	L
A		1										
B			1									
C	1											
D					1							
E							1					
F						1						
G										1		
H												
I												
J												
K												
L												

Wie aus der Tabelle hervorgeht, gibt es keine ranggleichen Paare (Bindungen), so daß $\tau = \gamma$ gilt! Es ist $n_c = 1 \cdot 5 + 1 \cdot 4 + 1 \cdot 4 + 1 \cdot 3 + 1 \cdot 1 + 1 \cdot 1 = 18$ und $n_d = 1 \cdot 1 + 1 \cdot 1 + 1 \cdot 1 = 3$ und $n_c + n_d = 21 = n(n-1)/2$.

Damit ist $\tau = \dfrac{2(n_c - n_d)}{n(n-1)} = \dfrac{30}{42} \doteq 0{,}71 \quad \left[\doteq \dfrac{n_c - n_d}{n_c + n_d} = \gamma \right]$, d.h. es besteht ein relativ starker positiver Zusammenhang zwischen den Einstufungen der Frauenbeauftragten und denen des Lehrstuhlinhabers.

U_{A2} \ U_{A1}	A	B	C	D	E	F	G	H	I	J	K	L
A	2		1									
B												
C		1	1									
D												
E				1								
F												
G												1
H												
I												
J												
K												
L												

Wie aus der Tabelle hervorgeht, gibt es ranggleiche Paare (Bindungen, siehe auch Zeilen-/Spaltensummen). Es ist $n_c = 15$ und $n_d = 1$, $n_c + n_d = 16 < 21 = n(n-1)/2$. Damit ist $\gamma = (n_c - n_d)/(n_c + n_d) = 14/16 = $ $= 0{,}875$.

Zwischen den Bewertungen durch die beiden Assistenten besteht ein starker positiver Zusammenhang.

Daß der rechnerische Zusammenhang im zweiten Falle stärker als im ersten Falle ist, kann auch darauf zurückzuführen sein, daß bei der Berechnung von γ Paare, die weder konkordant noch diskordant sind, nicht berücksichtigt werden.

b) Da die Bewerberin 2 als einzige dreimal mit A und einmal mit B bewertet wurde, dürfte sie wohl die qualifizierteste Sekretärin sein. Somit wäre es sinnvoll, sie einzustellen.

Lösung 51

Die "Anzahl der Punkte" (U) ist - als Note - ein komparatives, die "Anzahl der Läufe" (X) ein metrisches (diskretes) und klassiertes Merkmal.

Merkmalsträger sind die Klausurteilnehmer des FORTRAN-Kurses.

a) Der gesuchte bedingte Mittelwert (mittlere Anzahl der Läufe) kann aufgrund der Klassierung nur approximativ mit

$\bar{x}(U_j) = \frac{1}{n_{\cdot j}} \sum_{i=1}^{k} x_i \cdot n_{ij}$ bestimmt werden.

Arbeitstabelle

i	x_i	n_{i1}	$x_i n_{i1}$	$(n_{i4}+n_{i5})$	$x_i(n_{i4}+n_{i5})$
1	4,5	10	45,0	0	0
2	14,5	3	43,5	0	0
3	29,5	4	118,0	1	29,5
4	59,5	0	0	2	119,0
5	125,0	0	0	1	125,0
Σ	-	17	206,5	4	273,5

$$\bar{x}(U_1) = \frac{206,5}{17} \doteq 12,1\ ,$$

$$\bar{x}(U_{4/5}) = \frac{273,5}{4} \doteq 68,4\ .$$

Die durchschnittliche Anzahl der Läufe von Studierenden, die die Prüfung nicht bestanden haben, beträgt also rd. 12,1, die der Studierenden, die 70 und mehr Punkte erzielten, rd. 68,4.

b) Der (statistische) Zusammenhang zwischen der Anzahl der Läufe (metrisch) und den erzielten Punkten (komparativ) kann nur auf dem niedrigeren Skalenniveau sinnvoll gemessen werden. Da zudem Bindungen auftreten, ist die geeignete Maßzahl das Kontingenzmaß von GOODMAN/KRUSKAL:

$$\gamma = \frac{n_c - n_d}{n_c + n_d}\ .$$

Aus der Tabelle ergibt sich $n_c = 409$, $n_d = 85$ und somit $\gamma = \frac{409-85}{409+85} \doteq$ $\doteq 0,66$, also ein nicht sonderlich starker positiver Zusammenhang.

Lösung 52

Merkmale: Noten in den verschiedenen Fächern; Merkmalstyp: komparativ; Merkmalsträger: Wirtschaftsstudenten.

a) Da die "Note" ein komparatives Merkmal ist, ist der Median $U_{0,5}$ ein geeigneter Mittelwert. Er ist definiert als $U_{0,5} = u_{\left[\frac{n+1}{2}\right]}$, da $n =$ $= 49$, d.h. ungerade für alle vier Prüfungsfächer. Für die vier Prüfungsfächer ergibt sich deshalb:

$U_{0,5}^{BWL} = 4$, $U_{0,5}^{VWL} = 3$, $U_{0,5}^{Stat.} = 3$ und $U_{0,5}^{Recht} = 3$. Für das Fach BWL ist der Median die Note 4, d.h., daß 50% der Prüflinge eine bessere oder gleich gute Leistung als eine 4 erbracht haben bzw. 50% eine schlechtere oder gleich gute Leistung. Insgesamt wurde die Note 3 am häufigsten vergeben, denn es ist $n(3) = \max_i\{n(U_i)\} = 87$.

b) Der Prozentsatz der Studierenden, die in einzelnen Fächern nicht bestanden haben, läßt sich aus den Randverteilungen ableiten. So ergeben sich die gesuchten Anteile als $\frac{n_{i\bullet}}{n}$ bzw. $\frac{n_{\bullet j}}{n}$.

Für das Prüfungsfach BWL bedeutet dies zum Beispiel, daß $\frac{n_{5\bullet}}{n} = \frac{11}{49} \doteq$ $\doteq 0{,}224 = 22.4\ \%$ der Studierenden nicht bestanden haben.

In VWL haben rd. 12%, in Recht rd. 14% und in Statistik rd. 4% nicht bestanden.

c) Für komparative Merkmale sind Abstände zwischen den einzelnen Ausprägungen U_i, $i=1,2,\ldots,k$, nicht definiert. Beispielsweise ist der (Leistungs-) Unterschied zwischen der Note 3 und der Note 4 nicht notwendigerweise genau so groß wie der (Leistungs-) Unterschied zwischen der Note 4 und der Note 5. Mithin ist das arithmetische Mittel für solche Merkmale nicht (sinnvoll) definiert. In den Ländern, in denen die Noten nicht mit Ordinalzahlen, sondern mit Buchstaben (A,B,...) bezeichnet werden, kommt wohl keiner auf den Gedanken, daraus ein arithmetisches Mittel zu berechnen.

d) Eine geeignete Meßzahl für den (statistischen) Zusammenhang zwischen komparativen Merkmalen ist (bei Bindungen) das Kontingenzmaß von GOODMAN/KRUSKAL: $\gamma = (n_c-n_d)/(n_c+n_d)$.

(1) VWL - BWL: $n_c = 418$, $n_d = 64$, $\gamma = \frac{418-64}{418+64} \doteq 0{,}73$.

(2) Statistik - Recht: $n_c = 451$, $n_d = 152$, $\gamma = \frac{451-152}{451+152} \doteq 0{,}50$.

In beiden Fällen ist also der (statistische) Zusammenhang positiv, wenn auch im Falle (2) nicht sehr ausgeprägt. Das bedeutet, daß diejenigen Prüfungsteilnehmer, die in dem einen Prüfungsfach gut (schlecht) waren, im Mittel auch in dem anderen Prüfungsfach gut (schlecht) waren. Daß der Zusammenhang zwischen den Noten der Fächer VWL-BWL stärker war als zwischen den Noten der Fächer Statistik-Recht, läßt sich (wohl) auch durch die stärkere inhaltliche Verwandtschaft der Fächer erklären.

Lösung 53

Merkmal X: Geschwindigkeit in km/h, Merkmal Y: Benzinverbrauch in l/100 km; Merkmalstyp: metrisch; Merkmalsträger: Testfahrten.

a) Gemeinsame Häufigkeitsverteilung

x_i \ y_i	5	7	9	11	13	15	$f_{i\cdot}$
30	0	0	0,008	0,042	0,058	0,100	0,208
50	0	0,025	0,058	0,017	0	0	0,100
70	0,033	0,042	0	0	0	0	0,075
90	0,100	0,050	0	0	0	0	0,150
110	0,050	0,042	0	0	0	0	0,092
130	0	0,017	0,050	0	0	0	0,067
150	0	0	0,017	0,050	0,050	0,033	0,150
170	0	0	0	0,008	0,050	0,100	0,158
$f_{\cdot j}$	0,183	0,176	0,133	0,117	0,158	0,233	1,000

Hinweis:

Alle weiteren Rechnungen werden - um Rundungsfehler weitestgehend zu vermeiden - mit Hilfe der absoluten Häufigkeiten durchgeführt. Außerdem können - mit absoluten Häufigkeiten - viele Rechenschritte ohne Taschenrechner ausgeführt werden.

b) Bedingte Verteilungen

(1) $f(y_j|x_i) = n_{ij}/n_{i\cdot}$

x \ y	y_1	y_2	y_3	y_4	y_5	y_6	Σ_j
x_1	0	0	0,04	0,20	0,28	0,48	1,00
x_2	0	0,25	0,58	0,17	0	0	1,00
x_3	0,44	0,56	0	0	0	0	1,00
x_4	0,67	0,33	0	0	0	0	1,00
x_5	0,55	0,45	0	0	0	0	1,00
x_6	0	0,25	0,75	0	0	0	1,00
x_7	0	0	0,11	0,33	0,33	0,22	1
x_8	0	0	0	0,05	0,32	0,63	1,00

(2) $f(x_i|y_j) = n_{ij}/n_{\bullet j}$

x \ y	y_1	y_2	y_3	y_4	y_5	y_6
x_1	0	0	0,06	0,36	0,37	0,43
x_2	0	0,14	0,44	0,14	0	0
x_3	0,18	0,24	0	0	0	0
x_4	0,55	0,29	0	0	0	0
x_5	0,27	0,24	0	0	0	0
x_6	0	0,10	0,38	0	0	0
x_7	0	0	0,13	0,43	0,32	0,14
x_8	0	0	0	0,07	0,32	0,43
$\sum_i$	1,00	1	1	1,00	1	1,00

$f(y_j|x_2)$, $j=1,2,\ldots,6$, gibt den Anteil der PKW an, die - bei einer Geschwindigkeit von 40 bis unter 60 km/h - $\tilde{y}_{j-1}$ bis unter $\tilde{y}_j$ Liter Benzin je 100 km verbraucht haben.

$f(y_2|x_2) = 0,25$ bedeutet also, daß 25% der PKW, die 40 bis unter 60 km/h gefahren sind, 6 bis unter 8 l Benzin je 100 km verbraucht haben.

$f(x_i|y_6)$, $i=1,2,\ldots,8$, gibt den Anteil der PKW an, die - bei einem Benzinverbrauch von 14 bis unter 16 l/100 km - $\tilde{x}_{i-1}$ bis unter $\tilde{x}_i$ km/h gefahren sind.

$f(x_8|y_6) = 0,43$ bedeutet also, daß 43% der PKW, die 14 bis unter 16 l Benzin auf 100 km verbraucht haben, zwischen 160 und 180 km/h gefahren sind.

c) Dieser Anteil kann nur approximativ bestimmt werden, und zwar mit Hilfe der approximierenden Verteilungsfunktion $\hat{F}^*_Y(\xi)$. Der gesuchte Anteil entspricht dann dem Wert von $1-\hat{F}^*_Y(11)$.

$$\hat{F}^*_Y(\xi) = \hat{F}_Y(\tilde{y}_{j-1}) + (\xi-\tilde{y}_{j-1}) \frac{n_{\bullet j}}{n\cdot\Delta(y_j)}\ , \quad \text{falls } \tilde{y}_{j-1} < \xi \le \tilde{y}_j\ .$$

Mit $\xi = 11$ ergibt sich $j=4$ und

$$\hat{F}^*_Y(11) = (22+21+16)/120 + (11-10)\frac{14}{120\cdot 2} =$$

$= 0{,}4917 + 0{,}0583 = 0{,}55$, so daß bei approximativ

$(1-0{,}55)\cdot 100 = 45\%$ der Testfahrten mehr als 11 l/100 km verbraucht wurden.

d) (1) Mittelwerte und Varianzen

$$\bar{x} = \frac{1}{120}\sum_{i=1}^{8} x_i \cdot n_{i\bullet} = \frac{1}{120}(30\cdot 25+50\cdot 12+70\cdot 9+\ldots+170\cdot 19) =$$
$$= 11780/120 = 98{,}167 \text{ (km/h)},$$

d.h. die mittlere Geschwindigkeit bei allen Testfahrten betrug 98,17 km/h.

$$\bar{y} = \frac{1}{120}\sum_{j=1}^{6} y_j \cdot n_{\bullet j} = \frac{1}{120}(5\cdot 22+7\cdot 21+\ldots+15\cdot 28) =$$
$$= 1222/120 = 10{,}183 \text{ (l/100 km)},$$

das bedeutet, daß der mittlere Benzinverbrauch von allen Testfahrten bei 10,18 l/100 km lag.

$$s_X^2 = \overline{x^2} - \bar{x}^2 = 12206{,}667 - (98{,}167)^2 = 2569{,}91 \text{ (km/h)}^2 ,$$

$$s_Y^2 = \overline{y^2} - \bar{y}^2 = 117{,}333 - (10{,}183)^2 = 13{,}64 \text{ (l/100 km)}^2 .$$

Die Varianz der Geschwindigkeit beträgt 2569,92 $(\text{km/h})^2$, die des Benzinverbrauchs 13,64 $(\text{l/100 km})^2$.

(2) Bedingte Mittelwerte und Varianzen

$$\bar{x}(y_j) = \frac{1}{n_{\bullet j}} \sum_{i=1}^{8} x_i \cdot n_{ij}$$

$\bar{x}(y_1) = \frac{1}{22}(70\cdot 4+90\cdot 12+110\cdot 6) = 91{,}82$; $\bar{x}(y_2) = 88{,}10$; $\bar{x}(y_3) = 91{,}25$; $\bar{x}(y_4) = 94{,}29$; $\bar{x}(y_5) = 112{,}11$; $\bar{x}(y_6) = 107{,}14$ (jeweils km/h).

$$\bar{y}(x_i) = \frac{1}{n_{i\bullet}} \sum_{j=1}^{6} y_j \cdot n_{ij}$$

$\bar{y}(x_1) = \frac{1}{25}(9\cdot 1+11\cdot 5+13\cdot 7+15\cdot 12) = 13{,}40$; $\bar{y}(x_2) = 8{,}83$; $\bar{y}(x_3) = 6{,}11$; $\bar{y}(x_4) = 5{,}67$; $\bar{y}(x_5) = 5{,}91$; $\bar{y}(x_6) = 8{,}50$; $\bar{y}(x_7) = 12{,}33$; $\bar{y}(x_8) = 14{,}16$ (jeweils l/100 km).

$$s_X^2(y_j) = \frac{1}{n_{\bullet j}} \sum_{i=1}^{8} [x_i - \bar{x}(y_j)]^2 n_{ij} = \frac{1}{n_{\bullet j}} \sum_{i=1}^{8} x_i^2 \cdot n_{ij} - [\bar{x}(y_j)]^2$$

$s_X^2(y_1) = 8609{,}09 - (91{,}82)^2 = 178{,}18$,

$s_X^2(y_2) = 8328{,}57 - (88{,}10)^2 = 566{,}96$,

$s_X^2(y_3) = 10300{,}00 - (91{,}25)^2 = 1973{,}44$,

$s_X^2(y_4) = 12385{,}71 - (94{,}29)^2 = 3495{,}11$,

$s_X^2(y_5) = 16563{,}16 - (112{,}11)^2 = 3994{,}51$,

$s_X^2(y_6) = 15985{,}71 - (107{,}14)^2 = 4506{,}73$ (jeweils in $(\text{km/h})^2$).

$$s_Y^2(x_i) = \frac{1}{n_{i\bullet}} \sum_{j=1}^{6} [y_j - \bar{y}(x_i)]^2 n_{ij} = \frac{1}{n_{i\bullet}} \sum_{j=1}^{6} y_j^2 \cdot n_{ij} - [\bar{y}(x_i)]^2$$

$s_Y^2(x_1) = 182{,}76 - (13{,}40)^2 = 3{,}20$,

$s_Y^2(x_2) = 79{,}667 - (8{,}83)^2 = 1{,}70$,

$s_Y^2(x_3) = 38{,}333 - (6{,}11)^2 = 1{,}00$,

$s_Y^2(x_4) = 33{,}00 - (5{,}67)^2 = 0{,}85$,

$s_Y^2(x_5) = 35{,}909 - (5{,}91)^2 = 0{,}98$,

$s_Y^2(x_6) = 73{,}00 - (8{,}50)^2 = 0{,}75$,

$s_Y^2(x_7) = 155{,}667 - (12{,}33)^2 = 3{,}64$,

$s_Y^2(x_8) = 201{,}842 - (14{,}16)^2 = 1{,}34$ (jeweils in $(1/100\ \text{km})^2$) .

e) $\bar{x}(y_1) = 91{,}82$ km/h bedeutet, daß die PKW mit einem Benzinverbrauch von höchstens 6 l/100 km im Mittel 91,82 km/h gefahren sind bei einer Streuung von $s_X^2(y_1) = 178{,}18\ (\text{km/h})^2$.

$\bar{y}(x_1) = 13{,}40$ l/100 km bedeutet, daß die PKW, die 20 bis unter 40 km/h gefahren sind, im Mittel 13,4 l/100 km verbraucht haben bei einer Streuung von $s_Y^2(x_1) = 3{,}2\ (1/100\ \text{km})^2$.

f) Korrelationsverhältnisse

(1) $$H_{X|Y}^2 = \frac{\frac{1}{n} \sum_j [\bar{x}(y_j) - \bar{x}]^2 n_{\bullet j}}{s_X^2} = \frac{s_{X,\text{ext.}}^2}{s_X^2} \quad ;$$

(2) $$H_{Y|X}^2 = \frac{\frac{1}{n} \sum_i [\bar{y}(x_i) - \bar{y}]^2 n_{i\bullet}}{s_Y^2} = \frac{s_{Y,\text{ext.}}^2}{s_Y^2}$$

Zu (1) $\bar{x}$ = 98,167 (km/h)

j	$\bar{x}(y_j)$	$n_{\cdot j}$	$[\bar{x}(y_j)-\bar{x}]^2 n_{\cdot j}$
1	91,82	22	886,257
2	88,10	21	2128,234
3	91,25	16	765,518
4	94,29	14	210,436
5	112,11	19	3693,738
6	107,14	28	2254,412
Σ	-	120	9938,595

$H^2_{X|Y} = \dfrac{\frac{1}{120}\,9938{,}595}{2569{,}91} = 82{,}822/2569{,}91 = 0{,}032$, das bedeutet, daß nur 3,2% der Varianz des Merkmals X (Geschwindigkeit) durch die empirische Regression erklärt wird. Wie zu erwarten war, kann von der Höhe des Benzinverbrauchs nicht auf die Geschwindigkeit geschlossen werden.

Zu (2) $\bar{y}$ = 10,183 (l/100 km)

j	$\bar{y}(x_i)$	$n_{i\cdot}$	$[\bar{y}(x_i)-\bar{y}]^2 n_{i\cdot}$
1	13,40	25	258,727
2	8,83	12	21,967
3	6,11	9	149,304
4	5,67	18	366,609
5	5,91	11	200,844
6	8,50	8	22,660
7	12,33	18	82,973
8	14,16	19	300,514
Σ	-	120	1403,598

$H^2_{Y|X} = 11{,}697/13{,}64 = 0{,}858$, das bedeutet, daß 85,8% der Varianz des Merkmals Y (Benzinverbrauch) durch die empirische Regression erklärt wird. Wie zu erwarten war, ist die einseitige (statistische) Abhängigkeit des Benzinverbrauchs von der Geschwindigkeit im Mittel recht stark. Mit dem Korrelationsverhältnis kann also auch die Stärke nicht-linearer (statistischer) Abhängigkeiten gemessen werden.

g) Regressionslinien

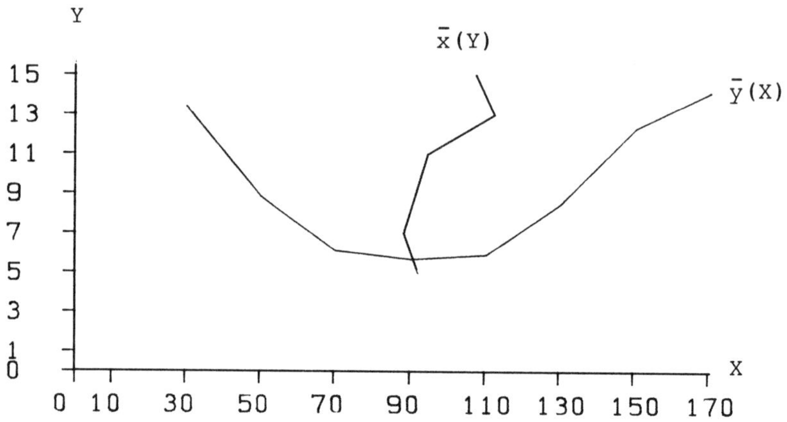

h) X und Y sind nicht statistisch unabhängig, weil zum Beispiel

$n_{11} = 0 \neq \frac{25 \cdot 22}{120} = \frac{n_{1\cdot} n_{\cdot 1}}{n}$ ist.

i) Korrelationskoeffizient: $r = s_{XY}/s_X \cdot s_Y$

$s_{XY} = \frac{1}{n} \sum_{i=1}^{k} \sum_{j=1}^{l} x_i \cdot y_j \cdot n_{ij} - \bar{x}\bar{y} = 1028{,}3333 - 999{,}6346 \doteq 28{,}7$,

$r = 28{,}7/(50{,}7 \cdot 3{,}7) \doteq 0{,}15$.

Der Korrelationskoeffizient mißt die Stärke und Richtung "linearer" Beziehungen. Die Beziehungen zwischen X (Geschwindigkeit) und Y (Benzinverbrauch) sind aber nicht-linear (vgl. Teilaufgabe g)), so daß der Korelationskoeffizient für diese Daten ungeeignet ist und wegen seiner geringen Größe zu Fehlinterpretationen führen kann! Aus $r^2 \doteq = 0{,}0225$ folgt, daß nur rd. 2,25% der Varianz des jeweils abhängigen Merkmals durch die Regressionsgeraden erklärt werden. Eine "lineare Beziehung" zwischen X und Y existiert also "fast" nicht.

Lösung 54

Merkmale: Wert der Wertpapiere, metrisch; Haushaltseinkommen, metrisch; Merkmalsträger: private Haushalte.

a) Die empirischen Regressionsbeziehungen des Wertes der Wertpapiere (Y) in Abhängigkeit vom Haushaltseinkommen (X) sind durch die bedingten arithmetischen Mittelwerte

$\bar{y}(x_i) = \frac{1}{n_{i\cdot}} \sum_{j=1}^{l} y_j \cdot n_{ij}$, i=1,2,...,k definiert.

Mit $\tilde{y}_1 = 0$ ergeben sich

$$\bar{y}(x_1) = \frac{1}{n_{1\cdot}} \sum_{j=1}^{4} y_j \cdot n_{1j} =$$

$$= \frac{1}{0{,}7} (1000 \cdot 0{,}1 + 3500 \cdot 0{,}1 + 10000 \cdot 0{,}3 + 37500 \cdot 0{,}2) = 10950/0{,}7 \doteq$$

$$\doteq 15643 \text{ (DM)},$$

$$\bar{y}(x_2) \doteq 12727 \text{ (DM)},$$

$$\bar{y}(x_3) \doteq 16313 \text{ (DM)} \quad \text{und}$$

$$\bar{y}(x_4) \doteq 25200 \text{ (DM)} .$$

Der bedingte arithmetische Mittelwert $\bar{y}(x_3) \doteq 16313$ DM besagt zum Beispiel, daß der Tageswert des Wertpapierbesitzes der privaten Haushalte, die zu einem bestimmten Zeitpunkt Wertpapiere besaßen und die über ein Haushalts(netto-)einkommen zwischen 2200 DM und 4000 DM verfügten, im Mittel rd. 16313 DM betrug. Die übrigen bedingten Mittelwerte sind entsprechend zu interpretieren.

b) Graphische Darstellung

Die bedingten Mittelwerte $\bar{y}(x_i)$ werden den jeweiligen Klassenmitten (x_i) zugeordnet (x_1=1000 DM).

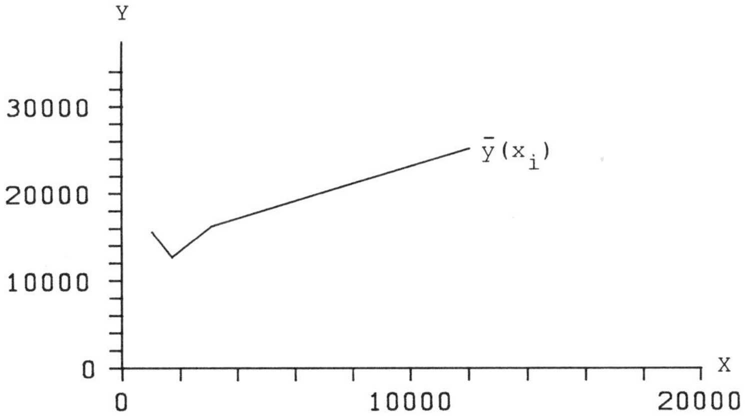

c) Aus der Graphik geht hervor, daß zwischen dem Haushaltsnettoeinkommen und dem Tageswert des Wertpapierbesitzes ein im Durchschnitt positiver Zusammenhang besteht. Mit Ausnahme der Haushalte, die über ein Nettoeinkommen von 1200 bis unter 2200 DM verfügen, gilt im Mittel: je höher das Nettoeinkommen eines Haushalts mit Wertpapierbesitz ist, desto höher ist der Tageswert seiner Wertpapiere.

Da beide Merkmale metrisch skaliert sind, ist das Korrelationsverhältnis $H^2_{Y|X}$ eine zur Überprüfung (Quantifizierung) der Stärke dieser Abhängigkeit geeignete Maßzahl:

$$H^2_{Y|X} = \frac{s^2_{Y,ext.}}{s^2_Y} = \frac{\frac{1}{n}\sum_{i=1}^{k}[\bar{y}(x_i)-\bar{y}]^2 n_{i\bullet}}{\frac{1}{n}\sum_{j=1}^{l}(y_j-\bar{y})^2 n_{\bullet j}} .$$

Arbeitstabelle für $\bar{y}$

j	y_j	$n_{\bullet j}$	$y_j n_{\bullet j}$
1	1000	1,0	1000
2	3500	1,2	4200
3	10000	1,8	18000
4	37500	1,8	67500
Σ	-	5,8	90700

Aus der Arbeitstabelle ergibt sich

$$\bar{y} = \frac{1}{n}\sum_{j=1}^{l} y_j n_{\bullet j} = 90700/5,8 \doteq 15638 \text{ (DM mittlerer Wertpapierbesitz).}$$

Arbeitstabelle für s^2_Y

j	$y_j-\bar{y}$	$(y_j-\bar{y})^2$	$(y_j-\bar{y})^2 n_{\bullet j}$
1	-14638	214271044	214271044
2	-12138	147331044	176797253
3	- 5638	31787044	57216679
4	21862	477947044	860304679
Σ	-	-	1308589655

Somit ist

$$s^2_Y = \frac{1}{n}\sum_{j=1}^{l}(y_j-\bar{y})^2 n_{\bullet j} = \frac{1}{5,8}\, 1308589655 = 225618906 \ (\text{DM}^2) .$$

Arbeitstabelle für $s^2_{Y,ext.}$

i	$n_{i\cdot}$	$\bar{y}(x_i)$	$\bar{y}(x_i)-\bar{y}$	$[\bar{y}(x_i)-\bar{y}]^2$	$[\bar{y}(x_i)-\bar{y}]^2 n_{i\cdot}$
1	0,7	15643	5	25	17,5
2	2,2	12727	-2911	8473921	18642626,2
3	2,4	16313	675	455625	1093500,0
4	0,5	25200	9562	91431844	45715922,0
Σ	5,8	-	-	-	65452065,7

Daraus ergibt sich:

$$s^2_{Y,ext.} = \frac{1}{n}\sum_{i=1}^{k} [\bar{y}(x_i)-\bar{y}]^2 n_{i\cdot} = \frac{65452065,7}{5,8} = 11284839 \text{ (DM}^2) .$$

Mithin hat das Korrelationsverhältnis den Wert

$$H^2_{Y|X} = \frac{s^2_{Y,ext.}}{s^2_Y} = \frac{11284839}{225618906} = 0,05 .$$

Da das Korrelationsverhältnis dem durch die empirische Regression erklärten Teil der Varianz entspricht, werden nur 5% der Varianz von Y (Wert der Wertpapiere) durch die empirische Regression erklärt. Mithin sind die Ergebnisse zu b) und c) sehr vorsichtig zu interpretieren. Es besteht nur eine extrem schwache Abhängigkeit zwischen Y und X.

Lösung 55

Das Bestimmtheitsmaß ist wie folgt definiert:

$$r^2 = \left(\frac{s_{XY}}{s_X s_Y}\right)^2 .$$

Mit $X^* = (X-a)/b$ und $Y^* = (Y-c)/d$ ist $s_{X^*} = s_X/b$ und $s_{Y^*} = s_Y/d$.

Für die Kovarianz $s_{X^*Y^*}$ gilt:

$$s_{X^*Y^*} = \frac{1}{n}\sum_{\nu} x^*_\nu y^*_\nu - \bar{x}^*\bar{y}^* = \frac{1}{n}\sum_{\nu}\left(\frac{x_\nu - a}{b}\right)\left(\frac{y_\nu - c}{d}\right) - \left(\frac{\bar{x}-a}{b}\right)\left(\frac{\bar{y}-c}{d}\right) =$$

$$= \frac{1}{nbd}\sum_{\nu}(x_\nu - a)(y_\nu - c) - \frac{1}{bd}(\bar{x}-a)(\bar{y}-c) .$$

Daraus folgt nach wenigen Umformungen

$$s_{X^*Y^*} = \frac{1}{bd}\left(\frac{1}{n}\sum_{\nu} x_\nu y_\nu - \bar{x}\bar{y}\right) = \frac{1}{bd} s_{XY} .$$

Somit ist $r_*^2 = \left(\frac{s_{X^*Y^*}}{s_{X^*}s_{Y^*}}\right)^2 = \left(\frac{\frac{1}{bd}s_{XY}}{\frac{1}{b}s_X\frac{1}{d}s_Y}\right)^2 = \left(\frac{s_{XY}}{s_Xs_Y}\right)^2 = r^2$.

Würde $r_*^2 = r^2$ nicht gelten, so würde die Stärke eines (linearen) statistischen Zusammenhangs zwischen zwei metrischen Merkmalen X und Y von der verwendeten Maßeinheit abhängen. Durch Maßstabsänderungen (zulässige Transformationen) könnten folglich "wünschenswerte" Ergebnisse erzeugt werden! Hinzu kommt, daß durch geeignete Transformationen der Aufwand für die Berechnung von r^2 oft erheblich vermindert werden kann.

Lösung 56

Merkmale: rohe Geburtenrate: metrisch; allgemeine Geburtenrate: metrisch; Merkmalsträger: Länder.

a) Ausgleichende Regressionsgerade

$\bar{X}(Y) = b_o + b_1 Y$ mit $b_o = \bar{x} - b_1\bar{y}$,

$b_1 = s_{XY}/s_Y^2$ und $\bar{X}(Y) = \bar{x} + \frac{s_{XY}}{s_Y^2}(Y-\bar{y})$.

Arbeitstabelle

ν	x_ν	y_ν	$x_\nu y_\nu$	x_ν^2	y_ν^2
1	45,4	9,5	431,30	2061,16	90,25
2	44,4	9,4	417,36	1971,36	88,36
3	44,3	9,5	420,85	1962,49	90,25
4	46,7	10,1	471,67	2180,89	102,01
5	46,6	10,1	470,66	2171,56	102,01
6	46,2	10,1	466,62	2134,44	102,01
Σ	273,6	58,7	2678,46	12481,90	574,89

$\bar{x} = \frac{1}{n}\sum_{\nu=1}^{n} x_\nu = \frac{1}{6}\, 273,6 = 45,6$,

$\bar{y} = 9,7833$,

$s_X^2 = \overline{x^2} - \bar{x}^2 = 2080,317 - 2079,36 = 0,957$,

$s_Y^2 = 95,815 - 95,713 = 0,102$,

$s_{XY} = \frac{1}{n}\sum_\nu x_\nu y_\nu - \bar{x}\bar{y} = \frac{1}{6}\, 2678,46 - 45,6\cdot 9,7833 =$

$= 446,41 - 446,118 = 0,292$.

Damit ergibt sich

$b_1 = s_{XY}/s_Y^2 = 0,292/0,102 = 2,863$,

$b_o = \bar{x} - b_1\bar{y} = 45,6 - 2,863 \cdot 9,7833 = 17,59$

und die ausgleichende Regressionsgerade

$\bar{X}(Y) = \bar{x} + b_1(Y-\bar{y})$

$\bar{X}(Y) = 45,6 + 2,863\ (Y-9,7833) = 17,59 + 2,863\ Y$.

b) Der Korrelationskoeffizient nach BRAVAIS/PEARSON hat den Wert

$r = s_{XY}/(s_X \cdot s_Y) = 0,292/\sqrt{0,957} \cdot \sqrt{0,102} \doteq 0,9346 \doteq 0,93$.

c) Bei einem Korrelationskoeffizienten von r=0,93 ist davon auszugehen, daß ein sehr enger positiver linearer (statistischer) Zusammenhang zwischen roher und allgemeiner Geburtenrate besteht, was angesichts der Definition der beiden Maße zu erwarten war. Die unterstellte Linearität des (wechselseitigen) Zusammenhangs ist gerechtfertigt, da $r^2 \doteq 0,87$, d.h. rd. 87% der Varianz von X durch die Regressionsgerade (die lineare Regression von X auf Y) erklärt werden.

Lösung 57

Merkmale: Menge des Düngemittels, metrisch; Ertrag, metrisch; Merkmalsträger: Felder.

a)

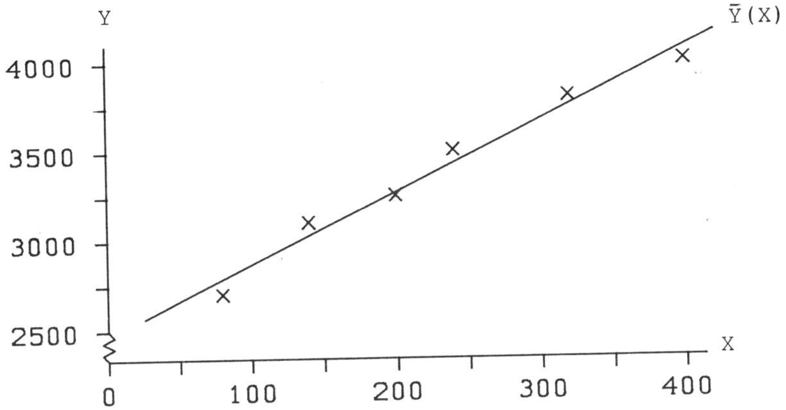

Für die angegebenen Wertebereiche der beiden Merkmale, insbesondere des unabhängigen Merkmals X (Wertebereich: 80 kg/ha bis 400 kg/ha), kann ein annähernd linearer Zusammenhang zwischen X und Y angenommen werden.

b) Ausgleichende Regressionsgerade

$\bar{Y}(X) = a_o + a_1 X$ mit $a_o = \bar{y} - a_1\bar{x}$ und $a_1 = s_{XY}/s_X^2$.

$\bar{y} = \frac{1}{n}\sum_\nu y_\nu$, $\bar{x} = \frac{1}{n}\sum_\nu x_\nu$, $s_{XY} = \frac{1}{n}\sum_\nu x_\nu y_\nu - \bar{x}\bar{y}$, $s_X^2 = \overline{x^2} - \bar{x}^2$.

Arbeitstabelle

ν	x_ν	y_ν	x_ν^2	$x_\nu y_\nu$
1	80	2700	6400	216000
2	200	3250	40000	650000
3	240	3500	57600	840000
4	140	3100	19600	434000
5	400	4000	160000	1600000
6	320	3800	102400	1216000
Σ	1380	20350	386000	4956000

Daraus ergibt sich:

$\bar{y} = 3391,667; \ \bar{x} = 230$,

$s_{XY} = 826000 - 780083,41 = 45916,59$,

$s_X^2 = 64333,333 - 52900 = 11433,333$.

Damit ist

$a_1 = 45916,59/11433,333 = 4,016$ und

$a_o = 3391,667 - 4,016 \cdot 230 = 2467,987 \doteq 2468$.

Die Gleichung der ausgleichenden Regressionsgeraden ist somit

$\bar{Y}(X) \doteq 2468 + 4,02\ X$.

Der Wert $a_o = 2468$ (kg/ha) gibt den mittleren Hektar-Ertrag an, der - bei den ausgewählten Feldern - auch ohne Zugabe von Düngemittel erzielbar ist (wenn die lineare Beziehung auch im Bereich $0 \le x < 80$ gültig ist!). Der Regressionskoeffizient $a_1 \doteq 4,02$ (kg/ha) bedeutet, daß 1 kg Düngemittel im Durchschnitt (dieser linearen Beziehung) eine Ertragssteigerung von 4,02 (kg/ha) bewirkt.

c) Aus b) folgt, daß zusätzliche Kosten in Höhe von 0,80 DM/ha (für 1 kg Düngemittel je ha) im Mittel einen zusätzlichen Ertrag von a_1 kg/ha, d.h. von $4,02 \cdot 0,30 \doteq 1,21$ DM/ha bewirken. Somit ist - im Wertebereich des Merkmals X - der Düngemitteleinsatz ökonomisch sinnvoll.

d) Bei "globaler Gültigkeit" der oben bestimmten Regressionsgeraden könnte man bei einem Düngemitteleinsatz von 1500 kg/ha einen Hektar-Ertrag von

$\bar{Y}(1500) \doteq 2468 + 4{,}02 \cdot 1500 = 8498$ (kg/ha) erwarten.

Dieses Ergebnis ist jedoch völlig unrealistisch, weil der Zusammenhang zwischen der Menge des Düngemittels und dem Ertrag für höhere Düngemittelgaben sicherlich nicht linear ist. Dieser Zusammenhang wird wohl dem klassischen Ertragsgesetz unterliegen, wonach - ab einer bestimmten Düngemittelmenge - der Grenzertrag abnimmt und bei extrem hohen Gaben negativ ist. Mit $\bar{Y}(1500) \doteq 8498$ (kg/ha) wird also der zu erwartende Ertrag erheblich überschätzt.

Lösung 58

Merkmale: Anzahl der Beschäftigten (X), metrisch; Umsatz (Y), metrisch; Merkmalsträger: Betriebe (des Gewerbezweiges).

a) Als (lineares) Zusammenhangsmaß für zwei metrische Merkmale ist sowohl der Korrelationskoeffizient als auch das Bestimmtheitsmaß geeignet.

Bestimmtheitsmaß: $r^2 = \frac{s_{XY}^2}{s_X^2 s_Y^2}$,

Korrelationskoeffizient: $r = \frac{s_{XY}}{s_X s_Y}$.

Arbeitstabelle

ν	x_ν	y_ν	$x_\nu y_\nu$	x_ν^2	y_ν^2
1	1,5	400	600	2,25	160000
2	3,6	500	1800	12,96	250000
3	2,4	200	480	5,76	40000
4	0,5	100	50	0,25	10000
Σ	8	1200	2930	21,22	460000

$$\bar{x} = \frac{1}{n} \sum_{\nu=1}^{n} x_\nu = \frac{8}{4} = 2 ,$$

$$\bar{y} = \frac{1}{n} \sum_{\nu=1}^{n} y_\nu = \frac{1200}{4} = 300 ,$$

$$s_X^2 = \overline{x^2} - \bar{x}^2 = 5{,}305 - 4 = 1{,}305 ,$$

$$s_Y^2 = \overline{y^2} - \bar{y}^2 = 115000 - 90000 = 25000 ,$$

$$s_{XY} = \frac{1}{n}\sum_{\nu} x_\nu y_\nu - \bar{x}\bar{y} =$$

$$= \frac{1}{4}\, 2930 - 2\cdot 300 = 732{,}5 - 600 = 132{,}5\ ,$$

$$s_{XY}^2 = 17556{,}25\ ,$$

$$r^2 = \frac{17556{,}25}{1{,}305\cdot 25000} = 0{,}538 \quad \text{und}$$

$$r = \frac{132{,}5}{\sqrt{1{,}305\cdot 25000}} = 0{,}734\ .$$

Das Bestimmtheitsmaß $r^2 = 0{,}538$ gibt an, daß 53,8% der Gesamtvarianz durch die Regressionsgerade erklärt wird, d.h., daß ein (relativ starker) linearer Zusammenhang zwischen der Anzahl der Beschäftigten und dem Umsatz besteht.

Der Korrelationskoeffizient gibt neben der Stärke auch die Richtung der linearen Beziehung an. In diesem Beispiel bedeutet das, daß zwischen der Anzahl der Beschäftigten und dem Umsatz ein positiver linearer Zusammenhang besteht. Der Umsatz steigt also mit zunehmender Anzahl der Beschäftigten. Dem Enkel gelingt es mit dieser Untersuchung sicherlich nicht, seinen Großvater zu überzeugen, da der Zusammenhang zwischen der Beschäftigtenzahl und dem Umsatz doch relativ stark ist.

Lösung 59

Merkmalsträger: Eruptionen des Geysirs (n=8); Merkmale: Dauer einer Eruption in min (X), Zwischenzeit in min (Y); Merkmalstyp: jeweils metrisch.

Gegeben sind zwei metrische Merkmale, die Dauer einer Eruption in min (X) und die Zwischenzeit in min (Y). Zwischen beiden Merkmalen soll ein sehr enger (wechselseitiger) linearer Zusammenhang bestehen. Das bedeutet, daß sowohl X von Y als auch Y von X linear abhängen. Es gibt also (grundsätzlich) zwei sinnvolle Regressionsgeraden.

a) Die gesuchte Regressionsgerade, aus der abgelesen werden kann, wie lang im Mittel die Zwischenzeit (Y) bei vorgegebener Eruptionsdauer (X) ist, ist

$$\bar{Y}(X) = a_o + a_1\, X\ .$$

Ihre Parameter a_o und a_1, die Regressionskoeffizienten, ergeben sich aus

$$a_o = \bar{y} - a_1\,\bar{x} \quad \text{und} \quad a_1 = s_{XY}/s_X^2\ .$$

Arbeitstabelle

ν	x_ν	y_ν	$x_\nu \cdot y_\nu$	x_ν^2	y_ν^2
1	2,8	65	182	7,84	4225
2	3,1	65	201,5	9,61	4225
3	3,9	76	296,4	15,21	5776
4	4,9	98	480,2	24,01	9604
5	1,4	50	70	1,96	2500
6	2,2	56	123,2	4,84	3136
7	4,1	88	360,8	16,81	7744
8	4,5	89	400,5	20,25	7921
Σ	26,9	587	2114,6	100,53	45131

$$\bar{x} = \frac{1}{n} \sum_{\nu=1}^{n} x_\nu = \frac{1}{8} \cdot 26{,}9 = 3{,}3625 \ ,$$

$$s_X^2 = \frac{1}{n} \sum_{\nu=1}^{n} x_\nu^2 - \bar{x}^2 = \frac{1}{8} \cdot 100{,}53 - 3{,}3625^2 = 1{,}2598 \ ,$$

$$\bar{y} = \frac{1}{n} \sum_{\nu=1}^{n} y_\nu = \frac{1}{8} \cdot 587 = 73{,}375 \ ,$$

$$s_{XY} = \frac{1}{n} \sum_{\nu=1}^{n} x_\nu y_\nu - \bar{x}\bar{y} = \frac{1}{8} \cdot 2114{,}6 - 3{,}3625 \cdot 73{,}375 = 17{,}6016 \ .$$

Somit ergeben sich

$$a_1 = \frac{17{,}6016}{1{,}2598} = 13{,}9717 \quad \text{und}$$

$$a_o = 73{,}375 - 13{,}9717 \cdot 3{,}3625 = 26{,}3952$$

als Parameter der ausgleichenden Regressionsgeraden und es ist $\bar{Y}(X) = 26{,}3952 + 13{,}9717\ X$.

Steigt die Eruptionsdauer (X) um eine Minute an, dann verlängert sich die Zwischenzeit im Durchschnitt um ca. vierzehn Minuten. Der Achsenabschnitt a_o läßt sich nicht sinnvoll interpretieren, da eine Eruption ohne Dauer keine Eruption darstellt.

b) Durch Einsetzen von x = 4,2 in die ausgleichende Regressionsgerade aus Teilaufgabe a) erhält man die (mittlere) Zeitdauer bis zum Beginn der nächsten Eruption:

$\bar{Y}(4{,}2) = 26{,}3952 + 13{,}9717 \cdot 4{,}2 = 85{,}0763$ (min).

Die nächste Eruption ist zu erwarten um 10.15 Uhr + 85,1 min $\doteq$ 11.40 Uhr.

c) Das Bestimmtheitsmaß

$$r^2 = \frac{s_{XY}^2}{s_X^2\, s_Y^2}$$

ist geeignet, die Stärke eines linearen Zusammenhangs zu messen.

Mit $s_Y^2 = \frac{1}{n} \sum_{\nu=1}^{8} y_\nu^2 - \bar{y}^2 = \frac{1}{8} \cdot 45131 - 73{,}375^2 = 257{,}4844$ ist

$$r^2 = \frac{17{,}6016^2}{1{,}2598 \cdot 257{,}4844} = 0{,}9551 \, ,$$

d.h. 95,5% der Varianz von Y bzw. X werden durch die ausgleichenden Regressionsgeraden $\bar{Y}(X)$ bzw. $\bar{X}(Y)$ erklärt. Es liegt somit in der Tat ein sehr starker wechselseitiger linearer Zusammenhang zwischen den betrachteten Merkmalen vor.

Lösung 60

Merkmale: Alter der Straffälligen zu zwei verschiedenen Zeitpunkten; Merkmalstyp: metrisch; Merkmalsträger: Straffällige.

Zur Lösung der Teilaufgaben a) und b) werden benötigt:

$$\bar{x} = \frac{1}{n} \sum_\nu x_\nu \, , \quad \bar{y} = \frac{1}{n} \sum_\nu y_\nu \, ,$$

$$s_X^2 = \frac{1}{n} \sum_\nu x_\nu^2 - \bar{x}^2 , \quad s_Y^2 = \frac{1}{n} \sum_\nu y_\nu^2 - \bar{y}^2 \, ,$$

$$s_{XY} = \frac{1}{n} \sum_\nu x_\nu y_\nu - \bar{x}\bar{y} \, .$$

Arbeitstabelle

ν	x_ν	y_ν	x_ν^2	y_ν^2	$x_\nu y_\nu$
1	10	23	100	529	230
2	18	27	324	729	486
3	11	30	121	900	330
4	12	19	144	361	228
5	17	25	289	625	425
6	17	30	289	900	510
7	20	21	400	441	420
Σ	105	175	1667	4485	2629

Damit ist

$\bar{x} = \frac{1}{7}\cdot 105 = 15,\ \bar{y} = \frac{1}{7}\cdot 175 = 25$,

$s_X^2 = \frac{1}{7}\cdot 1667-15^2 \doteq 13,1429$,

$s_Y^2 = \frac{1}{7}\cdot 4485-25^2 \doteq 15,7143$ und

$s_{XY} = \frac{1}{7}\cdot 2629-15\cdot 25 \doteq 0,5714$.

a) Korrelationskoeffizient nach BRAVAIS/PEARSON:

$$r = \frac{s_{XY}}{s_X\cdot s_Y} = \frac{0,5714}{3,6253\cdot 3,9641} \doteq 0,04 .$$

Der Wert des Korrelationskoeffizienten ist positiv, aber derart klein, daß von einem wechselseitigen linearen Zusammenhang zwischen den Merkmalen X und Y keine Rede sein kann. Dies zeigt sich noch etwas deutlicher beim Bestimmtheitsmaß. Aus $r^2 = 0,04^2 = 0,0016$ geht hervor, daß der Varianzanteil, der durch die Regressionsgerade $\bar{Y}(X)$ bzw. $\bar{X}(Y)$ erklärt wird, nahezu Null ist.

b) Parameter der Regressionsgeraden $\bar{Y}(X) = a_o+a_1X$:

Es gilt

$a_1 = s_{XY}/s_X^2 = 0,5714/13,1429 \doteq 0,0435$ und

$a_o = \bar{y}-a_1\bar{x} = 25-0,0435\cdot 15 = 24,3475$, so daß

$\bar{Y}(X) = 24,3475+0,0435\ X$ ist.

Für die Stelle X = 4 ergibt sich: $\bar{Y}(4) \doteq 24,5$ (Jahre).

Die Berechnungen zu Teilaufgabe b) sind aus verschiedenen Gründen unsinnig. Die Ergebnisse von Teilaufgabe a) zeigen nämlich, daß zwischen den Merkmalen X und Y keine lineare Beziehung existiert. Es ist somit nicht möglich, die (Werte der) Regressionsgerade(n) sinnvoll zu interpretieren: $\bar{Y}(X) \doteq \bar{y}$. Das gilt natürlich auch für die Stelle X = 4, zu der anzumerken ist, daß eine erste einschlägige Fühlungsnahme mit der Polizei im Alter von X = 4 Jahren sehr unwahrscheinlich ist; zumindest sollte man daraus keinen Zusammenhang mit der ersten Freiheitsstrafe ableiten. Es kommt hinzu, daß der Wert X = 4 außerhalb des Stützbereichs der Regressionsgeraden liegt. Bereits aus diesem Grunde ist der Wert $\bar{Y}(X=4) \doteq 24,5$ Jahre nicht sinnvoll interpretierbar. Eine derartige Extrapolation ist angesichts der Sachlage nicht zulässig (vgl. $\bar{Y}(X)$ an der Stelle X=0).

Lösung 61

$\bar{Y}(X) = a_o + a_1X = 6 + 1{,}5X$; $\bar{x} = 12$, $r = 0{,}9$.

Aus $r^2 = a_1 \cdot b_1$ folgt $0{,}9^2 = 1{,}5 \cdot b_1$ und $b_1 = 0{,}54$.

Aus $\bar{Y}(\bar{x}) = \bar{y}$ folgt $\bar{Y}(\bar{x}) = 6 + 1{,}5 \cdot 12 = 24 = \bar{y}$,

$b_o = \bar{x} - b_1\bar{y} = 12 - 0{,}54 \cdot 24 = -0{,}96$,

so daß $\bar{X}(Y) = b_o + b_1Y = -0{,}96 + 0{,}54Y$.

Lösung 62

Es ist $\bar{Y}(X) = a_o + a_1X$ und $\bar{X}(Y) = b_o + b_1Y$. Da $r = 0{,}7$, $s_X^2 = 4{,}0$, $s_Y^2 = 16{,}0$, $\bar{x} = 20$ und $\bar{y} = 40$ gegeben sind, fehlt zur Bestimmung der Parameter von $\bar{Y}(X)$ und $\bar{X}(Y)$ nur noch der Wert der Kovarianz s_{XY}. Dieser läßt sich aus der Beziehung $r = \frac{s_{XY}}{s_X s_Y}$ ableiten:

$s_{XY} = r \cdot s_X \cdot s_Y = 0{,}7 \cdot 2{,}0 \cdot 4{,}0 = +5{,}6$ (positiver Korrelationskoeffizient).

Damit ist $a_1 = s_{XY}/s_X^2 = 5{,}6/4{,}0 = 1{,}4$,

$b_1 = s_{XY}/s_Y^2 = 5{,}6/16{,}0 = 0{,}35$,

$a_o = \bar{y} - a_1\bar{x} = 40 - 1{,}4 \cdot 20 = 12$ und

$b_o = \bar{x} - b_1\bar{y} = 20 - 0{,}35 \cdot 40 = 6$.

Lösung 63

Merkmale: Alter, metrisch; Tragfähigkeit, metrisch; Merkmalsträger: Gütermotorschiffe.

Vorbemerkung: Da die beiden metrischen Merkmale Alter (Y) und Tragfähigkeit (X) klassiert sind, können die zu berechnenden Maßzahlen nur approximativ bestimmt werden.

a) Zu berechnen ist:

$\bar{X}(Y) = b_o + b_1Y$ mit $b_o = \bar{x} - b_1\bar{y}$ und $b_1 = s_{XY}/s_Y^2$.

Durchschnittliche Tragfähigkeit:

$$\bar{x} = \frac{1}{n} \sum_{i=1}^{k} x_i n_{i\cdot} ,$$

$$\bar{x} = \frac{1}{2660} (200 \cdot 530 + 700 \cdot 1280 + 2000 \cdot 850) = 1015{,}7895 \doteq 1015{,}8 \text{ (t)} .$$

Durchschnittliches Alter:

$$\bar{y} = \frac{1}{n} \sum_{j=1}^{l} y_j n_{\bullet j} ,$$

$$\bar{y} = \frac{1}{2660}(10\cdot 510+30\cdot 620+50\cdot 670+70\cdot 630+90\cdot 230) = 45{,}86 \doteq 45{,}9 \text{ (Jahre)}.$$

Kovarianz:

$$\text{Es gilt: } s_{XY} = \frac{1}{n} \sum_{i=1}^{k} \sum_{j=1}^{l} (x_i-\bar{x})(y_i-\bar{y})n_{ij} = \left[\frac{1}{n} \sum_{i=1}^{k} \sum_{j=1}^{l} x_i y_j n_{ij}\right] - \bar{x}\bar{y} .$$

$$\begin{aligned} s_{XY} = \frac{1}{2660} & (200\cdot 10\cdot 60+200\cdot 30\cdot 60+200\cdot 50\cdot 170+200\cdot 70\cdot 200 + \\ & + 200\cdot 90\cdot 40+700\cdot 10\cdot 80+700\cdot 30\cdot 280+700\cdot 50\cdot 370+700\cdot 70\cdot 380 + \\ & + 700\cdot 90\cdot 170+2000\cdot 10\cdot 370+2000\cdot 30\cdot 280+2000\cdot 50\cdot 130 + \\ & + 2000\cdot 70\cdot 50+2000\cdot 90\cdot 20) - 1015{,}7895\cdot 45{,}8647 = \\ & = \frac{1}{2660} (102220000) - 46588{,}88068 = -8160{,}3093 \text{ (t}\cdot\text{Jahre)}. \end{aligned}$$

Varianz von Y:

$$s_Y^2 = \frac{1}{n} \sum_{j=1}^{l} (y_j-\bar{y})^2 n_{\bullet j} = \frac{1}{n} \sum_{j=1}^{l} y_j^2 n_{\bullet j} - \bar{y}^2 ,$$

$$s_Y^2 = \frac{1}{2660}(100\cdot 510+900\cdot 620+2500\cdot 670+4900\cdot 630+8100\cdot 230) - 45{,}8647^2 =$$

$$= \frac{1}{2660}(7234000) - 2103{,}5707 = 615{,}9782 \text{ (Jahre}^2\text{)} .$$

Damit ist

$$b_1 = s_{XY}/s_Y^2 = -13{,}2477 \doteq -13{,}2 ,$$

$$b_o = \bar{x} - b_1\bar{y} = 1623{,}3913 \doteq 1623{,}4 \text{ und } \bar{X}(Y) \doteq 1623{,}4 - 13{,}2Y .$$

Die ausgleichende Regressionsgerade nimmt an der Stelle Y=36 den Wert $\bar{X}(36) \doteq 1623{,}4 - 13{,}2\cdot 36 = 1148{,}2(t)$ an; das bedeutet, daß 36-jährige Schiffe im Mittel (approximativ) eine Tragfähigkeit von 1148,2 t haben.

b) Das Vorzeichen der beiden Regressionskoeffizienten a_1 und b_1 ist gleich und wird durch die Kovarianz bestimmt. Folglich ist a_1 wie b_1 kleiner als 0.

c) Um die beiden Regressionskoeffizienten $a_o = \bar{y} - a_1\bar{x}$ und $a_1 = s_{XY}/s_X^2$ bestimmen zu können, muß nur noch $s_X^2 = \frac{1}{n} \sum_{i=1}^{k} x_i^2 n_{i\bullet} - \bar{x}^2$ berechnet werden.

Es ist

$$s_X^2 = \frac{1}{2660}(40000\cdot530+490000\cdot1280+4000000\cdot850) - 1015{,}7892^2 =$$

$$= \frac{1}{2660}(4048400000) - 1031828{,}308 = 490126{,}579\ (t^2)\ .$$

Damit ist:

$$a_1 = s_{XY}/s_X^2 \doteq -0{,}0166 \quad \text{und} \quad a_o = \bar{y} - a_1\bar{x} \doteq 62{,}7268.$$

d) Korrelationskoeffizient:

$$r = s_{XY}/(s_X\cdot s_Y) = -8160{,}3093/(700{,}0904\cdot24{,}8189) = -0{,}4696 \doteq -0{,}47$$

oder

$$r = -\sqrt{a_1\cdot b_1} = -\sqrt{13{,}2477\cdot0{,}0166} \doteq -0{,}47\ .$$

Zwischen den Merkmalen X (Tragfähigkeit) und Y (Alter) besteht im Mittel ein negativer, linearer (statistischer) Zusammenhang, der nicht sehr ausgeprägt ist. Tendenziell gilt: mit zunehmendem Alter nimmt die Tragfähigkeit der Schiffe ab.

e) Das Bestimmtheitsmaß r^2 ist gleich jenem Teil der Varianz des abhängigen Merkmals, der durch die jeweilige Regressionsgerade erklärt wird. Es mißt also die Stärke der linearen Beziehungen. Je größer r^2 ist ($0\le r^2\le1$), umso stärker ist der lineare Zusammenhang.

Der Korrelationskoeffizient r nach BRAVAIS/PEARSON ($-1\le r\le+1$) mißt die Stärke und Richtung einer linearen Beziehung.

Der Unterschied zwischen r^2 und r besteht also darin, daß r auch die Richtung des linearen Zusammenhangs angibt. Allerdings ist wegen $r = \sqrt{r^2}$ (mit dem Vorzeichen der Kovarianz) die mit dem Korrelationskoeffizienten gemessene Stärke einer linearen Beziehung nicht - wie beim Bestimmtheitsmaß - als "Varianzanteil" interpretierbar. Für die Güte einer linearen Beziehung ist allein das Bestimmtheitsmaß sinnvoll interpretierbar.

Formal unterscheiden sich r und r^2 nur durch die Quadrierung, so daß in diesem Beispiel

$$r^2 = -0{,}4696^2 \doteq 0{,}22 \text{ ist.}$$

Nur 22% der Varianz des Merkmals X werden also durch die Regressionsgeraden erklärt.

Lösung 64

a) Zu bestimmen sind

$\bar{Y}(X) = a_o + a_1X$ und $\bar{X}(Y) = b_o + b_1Y$ sowie der Schnittpunkt von $\bar{Y}(X)$ und $\bar{X}(Y)$.

Es gilt:

$a_o = \bar{y} - a_1\bar{x}$, $a_1 = s_{XY}/s_X^2$, $b_o = \bar{x} - b_1\bar{y}$, $b_1 = s_{XY}/s_Y^2$.

Arbeitstabelle

Land i	x_i	x_i^2	y_i	y_i^2	x_iy_i
Niederlande	6150	37822500	2053	4214809	12625950
Kenia	-248	61504	-14	196	3472
Guatemala	148	21904	48	2304	7104
China	-7791	60699681	-6207	38526849	48358737
Papua-Neuguinea	61	3721	-113	12769	-6893
$\sum_i$	-1680	98609310	-4233	42756927	60988370

Damit ist

$\bar{x} = -1680/5 = -336$,

$\bar{y} = -4233/5 = -846{,}6$,

$s_X^2 = \overline{x^2} - \bar{x}^2 = 98609310/5 - (-336)^2 = 19608966$,

$s_Y^2 = \overline{y^2} - \bar{y}^2 = 42756927/5 - (-846{,}6)^2 = 7834653{,}84$,

$s_{XY} = \frac{1}{n} \sum_i x_iy_i - \bar{x}\bar{y} = 60988370/5 - (-336)(-846{,}6) = 11913216{,}4$

und es ergibt sich

$a_1 = 11913216{,}4/19608966 \doteq 0{,}6075$,

$a_o = -846{,}6 - 0{,}6075(-336) \doteq -642{,}48$,

$b_1 = 11913216{,}4/7834653{,}84 \doteq 1{,}5206$,

$b_o = -336 - 1{,}5206(-846{,}6) \doteq 951{,}34$.

Somit sind

$\bar{Y}(X) = -642{,}48 + 0{,}6075\ X$ und

$\bar{X}(Y) = 951{,}34 + 1{,}5206\ Y$ die beiden ausgleichenden Regressionsgeraden.

Die Regressionsgerade $\bar{Y}(X)$ (bzw. $\bar{X}(Y)$) schneidet die Y-Achse an der Stelle $a_o = -642{,}48$ (bzw. die X-Achse an der Stelle $b_o = 951{,}34$) und hat einen Regressionskoeffizienten von $a_1 = 0{,}6075$ (bzw. $b_1 = 1{,}5206$). Das bedeutet: wenn X (bzw. Y) um eine Einheit zunimmt, dann erhöht sich Y (bzw. X) um 0,6075 (bzw. 1,5206) Einheiten (eine Einheit entspricht 1 Mio. SZR).

Die Regressionsgeraden schneiden sich im Punkt $(\bar{x},\bar{y}) = (-336;-846{,}6)$, denn es gilt

$$\bar{Y}(X) = \bar{y} + \frac{s_{XY}}{s_X^2}(X-\bar{x}) \text{ , so daß}$$

$\bar{Y}(\bar{x}) = \bar{y}$ und entsprechend $\bar{X}(\bar{y}) = \bar{x}$ ist.

b) Die Modellannahme der ausgleichenden Regressionsgeraden ist der lineare Zusammenhang zwischen zwei metrischen Merkmalen. Sie läßt sich mit dem Bestimmtheitsmaß r^2 überprüfen.

Es ist $r^2 = a_1 \cdot b_1 \doteq 0{,}92$, so daß 92% der Streuung durch die ausgleichenden Regressionsgeraden erklärt werden. Da $0 \le r^2 \le 1$, zeigt ein Wert von 0,92, daß ein starker linearer Zusammenhang zwischen den beiden Merkmalen existiert.

c) Für die ausgleichende Regressionsgerade $\bar{Y}(X)$ gilt:

$$r^2_{Y|X} = r^2 = \frac{s^2_{\bar{Y}(X)}}{s^2_Y}$$, dabei ist $s^2_{\bar{Y}(X)}$ die Varianz innerhalb der Regressionsgeraden $\bar{Y}(X)$, d.h. die Varianz der ausgeglichenen Werte $\bar{Y}(x_i)$. Die Bezugsgröße des Bestimmtheitsmaßes ist die Varianz des abhängigen Merkmals Y, also $s_Y^2 = 7834653{,}84$. Mithin bedeutet ein r^2 von 0,92, daß die Regressionsgerade $\bar{Y}(X)$ 92% der Varianz des abhängigen Merkmals (von s_Y^2) erklärt.

Entsprechend gilt für $\bar{X}(Y)$:

$$r^2_{X|Y} = r^2 = \frac{s^2_{\bar{X}(Y)}}{s^2_X}$$, so daß die Regressionsgerade $\bar{X}(Y)$ 92% der Varianz des abhängigen Merkmals X (also von s_X^2) erklärt.

Jede der beiden Regressionsgeraden erklärt also $r^2 \cdot 100\%$ der Varianz des jeweils abhängigen Merkmals.

Lösung 65

Mittlere Verweildauer: $\bar{d} = \frac{1}{N_{o,n}} \sum_{j=1}^{N_{o,n}} d_j$.

Mit $N_{o,n} = 20$, $d_j^{(1)} \hat{=}$ (individuelle) Verweildauer in min. und

$d_j^{(2)} \hat{=}$ (individuelle) Reparaturzeit in min. ist

$\bar{d}^{(1)} = \frac{1}{20} \cdot 2530 = 126{,}5$ min. die mittlere Verweildauer und

$\bar{d}^{(2)} = \frac{1}{20} \cdot 2225 = 111{,}25$ min. die mittlere Reparaturzeit.

Im Mittel beträgt die Reparaturzeit eines Kraftfahrzeuges 111,25 min., während es 126,5 min. an dem Arbeitsplatz verbleibt.

Lösung 66

Mittlere Dauer der Beladung:

$$\bar{d} = \frac{1}{N_{o,n}} \sum_{j=1}^{N_{o,n}} d_j \text{ mit } d_j \hat{=} \text{(individuelle) Dauer der Beladung in min.}$$

$N_{o,n} = 12$;

$d_1 = 7.30 - 7.00 = 30$ min.,

$d_2 = 8.50 - 7.00 = 110$ min.,

$\vdots$

$d_{12} = 9.50 - 8.15 = 95$ min.;

$\bar{d} = \frac{1}{12} \cdot 955 \doteq 80$ min.

Die mittlere Beladungsdauer eines LKWs beträgt rd. 80 min.

Lösung 67

Es ist $B_o = 200$, $B_1 = 400$, $B_2 = 470$, $B_3 = 500$ und $B_n = B_4 = 540$.

a) Da keine Fehlmengen auftreten ($B_o, B_n > 0$) und es sich um äquidistante Beobachtungszeitpunkte (Quartale) handelt, kann der Durchschnittsbestand mit

$$\bar{B}_{o,n} = \frac{\frac{B_o}{2} + B_1 + \ldots + B_{n-1} + \frac{B_n}{2}}{n} \quad \text{geschätzt werden.}$$

Zugangs- und Abgangsfunktion zwischen zwei Zeitpunkten werden linear approximiert.

$$\bar{B}_{o,4} = \frac{100+400+470+500+270}{4} = 1740/4 = 435 \text{ (Patienten)} .$$

Bei 600 Betten ergibt sich eine mittlere Belegungsquote von 435/600 = = 72,5%, so daß die geplante Belegungsquote geringfügig überschritten wurde.

b) $$\bar{d} = \frac{\bar{B}_{o,n} t_{o,n}}{\lambda Z_{o,n} + (1-\lambda) A_{o,n}}$$

Wegen $B_4 - B_o = 540 - 200 = 340$ muß der Zugang um 340 höher sein als der Abgang.

Mit $\lambda = B_o/(B_o+B_4) = 200/740 \doteq 0,27$ ergibt sich aus

$$\bar{d} = 7 = \frac{435 \cdot 365}{0,27 \cdot Z_{0,4} + 0,73 \cdot A_{0,4}}, \text{ daß}$$

$0,27 \cdot Z_{0,4} + 0,73 \cdot A_{0,4} \doteq 22682$ ist. Weil $Z_{0,4} = A_{0,4} + 340$ ist, folgt daraus $A_{0,4} \doteq 22590$ sowie $Z_{0,4} \doteq 22930$.

Lösung 68

a) Zur Beantwortung dieser Frage ist festzustellen, wieviel Bücher dem Handapparat des Lehrstuhls im Jahresmittel angehörten. Der Durchschnittsbestand ergibt sich aus

$$\bar{B}_{o,n} = \frac{\frac{B_o}{2} + B_1 + B_2 + \ldots + B_{n-1} + \frac{B_n}{2}}{n}; \quad \bar{B}_{o,4} = \frac{95+202+212+242+125}{4} = 219,$$

da keine Fehlmengen auftreten $(B_o, B_n > 0)$ und es sich um äquidistante Zeitpunkte (Quartale) handelt.

Der Lehrstuhl erhält das Buch nicht sofort, da der Durchschnittsbestand von 219 Büchern über dem zulässigen Jahresmittel von 200 Büchern liegt.

b) Die Schätzung der mittleren Verweildauer hängt auch davon ab, wie der Parameter λ festgesetzt wird. Es gibt keinen Grund anzunehmen, daß $d_o = d_n = \bar{d}/2$ und somit $\lambda = 0,5$ ist, zumal $B_o = 190$ kleiner als $B_4 = 190+90-30 = 250$ ist. Mithin ist der Parameter λ auf $\lambda = B_o/(B_o+B_n) = 190/440 = 0,4318$ festzusetzen.

$$\text{Damit ist } \bar{d} = \frac{\bar{B}_{o,4} t_{o,4}}{\lambda Z_{o,4} + (1-\lambda) A_{o,4}} = \frac{219 \cdot 4}{0,4318 \cdot 90 + 0,5682 \cdot 30} = 15,67,$$

so daß sich ein Buch im Mittel etwa 15,7 Quartale im Handapparat befindet.

Lösung 69

Da die Modellannahmen ($B_o, B_n \geq 0$; äquidistante Zeitpunkte, hier: Tage; lineare Abgangsfunktion, s. Aufgabe) erfüllt sind, läßt sich der Durchschnittsbestand wie folgt schätzen.

$$\bar{B}_{o,n} = \frac{1}{n}\left[\frac{B_o}{2}+B_1+\ldots+B_6+\frac{B_7}{2}\right] \quad \text{mit } n = 7 \text{ Zeiträumen} = \text{Tage} ,$$

$$\bar{B}_{o,7} = \frac{1}{7}(150+280+\ldots+50+0) = \frac{1260}{7} = 180 \text{ [Flaschen]}.$$

Der Durchschnittsbestand in den 7 Tagen vor dem Klausurtermin beträgt 180 Flaschen Bier.

Mittlere Verweildauer:

Es ist $A_{o,7} = N_{o,7} = 300$, $\bar{B}_{o,7} = 180$ und $t_{o,n} = 7$.

Aus $\bar{B}_{o,n} = \frac{N_{o,n}}{t_{o,n}} \cdot \bar{d}$ ergibt sich

$$\bar{d} = \frac{\bar{B}_{o,n} \cdot t_{o,n}}{N_{o,n}} = \frac{180 \cdot 7}{300} = \frac{1260}{300} = 4{,}2 \text{ [Tage]},$$

d.h. die mittlere Verweildauer (des Inhalts) einer Bierflasche beträgt 4,2 Tage.

Lösung 70

Überprüfung der Modellannahmen:

- Zwischen zwei Beobachtungszeitpunkten liegt jeweils eine Woche, d.h. es handelt sich um äquidistante Zeitpunkte.
- $B_o = 1000$; $B_n = B_7 = 0$, das bedeutet, daß keine Fehlmengen auftreten.

Unter diesen Modellannahmen läßt sich der Durchschnittsbestand wie folgt schätzen:

$$\bar{B}_{o,n} = \frac{1}{n}\left[\frac{B_o}{2}+B_1+\ldots+B_{n-1}+\frac{B_n}{2}\right] ,$$

$$\bar{B}_{o,7} = \frac{1}{7}\left[\frac{1000}{2}+980+860+\ldots+20+0\right] = \frac{3090}{7} = 441{,}43 \doteq 441 \text{ [Mäuse]} .$$

Der Durchschnittsbestand der weißen Mäuse beträgt in den sieben Wochen 441 Mäuse.

Mittlere Verweildauer:

$A_{o,7} = N_{o,7} = 1000;\ \bar{B}_{o,7} = 441;\ t_{o,7} = 7$ [Wochen] .

Aus $\bar{B}_{o,n} = \frac{N_{o,n}}{t_{o,n}} \cdot \bar{d}$ ergibt sich $\bar{d} = \frac{441 \cdot 7}{1000} \doteq 3{,}09$ [Wochen] .

Die mittlere Verweildauer einer weißen Maus beträgt 3,09 Wochen. Die mittlere Verweildauer kann als Zeitraum, den die Mäuse im Mittel überlebt haben, interpretiert werden. Die Mäuse leben nach der Impfung also im Durchschnitt noch 3,09 Wochen.

Lösung 71

Die Modellannahmen "keine Fehlmengen" ($B_o, B_n > 0$)und "äquidistante Beobachtungszeitpunkte" (Erfassung jeweils halbjährlich) sind erfüllt, Zu- und Abgangsfunktion zwischen zwei Zeitpunkten werden linear approximiert, so daß der Durchschnittsbestand und die mittlere Laufzeit mit Hilfe des Fortschreibungsmodells geschätzt werden können.

a) Durchschnittsbestand

$$\bar{B}_{o,5} = (0{,}5 \cdot B_o + B_1 + B_2 + B_3 + B_4 + 0{,}5 \cdot B_5)/5$$
$$= 1000(200+500+320+380+440+260)/5 = 420000 \text{ DM}$$

(im betrachteten Zeitraum von 2 1/2 Jahren).

Der durchschnittliche Forderungsbestand beträgt im betrachteten Zeitraum 420000 DM.

b) Mittlere Laufzeit (für beidseitig offene Massen und $\lambda = 0{,}5$)

$$\bar{d} = \frac{\bar{B}_{o,n}\ t_{o,n}}{0{,}5\ Z_{o,n} + 0{,}5\ A_{o,n}} = \frac{2\ \bar{B}_{o,n}\ t_{o,n}}{Z_{o,n} + A_{o,n}},$$

$\bar{B}_{o,5} = 420000$ DM ,

$t_{o,5} = 5$ Halbjahre (=2,5 Jahre = 2 Jahre 6 Monate),

$Z_{o,5} = 6000000$ DM,

$A_{o,5} = B_o + Z_{o,5} - B_5 = 400000 + 6000000 - 520000 = 5880000$ DM.

$$\bar{d} = \frac{2 \cdot 420000 \cdot 5}{6000000+5880000} = 0{,}3535 \text{ Halbjahre} = 2{,}121 \text{ Monate} = 63{,}63 \text{ Tage}$$

(1 Jahr=360 Tage).

Die mittlere Laufzeit der Forderungen beträgt 2,121 Monate oder 63,63 Tage.

c) Umschlaghäufigkeit

$$U_T = 1/\bar{d} = 1/0{,}3535 \doteq 2{,}8 \text{ (mal im Halbjahr)}$$

$$= 1/2{,}121 \doteq 0{,}47 \text{ (mal im Monat)}.$$

Im Mittel wird der Bestand an Forderungen 2,8 mal im Halbjahr bzw. 0,47 mal im Monat erneuert.

Lösung 72

Sei d_j die individuelle Verweildauer des j-ten Besuchers, $j=1,2,\ldots,7 = N_{o,n}$.

j	1	2	3	4	5	6	7	Σ_j
d_j (in min):	215	70	180	150	135	170	10	930

Die sieben Besucher bilden eine geschlossene Masse. Zwei Besucher (Nr. 3 und Nr. 6) gehen allerdings zweimal zu und ab.

a) Gesucht ist $B_{20.00}$, die Anzahl der Besucher, die um 20.00 Uhr in der Galerie anwesend waren.

Um 20.00 Uhr anwesend waren die Besucher Nr. 1, 3, 4, 5 und 6. Somit ist $B_{20.00} = 5$.

b_1) Die durchschnittliche Verweildauer je Besucher ergibt sich aus

$$\bar{d} = \frac{1}{N_{o,n}} \sum_{j=1}^{7} d_j \text{ und beträgt}$$

$$\bar{d} = \frac{1}{7} \cdot 930 \doteq 132{,}9 \text{ min.}$$

Das bedeutet, jeder Besucher hat sich im Durchschnitt rd. 2 h 13 min in der Galerie aufgehalten.

b_2) Die durchschnittliche Aufenthaltsdauer je Zugang ergibt sich - bei neun Zugängen - aus

$$\bar{d} = \frac{1}{9} \sum_{j=1}^{7} d_j \text{ und beträgt}$$

$$\bar{d} = \frac{1}{9} \cdot 930 \doteq 103{,}3 \text{ min.}$$

Das bedeutet, jeder Besucher hat im Durchschnitt rd. 1 h 43 min nach seinem Eintritt die Galerie wieder verlassen.

c) Die Zeitmengenfläche ist wie folgt definiert:

$$F_{o,n} = t_{o,n} \bar{B}_{o,n} = t_{o,n} \frac{1}{t_{o,n}} \sum_{j=1}^{N_{o,n}} d_j =$$

$$= \sum_{j=1}^{N_{o,n}} d_j = \sum_{j=1}^{7} d_j = 930 \text{ Besucherminuten.}$$

Sie ist also die gesamte Verweildauer aller sieben Besucher, d.h. die sieben Besucher der Eröffnungsveranstaltung haben sich insgesamt 930 min in der Galerie aufgehalten.

Lösung 73

Der durchschnittliche Wachstumsfaktor beträgt

$1 + \eta^* = \sqrt[n-1]{\frac{x_n}{x_1}} = \sqrt[5]{\frac{895}{100}} \doteq \sqrt[5]{8,95} = 1,55$, so daß sich die Bakterien um rd. 55% je Tag (durchschnittliche prozentuale Wachstumsrate) vermehrten.

Lösung 74

Mit t=1,2,...,6 (Zeitpunkte), n-1 = 5 (Zeiträume), x_1 = 50000,-- DM und x_6 = 1,-- DM ist $1 + \eta^* = \sqrt[5]{\frac{1}{50000}} = 0,1149$.

Damit ergibt sich:

t	(Rest)Buchwert (DM) zu Beginn des Jahres t	Abschreibung (DM) im Jahre t-1
1	50000,--	
2	50000,--•0,1149 = 5745,--	44255,--
3	5745,--•0,1149 = 660,10	5084,90
4	660,10•0,1149 = 75,85	584,25
5	75,85•0,1149 = 8,72	67,13
6	8,72•0,1149 = 1,--	7,72

Abgeschrieben werden jährlich 88,51% vom (Rest)Buchwert.

Lösung 75

Zur Berechnung der mittleren Wachstumsrate ist zunächst jeweils die Meßzahl $M_{1,5}$ durch Umbasieren zu bestimmen;

Mineralölverarbeitung:

$M_{1,5} = M_{2,5}/M_{2,1} = 124,18/93,22 = 1,3321.$

Versicherungsgewerbe:

$M_{1,5} = M_{5,5}/M_{5,1} = 100/78,46 = 1,2745.$

Daraus kann der durchschnittliche Wachstumsfaktor $(1+\eta^*)$ und die mittlere Wachstumsrate (η^*) berechnet werden.

Mineralölverarbeitung:

$1 + \eta^* = \sqrt[4]{1,3321} = 1,0743$, mittlere Wachstumsrate: 7,43% je Jahr.

Versicherungsgewerbe:

$1 + \eta^* = \sqrt[4]{1,2745} = 1,0625$, mittlere Wachstumsrate: 6,25% je Jahr.

Die mittlere Wachstumsrate der Bruttomonatsverdienste betrug im betrachteten Zeitraum in der Mineralölverarbeitung 7,43% je Jahr und im Versicherungsgewerbe 6,25% je Jahr.

Zur Bestimmung des Jahres mit dem größten Verdienstzuwachs müssen Meßzahlen mit variabler Bezugszeit berechnet werden.

t	Mineralölverarbeitung	Versicherungsgewerbe
1	-	-
2	1,0727	1,0614
3	1,0974	1,0776
4	1,0656	1,0564
5	1,0619	1,0549

Das Jahr des größten Verdienstzuwachses gegenüber dem Vorjahr ist jeweils das Jahr t=3. Die Zunahme der Bruttomonatsverdienste von t=3 auf t=4 betrug 6,56% bzw. 5,64% .

Lösung 76

a) Wert des Portefeuilles

zum Zeitpunkt t_1: 30325,6 DM,

zum Zeitpunkt t_2: 31513,8 DM.

$$1 + \eta^* = \sqrt[2]{\frac{31513,8}{30325,6}} = 1,0194 .$$

Die durchschnittliche jährliche Wertsteigerungsrate des Portefeuilles beträgt 1,94%.

b) Neuer Wert des Portefeuilles zum Zeitpunkt t_2: 30053,4 DM,

$$1 + \eta^* = \sqrt[2]{\frac{30053,4}{30325,6}} = 0,9955 .$$

Die durchschnittliche jährliche Wertsteigerungsrate des Portefeuilles würde in diesem Fall -0,45% betragen.

Lösung 77

a) Gesucht ist $M_{1,5}$.

Ärzte: $M_{1,5} = M_{1,2} \cdot M_{2,3} \cdot M_{3,4} \cdot M_{4,5} = 1,141$;

Apotheker: $M_{1,5} = 1,099$;

Zahnärzte: $M_{1,5} = M_{3,5} / M_{3,1} = 1,042$.

Die größte Zunahme ist also in diesem Zeitraum bei den Ärzten mit 14,1% zu beobachten.

b) Durchschnittliche jährliche Wachstumsrate:

$$\eta^* = \sqrt[4]{M_{1,5}} - 1$$

Ärzte = +3,35%, Apotheker = +2,39%, Zahnärzte = +1,03% .

Die Anzahl der Ärzte (Apotheker, Zahnärzte) stieg in diesem Zeitraum durchschnittlich um 3,35% (2,39%, 1,03%) pro Jahr.

Lösung 78

a) Um den EDV-Bereich zu bestimmen, für den die Ausgaben von 1986 bis 1990 prozentual am stärksten zugenommen haben, sind (zeitliche) Meßzahlen

$$M_{86;90} = x_{90} / x_{86}$$

zu bestimmen.

- Hardware (1); gegeben sind x_t-Werte.

  $M^{(1)}_{86;90} = 20700/16182 = 1,279$.

  Die Ausgaben für Hardware sind also um 27,9% gestiegen.

- Hardwarewartung (2); gegeben sind Meßzahlen mit variabler Bezugszeit:

  $M_{t-1,t} = x_t/x_{t-1}$.

  Es gilt:

  $$M^{(2)}_{86;90} = M^{(2)}_{86;87} \cdot M^{(2)}_{87;88} \cdot M^{(2)}_{88;89} \cdot M^{(2)}_{89;90} =$$

  $$= 1,099 \cdot 1,079 \cdot 1,067 \cdot 1,069 = 1,353 \quad ,$$

  so daß die Ausgaben für Hardwarewartung im gleichen Zeitraum um 35,3% gestiegen sind.

- Software und Services (3); gegeben sind Meßzahlen mit konstanter Bezugszeit (1988):

  $M^{(3)}_{88;t} = x_t/x_{88}$.

  Die Meßzahl $M^{(3)}_{88;90}$ muß umbasiert werden:

  $$M^{(3)}_{86;90} = M^{(3)}_{88;90}/M^{(3)}_{88;86}$$

  $$= 1,410/0,694 = 2,032 \ .$$

  Da sich die Ausgaben für diesen Bereich mehr als verdoppelt haben (+ 103,2%), sind die Ausgaben für diesen Bereich am stärksten gestiegen (Hardware: + 27,9%; Software und Services: + 35,3%).

b) Die durchschnittliche jährliche Wachstumsrate ist wie folgt definiert:

$$G = \sqrt[n-1]{M_{1,n}} = 1 + \eta^*$$

ist der durchschnittliche Wachstumsfaktor und $\eta^* = G - 1$ die durchschnittliche Wachstumsrate.

Mit $n = 5$ und $M_{1,n} = M_{86,90}$

ist

$$G_1 = \sqrt[4]{1,279} = 1,063 \quad , \quad \eta^*_1 = 0,063 \; ,$$

$$G_2 = \sqrt[4]{1,353} = 1,079 \quad , \quad \eta^*_2 = 0,079 \; ,$$

$$G_3 = \sqrt[4]{2,032} = 1,194 \quad , \quad \eta^*_3 = 0,194 \; .$$

Die durchschnittliche jährliche Wachstumsrate betrug also im Zeitraum von 1986 bis 1990 im Bereich Hardware 0,063 (= + 6,3%), Hardwarewartung 0,079 (= + 7,9%) und im Bereich Software und Services 0,194 (= + 19,4%).

Lösung 79

Es genügt, nur die vier Indizes zu a_1) und a_3) aus den in der Tabelle gegebenen Daten zu berechnen; die übrigen Indizes ergeben sich aus

(1) $_LP_{t_o,t} \cdot {}_PP_{t,t_o} = 1$,

(2) $_LQ_{t_o,t} \cdot {}_PQ_{t,t_o} = 1$,

(3) $_LP_{t_o,t} \cdot {}_PQ_{t_o,t} = U_{t_o,t} = {}_LQ_{t_o,t} \cdot {}_PP_{t_o,t}$ und

(4) $U_{t_o,t} \cdot U_{t,t_o} = 1$.

Die zu berechnenden Indizes sind zunächst:

a_1) $$_LP_{1,2} = \frac{\sum\limits_j p_{j,2}q_{j,1}}{\sum\limits_j p_{j,1}q_{j,1}} \quad \text{und} \quad {}_LP_{2,1} = \frac{\sum\limits_j p_{j,1}q_{j,2}}{\sum\limits_j p_{j,2}q_{j,2}} \quad \text{sowie}$$

a_3) $$_LQ_{1,2} = \frac{\sum\limits_j q_{j,2}p_{j,1}}{\sum\limits_j q_{j,1}p_{j,1}} \quad \text{und} \quad {}_LQ_{2,1} = \frac{\sum\limits_j q_{j,1}p_{j,2}}{\sum\limits_j q_{j,2}p_{j,2}} \quad .$$

Betrachtet man die Summen im Zähler bzw. Nenner dieser Indizes, so kann man feststellen, daß nur die vier in der folgenden Arbeitstabelle aufgeführten Summen berechnet werden müssen:

j	$p_{j,2}q_{j,1}$	$p_{j,1}q_{j,1}$	$p_{j,1}q_{j,2}$	$p_{j,2}q_{j,2}$
1	1445	1020	1140	1615
2	1040	1080	1215	1170
3	54	72	80	60
4	464	320	400	580
5	396	352	352	396
Σ	3399	2844	3187	3821

Damit ist

a_1) ${}_LP_{1,2}$ = 3399/2844 = 119,51%; das bedeutet, daß der Warenkorb der Periode 1 (d.h. die in der Periode 1 bezogenen Grundstoffe) in der Periode 2 19,51% mehr kostet als in der Periode 1.

${}_LP_{2,1}$ = 3187/3821 = 83,41; das bedeutet, daß der Warenkorb der Periode 2 (d.h. die in der Periode 2 bezogenen Grundstoffe) in der Periode 1 16,59% weniger gekostet hat als in der Periode 2.

a_2) ${}_PP_{1,2} = 1/{}_LP_{2,1}$ = 1/0,8341 = 119,89%; das bedeutet, daß der Warenkorb der Periode 2 in der Periode 2 19,89% mehr kostet als in der Periode 1.

${}_PP_{2,1} = 1/{}_LP_{1,2}$ = 1/1,1951 = 83,68%; das bedeutet, daß der Warenkorb der Periode 1 in der Periode 1 16,32% weniger kostete als in der Periode 2.

a_3) ${}_LQ_{1,2}$ = 3187/2844 = 112,06%; das bedeutet, daß - bewertet mit Preisen der Periode 1 - der Warenkorb der Periode 2 um 12,06% größer war als in der Periode 1.

${}_LQ_{2,1}$ = 3399/3821 = 88,96%; das bedeutet, daß - bewertet mit Preisen der Periode 2 - der Warenkorb in der Periode 1 um 11,4% kleiner war als in der Periode 2.

a_4) ${}_PQ_{1,2} = 1/{}_LQ_{2,1}$ = 112,41%; das bedeutet, daß - bewertet mit Preisen der Periode 2 - der Warenkorb der Periode 2 um 12,41% größer war als in der Periode 1.

${}_PQ_{2,1} = 1/{}_LQ_{1,2}$ = 89,24%; das bedeutet, daß - bewertet mit Preisen der Periode 1 - der Warenkorb in der Periode 1 um 10,76% kleiner war als in der Periode 2.

a_5) $U_{1,2} = {}_LP_{t_o,t} \cdot {}_PQ_{t_o,t}$ = 1,1951·1,1241 = 134,34% ($\doteq$3821/2844); das bedeutet, daß das Unternehmen in der Periode 2 für Grundstoffe 34,34% mehr ausgegeben hat als in der Periode 1.

$U_{2,1} = 1/U_{1,2} = 74,44\%$ bedeutet, daß das Unternehmen in der Periode 1 für Grundstoffe 25,56% weniger ausgegeben hat als in der Periode 2.

Lösung 80

a) Der Preis von Gut 1 stieg um 0,25 DM oder um 10%, der Preis des Gutes 2 stieg um 13%, der von Gut 3 um 20% und der von Gut 4 um 5%.

Preismeßzahlen sind wie folgt definiert:

$$M_{j;t_o,t} = \frac{p_{j,t}}{p_{j,t_o}}, \quad j=1,2,\ldots,k .$$

Somit ist

$M_1 = 2,75/2,50 = 1,10$,
$M_2 = 1,13/1,00 = 1,13$,
$M_3 = 2,40/2,00 = 1,20$,
$M_4 = 2,52/2,40 = 1,05$.

b) Natürlich ist $\frac{1}{4}\sum_{j=1}^{4} M_j = 1,12$, aber die Ausgaben des Studenten für diese Güter sind nur unter bestimmten Bedingungen über die nachgefragten Mengen (q_j, j=1,2,3,4) um 12% gestiegen.

Anmerkung: Seine Ausgaben sind genau dann um 12% gestiegen, wenn

$$\left[\sum_j p_{j,t}q_j\right] = 1,12\cdot\left[\sum_j p_{j,t_o}q_j\right] \text{ ist.}$$

Da die Preise p_{j,t_o} und $p_{j,t}$ (j=1,2,3,4) bekannt sind, kann diese Bedingung auch wie folgt formuliert werden:

$$[2,75\cdot q_1+1,13\cdot q_2+2,40\cdot q_3+2,52\cdot q_4] =$$
$$= 1,12[2,5\cdot q_1+1,0\cdot q_2+2,0\cdot q_3+2,4\cdot q_4] .$$

Wenn die Mengen (q_j) umgekehrt proportional den Preisen in t_o, also gleich $1/p_{j,t_o}$ sind, ist der Term links vom Gleichheitszeichen gleich dem Term rechts vom Gleichheitszeichen (=4,48) und die Ausgaben sind um genau 12% gestiegen. Das Gleiche gilt, wenn für die Mengen q_j jeweils das c-fache ($c\in\mathbb{R}^+$) von $1/p_{j,t_o}$ eingesetzt wird. Die Ausgaben des Studenten sind aber auch dann um genau 12% gestiegen, wenn (ceteris paribus) - zum Beispiel - $q_1 = 1$ und $q_2 = 4$ gesetzt wird.

Das bedeutet, es gibt noch viele andere Kombinationen von q_j-Werten ($j=1,2,3,4$), die zu einer Ausgabensteigerung von genau 12% führen. Da es aber ebenso (unendlich) viele Kombinationen von q_j-Werten gibt, die zu einer geringeren oder stärkeren Ausgabensteigerung führen - man braucht sich nur vorzustellen, daß das Gut mit der geringsten oder höchsten Preissteigerung besonders stark nachgefragt wird - kann ohne Informationen über die nachgefragten (bzw. verbrauchten) Mengen über die Höhe der Ausgabensteigerung nur spekuliert werden.

c) Arithmetisches Mittel der Preismeßzahlen $M_{j;t_o,t}$

mit den Gewichten $p_{j,t_o}q_{j,t_o}$

j	p_{j,t_o}	q_{j,t_o}	$p_{j,t_o}q_{j,t_o}$	$M_{j;t_o,t}\cdot p_{j,t_o}q_{j,t_o}$
1	2,50	2	5,0	5,50
2	1,00	1	1,0	1,13
3	2,00	3	6,0	7,20
4	2,40	5	12,0	12,60
Σ	-	-	24,0	26,43

Somit ist

$$\bar{M}_{j;t_o,t} = \frac{1}{\sum\limits_j p_{j,t_o}q_{j,t_o}} \sum_j M_{j;t_o,t}\cdot p_{j,t_o}q_{j,t_o} =$$

$$= \frac{1}{24}\cdot 26{,}43 = 1{,}10125 \doteq 110{,}1\% \; .$$

Die mit den Mengen des ersten Monats gewichteten Preise sind im Durchschnitt um rd. 10,1% gestiegen.

d) In c) wurden die Gewichte der Bezugszeit (t_o), nämlich

$$\frac{p_{j,t_o}q_{j,t_o}}{\sum\limits_j p_{j,t_o}q_{j,t_o}} = g_{j,t_o} \quad \text{verwendet.}$$

Somit ist $\bar{M}_{j;t_o,t} = {}_LP_{t_o,t}$ ein Preisindex nach LASPEYRES.

Lösung 81

Es sollen ein Preis- und ein Mengenvergleich (1982-1990) ausgewählter Güter auf der Grundlage der Mengen- bzw. Preisstrukturen von 1990 durchgeführt werden.

Dafür geeignete Maßzahlen sind der Preis- bzw. Mengenindex nach PAASCHE, weil die Strukturen von 1990 verwendet werden sollen.

a) Preisindex

$$P^P_{82,90} = \frac{\sum\limits_j^7 p_{j,90} \cdot q_{j,90}}{\sum\limits_j^7 p_{j,82} \cdot q_{j,90}}$$

$$\sum_j^7 p_{j,90}\, q_{j,90} = 580,0 \cdot 1 + 1,10 \cdot 200 + 1,60 \cdot 46 + $$
$$+ 16,0 \cdot 16 + 3,20 \cdot 4 + 15,80 \cdot 5 + 2,40 \cdot 9 = 1243,0,$$

$$\sum_j^7 p_{j,82}\, q_{j,90} = 560,0 \cdot 1 + 1,40 \cdot 200 + 1,30 \cdot 46 + $$
$$+ 18,0 \cdot 16 + 1,80 \cdot 4 + 13,80 \cdot 5 + 1,70 \cdot 9 = 1279,3.$$

Somit ist

$$P^P_{82,90} = \frac{1243,0}{1279,3} = 0,972 = 97,2\ \% .$$

Theobald kann keine Erhöhung seiner Bezüge fordern, weil die Preise für seinen Warenkorb im Zeitraum von 1982 bis 1990 um durchschnittlich 2,8% gesunken sind. Allerdings wurden dem Preisvergleich die (aktuellen) Mengenstrukturen von 1990 zugrundegelegt, so daß das Ergebnis (-2,8%) nicht nur auf Preis-, sondern auch auf Mengenänderungen im Zeitraum von 1982 bis 1990 zurückzuführen ist.

b) Mengenindex

$$P^Q_{82,90} = \frac{\sum\limits_j^7 q_{j,90} \cdot p_{j,90}}{\sum\limits_j^7 q_{j,82} \cdot p_{j,90}}$$

$$\sum_j^7 q_{j,90}\, p_{j,90} = 1243,0 \text{ (s.o.)},$$

$$\sum_j^7 q_{j,82}\, p_{j,90} = 1 \cdot 580,0 + 120 \cdot 1,10 + 32 \cdot 1,60 + 10 \cdot 16,0 + $$
$$+ 8 \cdot 3,20 + 7 \cdot 15,80 + 14 \cdot 2,40 = 1093,0 .$$

Mithin ist

$$P^Q_{82,90} = \frac{1243,0}{1093,0} = 1,137 = 113,7\ \% .$$

Theobalds Verbrauch an (bestimmten) Gütern des täglichen Bedarfs hat also - gemessen mit dem Mengenindex nach PAASCHE - um durchschnittlich 13,7 % zugenommen. Da die Preisstrukturen des Jahres 1990 verwendet wurden, ist das Ergebnis (+13,7%) nicht nur auf Mengen-, sondern auch auf Preisänderungen im Zeitraum von 1982 bis 1990 zurückzuführen.

Lösung 82

a) Für das Land E_1 ist:

$$L^P_{t_o,t} = \frac{\sum_j p_{j,t} q_{j,t_o}}{\sum_j p_{j,t_o} q_{j,t_o}} = 340 \quad \text{und} \quad L^P_{t_o,t+8} = \frac{\sum_j p_{j,t+8} q_{j,t_o}}{\sum_j p_{j,t_o} q_{j,t_o}} = 560 \;;$$

entsprechendes gilt für E_2.

Somit ist die Zunahme des Preisindex von t auf t+8 durch $\frac{L^P_{t_o,t+8}}{L^P_{t_o,t}}$ gegeben. Der Preisindex für die Lebenshaltung ist folglich im Laufe von 8 Jahren im Land E_1 von 100 im Jahre t auf $560/340 \doteq 1{,}647 = 164{,}7\%$ im Jahre t+8 und im Land E_2 etwas stärker, nämlich von 100 auf $289/172 \doteq 1{,}68 = 168\%$ gestiegen.

Der Unterschied beträgt etwa 3,3%-Punkte oder - bezogen auf E_1 - rd. 2%.

b) Die durchschnittliche jährliche Zunahme des Preisindex ergibt sich aus

$\sqrt[8]{\frac{L^P_{t_o,t+8}}{L^P_{t_o,t}}}$ und beträgt für das Land E_1 :

$\sqrt[8]{1{,}647} \doteq 1{,}0644$, also rd. 6,44%, und für das Land E_2 :

$\sqrt[8]{1{,}68} \doteq 1{,}067$, also rd. 6,7% .

Lösung 83

Vorbemerkung: Aus Vereinfachungsgründen wird $t_o = 0$ und $t_1 = 1$ gesetzt.

a) $$U_{0,1}^{(i)} = \frac{\sum_{j=1}^{2} p_{j,1}q_{j,1}}{\sum_{j=1}^{2} p_{j,0}q_{j,0}} = \frac{U_1}{U_0} \quad , \; i=1,2,3 \text{ (Tankstelle).}$$

$$U_0^{(1)} = 126900 + 131400 = 258300 \text{ (DM)},$$

$$U_1^{(1)} = 141900 + 133000 = 274900 \text{ (DM)},$$

$$U_{0,1}^{(1)} = 1{,}064 = 106{,}4\%;$$

$$U_0^{(2)} = 227200 \text{ (DM)}, \quad U_1^{(2)} = 213600 \text{ (DM)},$$

$$U_{0,1}^{(2)} = 0{,}940 = 94{,}0\%;$$

$$U_0^{(3)} = 202900 \text{ (DM)}, \quad U_1^{(3)} = 177000 \text{ (DM)},$$

$$U_{0,1}^{(3)} = 0{,}872 = 87{,}2\% \; .$$

Die Umsatzveränderung beträgt also bei Tankstelle 1 6,4%, bei Tankestelle 2 -6,0% und bei Tankstelle 3 -12,8% .

b) $$U'_{0,1} = \frac{U_1^{(1)}+U_1^{(2)}+U_1^{(3)}}{U_0^{(1)}+U_0^{(2)}+U_0^{(3)}} = \frac{665500}{688400} = 0{,}967 = 96{,}7\% \; ,$$

also Verringerung des Gesamtumsatzes um 3,3%.

c) Es gilt:

$$U_{0,1}^{(1)} = {}_LP_{0,1}^{(1)} \cdot {}_PQ_{0,1}^{(1)} \; , \quad \text{so daß} \quad \frac{U_{0,1}^{(1)}}{{}_LP_{0,1}^{(1)}} = {}_PQ_{0,1}^{(1)} \quad .$$

$${}_LP_{0,1}^{(1)} = 235800/258300 = 0{,}9129; \text{ somit ist}$$

$${}_PQ_{0,1}^{(1)} = 1{,}064/0{,}9129 = 1{,}166 = 116{,}6\% \; .$$

Die Umsatzsteigerung von 100% auf 106,4% (um 6,4%) ist zurückzuführen auf eine (durchschnittliche) Preissenkung um rd. 8,7% (gemessen mit ${}_LP_{0,1}^{(1)}$) und eine Zunahme der Abgabemenge - in Preisen von t_1 - um 16,6% (gemessen mit ${}_PQ_{0,1}^{(1)}$).

Ebenso gilt:

$$U_{0,1}^{(1)} = {}_LQ_{0,1}^{(1)} \cdot {}_PP_{0,1}^{(1)}, \text{ so daß } \frac{U_{0,1}^{(1)}}{{}_PP_{0,1}^{(1)}} = {}_LQ_{0,1}^{(1)} .$$

$${}_PP_{0,1}^{(1)} = 274900/301100 = 0,913; \text{ somit ist}$$

$${}_LQ_{0,1}^{(1)} = 1,064/0,913 = 1,165 = 116,5\% .$$

In diesem Beispiel unterscheiden sich die beiden Ergebnisse nur sehr geringfügig. Es ist nämlich

$${}_LP_{0,1}^{(1)} = 0,9129 \doteq {}_PP_{0,1}^{(1)} = 0,913 \quad \text{und}$$

$${}_PQ_{0,1}^{(1)} = 1,166 \doteq {}_LQ_{0,1}^{(1)} = 1,165, \text{ so daß}$$

die Zerlegung der Umsatzänderung in die Mengen- und Preiskomponente fast eindeutig ist. Das ist im allgemeinen jedoch nicht der Fall.

Lösung 84

Gegeben sind Subpreisindizes vom Typ LASPEYRES.

$${}_LP_{t_o,t} = \sum_{h=1}^{1} {}_L\tilde{P}_{h;t_o,t} \cdot \tilde{g}_{h;t_o} \quad \text{mit } \sum_h \tilde{g}_{h;t_o} = 1 \text{ ; Bezugszeit: } t_o .$$

a) $${}_LP_{t_o,t_1}^{(1)} = \frac{0,07598 \cdot 1,126 + 0,05812 \cdot 1,216}{0,13410} =$$
$$= 0,15622/0,1341 = 1,165 = 116,5\% .$$

Der Preisindex der Grundstoffe aus der Land- und Forstwirtschaft, Fischerei hat im Zeitpunkt t_1 den Wert 116,5%.

b) $${}_LP_{t_o,t_1}^{(2)} = \frac{0,57261 \cdot 1,352 + 0,29329 \cdot 1,584}{0,86590} =$$
$$= 1,23874/0,8659 = 1,431 = 143,1\ \%.$$

Der Preisindex der Grundstoffe aus dem Produzierenden Gewerbe hat im Zeitpunkt t_1 den Wert 143,1%.

c) $${}_LP_{t_o,t_1} = \frac{0,1341 \cdot 1,165 + 0,8659 \cdot 1,431}{1,0} = 1,395 = 139,5\% .$$

Der Gesamtindex hat im Zeitpunkt t_1 den Wert 139,5%.

d) Zum Zeitpunkt t hatte der Gesamtindex den Wert $1,395/1,011 = 1,3798 \doteq$

$\doteq 138,0\%$.

Lösung 85

Gegeben sind Subpreisindizes vom Typ LASPEYRES.

$$L^{P}_{t_o,t} = \sum_{h=1}^{1} L^{\tilde{P}}_{h;t_o,t} \cdot \tilde{g}_{h;t_o} \quad ; \qquad h=1,2,\ldots,9 \text{ (Hauptgruppen).}$$

h	$\tilde{g}_{h,t_o}$	$L^{\tilde{P}}_{h;t_o,t_1}$	$L^{\tilde{P}}_{h;t_o,t_2}$
1	0,26672	1,064	1,255
2	0,08746	1,094	1,325
3	0,13327	1,064	1,264
4	0,04913	1,033	1,710
5	0,10010	1,068	1,293
6	0,14753	1,051	1,309
7	0,04316	1,080	1,317
8	0,07873	1,034	1,182
9	0,09390	1,094	1,375
Σ	1,00000	-	-

a) $$L^{P}_{(2u.4);t_o,t_1} = L^{\tilde{P}}_{2;t_o,t_1} \cdot \tilde{g}^{*}_{2;t_o} + L^{\tilde{P}}_{4;t_o,t_1} \cdot \tilde{g}^{*}_{4;t_o} \,.$$

Mit $\tilde{g}^{*}_2 = \tilde{g}_2/(\tilde{g}_2+\tilde{g}_4) = 0{,}64031$ und $\tilde{g}^{*}_4 = \tilde{g}_4/(\tilde{g}_2+\tilde{g}_4) = 0{,}35969$ ist

$$L^{P}_{(2u.4);t_o,t_1} = 1{,}094 \cdot 0{,}64031 + 1{,}033 \cdot 0{,}35969 =$$
$$= 0{,}7005 + 0{,}3716 = 1{,}0721 \,.$$

Entsprechend ist für t_2

$$L^{P}_{(2u.4);t_o,t_2} = 1{,}325 \cdot 0{,}64031 + 1{,}710 \cdot 0{,}35969 =$$
$$= 0{,}8484 + 0{,}6151 = 1{,}4635 \,.$$

Die durchschnittliche Preissteigerung für die Güter der Hauptgruppen 2 und 4 betrug also von t_o bis t_1 rd. 7,2% und von t_o bis t_2 rd. 46,4%.

b) $$L^{P}_{t_o,t_2} = \sum_{h=1}^{9} L^{\tilde{P}}_{h;t_o,t_2} \cdot \tilde{g}_{h;t_o}$$

$$= 1{,}255 \cdot 0{,}26672 + 1{,}325 \cdot 0{,}08746 + \ldots + 1{,}375 \cdot 0{,}0939 = 1{,}305 =$$

$$= 130{,}5\%.$$

Der Preisindex für die Lebenshaltung aller privaten Haushalte stieg also von t_o auf t_2 um rd. 30,5% .

c) Entsprechend ist für t_1:

$$_{L}P_{t_o,t_1} = \sum_{h=1}^{9} {_L}\tilde{P}_{h;t_o,t_1} \cdot \tilde{g}_{h;t_o} = 1{,}0647 \doteq 106{,}5\% \ ,$$

so daß die Preise der Güter und Dienstleistungen für die Lebenshaltung von t_1 bis t_2 um (1,305/1,0647=1,226=122,6%) 22,6% gestiegen sind.

Lösung 86

a) Gesucht ist die Kaufkraftparität zwischen L und H, $KP_{L,H}$. Je nach Festlegung des Warenkorbs erhält man für $KP_{L,H}$ unterschiedliche Werte:

Fall I: Wahl des Warenkorbs von L, d.h. Kaufkraftparität vom Typ LASPEYRES

$$_{L}KP_{L,H} = \frac{\sum_{j=1}^{5} p_{j,H}\, q_{j,L}}{\sum_{j=1}^{5} p_{j,L}\, q_{j,L}} = \frac{7{,}15\cdot 1{,}5+3{,}09\cdot 3+1{,}08\cdot 20+1{,}94\cdot 3+1{,}72\cdot 5}{7{,}88\cdot 1{,}5+3{,}24\cdot 3+1{,}18\cdot 20+2{,}19\cdot 3+1{,}88\cdot 5} =$$

$$= \frac{56{,}015}{61{,}110} = 0{,}9166 \ .$$

Der Warenkorb von L hat in dem betrachteten Monat in L 61,11 DM gekostet, in H dagegen nur 56,02 DM. Er hat damit in H 5,09 DM weniger oder nur 91,66% des Betrages gekostet, den ein durchschnittlicher Privater Haushalt für diesen Warenkorb in L zahlen mußte. Damit war - gemessen anhand des Warenkorbs von L - die Kaufkraft in H um 8,34% höher als in L.

Fall II: Wahl des Warenkorbs von H, d.h. Kaufkraftparität vom Typ PAASCHE

$$_{P}KP_{L,H} = \frac{\sum_{j=1}^{5} p_{j,H}\, \bar{q}_{j,H}}{\sum_{j=1}^{5} p_{j,L}\, \bar{q}_{j,H}} = \frac{7{,}15\cdot 4+3{,}09\cdot 2+1{,}08\cdot 5+1{,}94\cdot 10+1{,}72\cdot 3}{7{,}88\cdot 4+3{,}24\cdot 2+1{,}18\cdot 5+2{,}19\cdot 10+1{,}88\cdot 3} =$$

$$= \frac{64{,}74}{71{,}44} = 0{,}9062 \ .$$

Der Warenkorb von H hat in dem betrachteten Monat in H 64,74 DM gekostet, in L dagegen 71,44 DM. Er war damit in H um 6,70 DM oder 9,38% billiger als in L. Somit war die Kaufkraft in H um 9,38% höher als in L, wenn man den Warenkorb von H zugrunde legt.

Fall III: Wahl des durchschnittlichen Warenkorbs von L und H, d.h. Kaufkraftparität vom Typ LOWE

Durchschnittlicher Warenkorb

j	1	2	3	4	5
$\bar{q}_j$	2,75	2,5	12,5	6,5	4

$$_{LOWE}^{KP}{}_{L,H} = \frac{\sum_{j=1}^{5} p_{j,H}\,\bar{q}_{j,H}}{\sum_{j=1}^{5} p_{j,L}\,\bar{q}_{j,H}} =$$

$$= \frac{7{,}15\cdot 2{,}75+3{,}09\cdot 2{,}5+1{,}08\cdot 12{,}5+1{,}94\cdot 6{,}5+1{,}72\cdot 4}{7{,}88\cdot 2{,}75+3{,}24\cdot 2{,}5+1{,}18\cdot 12{,}5+2{,}19\cdot 6{,}5+1{,}88\cdot 4} =$$

$$= \frac{60{,}3775}{66{,}275} = 0{,}9110\ .$$

Der durchschnittliche Warenkorb hat in dem betrachteten Monat in H 60,38 DM und in L 66,28 DM gekostet. Er war damit in H um 5,90 DM oder 8,9% billiger als in L, d.h. die Kaufkraft war in H auf der Basis des durchschnittlichen Warenkorbs um 8,9% höher als in L.

b) Teilaufgabe a) hat gezeigt, daß das Ausmaß der Kaufkraftunterschiede zwischen L und H von der Wahl des Warenkorbs abhängt. Um die Abhängigkeit von den Warenkörben der durchschnittlichen Privaten Haushalte der beiden Städte auszuschalten, kann die Kaufkraftparität auf der Basis eines "Standardwarenkorbs" berechnet werden. Man erhält dabei eine Kaufkraftparität vom Typ LOWE, allerdings mit dem Unterschied, daß der durchschnittliche Warenkorb durch den Standardwarenkorb ersetzt wird. Wählt man als Standardwarenkorb den Warenkorb von B, erhält man

$$_{LOWE}^{KP}{}_{L,H|B} = \frac{\sum_{j=1}^{5} p_{j,H}\,q_{j,B}}{\sum_{j=1}^{5} p_{j,L}\,q_{j,B}} =$$

$$= \frac{7{,}15\cdot 2+3{,}09\cdot 2+1{,}08\cdot 10+1{,}94\cdot 6+1{,}72\cdot 4}{7{,}88\cdot 2+3{,}24\cdot 2+1{,}18\cdot 10+2{,}19\cdot 6+1{,}88\cdot 4} = \frac{49{,}80}{54{,}7} = 0{,}9104\ .$$

Der Standardwarenkorb hat in dem betrachteten Monat in H 49,80 DM und in L 54,70 M gekostet. Er war damit in H um 4,90 DM oder 8,96% billiger als in L; auf der Basis dieses Standardwarenkorbs war damit die Kaufkraft in H um 8,96% höher als in L.

Lösung 87

a) Zunächst sind die Kosten des Urlaubswarenkorbs der Familie Weckermann in allen drei Regionen zu bestimmen:

$$W_{Bu} = \sum_{j=1}^{5} p_{j,Bu} \cdot q_j = 32000 \cdot 24 + 2000 \cdot 42 + 800 \cdot 10 + 85000 \cdot 1 + 1950000 \cdot 1 = $$
$$= 2895000 (B\$) ,$$

$$W_{Br} = \sum_{j=1}^{5} p_{j,Br} \cdot q_j = 55 \cdot 24 + 3 \cdot 42 + 3,5 \cdot 10 + 480 \cdot 1 + 8550 \cdot 1 = 10511 \ (BF) ,$$

$$W_H = \sum_{j=1}^{5} p_{j,H} \cdot q_j = 10 \cdot 24 + 0,7 \cdot 42 + 1,1 \cdot 10 + 120 \cdot 1 + 2800 \cdot 1 = 3200,40 \ (DM) .$$

Setzt man diese Wertgrößen paarweise in Beziehung, erhält man Kaufkraftparitäten vom Typ LOWE für jeweils 2 Regionen, bei der der durchschnittliche Warenkorb durch den Urlaubswarenkorb der Familie Weckermann ersetzt wurde:

$$_{LOWE}KP_{Bu,Br} = \frac{10511}{2895000} = 0,0036 \left[\frac{BF}{B\$}\right]$$

$$_{LOWE}KP_{Br,Bu} = \frac{2895000}{10511} = 275,43 \left[\frac{B\$}{BF}\right]$$

$$_{LOWE}KP_{Bu,H} = \frac{3200,4}{2895000} = 0,0011 \left[\frac{DM}{B\$}\right]$$

$$_{LOWE}KP_{H,Bu} = \frac{2895000}{3200,4} = 904,574 \left[\frac{B\$}{DM}\right]$$

$$_{LOWE}KP_{Br,H} = \frac{3200,4}{10511} = 0,3045 \left[\frac{DM}{BF}\right]$$

$$_{LOWE}KP_{H,Br} = \frac{105114}{3200,4} = 3,2843 \left[\frac{BF}{DM}\right] .$$

Von besonderer Bedeutung für Familie Weckermann sind die Kaufkraftparitäten, bei denen ein Vergleich zwischen den Kosten in der Heimatregion und in einer der beiden Urlaubsregionen angestellt wird. Beispielsweise gibt $_{LOWE}KP_{H,Br} = 3,2843 \left[\frac{BF}{DM}\right]$ an, daß der Warenkorb in

Brulandie in BF das 3,2843-fache des Betrags in DM in der Heimatregion kostet, d.h. Urlaubskosten in Höhe von 100,-- DM entsprechen einem Betrag von 328,43 BF in Brulandie.

b) Für die Entscheidung der Familie Weckermann ist der Vergleich zwischen Kaufkraftparitäten und Wechselkurs entscheidend.

Wenn 1000 Busitanien-Dollar 1,40 DM kosten, dann erhält Familie Weckermann für 100,-- DM $\frac{1000}{1,4} \cdot 100 = 71428,6$ B$. Für Urlaubsgüter und -dienstleistungen in einem Wert von 100,-- DM müßte sie jedoch 90457,4 B$ zahlen, d.h. die Kaufkraft beträgt in Busitanien für die Urlaubsgüter und -dienstleistungen der Familie Weckermann nur $\frac{71428,6}{90457,4} =$ $= 0,7896$ der Kaufkraft in ihrer Heimatregion.

Für 100,-- DM erhält Familie Weckermann $\frac{100}{33,0} \cdot 100 = 303,03$ Brulandie-Francs. Für Urlaubsgüter und -dienstleistungen im Wert von 100,-- DM müßte sie 328,43 BF zahlen. Mithin beträgt die Kaufkraft in Brulandie für die Urlaubsgüter und -dienstleistungen der Familie Weckermann nur $\frac{303,03}{328,43} = 0,9227$, d.h. nach Ausschaltung der Wechselkursunterschiede besteht für Familie Weckermnn bei einem Urlaub in Brulandie ein Kaufkraftverlust von 7,73%, der allerdings deutlich geringer ist als in Busitanien.

Familie Weckermann wird daher in Brulandie Urlaub machen.

Lösung 88

Merkmal: Blutalkoholgehalt von Brause in Promille (Y), metrisch; Merkmalsträger: Zeitpunkte.

a) Die Bestimmung des (linearen) Trends nach der Methode der kleinsten Quadrate ist wegen $x_i = t_i$ gleichbedeutend mit der Bestimmung einer ausgleichenden Regressionsgeraden.

$$y_i = m_i + u_i \quad ,$$
$$m_i = a_o + a_1 t_i \quad , \quad i=1,2,\ldots,n \; .$$

i	t_i	y_i	$t_i y_i$	t_i^2	y_i^2
1	5	3,15	15,75	25	9,9225
2	6	2,98	17,88	36	8,8804
3	7	2,87	20,09	49	8,2369
4	8	2,69	21,52	64	7,2361
5	9	2,53	22,77	81	6,4009
6	10	2,36	23,60	100	5,5696
Σ	45	16,58	121,61	355	46,2464

$$a_1 = \frac{s_{TY}}{s_T^2} = \frac{6 \cdot 121,61 - 45 \cdot 16,58}{6 \cdot 355 - 45^2} = -0,1566 \ ,$$

$$a_o = \bar{y} - a_1 \bar{t} = 2,7633 + 0,1566 \cdot 7,5 = 3,9378 \ .$$

Damit ist $\hat{m}_i = 3,9378 - 0,1566 \cdot t_i$ $(i=1,2,\ldots,6)$ die geschätzte (ausgleichende) Trendgerade.

b) Bestimmtheitsmaß

$$r^2 = \left[\frac{s_{TY}}{s_T s_Y}\right]^2 = \left[\frac{-0,4566}{1,7078 \cdot 0,2681}\right]^2 = 0,997 \ ,$$

d.h. durch die Trendgerade werden - in diesem Modellbeispiel - 99,7% der Varianz von Y erklärt.

c) Für t_{15} = 19.00 Uhr ist $\hat{m}_{15} = 3,9378 - 0,1566 \cdot 19 = 0,96$ (Promille), so daß Brause sicherlich nicht rechtzeitig im Nachbarort erscheint, zumal noch die Fahrtzeit zu berücksichtigen ist. Dabei wurde davon ausgegangen, daß der Blutalkoholgehalt von 10.00 Uhr bis 19.00 Uhr linear, gemäß $\hat{m}_i$, abnimmt, eine Annahme, die nicht in jedem Falle gerechtfertigt ist.

Lösung 89

Merkmal: Anzahl der täglichen Arbeitsunfälle in einem Industriebetrieb (Y), metrisch; Merkmalsträger: Tage.

a) $y_i = m_i + u_i$, $i=1,2,\ldots,n$,

$m_i = a_o + a_1 t_i$, $i=1,2,\ldots,n$.

Es ist (vgl. Arbeitstabelle):

$$a_1 = \frac{s_{TY}}{s_T^2} = \frac{21 \cdot 3630 - 231 \cdot 336}{21 \cdot 3311 - (231)^2} = \frac{-1386}{16170} = -0,0857 \; ,$$

$$a_o = \bar{y} - a_1 \bar{t} = \frac{336 + 0,0857 \cdot 231}{21} = 16,94 \; .$$

Damit ist $\hat{m}_i = 16,94 - 0,0857 \cdot t_i$ die geschätzte (ausgleichende) Trendgerade.

$\hat{m}_1 \doteq 16,85$ und $\hat{m}_{21} \doteq 15,14$ (vgl. Abbildung 1) sind die Schätzwerte der Anzahl der täglichen Arbeitsunfälle am ersten und 21. Tag.

Arbeitstabelle

t_i	t_i^2	y_i	$t_i y_i$	y_i^2	$\hat{m}_i$	$y_i - \hat{m}_i = \hat{u}_i$
1	1	24	24	576	16,85	7,15
2	4	18	36	324	16,77	1,23
3	9	14	42	196	16,68	-2,68
4	16	10	40	100	16,60	-6,60
5	25	25	125	625	16,51	8,49
6	36	9	54	81	16,43	-7,43
7	49	8	56	64	16,34	-8,34
8	64	26	208	676	16,25	9,75
9	81	16	144	256	16,17	-0,17
10	100	14	140	196	16,08	-2,08
11	121	9	99	81	16,00	-7,00
12	144	25	300	625	15,91	9,09
13	169	9	117	81	15,83	-6,83
14	196	7	98	49	15,74	-8,74
15	225	27	405	729	15,65	11,35
16	256	19	304	361	15,57	3,43
17	289	15	255	225	15,48	-0,48
18	324	10	180	100	15,40	-5,40
19	361	24	456	576	15,31	8,69
20	400	20	400	400	15,23	4,77
21	441	7	147	49	15,14	-8,14
231	3311	336	3630	6370	-	-

b) Restkomponente

Aus $y_i = m_i + u_i$ und $\hat{m}_i = a_o + a_1 t_i$ $(i=1,2,\ldots,n)$ folgt

$\hat{u}_i = y_i - \hat{m}_i$, $i=1,2,\ldots,n$; $\hat{u}_i$ ist die (geschätzte) Restkomponente (vgl. Arbeitstabelle und Abbildung 1).

Anmerkung: Offensichtlich folgt diese Zeitreihe - wegen

$$r^2 = \left[\frac{-3,143}{6,055 \cdot 6,88}\right]^2 = 0,0057$$ - keinem linearen Trend. Entscheidend ist

hier die Saison-(Tages-)Komponente, die noch in der Restkomponente enthalten ist. Ein Modell der Art

$$y_i = m_i + s_i + u_i \ , \quad i=1,2,\ldots,n \ ,$$

mit s_i als Saisonkomponente wäre hier angebracht!

c) Wie aus b) hervorgeht, folgen die Arbeitsunfälle einem Wochenrythmus, so daß ein 7-gliedriger gleitender Durchschnitt (k=3) den Daten angemessen ist:

$$\bar{y}_i = (y_{i-3}+y_{i-2}+y_{i-1}+y_i+y_{i+1}+y_{i+2}+y_{i+3})/7 \ .$$

Arbeitstabelle

t_i	y_i	$\bar{y}_i$	$y_i-\bar{y}_i$
1	24	-	-
2	18	-	-
3	14	-	-
4	10	15,4	-5,4
5	25	15,7	9,3
6	9	15,4	-6,4
7	8	15,4	-7,4
8	26	15,3	10,7
9	16	15,3	0,7
10	14	15,3	-1,3
11	9	15,1	-6,1
12	25	15,3	9,7
13	9	15,7	-6,7
14	7	15,9	-8,9
15	27	16,0	11,0
16	19	15,9	3,1
17	15	16,0	-1,0
18	10	16,0	-6,0
19	24	-	-
20	10	-	-
21	7	-	-

Am Anfang und Ende der Reihe gehen je drei Werte verloren.

Restkomponente: $u_i = y_i - \bar{y}_i$ (siehe Arbeitstabelle).

Anmerkung: Auch hier zeigt sich - wie nicht anders zu erwarten war - der überragende Einfluß der Saison-(Tages-)Komponente, der nur durch ein Modell der Art

$y_i = m_i + s_i + u_i$, $i=1,2,\ldots,n$

erfaßt werden kann.

Hinweis: Die Saison-(Tages-)Komponente $s_i = s_T$, $T=1,2,\ldots,7$, läßt sich zum Beispiel wie folgt schätzen.

Zunächst wird aus den Werten $u_i = y_i - \bar{y}_i$ die "durchschnittliche Tageskomponente" je Wochentag T ($T=1,2,\ldots,7$) bestimmt.

$\bar{d}_4 = \bar{d}_{Do} = [(-5,4) + (-6,1) + (-6,0)]/3 = -5,83$,

$\bar{d}_5 = \bar{d}_{Fr} = (9,3 + 9,7)/2 = +9,50$,

$\bar{d}_6 = \bar{d}_{Sa} = [(-6,4) + (-6,7)]/2 = -6,55$,

$\bar{d}_7 = \bar{d}_{So} = [(-7,4) + (-8,9)]/2 = -8,15$,

$\bar{d}_1 = \bar{d}_{Mo} = [10,7 + 11,0]/2 = +10,85$,

$\bar{d}_2 = \bar{d}_{Di} = [0,7 + 3,1]/2 = +1,9$,

$\bar{d}_3 = \bar{d}_{Mi} = [(-1,3) + (-1,0)]/2 = -1,15$.

Dann wird der Durchschnitt
$\bar{d} = (\bar{d}_{Do}+\bar{d}_{Fr}+\ldots+\bar{d}_{Mi})/7 \doteq 0,08$ berechnet.

Die geschätzte Saison-(Tages-)Komponente $\hat{s}_T$ ergibt sich dann aus $\hat{s}_T = \bar{d}_T - \bar{d}$ (derart justiert ist $\sum_T \hat{s}_T = 0$), so daß mit $y_T - \hat{s}_T$ die Zeitreihe (der y_i) wie folgt "saisonbereinigt" werden kann. Die geschätzte Restkomponente ergibt sich aus $\hat{u}_T = y_T - \hat{s}_T - \bar{y}_T$.

Arbeitstabelle

T	Wochentag	y_T	$\hat{s}_T$	$y_T-\hat{s}_T$	$y_T-\hat{s}_T-\bar{y}_T = \hat{u}_T$
1	Mo	24	10,77	13,23	-
2	Di	18	1,82	16,18	-
3	Mi	14	-1,23	15,23	-
4	Do	10	-5,91	15,91	0,51
5	Fr	25	9,42	15,58	-0,12
6	Sa	9	-6,63	15,63	0,23
7	So	8	-8,23	16,23	0,83
1	Mo	26	10,77	15,23	-0,07
2	Di	16	1,82	14,18	-1,12
3	Mi	14	-1,23	15,23	-0,07
4	Do	9	-5,91	14,91	-0,19
5	Fr	25	9,42	15,58	0,28
6	Sa	9	-6,63	15,63	-0,07
7	So	7	-8,23	15,23	-0,67
1	Mo	27	10,77	16,23	0,23
2	Di	19	1,82	17,18	1,28
3	Mi	15	-1,23	16,23	0,23
4	Do	10	-5,91	15,91	-0,09
5	Fr	24	9,42	14,58	-
6	Sa	10	-6,63	16,63	-
7	So	7	-8,23	15,23	-

Aus der Arbeitstabelle geht hervor, daß - wie erwartet - die Zeitreihe durch eine starke Saison-(Tages-)Komponente gekennzeichnet ist (zum Beispiel $\hat{s}_1$ = +10,77, Montag; $\hat{s}_7$ = -8,23, Sonntag). Die saisonbereinigte Reihe $(y_i-\hat{s}_i)$ variiert nur noch im Intervall [13,23;17,18], die Restkomponente $\hat{u}_i$ enthält nur noch "irreguläre" Schwankungen (vgl. auch Abbildung 2).

Abbildung 1

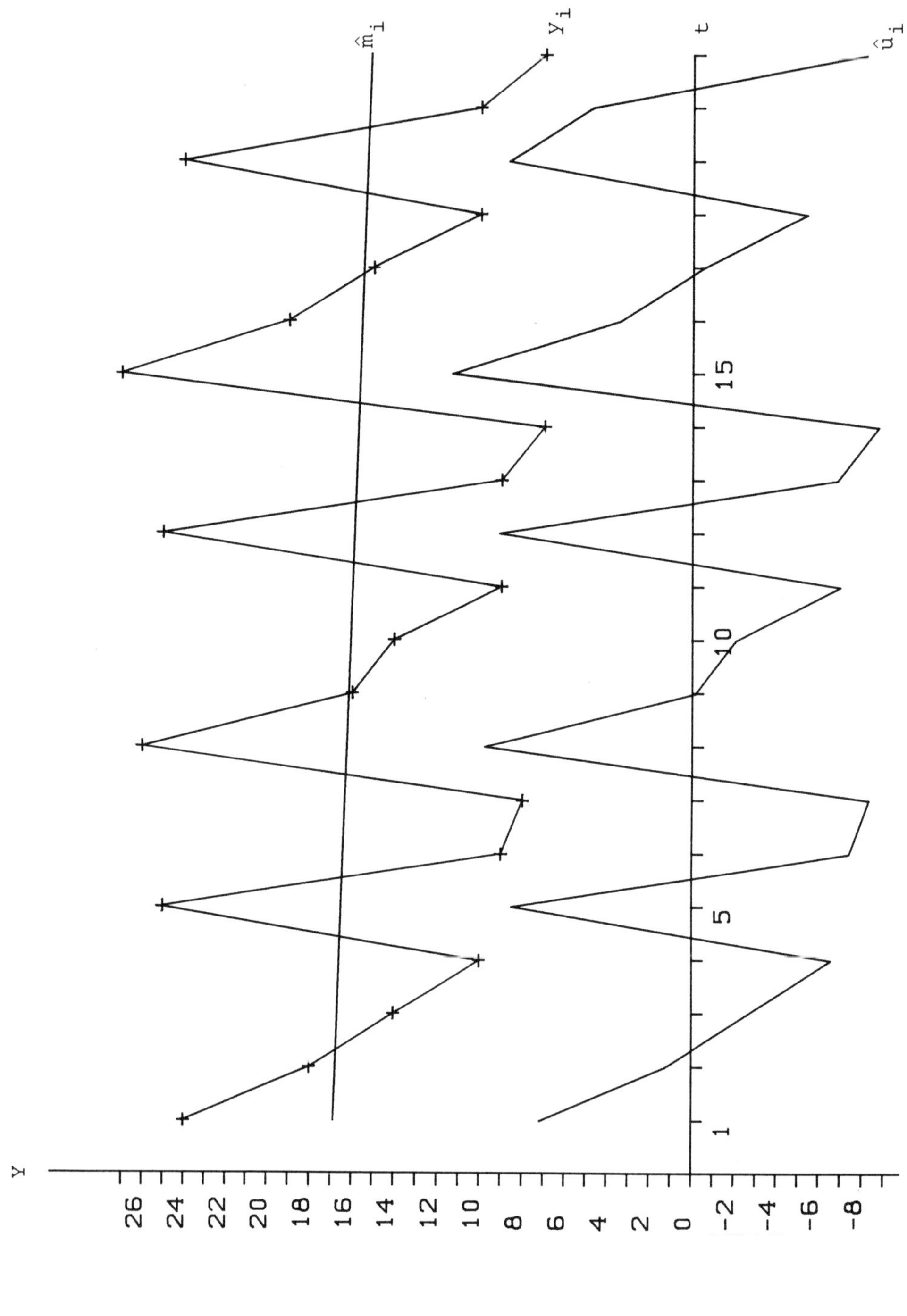

Abbildung 2

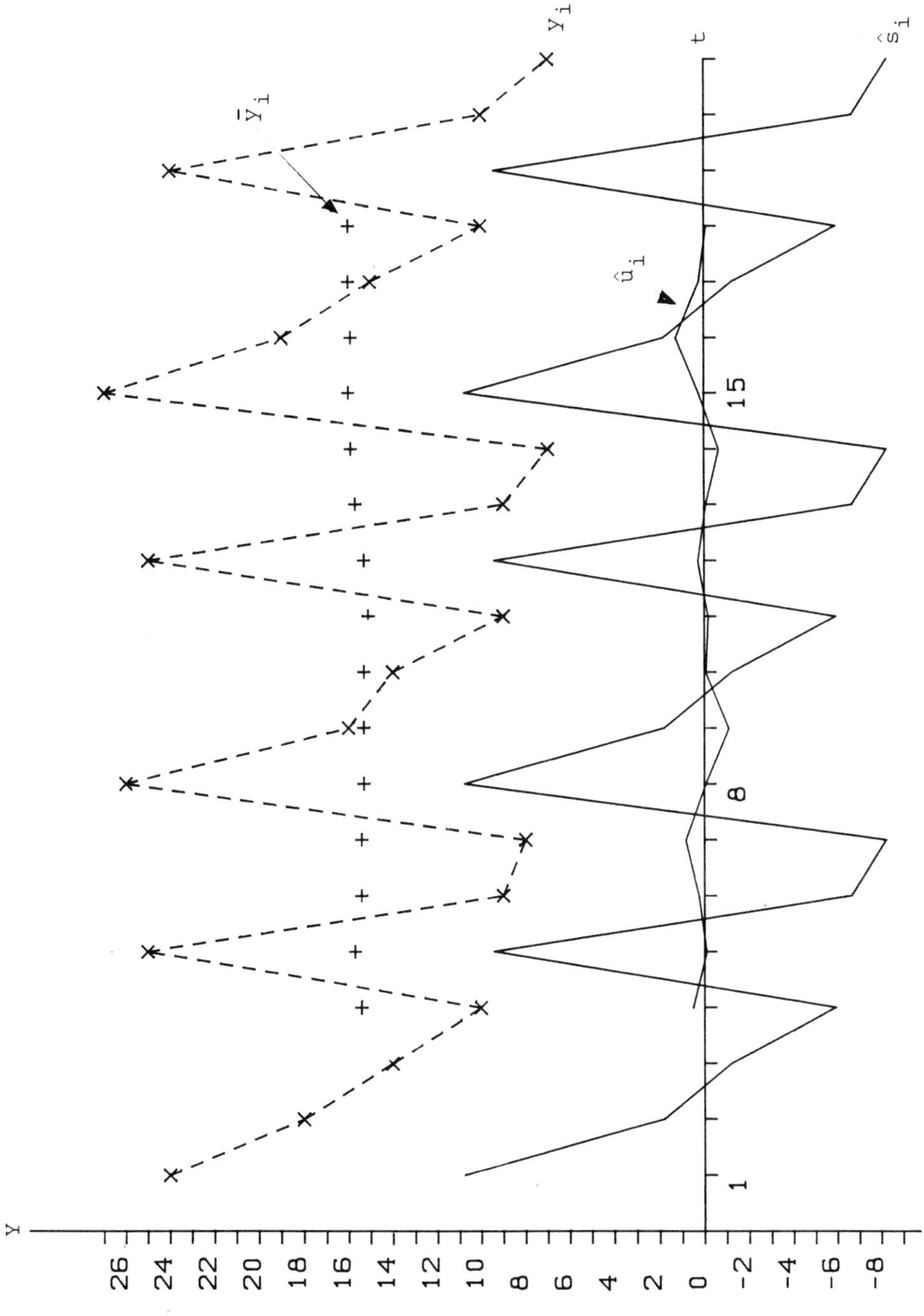
Y
t
y_i
$\bar{y}_i$
$\hat{u}_i$
$\hat{s}_i$
1
8
15
26
24
22
20
18
16
14
12
10
8
6
4
2
0
-2
-4
-6
-8

Lösung 90

Merkmal: (durchschnittliche) Eigenkapitalquote der Unternehmen in der Bundesrepublik Deutschland (Y), metrisch; Merkmalsträger: Jahre.

a)

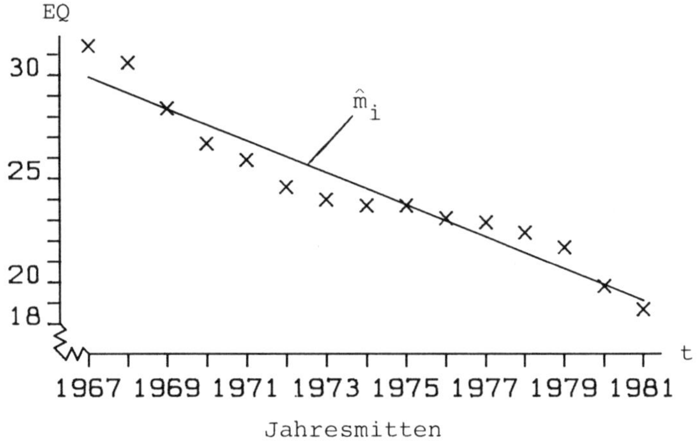

b) Linearer Trend nach der Methode der kleinsten Quadrate:

$y_i = m_i + u_i,\ m_i = a_o + a_1 t_i,\ i=1,2,\dots,n,$

$t_1 = 1967;\ t_2 = 1968;\dots$

Anmerkung: Aus Vereinfachungsgründen ist eine lineare Transformation der äquidistanten Zeitpunkte sinnvoll:

$t'_i = h(t_i - \bar{t}),\ i=1,2,\dots,n,\ n = 15,\ h = 1,$

$$\bar{t} = \frac{1}{n}\sum_{i=1}^{n} t_i = \frac{1}{15}\,29610 = 1974,$$

$t'_i = t_i - 1974$, d.h. $t_1 = -7,\ t_2 = -6,\dots,t_{15} = +7$.

Es gilt:

$$a'_1 = \frac{\sum_i t'_i\, y_i}{\sum_i t'^{\,2}_i}\ , \qquad a'_o = \frac{\sum_i y_i}{n} = \bar{y}\ .$$

Arbeitstabelle

t'_i	y_i	$t'_i\, y_i$	t_i^2	y_i^2
-7	31,4	-219,8	49	985,96
-6	30,6	-183,6	36	936,36
-5	28,4	-142,0	25	806,56
-4	26,7	-106,8	16	712,89
-3	25,9	-77,0	9	670,81
-2	24,6	-49,2	4	605,16
-1	24,0	-24,0	1	576,00
0	23,7	0	0	561,69
1	23,7	23,7	1	561,69
2	23,1	46,2	4	533,61
3	22,9	68,7	9	524,41
4	22,4	89,6	16	501,76
5	21,7	108,5	25	470,89
6	19,8	118,8	36	392,04
7	18,7	130,9	49	349,69
Σ 0	367,6	-216,0	280	9189,52

Somit ist

$a'_1 = -216{,}0/280 = -0{,}77143$, $a'_o = 367{,}6/15 = 24{,}51$, so daß

$\hat{m}'_i = 24{,}51 - 0{,}77143\ t'_i$.

Rücktransformation:

$$\hat{m}_i = 24{,}51 - 0{,}77143(t_i-\bar{t}) =$$
$$= 24{,}51 - 0{,}77143(t_i-1974) \doteq$$
$$\doteq 1547{,}3 - 0{,}77143t_i \text{ (linearer Trend);}$$

$\hat{m}_1 \doteq 29{,}9$, $\hat{m}_{15} \doteq 19{,}1$ (siehe Abbildung).

c) Eine geeignete Maßzahl ist das Bestimmtheitsmaß r^2. Es ist

$$r = \frac{n\cdot\sum_i t'_i\, y_i}{\sqrt{\left[n\cdot\sum_i t_i'^2\right]\left[n\cdot\sum_i y_i^2-\left(\sum_i y_i\right)^2\right]}} = \frac{15\cdot(-216{,}0)}{\sqrt{[15\cdot280][15\cdot9189{,}52-367{,}6^2]}} =$$

$$= \frac{-3240}{\sqrt{[4200][2713{,}04]}} = -0{,}9598 \ ,$$

so daß mit $r^2 \doteq 0{,}92$ rd. 92% der Varianz von Y durch den linearen Trend erklärt werden.

Lösung 91

Merkmal: Bestand an Personenkraftwagen in einem westeuropäischen Land, metrisch; Merkmalsträger: Zeitpunkte.

a) Entwicklung des Bestandes an Personenkraftwagen (Y)

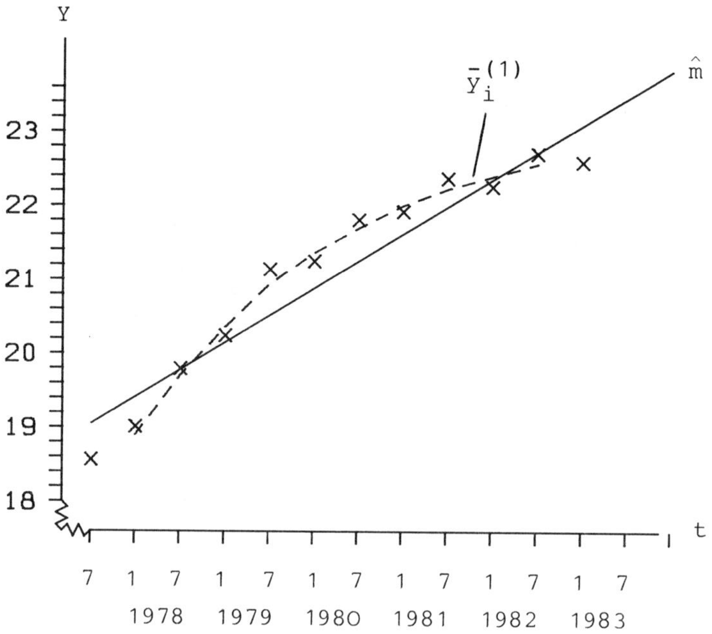

b) Modell:

$y_i = m_i + u_i$, $i=1,2,\ldots,n$, mit

$m_i = a_o + a_1 t_i$, $i=1,2,\ldots,n$,

(t_1=1.7.1977=1977,5; t_2=1.1.1978=1978,0...).

Anmerkung: Aus Vereinfachungsgründen ist eine lineare Transformation der äquidistanten Zeitpunkte sinnvoll:

$t'_i = h(t_i - \bar{t})$, $i=1,2,\ldots,n$, $h = 2$.

$$\bar{t} = \frac{1}{n} \sum_{i=1}^{n} t_i = \frac{1}{12} = \sum_{i=1}^{12} t_i = \frac{1}{12} (1977{,}5+1978+\ldots+1983) = 1980{,}25 ,$$

$t'_i = 2(t_i - 1980{,}25)$, d.h.

$t'_1 = -5{,}5$, $t'_2 = -4{,}5$, $t'_3 = -3{,}5, \ldots,$ $t'_{12} = +5{,}5$.

$$a'_1 = \sum_{i=1}^{n} t'_i\, y_i / \sum_{i=1}^{n} t'^2_i ; \qquad a_o = \sum_{i=1}^{n} y_i/n = \bar{y} .$$

Arbeitstabelle

t'_i	y_i	$t'_i\, y_i$	t'^2_i	y^2_i
-5,5	18,5	-101,75	30,25	342,25
-4,5	18,9	-85,05	20,25	357,21
-3,5	19,6	-68,60	12,25	384,16
-2,5	20,0	-50,00	6,25	400,00
-1,5	20,8	-31,20	2,25	432,64
-0,5	20,9	-10,45	0,25	436,81
0,5	21,4	10,70	0,25	457,96
1,5	21,5	32,25	2,25	462,25
2,5	21,9	54,75	6,25	479,61
3,5	21,8	76,30	12,25	475,24
4,5	22,2	99,90	20,25	492,84
5,5	22,1	121,55	30,25	488,41
Σ 0	249,6	48,40	143,00	5209,38

Damit ist

$a'_1 = 48{,}4/143{,}0 = 0{,}33846$ und $a'_o = 249{,}6/12 = 20{,}8$, so daß

$$\hat{m}'_i = 20{,}8 + 0{,}33846 \cdot t'_i .$$

Rücktransformation:

$$\hat{m}_i = 20{,}8 + 0{,}33846 \cdot h(t_i - \bar{t}) = 20{,}8 + 0{,}33846 \cdot 2(t_i - 1980{,}25) =$$
$$= -1319{,}67 + 0{,}67692\, t_i ,$$

$$\hat{m}_1 = 20{,}8 + 0{,}33846 \cdot 2 \cdot (1977{,}5 - 1980{,}25) = 20{,}8 - 1{,}86153 \doteq 18{,}9 ,$$

$$\hat{m}_{12} = 20{,}8 + 0{,}33846 \cdot 2 \cdot (1983 - 1980{,}25) = 20{,}8 + 1{,}86153 \doteq 22{,}7 .$$

c) Eine geeignete Maßzahl ist das Bestimmtheitsmaß r^2, das über den Korrelationskoeffizienten

$$r = \frac{n \sum_{i=1}^{n} t'_i\, y_i}{\sqrt{\left[n \sum_{i=1}^{n} t'^2_i \right] \left[n \sum_{i=1}^{n} y^2_i - \left(\sum_{i=1}^{n} y_i \right)^2 \right]}}$$

berechnet werden kann. Es ist (vgl. Arbeitstabelle):

$$r = \frac{12 \cdot 48,40}{\sqrt{(12 \cdot 143,0)(12 \cdot 5209,38-(249,6)^2)}} = \frac{580,8}{\sqrt{1716 \cdot 212,40}} = 0,962$$

und somit $r^2 \doteq 0,925$, so daß 92,5% der Varianz von Y durch den linearen Trend erklärt werden.

d) Trend nach der Methode der gleitenden Durchschnitte

$$y_i = m_i + u_i, \quad i=1,2,\ldots,n \quad \text{mit } \bar{y}_i \doteq m_i \quad .$$

Anzahl der Glieder des gleitenden Durchschnitts: 2k+1 bzw. 2k.

Für die Festlegung von 2k+1 bzw. 2k gibt es keine verbindlichen Regeln. Ist k klein, so gewinnt man kein klares Bild vom Trend ("glatte" Komponente); ist k groß, gehen am Anfang und Ende der Reihe viele Werte verloren. Außerdem soll k nicht unabhängig von der Periodenlänge (2 Halbjahre) und von der Anzahl der Werte insgesamt sein. Zur Veranschaulichung werden 2- und 3-gliedrige Durchschnitte berechnet. Also

$$\bar{y}_i^{(1)} = \frac{0,5y_{i-1}+y_i+0,5y_{i+1}}{2} \quad \text{und} \quad \bar{y}_i^{(2)} = \frac{y_{i-1}+y_i+y_{i+1}}{3}$$

Arbeitstabelle

y_i	$\bar{y}_i^{(1)}$	$\bar{y}_i^{(2)}$
18,5	-	-
18,9	18,800	19,00
19,6	19,525	19,50
20,0	20,100	20,13
20,8	20,625	20,57
20,9	21,000	21,03
21,4	21,300	21,27
21,5	21,575	21,60
21,9	21,775	21,73
21,8	21,925	21,97
22,2	22,075	22,03
22,1	-	-

$\bar{y}_i^{(1)}$ und $\bar{y}_i^{(2)}$ unterscheiden sich (in diesem Beispiel) nur unwesentlich, daher wird nur $\bar{y}_i^{(1)}$ in die Zeichnung eingetragen.

e) $\hat{m}_{14} = 20,8 + 0,33846 \cdot 2 \cdot (1984-1980,25) = 20,8 + 2,53845 \doteq 23,3$.

Man könnte also einen Bestand von rd. 23,3 Mio PKW erwarten. Allerdings ist dieser Wert (vgl. Abbildung) nicht realistisch. Eine Trendextrapolation erscheint nicht zulässig, weil die Bestandsentwicklung - wie die gleitenden Durchschnitte zeigen - wohl einem nicht-linearen Trend folgt.

2. Schließende Statistik

2.1 Aufgaben

Aufgabe 1

Ein Meinungsforschungsinstitut erhält den Auftrag, auf der Basis einer Stichprobe Informationen über die Wohn- und Einkommensverhältnisse Bamberger Bürger zu beschaffen.

Erfreut über den lukrativen (und offensichtlich einfach auszuführenden) Auftrag geht der Stichprobenspezialist des Instituts sogleich an die Arbeit. Er besorgt sich das Bamberger Telefonbuch, ruft n=250 Personen an und befragt sie nach ihren Wohn- und Einkommensverhältnissen (Blitzumfrage). Am nächsten Tage ist die Erhebung abgeschlossen und die Ergebnisse liegen vor.

Kommentieren Sie kritisch die Vorgehensweise dieses Instituts!

Aufgabe 2

Sei E das Ereignis "ein neugeborenes Kind ist ein Mädchen". Wodurch unterscheiden sich die relative Häufigkeit f(E) = 0,49 und die Wahrscheinlichkeit P(E) = 0,49?

Aufgabe 3

Bei einer Lotterie sei die Wahrscheinlichkeit für einen (Haupt-) Gewinn (ein lebendes Schwein im Wert von 100,-- DM oder 100,-- DM in bar) gleich 0,01. Wieviel Lose (n*) müssen Sie kaufen, damit die Wahrscheinlichkeit für mindestens einen Hauptgewinn wenigstens gleich 0,6 ist?
Unterstellen Sie der Einfachheit halber, daß die zugrunde liegenden Ereignisse stochastisch unabhängig sind! Was bedeutet diese Annahme?

Aufgabe 4

Ein So-Wi-Assistent geht an 8 von 20 Arbeitstagen am frühen Nachmittag Squash oder Tennis spielen, denn die Wahrscheinlichkeit dafür, daß sein Chef versucht, ihn in dieser Zeit aufzusuchen oder anzurufen, beträgt nur 0,1. Wie groß ist die Wahrscheinlichkeit, daß sein Chef ihn an einem bestimmten Nachmittag erreichen möchte und ihn auch tatsächlich antrifft?

Welche Annahmen müssen Sie treffen?

An wieviel von 20 Arbeitstagen darf er nachmittags spielen gehen, wenn die Wahrscheinlichkeit dafür, nicht angetroffen zu werden, höchstens 1% betragen soll?

Aufgabe 5

In einer Schachtel befinden sich 10 Sicherungen, darunter 4 defekte. Es werden drei Sicherungen zufällig entnommen.

Bestimmen Sie die Wahrscheinlichkeit dafür, daß alle entnommenen Sicherungen defekt sind für

a) eine Entnahme mit Zurücklegen und

b) eine Entnahme ohne Zurücklegen!

c) Wie ändern sich die Ergebnisse zu a) und b), wenn sich in der Schachtel 1000 Sicherungen, darunter 40% defekte, befinden?

d) Was kann aus den vorangegangenen Ergebnissen bezüglich einer Entnahme mit/ohne Zurücklegen geschlossen werden?

Aufgabe 6

In einem Schuhgeschäft wurden in einem längeren Zeitraum Damenschuhe der folgenden Größen nachgefragt:

Schuhgröße	36	37	38	39	40	41	42
Anzahl der Kundinnen	24	80	144	240	184	96	32

Sei $\omega_1, \omega_2, \ldots$ bzw. ω_7 das Ereignis, daß eine Kundin Schuhe der Größe 36,37,... bzw. 42 nachfragt.

a) Von welcher Voraussetzung müssen Sie ausgehen, damit Sie die oben genannten Ereignisse als Elementarereignisse interpretieren können?

b) Wie läßt sich folglich die Menge $\{\omega_1, \omega_2, \ldots, \omega_7\}$ interpretieren?

c) Sind die Ereignisse ω_i und ω_j, $i \neq j$, stochastisch unabhängig?

d) Wie lassen sich aus diesen Angaben die Wahrscheinlichkeiten $P(\omega_i)$, $i=1,2,\ldots,7$, bemessen?

e) Wie groß ist die Wahrscheinlichkeit dafür, daß eine neue Kundin ein Paar Schuhe der Größe 40 oder kleiner nachfragt?

f) Wie groß ist die Wahrscheinlichkeit dafür, daß eine neue Kundin ein Paar Schuhe der Größe 40 oder 41 nachfragt?

Aufgabe 7

Drei Personen ziehen nacheinander jeweils ein Los aus einer Urne, in der sich drei Lose, darunter ein Treffer, befinden. Ist für denjenigen, der zuerst ein Los zieht, die Wahrscheinlichkeit, den Treffer zu ziehen, größer als für diejenigen, die nach diesem ihre Lose ziehen?

Aufgabe 8

Bei einer ganzen Reihe von Würfelspielen, die nach dem Grundschema von "Mensch ärgere Dich nicht" konzipiert sind, benötigt man eine "6" um "herauszukommen". (Jeder Spieler darf in jeder Runde nur einmal würfeln, um eine "6" zu bekommen!)

a) Wie groß ist die Wahrscheinlichkeit dafür, erst in der 6. Runde herauszukommen?

b) Wie groß ist die Wahrscheinlichkeit, in den ersten 10 Runden genau eine 6 zu würfeln?

c) Die Wahrscheinlichkeit, erst beim t-ten Wurf herauszukommen, ist 0,00522. Wie groß ist t?

d) Von welchen Voraussetzungen mußten Sie bei der Beantwortung der obigen Fragen ausgehen?

Aufgabe 9

Ein etwas scheuer Statistik-Professor P will auf dem Weg von seinem Heim (H) zur Universität(U) möglichst keinen Bekannten treffen, weil diese ihn regelmäßig fragen, was er bloß in den Semester-"Ferien" in der Universität zu suchen habe. Zur Universität führen - wie die folgende Skizze zeigt - mehrere (direkte) Wege.

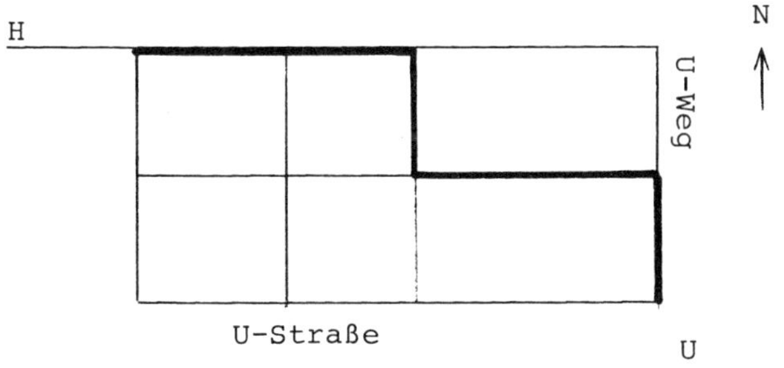

a) Wieviele Wege sind es? (Enumerative Lösung!)

b) Um keine Gewohnheit aufkommen zu lassen, wirft er solange an jeder Kreuzung eine (ideale) Münze und geht bei einem Wappen-Wurf nach Osten und bei einem Kopf-Wurf nach Süden, bis er die U-Straße oder den U-Weg erreicht hat.

b1) Wie groß ist die Wahrscheinlichkeit, daß P den oben eingezeichneten Weg geht?

b2) Ist die Wahrscheinlichkeit für irgendeinen anderen Weg größer oder kleiner?

c) Wie ändern sich die unter b) berechneten Wahrscheinlichkeiten, wenn P an jedem Morgen fünf Lose mitnimmt (3 "Ost-" und 2 "Süd-"Lose), er an jeder Kreuzung ein Los ohne Zurücklegen zieht und beim Ziehen eines "Ost-"Loses nach Osten, anderenfalls nach Süden geht?

<u>* Aufgabe 10</u>

Wie kann das Integral einer Wahrscheinlichkeitsdichtefunktion über einem Intervall $[a_1, a_2]$ mit Hilfe der geometrischen Wahrscheinlichkeit abgeschätzt werden?

<u>Aufgabe 11</u>

In einem Kindergarten wird mit Vorschulkindern ein Farbtest durchgeführt um herauszufinden, welche Farben von den Kindern bevorzugt werden. Zu diesem Zweck werden 6 verschiedenfarbige, sonst aber gleiche (einfache) Gegenstände auf einen Tisch gestellt und die Kinder aufgefordert, den "schönsten" Gegenstand auszuwählen.

a) Bestimmen Sie die Wahrscheinlichkeit, daß ein Kind, das keine Präferenz für eine der 6 Farben hat, bei der Auswahl des ersten Gegenstandes einen roten wählt!

b) Bestimmen Sie die Wahrscheinlichkeit, daß dieses Kind 3 mal hintereinander (Auswahl mit Zurücklegen)

a1) rote Gegenstände

a2) Gegenstände gleicher Farbe

auswählt!

c) Wie oft muß der Farbtest mindestens durchgeführt werden, damit die Wahrscheinlichkeit dafür, daß dieses Kind zufällig nur gleichfarbige Gegenstände (irgendeiner Farbe) auswählt, kleiner als 1 Promille ist (Auswahl mit Zurücklegen)?

<u>Aufgabe 12</u>

Von 100000 (männlichen) Kindern, die das zehnte Lebensjahr vollendet haben, vollenden in einem Land (im Mittel) 94700 das fünfundvierzigste und 46400 das fünfundsiebzigste Lebensjahr. Berechnen Sie die Wahrscheinlichkeit dafür, daß ein 45-Jähriger 75 Jahre alt wird!

Aufgabe 13

Das Auge eines Roboters werde wie folgt mit Strom versorgt:

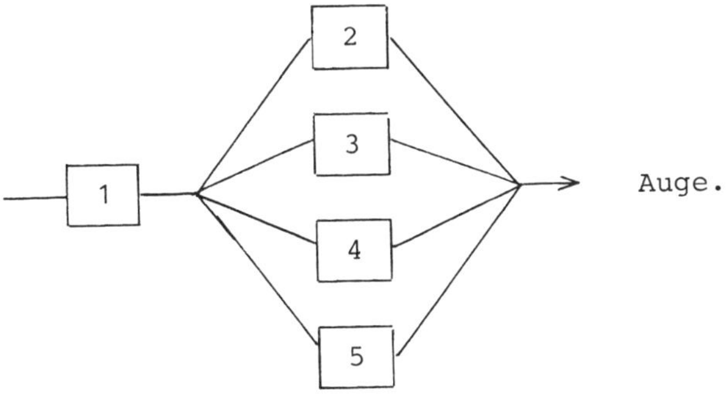

Die Teile Nr. 1 bis 5 sind sehr empfindlich und daher gelegentlich defekt. Das Auge wird mit Strom versorgt, wenn das Teil Nr. 1 und mindestens eines der Teile Nr. 2 bis 5 nicht defekt sind.

Das Teil Nr. 1 habe eine Ausfallwahrscheinlichkeit von 0,005. Welche (gleiche) Ausfallwahrscheinlichkeit dürfen die Teile Nr. 2 bis 5 höchstens haben, damit die Wahrscheinlichkeit dafür, daß die Stromversorgung unterbrochen wird, kleiner gleich 0,01 ist, wenn die Defekte unabhängig voneinander auftreten?

Aufgabe 14

Um die Funktionssicherheit komplexer technischer Anlagen zu erhöhen, werden bestimmte wesentliche Teile mehrfach eingebaut, damit sich die Wahrscheinlichkeit für den Ausfall des entsprechenden Teilsystems verringert. So mögen in einem Kernkraftwerk drei "unabhängige" Kühlsysteme vorhanden sein, von denen schon eines allein im Bedarfsfall die Kühlung des Reaktorkerns übernehmen kann. Die Ausfall- wahrscheinlichkeit (im Störfall) für jedes der Kühlsysteme betrage 0,1.

a) Wie groß ist die Wahrscheinlichkeit, daß in einem Störfall keines der drei Systeme arbeitet, wenn Sie annehmen, daß die drei Systeme - im stochastischen Sinne - voneinander unabhängig sind?

b) Tatsächlich kann man häufig nicht von der (stochastischen) Unabhängigkeit der Systeme ausgehen; so können beispielsweise bei extremer Kälte die (unabhängigen) Kühlsysteme einfrieren. Angenommen es gelte:

 - Die Ausfallwahrscheinlichkeit für ein Kühlsystem unter der Bedingung, daß schon ein anderes ausgefallen ist, beträgt 0,3.

 - Die Ausfallwahrscheinlichkeit für ein Kühlsystem unter der Bedingung, daß schon zwei ausgefallen sind, beträgt 0,7.

Bestimmen sie unter diesen Annahmen die Wahrscheinlichkeit, daß in einem Störfall keines der drei Systeme arbeitet!

Aufgabe 15

In einem Statistikkurs wurde folgende Aufgabe gestellt:

Drei Münzen werden gleichzeitig geworfen. Wie groß ist die Wahrscheinlichkeit, daß alle drei Münzen die gleiche Seite, Zahl oder Wappen, zeigen?

Der Tutor errechnete eine Wahrscheinlichkeit von 1/4 mit folgender Begründung: Die Wahrscheinlichkeit dafür, daß alle drei Münzen Zahl zeigen ist $(1/2)^3 = 1/8$, die Wahrscheinlichkeit, daß alle drei Münzen Wappen zeigen, ist ebenfalls $(1/2)^3 = 1/8$. Die Wahrscheinlichkeit also, daß das eine oder das andere Ereignis eintritt, ist $1/8 + 1/8 = 1/4$.

Brause kam zu einer Wahrscheinlichkeit von 1/2, und zwar durch folgende Überlegung: Wie auch das Experiment ausgeht, immer sind notwendigerweise unter den drei Bildern zwei gleiche. Die Wahrscheinlichkeit, daß auch noch die dritte Münze das gleiche Bild zeigt, ist 1/2; somit ergibt sich die Wahrscheinlichkeit $1 \cdot 1/2 = 1/2$.

Wer hat recht? Warum?

Aufgabe 16

Wenn die einjährige Sterbewahrscheinlichkeit für einen 45-jährigen Mann 0,00475 beträgt, wie groß ist dann die Wahrscheinlichkeit, daß in einer zufällig ausgewählten Gruppe von 10 Männern dieses Alters

a) keiner,

b) genau einer,

c) nicht mehr als einer,

d) mehr als einer und

c) mindestens einer

innerhalb eines Jahres stirbt?

Aufgabe 17

In einem größeren Ort Italiens wird der Weihnachtsverkehr (vom 1.12. bis 24.12.) so geregelt, daß Autos, deren Kennzeichen eine ungerade Endziffer haben, nur an den Tagen mit ungeradem Datum und Autos, deren Kennzeichen eine gerade Endziffer haben, nur an den Tagen mit geradem Datum im Stadtgebiet fahren dürfen. Eine dort ansässige Familie besitzt zwei Autos, einen Alfa und einen Fiat.

a) Mit welcher Wahrscheinlichkeit kann sie an jedem Tag im Stadtgebiet fahren?

b) Um wieviel Prozent würde sich die unter a) berechnete Wahrscheinlichkeit erhöhen, wenn die Familie noch ein drittes Auto besäße?

Aufgabe 18

Ein Würfelspieler wirft gleichzeitig 3 Würfel und notiert jeweils die Anzahl der Augen jedes Würfels.

a) Welche Elementarereignisse gibt es

a1) unter Berücksichtigung der Reihenfolge;

a2) ohne Berücksichtigung der Reihenfolge?

b) Welche Wahrscheinlichkeiten besitzen diese Elementarereignisse, wenn es sich um ideale Würfel handelt?

c) Dem französischen Mathematiker PASCAL (1623-1662) wurde von einem Spieler das folgende Problem vorgelegt:

Der Spieler hatte beobachtet, daß beim Werfen von 3 Würfeln die Augensumme 11 häufiger auftritt als 12, obwohl doch 11 durch die Kombinationen 6-4-1; 6-3-2; 5-5-1; 5-4-2; 5-3-3; 4-4-3 und die Augensumme 12 durch genauso viele Kombinationen (welche?) erzeugt werden.

Ist diese Beobachtung nur durch den "Zufall" zu erklären oder gibt es einen anderen Grund dafür?

d) Bestimmen Sie die Wahrscheinlichkeitsfunktion für die Zufallsvariable "Augensumme"!

Aufgabe 19

Welche der in der folgenden Tabelle angegebenen Funktionen können Wahrscheinlichkeitsfunktionen der Zufallsvariablen X sein, die höchstens die Werte $x_j=0,1,2,3$ annehmen kann und warum? ($c \in \mathbb{R}$)

x_j	$f_1(x_j)$	$f_2(x_j)$	$f_3(x_j)$	$f_4(x_j)$	$f_5(x_j)$	$f_6(x_j)$
0	0,5	0,3	0	0,25	c	0,1
1	0,2	0,7	1	0,25	0,5-c	0,2
2	0,2	0	0	0,75	0,5-c	0,3
3	0,2	0	0	-0,25	c	0,4

* Aufgabe 20

Zeigen Sie, daß für standardisierte Zufallsvariable X^* der Mittelwert gleich 0 und die Varianz gleich 1 ist!

Aufgabe 21

In einem Laden, in dem Scherzartikel verkauft werden, erwirbt Brause einen verfälschten Würfel für einen guten Zweck. Die Art der Verfälschung des Würfels ist Brause unbekannt; daher versucht er, die Wahrscheinlichkeit dafür, daß eine bestimmte Augenzahl oben liegt, mit Hilfe eines geeigneten Verfahrens zu bestimmen (abzuschätzen).

Er kommt zu folgendem Ergebnis:

Augenzahl ω_j	$P(\omega_j)$
1	0,065
2	0,050
3	0,100
4	0,074
5	0,620
6	0,091

a) Mit welchem Verfahren hat Brause die Wahrscheinlichkeiten $P(\omega_j)$, $j=1,2,\ldots,6$, bestimmt (abgeschätzt)?

b) Konstruieren Sie eine geeignete Zufallsvariable sowie die zugehörige Wahrscheinlichkeits- und Verteilungsfunktion!

c) Wie groß ist die Wahrscheinlichkeit dafür, daß mit diesem Würfel eine ungerade Zahl geworfen wird?

d) Bestimmen Sie die Wahrscheinlichkeit dafür, daß Brause bei einem Wurf eine Augenzahl von mindestens 2 und höchstens 5 würfelt. Verwenden Sie dazu die Verteilungsfunktion!

Aufgabe 22

Gegeben seien die Funktionen

$$f_1(x) = \begin{cases} 0,25 + c_1 x \,, & \text{falls } 0 \le x \le 2 \\ 0 & \text{sonst} \end{cases}$$

und

$$f_2(x) = \begin{cases} 2 + c_2 x \ , & \text{falls } 0 \le x \le 6 \\ 0 & \text{sonst.} \end{cases}$$

a) Für welche Werte von c_1 und c_2 können f_1 und f_2 Dichtefunktionen von Zufallsvariablen sein?

b) Bestimmen Sie (gegebenenfalls) den Mittelwert E(X), die Varianz Var(X) sowie die Verteilungsfunktion F_X dieser Zufallsvariablen!

Aufgabe 23

$$f_X(x) = \begin{cases} 0{,}25 + 0{,}25x, & \text{falls } 0 \le x \le 2 \\ 0 & \text{sonst} \end{cases}$$

sei die Dichtefunktion einer Zufallsvariablen X.

Bestimmen Sie

a) $P(0{,}5<X\le 1{,}5)$ und

b) für $Y = g(X) = 4 + 4X^2$ die Wahrscheinlichkeit $P(Y\le 9)$!

Aufgabe 24

Tochter Julia, 10, löst gerne Kreuzworträtsel, wenn man damit etwas gewinnen kann. Eine sehr verbreitete Frauenzeitschrift lost für das richtige Lösungswort (Postkarte) 10 Damen-Fahrräder im Werte von je 500,-- DM aus.

a) Wie groß ist die Gewinnerwartung, wenn angenommen wird, daß alle 600000 eingeschickten Lösungen richtig sind und die Gewinner ausgelost werden?

b) Wieviel Postkarten (mit richtigen Lösungen) dürften höchstens eingehen, damit die Gewinnerwartung mindestens gleich dem Postkartenporto (0,60 DM) ist?

Aufgabe 25

Lohnt es sich, in Aufgabe 3 (Lotterie) n* Lose zu kaufen, wenn ein Los 2,-- DM kostet?

Aufgabe 26

Bestimmen Sie für die Wahrscheinlichkeitsfunktionen der Aufgabe 19 jeweils den Mittelwert und die Varianz!

Aufgabe 27

Brause hat eine Versicherungsgesellschaft gegründet. Für eine Jahresprämie von 50,-- DM bietet er 50-jährigen Männern eine einjährige Risiko-Lebensversicherung über 5000,-- DM an. Bei seinen Planungen ist er davon ausgegangen, daß die einjährige Sterbewahrscheinlichkeit für Männer dieses Alters 0,007 beträgt.

Berechnen Sie die Gewinnerwartung der Gesellschaft für einen Vertrag und kommentieren Sie das Ergebnis!

Aufgabe 28

Ein (ideales) Glücksrad habe ein "Zifferblatt" mit Minuteneinteilung, so daß bei jedem Lauf der Zeiger zufällig an irgendeinem Punkt des Intervalls [0;60] stehen bleibt.

a) Bestimmen und zeichnen Sie die Dichtefunktion der zugehörigen Zufallsvariablen!

b) Berechnen Sie den Mittelwert und die Standardabweichung dieser Verteilung!

c) Wie groß ist die Wahrscheinlichkeit, daß der Zeiger zufällig im Punkt x=14,08 stehen bleibt?

d) Bestimmen und zeichnen Sie die Verteilungsfunktion!

e) Wie groß ist die Wahrscheinlichkeit, daß der Zeiger zwischen 30,0 und 36,0 stehen bleibt?

Aufgabe 29

Bei der Produktion von Herrenhemden treten in einem Betrieb Unregelmäßigkeiten auf. So beträgt zum Beispiel die Kragenweite der Hemden der Größe 39/40 im Mittel 39,5 cm bei einer Standardabweichung von 1,5 cm.

a) Wie hoch ist unter der Annahme, daß die Kragenweite (exakt) normalverteilt ist, die Ausschußwahrscheinlichkeit, wenn alle Hemden mit einer Kragenweite von

a1) über 42,5 cm,

a2) unter 38 cm sowie

a3) unter 38,5 cm und über 41,5 cm

als Ausschuß angesehen werden?

b) Nehmen Sie kritisch Stellung zu der Annahme, daß die Kragenweite (exakt) normalverteilt ist! Welche Konsequenzen haben Ihre diesbezüglichen Überlegungen für die Ergebnisse von a)?

Aufgabe 30

Das Gewicht der 100 g Tafeln einer bekannten Schokoladenmarke ist, wie aus langjähriger Erfahrung bekannt ist, näherungsweise normalverteilt. Eines Tages wird dem Firmeninhaber von Seiten der Kontrollabteilung berichtet, daß das Gewicht der Schokoladentafeln ständig zu hoch ist. Er ruft daraufhin den Produktionsleiter zu sich und diskutiert mit ihm Änderungsvorschläge unter folgenden Voraussetzungen:

1) Das Gewicht einer 100 g Tafel wird als zu hoch angesehen, wenn es den Wert 105,0 g übersteigt.

2) Die Ausschußwahrscheinlichkeit soll höchstens 2,5% betragen.

Bei diesen Voraussetzungen sind nun folgende Konzepte denkbar:

a) Der Mittelwert wird auf 100,0 g festgelegt und die Varianz angepaßt, oder:

b) Die Standardabweichung wird auf 2,0 gesenkt und man variiert entsprechend den Mittelwert.

Berechnen Sie die zugehörigen Werte der Varianz bzw. des Mittelwerts!

c) Nach einiger Zeit gibt es auch zu leichte 100 g Tafeln, so daß der Ausschuß nun aus zu leichten und zu schweren Tafeln besteht. Wie muß man bei einem Mittelwert von 100 g und einer Standardabweichung von 2,0 g die Toleranzgrenzen 100 g ± c g wählen, um den Ausschuß auf 5% zu beschränken?

Aufgabe 31

Anläßlich einer Inventur berechnet der Inhaber einer Apotheke unter anderem auch den Durchschnittspreis (10,-- DM) und die Varianz der Preise (12,25 DM^2) seiner Medikamente.

a) Wie groß ist mindestens die Wahrscheinlichkeit, daß ein zufällig entnommenes Medikament zwischen 4,75 DM und 15,25 DM kostet?

b) Wie würde sich das Ergebnis zu a) ändern, wenn angenommen werden könnte, daß die Preise der Medikamente normalverteilt sind?

Aufgabe 32

Aus einer Gesamtheit vom Umfang N=5 werden (Zufalls-)Stichproben vom Umfang n=2 gezogen. Bestimmen Sie a) für eine Auswahl mit Zurücklegen und b) für eine Auswahl ohne Zurücklegen die Anzahl der möglichen Stichproben sowie die Wahrscheinlichkeit dafür, daß eine dieser Stichproben realisiert wird! Stellen Sie die zugehörigen Stichprobenräume graphisch dar!

Aufgabe 33

Bei einer Statistik-Prüfung wird einem Prüfling unter anderem ein Bogen mit 20 Aussagen vorgelegt. Jede dieser Aussagen ist als richtig (R) oder falsch (F) zu kennzeichnen. Dieser Teil der Prüfung ist bestanden, wenn mindestens 15 Aussagen richtig gekennzeichnet werden. Der Prüfling kennzeichnet jede Aussage zufällig (nach Münzwurf) mit R oder F. Wie groß ist die Wahrscheinlichkeit dafür, daß er die Prüfung besteht? Wie groß ist die Wahrscheinlichkeit, daß ein anderer Prüfling die gleiche Prüfung auf diese Weise bestanden hat?

Aufgabe 34

Flugzeugmotoren der Firma "Blockheat" fallen bei jedem Flug mit der Wahrscheinlichkeit 0,1 aus. Bei mehrmotorigen Maschinen dieser Firma treten die Ausfälle voneinander unabhängig auf. Ein Flugzeug erreiche sein Ziel, wenn wenigstens die Hälfte der Motoren läuft.

Nehmen Sie an, für einen Flug steht Ihnen wahlweise ein zweimotoriges oder ein viermotoriges Flugzeug zur Verfügung.

a) Mit welchem werden Sie fliegen, wenn Ihnen Ihr Leben lieb ist?

b) Würde sich Ihre Entscheidung ändern, wenn die Wahrscheinlichkeit für einen Motorausfall auf 0,4 steigt?

Aufgabe 35

Ein Student im Grundstudium der Betriebswirtschaftslehre hat im ersten Semester seines Studiums das ökonomische Rationalitätsprinzip (gegebene Ziele mit minimalem Aufwand an knappen Mitteln erreichen) kennengelernt und wendet es seitdem konsequent auf sein Studium an. So tritt er zur Diplom-Vorprüfung in Statistik an, obwohl er sich nur auf 9 der 15 Themenbereiche, aus denen die 6 Aufgaben der Diplom-Vorprüfung gestellt werden, vorbereitet hat.

Nehmen Sie an, daß

- die 6 Aufgaben stets (zufällig) verschiedenen Themenbereichen entnommen werden;
- der Student Aufgaben, die aus den 9 Themenbereichen stammen, für die er sich vorbereitet hat, lösen kann, Aufgaben aus den anderen Bereichen dagegen nicht lösen kann;
- die Prüfung bestanden hat, wer wenigstens 3 Aufgaben gelöst hat.

a) Bestimmen Sie (unter diesen Annahmen) die Wahrscheinlichkeit dafür, daß der oben genannte Kandidat die Diplom-Vorprüfung in Statistik bestehen wird!

b) Für wie viele Themenbereiche muß sich der Student vorbereiten, wenn er (weiterhin unter den obigen Annahmen) mit Sicherheit die Diplom-Vorprüfung bestehen will?

Aufgabe 36

Nehmen Sie an, 80% aller bayerischen Frauen kennen IMOL, ein Präparat zur Beseitigung von Falten.

a) Wieviel Frauen, die IMOL nicht kennen, sind in einer Zufallsstichprobe vom Umfang n=400 zu erwarten?

b) Wie groß ist die Wahrscheinlichkeit dafür, daß in einer einfachen Zufallsstichprobe vom Umfang n=100 die 1., 3., 5.,... Frau IMOL kennt und die 2., 4., 6.,... Frau IMOL nicht kennt?

c) Ist es denkbar, eine einfache Zufallstichprobe vom Umfang n=1000 zu ziehen, in der keine einzige Frau IMOL kennt und wenn ja, wie groß ist die Wahrscheinlichkeit für eine solche Stichprobe?

Aufgabe 37

Die Qualitätssicherung in einem Montagebetrieb für Personalcomputer hat unter anderem die Aufgabe, den Wareneingang auf Stichprobenbasis zu überprüfen, so daß Lieferungen mit einem unakzeptablen hohen Anteil schadhafter Teile an den Hersteller zurückgesandt werden können. Die Annahmekontrolle für eine bestimmte Art von Mikrochips verläuft folgendermaßen: Einer Lieferung werden zehn Mikrochips (einfache Stichprobe) entnommen und auf zehn Prüfautomaten gleichzeitig auf ihre volle Funktionsfähigkeit getestet. Enthält die Stichprobe keine defekten Stücke, dann wird die Lieferung akzeptiert; werden zwei oder mehr fehlerhafte Mikrochips beobachtet, dann wird sie zurückgewiesen. Ist genau ein Stück defekt, dann werden aus der Lieferung zehn weitere Mikrochips (einfache Stichprobe) überprüft. Falls keiner dieser Mikrochips aus der zweiten Stichprobe fehlerhaft ist, dann wird die Lieferung angenommen, sonst zurückgewiesen.

Die zu kontrollierenden Lieferungen enthalten stets 5% defekte Mikrochips!

a) Berechnen Sie die Wahrscheinlichkeit dafür, daß eine Lieferung angenommen wird!

b) Wie groß ist bei diesem Verfahren die durchschnittliche Anzahl der zu überprüfenden Mikrochips je Lieferung?

Aufgabe 38

Die ständig zunehmene Anzahl an WISO-Studierenden einer deutschen Universität und die dadurch bedingte Zunahme an Statistik-Klausuren geben den Statistik-Assistenten hinreichenden Anlaß, darüber nachzudenken, ob es nicht möglich ist, die Klausuren korrekturfreundlicher zu gestalten. Sie kommen auf folgende Idee.

- Es werden nur noch Fragen gestellt, und zwar genau 20.
- Zu jeder Frage werden vier Antworten vorgegeben, von denen aber nur eine richtig ist.
- Für jede richtig angekreuzte Antwort erhält der Kandidat einen Punkt; wird keine oder eine falsche Antwort angekreuzt, so erhält der Kandidat für diese Frage Null Punkte.
- Ein Kandidat hat die Prüfung bestanden, wenn er wenigstens 45% der Fragen richtig beantwortet hat.

a) Wie groß ist die Wahrscheinlichkeit, daß ein Kandidat, der die Statistik-Vorlesung nicht besucht hat und daher zufällig (mit Wahrscheinlichkeit 1/4) eine der Antworten ankreuzt, die Klausur besteht?

b) Durch intensive Vorbereitung kann ein Kandidat die Wahrscheinlichkeit für eine richtige Antwort auf 0,5 steigern. Wie groß ist die Wahrscheinlichkeit, daß dieser Kandidat die Prüfung besteht?

c) Der unter b) berechnete Wert erscheint zu gering, so daß überlegt wird, ob die Anzahl der Fragen so verändert werden kann, daß der unter b) genannte Kandidat mit einer Wahrscheinlichkeit von 0,9 besteht. Wie umfangreich müßte die Fragen-Klausur in diesem Falle sein?

Aufgabe 39

Ein Statistik-Professor hat viele Jahre hindurch großen Wert darauf gelegt, daß ein Prüfungsteil der Diplomvorprüfungsklausur im Fach Statistik aus n Aussagen besteht, die (der Einfachheit halber nur) mit "richtig" oder "falsch" zu kennzeichnen waren.

Nehmen Sie an, eine auf Faulheit beruhende Klausurstrategie bestehe darin, die Kennzeichnungen "richtig" bzw. "falsch" mit Hilfe einer Münze, also zufällig, zu bestimmen.

a) Wie groß ist die Wahrscheinlichkeit, diesen Prüfungsteil zu bestehen, wenn n=10 (n=30) ist und mehr als 75% der Aussagen richtig gekennzeichnet sein müssen? Wie ändert sich also diese Wahrscheinlichkeit, wenn die Anzahl der Aussagen vergrößert wird?

b) Wäre es - unter der zusätzlichen Voraussetzung, daß n ungerade ist - aus der Sicht des Prüfers sinnvoll, für das Bestehen dieses Prüfungsteils nur zu verlangen, daß "mehr als die Hälfte" der Aussagen richtig gekennzeichnet sind?

Aufgabe 40

Brause und sein Kumpel Brandt schmuggeln "Liebesnächte in der Taiga" und andere verbotene Literatur in ein östliches Land. Sie befinden sich gemeinsam mit 28 weiteren Reisenden, die kein Schmuggelgut mit sich führen, in einem Omnibus und müssen auf ihrem Weg der Sonne entgegen mehrere Grenzen passieren. An jeder Grenze wird von den Kontrollorganen eine (Zufalls-) Stichprobe von n=3 Reisenden gezogen. Bei diesen Reisenden wird eine Vollerhebung des gesamten (zugehörigen) Gepäcks durchgeführt (und etwaiges Schmuggelgut mit Sicherheit gefunden).

Wie groß ist die Wahrscheinlichkeit dafür, daß an der ersten Grenze

a) weder Brause noch Brandt erwischt werden,

b) Brause und Brandt erwischt werden,

c) nur Brause erwischt wird?

Aufgabe 41

Bei der Einnahme eines bestimmten Medikaments treten mit einer Wahrscheinlichkeit von π=0,02 Nebenwirkungen (Haarausfall bei Männern, Bartwuchs bei Frauen) auf. Ein Internist wird 25 Patienten dieses Medikament verabreichen. Wie groß ist die Wahrscheinlichkeit dafür, daß höchstens zwei der Patienten Nebenwirkungen zeigen werden?

Aufgabe 42

Lösen Sie Aufgabe 5 mit Hilfe geeigneter Wahrscheinlichkeitsverteilungen!

Aufgabe 43

Lösen Sie Aufgabe 3 (Lotterie) mit Hilfe der Binomialverteilung!

* Aufgabe 44

Ende der 80er Jahre entstanden erneut erhebliche Zweifel an der Leistungsfähigkeit von Wünschelrutengängern bei der Entdeckung unterirdischer Wasserquellen. Während in der Bundesrepublik ein Münchner Institut beauftragt wurde, dem Phänomen wissenschaftlich auf den Grund zu gehen, wurde in Australien ein Wettbewerb ausgeschrieben, zu dem - vor allem - die landesweit bekanntesten Wünschelrutengänger eingeladen wurden.

Für den Wettbewerb wurden zehn Plastikrohre (von einer Länge von etwa 20 m und einem Durchmesser von etwa 20 cm) in einem Abstand von zwei Metern parallel zueinander ein Meter tief unter der Erdoberfläche verlegt. Durch einen besonderen Mechanismus konnte eines der Rohre (zufällig) mit Wasser gefüllt werden.

Den Wünschelrutengängern, die diese "Versuchsanordnung" kannten, wurde ein Weg über alle zehn Rohre vorgegeben. Jeder Wünschelrutengänger sollte bei insgesamt zwanzig Gängen über diesen Weg, die auf einen längeren Zeitraum verteilt wurden, also bei zwanzig voneinander unabhängigen Versuchen, jeweils das mit Wasser gefüllte Rohr mit Hilfe seiner "Wünschelrute" entdecken.

In den Wettbewerbsbedingungen wurde festgesetzt, daß die (nicht rational begründbare) Leistungsfähigkeit eines Wünschelrutengängers dann "bewiesen" ist, wenn bei zwanzig Gängen über die Rohre eine Trefferquote von mindestens 80% erzielt wird, eine Grenze, die übrigens von den anwesenden Wünschelrutengängern ausdrücklich als "fair" bezeichnet wurde.

a) Wie groß ist die Wahrscheinlichkeit dafür, bei zwanzig Gängen über die Rohre zufällig eine Trefferquote von mindestens 80% zu erzielen?

b) Angenommen, ein Wünschelrutengänger würde tatsächlich eine Trefferquote von mindestens 80% erzielen. Wäre dann seine Leistungsfähigkeit "bewiesen"?

c) Welche Trefferquote hätte - ceteris paribus - festgesetzt werden müssen, wenn die Wahrscheinlichkeit dafür, genau diese Trefferquote zufällig zu erzielen, ein Viertel Prozent betragen sollte?

d) Ist es möglich, durch eine Vergrößerung (nur) der Anzahl der Gänge über die Rohre die Wahrscheinlichkeit, zufällig eine Trefferquote von mindestens 80% zu erzielen, ebenfalls zu vergrößern?

Hinweis: Die als "fair" bezeichnete Grenze (von 80%) wurde von keinem der Wünschelrutengänger auch nur annähernd erreicht!

Aufgabe 45

Die Leitung eines Versandunternehmens weiß aus Erfahrung, daß für jeden verschickten Katalog mit Wahrscheinlichkeit $\pi=0,18$ eine Bestellung eingeht, deren Wert aufgrund der Vertragsbedingungen mindestens 70,-- DM betragen muß. An $n=100000$ der N Haushalte wird je ein Exemplar des neuesten Katalogs verschickt.

a) Mit welcher Mindestbestellsumme kann die Unternehmensleitung rechnen?

b) Wie groß ist die Wahrscheinlichkeit, daß die Mindestbestellsumme mehr als 1.274.980,-- DM beträgt?

Aufgabe 46

Die Produktion eines bestimmten Arzneimittels ist nur mit Hilfe von Mäusemilch möglich. In einem Forschungslabor werden die benötigten Mäuse gezüchtet. Die Wahrscheinlichkeit dafür, daß eine weibliche Maus geboren wird, ist etwa gleich 0,47.

In einem bestimmten Zeitraum werden 800 Mäuse geboren.

a) Mit welcher Wahrscheinlichkeit sind darunter mehr als 350 weibliche Mäuse?

b) Wieviel Mäuse müßten in diesem Zeitraum geboren werden, damit die Wahrscheinlichkeit für die Geburt von mehr als 400 weiblichen Mäusen gleich 0,95 ist?

Aufgabe 47

Ein Psychologiestudent will im Rahmen seiner Diplomarbeit eine Befragung unter den Studierenden der Wirtschaftswissenschaften durchführen. Es interessieren ihn dabei besonders deren EDV-Kenntnisse. Es ist bekannt, daß 60% der Studierenden der Wirtschaftswissenschaften über EDV-Kenntnisse verfügen.

a) Für seine erste Befragung sollen 10 von 15 Teilnehmern eines Seminars über "Internationale Wirtschaftsbeziehungen" zufällig ausgewählt werden. Wie groß ist die Wahrscheinlichkeit, daß unter der Annahme, daß dieses Seminar nur von Studierenden der Wirtschaftswissenschaften besucht wird,

   a1) höchstens 6,

   a2) genau 11

   der auszuwählenden Teilnehmer über EDV-Kenntnisse verfügen?

b) Bei einer zweiten Befragungswelle will er dann (unter sonst gleichen Bedingungen) 70 von 526 (wirtschaftswissenschaftlichen) Teilnehmern der Vorlesung "Investition und Finanzierung" befragen. Wie groß ist dann die Wahrscheinlichkeit, daß davon mehr als 65 Studierende EDV-Kenntnisse besitzen?

Aufgabe 48

Ein angehender Sozialpädagoge möchte seine Diplomarbeit über die geistige Entwicklung linkshändiger Kinder schreiben.

a) Zuerst will er aus einer Kindergartengruppe von 16 Kindern zufällig 6 auswählen und feststellen, mit welcher Hand sie malen.

   Wie groß ist die Wahrscheinlichkeit, daß sich unter den 6 auszuwählenden Kindern

   a_1) genau ein Linkshänder befindet,

   a_2) mehr als zwei Linkshänder befinden?

   Gehen Sie davon aus, daß 12,5% der Kinder dieser Gruppe Linkshänder sind!

b) Anschließend soll eine ähnliche Untersuchung in einem größeren Rahmen wiederholt werden. Er will aus den 1000 Kindern aller Kinderheime einer Stadt zufällig 91 auswählen und feststellen, ob sie Linkshänder sind. Wie groß ist die Wahrscheinlichkeit, daß - unter gleichen Bedingungen wie in Teilaufgabe a) - höchstens 11 Kinder Linkshänder sind?

* Aufgabe 49

Die Approximation der Binomialverteilung durch die Normalverteilung gilt als hinreichend genau, falls $0,1 \leq \pi \leq 0,9$ und $n\pi(1-\pi) \geq 9$.

a) Wie groß muß n bei gegebenem π mindestens sein, damit die Bedingung $n\pi(1-\pi) \geq 9$ erfüllt ist?

b) Stellen Sie die zu a) gefundene Beziehung graphisch dar und kommentieren Sie die Graphik!

Aufgabe 50

Für ein neu entwickeltes Mittel gegen Fußpilz wird vom Hersteller angegeben, daß es mit einer Wahrscheinlichkeit von $\pi = 0,85$ zum Behandlungserfolg führt. In einem klinischen Großversuch werden 800 Personen damit behandelt. Wie groß ist die Wahrscheinlichkeit dafür, daß höchstens 82% der Behandelten vom Fußpilz befreit werden, wenn die Behauptung des Herstellers richtig ist?

Aufgabe 51

Man nimmt an, daß die Anzahl der zwischen 13.55 Uhr und 14.00 Uhr an der Kasse eines Supermarkts ankommenden Kunden POISSON-verteilt ist. Es wurde festgestellt, daß in diesem Zeitabschnitt im Mittel 3,5 Kunden eintreffen.

Wie groß ist die Wahrscheinlichkeit dafür, daß in diesem Zeitabschnitt

a) keine Kunden,

b) mehr als drei Kunden,

c) mehr als einer, aber weniger als fünf

Kunden an der Kasse ankommen?

Betrachtet werden nun 30 zufällig und mit Zurücklegen ausgewählte Arbeitstage. Welcher Verteilung folgt die Anzahl der Zeitabschnitte (zu je 5 min.), in denen keine Kunden an der Kasse eintreffen?

Aufgabe 52

In einer Mensa wird regelmäßig Suppe mit Einlage angeboten. Bei der Zubereitung werden der Grundsubstanz 500 Fleischstückchen zu je etwa 5 g zugegeben und gut umgerührt, so daß sich 125 l Suppe ergeben. Dann werden - unter ständigem Umrühren - Portionen zu je einem viertel Liter ausgegeben.

Bestimmen Sie die Wahrscheinlichkeit dafür, daß sich in einer Portion

a) kein und

b) mehr als drei Fleischstückchen befinden.

Was ergäbe sich zu a), wenn an einem Tage die 125 l Suppe nur 400 Fleischstückchen enthielten?

Aufgabe 53

Luxus-Student Brause, 29, kauft sich von seinem durch Zeitablauf selbstverdienten Taschengeld einen vornehmen Diplomaten-Koffer mit Kombinationsschloß zum Transport seiner Skripten. Nach wenigen Tagen hat er die Nummer des Kombinationsschlosses vergessen; er weiß nur, daß die Nummer 4-stellig ist, die Ziffern 1, 8 und 2 vorkommen und eine Ziffer 2 mal vorkommt. Wieviel Ziffernfolgen muß er höchstens durchprobieren, bis er seinen Koffer öffnen kann?

Aufgabe 54

Bestimmen Sie die Wahrscheinlichkeit dafür, daß beim gleichzeitigen Werfen von zwölf idealen Würfeln jede Augenzahl genau zweimal vorkommt!

Aufgabe 55

Herta, 29, Studentin der Trophologie im 16. Fachsemester, sorgt für den Winter vor und konserviert Obst und Gemüse in Kilo-Dosen. An einem starken Wochenende schafft sie 60 Dosen: 25 Obstkonserven (10 Kirschen, 10 Pflaumen, 5 Birnen) und 35 Gemüsekonserven (15 Bohnen, 10 Erbsen, 5 Rote Beete, 5 Tomaten) und stapelt sie zufällig und liebevoll im Keller. Als sie im Winter ans Eingemachte geht, muß sie feststellen, daß sie vergaß, die Dosen zu etikettieren. Wie groß ist die Wahrscheinlichkeit dafür, daß sie zufällig genau die benötigten Dosen ihrem Bestand entnimmt, wenn sie für ein Spezialgericht

a) genau 3 Dosen Rote Beete,

b) 2 Dosen Kirschen, 2 Dosen Bohnen und 1 Dose Tomaten braucht?

Aufgabe 56

Bei der Ausarbeitung eines Vortrages bedient sich Brause des nachfolgenden "halbautomatischen Schnellformuliersystems nach Philip Broughton".

"Wer eine Floskel sucht, mit der er seine Zuhörer oder Leser beeindrucken oder einschüchtern kann, der denke sich eine beliebige dreistellige Zahl und suche sich nach ihr aus der Tabelle die Elemente seiner Imponiervokabel zusammen; zum Beispiel 759: "synchrone Fluktuationskontingenz".

0. konzentrierte	0. Führungs-	0. -struktur
1. integrierte	1. Organisations-	1. -flexibilität
2. permanente	2. Identifikations-	2. -ebene
3. systematisierte	3. Drittgenerations-	3. -tendenz
4. progressive	4. Koalitions-	4. -programmierung
5. funktionelle	5. Fluktuations-	5. -konzeption
6. orientierte	6. Übergangs-	6. -phase
7. synchrone	7. Wachstums-	7. -potenz
8. qualifizierte	8. Aktions-	8. -problematik
9. ambivalente	9. Interpretations-	9. -kontingenz

Quelle: Wolf Schneider, Deutsch für Profis, Hamburg 1984, S.27

a) Wieviel (unterschiedliche) Imponiervokabeln kann Brause aus diesem System ableiten?

b) Wie groß ist die Wahrscheinlichkeit dafür, daß er zufällig die Imponiervokabel "permanente Interpretationsproblematik" konstruiert?

Aufgabe 57

Welche der folgenden vier Tabellen können als Tabellen bedingter Wahrscheinlichkeitsfunktionen interpretiert werden?

a)

$X_1 \backslash X_2$	x_{21}	x_{22}
x_{11}	0,8	0,2
x_{12}	0,5	0,6
x_{13}	0,3	0,2

b)

$X_1 \backslash X_2$	x_{21}	x_{22}
x_{11}	0,3	0,7
x_{12}	0,9	0,1
x_{13}	0,5	0,5

c)

$X_1 \backslash X_2$	x_{21}	x_{22}
x_{11}	0,2	0,1
x_{12}	0,2	0,2
x_{13}	0,1	0,2

d)

$X_1 \backslash X_2$	x_{21}	x_{22}
x_{11}	0,3	0,3
x_{12}	0,2	0,2
x_{13}	0,5	0,5

Aufgabe 58

Zu welcher der vier in Aufgabe 57 genannten Tabellen gehören stochastisch unabhängige Zufallsvariable X_1 und X_2? Geben Sie die Werte von zwei zugehörigen gemeinsamen Wahrscheinlichkeitsfunktionen an!

Aufgabe 59

Welche der vier in Aufgabe 57 genannten Tabellen können als Tabellen gemeinsamer Wahrscheinlichkeitsfunktionen interpretiert werden?

Aufgabe 60

Ein Unternehmen hat 689 Mitarbeiter, die sich wie folgt auf die einzelnen Unternehmensbereiche verteilen:

Unternehmensbereich \ Geschlecht	männlich	weiblich
Verwaltung	24	12
Produktion	314	261
Absatz	27	51

a) Zur Organisation des jährlichen Betriebsausflugs wird ein Mitarbeiter zufällig ausgewählt. Wie groß ist die Wahrscheinlichkeit dafür, daß

a_1) der Mitarbeiter in der Produktion arbeitet?

a_2) der Mitarbeiter weiblich ist?

a_3) der Mitarbeiter in der Produktion arbeitet und weiblich ist?

b) Bestimmen Sie die Wahrscheinlichkeit dafür, daß ein zufällig ausgewählter Verwaltungsmitarbeiter männlich ist!

c) Bestimmen Sie die Wahrscheinlichkeit dafür, daß eine zufällige ausgewählte Mitarbeiterin im Bereich Absatz tätig ist!

d) Hängt die Aufteilung der Mitarbeiter auf die einzelnen Unternehmensbereiche vom Geschlecht ab oder nicht?

Aufgabe 61

Nach dem dritten (vergeblichen) Versuch, das Vordiplom in Statistik zu erwerben, macht sich Brause selbständig. Er versucht, sich als Glücksspieler eine sichere Existenz aufzubauen. Wohlgerüstet mit dem Instrumentarium der Wahrscheinlichkeitstheorie bietet er gegen einen Einsatz von jeweils 1,-- DM die beiden folgenden Spiele an:

a) Würfeln mit 4 (idealen) Würfeln. Das Produkt der Augen wird in Pfennigen ausbezahlt.

b) Würfeln mit 4 (idealen) Würfeln. Die 8-fache Summe der Augen wird in Pfennigen ausbezahlt.

Müßte sich Brause um seine Zukunft sorgen?

Aufgabe 62

Die zweidimensionale Zufallsvariable (X_1, X_2) besitze die folgende Verteilung (Wahrscheinlichkeitsfunktion):

$X_1 \backslash X_2$	1	2	3
1	0,1	0,3	0,2
2	0,1	0,1	0,2

Bestimmen Sie

a) den Erwartungswert und die Varianz von X_1 und X_2,

b) den Erwartungswert und die Varianz sowie die Verteilung der Summe $X_1 + X_2$,

c) den Erwartungswert und die Varianz sowie die Verteilung des Produkts $X_1 \cdot X_2$!

Aufgabe 63

Geben Sie zu Aufgabe 17 a) und b) die jeweils zugehörige Wahrscheinlichkeitsfunktion an!

* Aufgabe 64

Die stetige zweidimensionale Zufallsvariable (X,Y) habe die folgende gemeinsame Wahrscheinlichkeitsdichtefunktion:

$$f_{X,Y}(x,y) = \begin{cases} x+y\,, & \text{falls } 0 \le x,\ y \le 1 \\ 0 & \text{sonst}\,. \end{cases}$$

Sind X und Y stochastisch unabhängig?

Aufgabe 65

Eine Kaffeerösterei bietet eine bestimmte Kaffeemischung in 250 g- und 500 g-Paketen an. Vor der Auslieferung einer Wochenproduktion an den

Einzelhandel wird anhand von Zufallsstichproben geprüft, ob die vorgesehenen Soll-Gewichte (μ_X=251 g, μ_X=501 g bei einer Varianz von σ_X^2=12 g^2 bzw. σ_Y^2=14 g^2) eingehalten werden.

a) Es werden zehn 250 g-Pakte zufällig (mit Zurücklegen) entnommen und die folgenden Gewichte festgestellt: 247 g, 251 g, 252 g, 250 g, 249 g, 245 g, 247 g, 254 g, 251 g, 244 g. Stellen Sie fest, ob in dieser Stichprobe das Soll-Gewicht (251 g) eingehalten wird!

b) Bei einer Werbeveranstaltung werden vier 250 g-Pakete und zwei 500 g-Pakete zusammen besonders günstig verkauft. Die Pakete sind zufällig ausgewählt. Wie schwer wird ein solches 2000 g-Paket im Mittel sein? Bestimmen Sie die Varianz der 2000 g-Pakete!

Aufgabe 66

Die Einheiten einer Gesamtheit vom Umfang N=4 seien durch die Ausprägungen x_1=20, x_2=40, x_3=60 und x_4=80 gekennzeichnet. Dieser Gesamtheit werden Stichproben vom Umfang n=2 entnommen, und zwar durch eine Auswahl mit und ohne Zurücklegen.

Bestimmen Sie

a) Mittelwert und Varianz der Gesamtheit,

b) die exakte Stichprobenverteilung für das arithmetische Mittel bei einer Auswahl mit und einer Auswahl ohne Zurücklegen (mit Berücksichtigung der Reihenfolge),

c) Mittelwert und Varianz der Stichprobenfunktion $\bar{X}$!

d) Wie groß ist die Wahrscheinlichkeit, eine Differenz zwischen dem Stichprobenmittel und dem "wahren" Mittelwert zu erhalten, die kleiner gleich 10 ist?

e) Beurteilen Sie die Auswahl mit und ohne Zurücklegen im Hinblick auf extrem ungünstige Stichproben!

f) Wie groß ist die Wahrscheinlichkeit, eine Stichprobe zu ziehen, deren Mittelwert gleich dem Mittelwert der Gesamtheit ist?

Aufgabe 67

Es sei bekannt, daß das durchschnittliche Geldvermögen der Haushalte eines bestimmten Landes 1600,-- GE beträgt bei einer Varianz von 160000 (GE^2). Es sollen 100 zufällig ausgewählte Haushalte nach der Höhe ihres Geldvermögens befragt werden. Wie groß ist die Wahrscheinlichkeit dafür, daß das durchschnittliche Geldvermögen dieser 100 Haushalte

a) höher als 1700,-- GE,

b) geringer oder höchstens gleich 1400,-- GE ist?

* Aufgabe 68

Zu $\varepsilon > 0$ und $\eta < 1$ ist der Stichprobenumfang n so zu bestimmen, daß $P(|\bar{X}_n - \mu_X| \leq \varepsilon) \geq 1-\eta$ gilt!

Aufgabe 69

Mit einer Maschine werden 0,7 l-Flaschen abgefüllt. Aus der Gesamtheit aller in einem Monat abgefüllten Flaschen - mit Mittelwert $\mu_X = 710$ cm^3 und Varianz $\sigma_X^2 = 6400$ (cm^3)^2 - soll eine einfache Stichprobe vom Umfang n=256 gezogen werden. In welchem zentralen Schwankungsintervall ist mit einer Wahrscheinlichkeit von (approximativ) 0,95 der Stichprobenmittelwert zu erwarten?

Aufgabe 70

Der Betreiber einer Mensa überlegt sich, die Warteschlangen an den Kassen dadurch zu verkürzen, daß alle Rechnungsbeträge auf jeweils ganze DM gerundet werden, so daß die Zeit für das Herausgeben des "Kleingelds" entfällt.

Diese Rundung führt zu Fehlern. Allerdings gleichen sich Auf- und Abrundungsfehler mit zunehmender Anzahl von Rechnungen aus, so daß die Summe der Rundungsfehler einer hinreichend großen Anzahl von Rechnungen im allgemeinen in einem relativ kleinen Intervall liegt.

a) Bestimmen Sie - approximativ - ein symmetrisches Intervall für die Summe der Rundungsfehler von 200 Rechnungen, dessen Grenzen in nur 5% aller Fälle über- oder unterschritten werden! Nehmen Sie dabei an, daß die Rundungsfehler der einzelnen Rechnungen voneinander unabhängig und im Intervall [0,5 DM; +0,5 DM] rechteckverteilt sind!.

b) Teilaufgabe a) enthält zwei wesentliche Annahmen. Nehmen Sie zu beiden kritisch Stellung!

Aufgabe 71

Ein Vertreter besucht täglich seine Kunden. Dabei legt er im Durchschnitt 140 km zurück mit einer Varianz von 2304 (km^2). Wie groß ist die Wahrscheinlichkeit dafür, daß der Wert des arithmetischen Mittels einer einfachen Stichprobe vom Umfang n=16 um höchstens 36 (km) vom Tagesdurchschnitt abweicht?

Aufgabe 72

Der durchschnittliche Rechnungsbetrag eines Handwerksbetriebes (ohne Bauleistungen) ist $\mu_X = 150,--$ DM. Aus den Rechnungen des vergangenen Geschäftsjahres werden zufällig - und mit Zurücklegen - 16 Rechnungen ausgewählt.

a) Wie groß ist mindestens die Wahrscheinlichkeit, daß der durchschnittliche Rechnungsbetrag dieser 16 Rechnungen um nicht mehr als 40,-- DM vom durchschnittlichen Rechnungsbetrag aller Rechnungen abweicht, wenn als Varianz der Rechnungsbeträge $\sigma_X^2 = 25600,-- \text{ (DM)}^2$ angenommen wird?

b) Wie wäre Frage a) zu beantworten, wenn der Stichprobenumfang um 34 Rechnungen erhöht würde?

Aufgabe 73

Die Dauer eines Herreneinzels (ein Match, drei Gewinnsätze) bei den Internationalen Französischen Tennismeisterschaften in Paris (French Open) beträgt - wie man aus langjähriger Erfahrung weiß - durchschnittlich 2 Stunden und 45 Minuten bei einer Standardabweichung von 58 Minuten. Für die Planung eines Turniers müssen die folgenden Fragen beantwortet werden.

a) Mit welcher Wahrscheinlichkeit wird das arithmetische Mittel der Spieldauern von 25 zufällig ausgewählten Herreneinzeln der letzten Jahre um höchstens eine halbe Stunde von der durchschnittlichen Spieldauer abweichen?

b) Wie breit muß das zentrale Schwankungsintervall zu Teilaufgabe a) wenigsten sein, damit das Ergebnis sinnvoll ist?

* Aufgabe 74

Aus einer Grundgesamtheit mit Mittelwert μ_X und Varianz σ_X^2 wird eine einfache Stichprobe vom Umfang n gezogen. Gesucht ist die Wahrscheinlichkeit, daß der Wert des arithmetischen Mittels der Stichprobe nicht mehr als das Zweifache des Standardfehlers ($2\sigma_{\bar{X}}$) vom Mittelwert der Gesamtheit abweicht! Nehmen Sie an, daß a) die Gesamtheit normalverteilt ist, b) die Verteilung der Gesamtheit beliebig und $n < 40$ ist, c) die Verteilung der Gesamtheit beliebig und $n = 400$ ist!

* Aufgabe 75

Aus Realisationen von stochastisch unabhängigen, im Intervall [0;1] rechteckverteilten Zufallsvariablen sind Realisationen von approximativ standardnormalverteilten Zufallsvariablen abzuleiten! Veranschaulichen Sie Ihre Überlegungen anhand der Realisationen von n=24 rechteckverteilten Zufallsvariablen!

Aufgabe 76

Wie oft muß eine ideale Münze mindestens geworfen werden, damit mit einer Wahrscheinlichkeit von 0,9 die Differenz zwischen der relativen Häufigkeit (X'/n) der Kopfwürfe und π = 0,5 kleiner oder höchstens gleich 0,01 ist?

Aufgabe 77

n Zufallsvariable X_i, i=1,2,...,n, seien stochastisch unabhängig und identisch verteilt mit Mittelwert μ und Varianz $\sigma^2 = 36$. Wie groß muß n sein, damit die Wahrscheinlichkeit dafür, daß $\bar{X}$ von μ um nicht mehr als 0,5 abweicht, gleich 0,99 ist?

* Aufgabe 78

Aus einer mit $\sigma_X^2 = 900$ und unbekanntem Mittelwert normalverteilten Gesamtheit werden Stichproben (mit Zurücklegen) vom Umfang n=3 entnommen. Für eine Punktschätzung des Mittelwerts μ_X werden die Schätzfunktionen (Stichprobenmittelwerte)

$$\bar{X}_3^{(1)} = \frac{X_1+X_2+X_3}{3} \quad \text{und} \quad \bar{X}_3^{(2)} = \frac{1}{4}X_1 + \frac{1}{2}X_2 + \frac{1}{4}X_3$$

vorgeschlagen. Welche dieser Schätzfunktionen würden Sie vorziehen?

Aufgabe 79

Die Wareneingangskontrolle eines Automobilherstellers hat u.a. die Aufgabe, gelieferte Glühlampen auf ihre Funktionsfähigkeit und Verwendbarkeit zu überprüfen. Hierzu werden Merkmale wie Lichtleistung, Brenndauer und auch Abmessungen erfaßt. Eine Überprüfung aller gelieferten Glühlampen kommt schon wegen der zerstörenden Brenndauerprüfung nicht in Betracht. Den Lieferungen werden daher Zufallsstichproben entnommen, und aufgrund der Stichprobenergebnisse wird entschieden, ob die Lieferung angenommen werden soll oder nicht.

Eine solche Lieferung bestehe aus 1000 Glühlampen, die auf zehn Paletten in zehn Reihen zu jeweils zehn Stück angeordnet sind.

Beschreiben Sie ein geeignetes Verfahren, wie man aus dieser Lieferung eine einfache und uneingeschränkte Zufallsstichprobe vom Umfang n ziehen kann!

Aufgabe 80

Herkömmliche Batterien haben eine mittlere Leistung von etwa 50 Wattstunden je kg. Neuartige Aluminiumbatterien brachten folgende Leistungen:

Leistungen von ... bis unter ... Wattstunden je kg	Anzahl
275 - 285	20
285 295	80
295 - 305	200
305 - 315	80
315 - 325	20

a) Unter welchen Bedingungen lassen sich aus diesen Daten eine Punkt- und eine Intervallschätzung für die unbekannte mittlere Leistung dieses Typs von Batterien ableiten?

b) Nehmen Sie an, die unter a) zu nennenden Bedingungen seien erfüllt und führen Sie eine Punkt- und eine Intervallschätzung durch!

Aufgabe 81

a) In einem Vorort mit N_1 = 10000 Haushalten soll der Anteil der Haushalte mit mehr als einem PKW geschätzt werden.

In einer Stichprobe von n_1 = 400 Haushalten (Auswahl mit Zurücklegen) befinden sich 140 Haushalte mit mehr als einem PKW. Bestimmen Sie ein 95%-Konfidenzintervall für den wahren Anteil π_1 der Haushalte in diesem Vorort mit mehr als einem PKW!

b) Die gleiche Aufgabe soll für das gesamte Wohngebiet mit N_2 = 1 Mio. Haushalten gelöst werden. Berechnen Sie daher den notwendigen Stichprobenumfang n_2 (Auswahl mit Zurücklegen) für ein 95%-Konfidenzintervall der Länge 0,04 für den wahren Anteil π_2 der Haushalte im gesamten Wohngebiet mit mehr als einem PKW für den Fall,

b1) daß das Stichprobenergebnis aus a) als Anteilswert einer Vorstichprobe betrachtet werden kann,

b2) daß die Bevölkerungsstruktur des gesamten Wohngebietes sich so von der des Vorortes unterscheidet, daß die Stichprobe aus a) nicht als Vorstichprobe dienen kann!

Erklären Sie den Unterschied der Ergebnisse aus b1) und b2)!

Aufgabe 82

Wie groß ist der größte erforderliche (Mindest-) Stichprobenumfang für die Schätzung des Parameters π einer zweipunktverteilten Gesamtheit mit einem maximalen (absoluten) Zufallsfehler von $\varepsilon = 0,02$?

Aufgabe 83

Stichprobenerhebungen sind in der amtlichen Statistik von großer Bedeutung. Ein Beispiel aus der Wirtschaftsstatistik ist die Kostenstrukturerhebung im Bergbau und im Verarbeitenden Gewerbe (Industrie und Verarbeitendes Handwerk). Ziel dieser Erhebung ist unter anderem die Erfassung der Vorleistungsstruktur der Unternehmen in diesem Bereich. Zu diesem Zweck wird eine Zufallsstichprobe (Auswahl ohne Zurücklegen) von rd. 39% aus allen rd. 37000 Unternehmen mit wenigstens 20 Beschäftigten dieses Bereichs gezogen.

a) Nehmen Sie an, der Wert des durchschnittlichen Verbrauchs aller Unternehmen in der Stichprobe an Roh-, Hilfs- und Betriebsstoffen hätte in einem Jahr 15 Mio. DM betragen ($\hat{\sigma}_X$=12 Mio. DM). Bestimmen Sie aufgrund dieser Angaben ein Konfidenzintervall für den unbekannten Wert des durchschnittlichen Verbrauchs an Roh-, Hilfs- und Betriebsstoffen aller Unternehmen in der Gesamtheit mit wenigstens 20 Beschäftigten (α=0,01)!

b) Geben Sie auf der Basis der Annahmen von Teilaufgabe a) eine Punktschätzung für den Gesamtwert der im betrachteten Zeitraum eingesetzten Roh-, Hilfs- und Betriebsstoffe aller Unternehmen der Gesamtheit mit wenigstens 20 Beschäftigten dieses Bereichs an!

c) Erläutern Sie am Beispiel der Kostenstrukturerhebung im Bergbau und im Verarbeitenden Gewerbe den Begriff des Abschneideverfahrens (Cut-off-Verfahren)!

Aufgabe 84

Ein Zahnarzt hat die Aufgabe übernommen, den Gesundheitszustand der Zähne bei den 1500 Schülern eines Gymnasiums zu überprüfen.

Er wählt zufällig 150 Schüler aus und stellt bei ihnen die Anzahl der kranken Zähne fest. Die Untersuchung brachte folgendes Ergebnis.

Anzahl der kranken Zähne	Anzahl der Schüler
0	59
1	30
2	25
3	20
4	10
5	6
6 u.m.	0

a) Bestimmen Sie ein Konfidenzintervall für die wahre, aber unbekannte durchschnittliche Anzahl der kranken Zähne je Schüler ($1-\alpha=0{,}95$)!

b) Der Zahnarzt nimmt an, daß sich 60% der Schüler mit kranken Zähnen von ihm behandeln lassen. Mit welchem Zeitaufwand für die Behandlungen (ohne Pausen) muß er rechnen, wenn die Behandlung eines kranken Zahnes im Mittel 30 min. dauert ($1-\alpha=0{,}95$)?

Aufgabe 85

Um Inventurkosten einzusparen, entschließt sich ein Unternehmer, den Totalwert der Vorräte mit Hilfe einer Stichtags-Stichprobeninventur zu ermitteln. Aus einem Vorratslager von insgesamt 10000 (bewerteten) Artikeln wird eine Zufallsstichprobe (Auswahl ohne Zurücklegen) vom Umfang $n=3500$ gezogen.

Es ergibt sich ein Stichprobenmittelwert von $\bar{x} = 299{,}04$ (DM) und eine Stichprobenvarianz von $\hat{\sigma}_X^2 = 95560\ (\text{DM})^2$.

Es ist eine Punkt- und Intervallschätzung des Lagertotalwerts durchzuführen! Bei Intervallschätzungen im Bereich von Stichprobeninventuren ist ein Konfidenzniveau von $1-\alpha = 0{,}95$ allgemein anerkannt.

Aufgabe 86

Ein Reifenhändler will für die mittlere Lebensdauer von Autoreifen eines bestimmten Typs ein Konfidenzintervall zum Niveau $1-\alpha=0{,}95$ berechnen. Der maximale (absolute) Zufallsfehler wird auf $\varepsilon = 1000$ (km) festgesetzt. Die Varianz der Gesamtheit ist unbekannt. Bekannt ist jedoch, daß die mittlere Lebensdauer eines Reifens mindestens 24000 und höchstens 66000 km beträgt.

a) Für die noch zu ziehende Stichprobe ist - anhand dieser Informationen - der erforderliche Stichprobenumfang grob zu schätzen!

b) Eine einfache Stichprobe von dem in a) berechneten Umfang liefert eine Stichprobenvarianz $\hat{\sigma}^2$, die größer als die in a) verwendete (grobe) Schätzung der Varianz ist. Welche Konsequenzen hat dieses Stichprobenergebnis für die Länge des zu berechnenden Konfidenzintervalls?

Aufgabe 87

Wie können aus standardnormalverteilten Zufallszahlen $N(500;10000)$-verteilte Zufallszahlen erzeugt werden?

Aufgabe 88

Für eine Simulationsstudie werden Realisationen von binomialverteilten Zufallsvariablen benötigt. Eine EDV-Anlage liefert Realisationen x_i von im Intervall [0;1] rechteckverteilten und unabhängigen Zufallsvariablen X_i ($i=1,2,\ldots,n$). Wie lassen sich daraus binomialverteilte Zufallszahlen (Realisationen) ableiten?

Aufgabe 89

Um die Meinung der Studierenden einer kleineren Universität zum Entwurf einer Grundordnung zu erforschen, führte der studentenfreundliche Vizepräsident eine Umfrage durch. Befragt wurden 300 zufällig ausgewählte Studierende (N=4000). Von den befragten Studierenden waren 180 für und 75 gegen den Entwurf, 45 waren indifferent.

a) Bestimmen Sie vier Konfidenzintervalle für den Anteil und die Anzahl der Studierenden dieser Universität, die für den Entwurf und die gegen den Entwurf waren ($1-\alpha=0,95$)!

b) Wie groß hätte der Umfang der Stichprobe sein müssen, damit bei einem Konfidenzniveau von $1-\alpha=0,95$ der Schätzwert des Anteils der Befürworter des Entwurfs um nicht mehr als 0,03 vom tatsächlichen Anteil abweicht?

Aufgabe 90

Eine nationale Organisation bietet Trockenmilchpulver für Kleinkinder bei einer Mindestabnahmemenge von einer Tonne zu einem besonders günstigen Preis an. Um dieses Angebot ausnützen zu können, schließen sich die Bewohner eines Hochhauses zusammen. Sie wollen eine Tonne Trockenmilchpulver für ihre Kleinkinder kaufen. Zuvor versuchen sie jedoch festzustellen, wie lange eine Tonne Trockenmilchpulver den Milchbedarf ihrer Kleinkinder decken würde. Hierzu stellen sie zunächst bei 49 zufällig ausgewählten der insgesamt 258 Kleinkinder des Hochhauses den mittleren täglichen Milchbedarf je Kleinkind fest. Er beträgt 0,5 l/Tag, was einer Trockenmilchpulvermenge von 75 g/Tag entspricht.

a) Bestimmen Sie auf der Basis dieses Ergebnisses ein Konfidenzintervall für den mittleren (täglichen) Milchbedarf eines Kleinkindes dieses Hochhauses ($1-\alpha=0,9545$)! Gehen Sie bei Ihren Berechnungen von einer Standardabweichung des Milchbedarfs aller Kleinkinder des Hochhauses von 0,14 l aus!

b) Geben Sie auf der Basis der Ergebnisse von Teilaufgabe a) eine Schätzung für den Zeitraum in Tagen an, für den der Milchbedarf der Kleinkinder des Hochhauses beim Kauf von einer Tonne Trockenmilchpulver gedeckt sein würde ($1-\alpha=0,9545$)!

c) Wie würde sich eine Vergrößerung des Konfidenzniveaus $1-\alpha$ auf das Ergebnis von Teilaufgabe b) auswirken? Verbale Begründung genügt!

Aufgabe 91

In Bamberg plant eine Gruppe Grüner eine Demo gegen den sauren Regen. Der Anteil an (erwachsenen) Grünen und deren Sympathisanten an den (erwachsenen) Einwohnern der Stadt wird aufgrund einer einfachen Stichprobe vom Umfang n=144 mit 15% angegeben.

a) Mit wie vielen (erwachsenen) Teilnehmern an der Demo können die Grünen rechnen, wenn gewöhnlich 80% der Grünen und deren Sympathisanten an jeder Demo teilnehmen und Bamberg 50000 erwachsene Einwohner hat ($1-\alpha=0{,}9545$)? Bestimmen Sie ein geeignetes Konfidenzintervall für die Anzahl der Teilnehmer an der Demo!

b) Angenommen, jeder Teilnehmer würde 0,80 DM in eine gemeinsame grüne Kasse zur Erforschung des Waldsterbens einzahlen. Mit welchen Einnahmen könnten die Veranstalter rechnen ($1-\alpha=0{,}9545$)?

Aufgabe 92

Ein deutsches Marktforschungsinstitut wird von einem privaten Fernsehsender beauftragt, die Einschaltquote bei der Wiederholung von Fußballspielen der deutschen Nationalmannschaft bei der Weltmeisterschaft im Frühstücksfernsehen abzuschätzen, da diese Information u.a. für die Akquisition von Werbespots von Bedeutung ist.

Zu diesem Zweck befragt das Marktforschungsinstitut 420 zufällig ausgewählte (erwachsene) Personen, die diesen Sender empfangen können, ob sie sich die Spiele der deutschen Nationalmannschaft bei der Weltmeisterschaft im Frühstücksfernsehen des Privatsenders ansehen werden. 60 der befragten Personen geben bei der Umfrage an, daß sie sich die Spiele auf jeden Fall im Frühstücksfernsehen anschauen werden.

a) Geben Sie eine Punktschätzung an für den wahren, aber unbekannten Anteil der Personen, die sich die Fußballspiele ansehen!

b) Berechnen Sie - unter sonst gleichen Bedingungen - das Konfidenzintervall für den wahren, aber unbekannten Anteilswert! ($1-\alpha=0{,}960$)

Aufgabe 93

Um welchen Faktor muß der Stichprobenumfang vergrößert werden, wenn die Länge des Konfidenzintervalls für den Mittelwert - ceteris paribus - halbiert werden soll?

Aufgabe 94

Nach einer Umfrage, die Anfang 1984 unter den Studierenden an den wissenschaftlichen Hochschulen des Landes Nordrhein-Westfalen durchgeführt wurde, befindet sich jeder fünfte (der in diesem Land Studierenden) in psychiatrischer Behandlung. Nehmen Sie an, bei einer Umfrage unter den 4100 an der Universität Bamberg Studierenden hätten nur 30 der 200 (zufällig) Befragten angegeben, in psychiatrischer Behandlung zu sein und bestimmen Sie ein geeignetes Konfidenzintervall für den daraus resultierenden Bedarf an psychiatrischen Behandlungsstunden, wenn für jeden behandlungssuchenden Studierenden mit einer durchschnittlichen Behandlungsdauer von 12h je Semester gerechnet wird ($1-\alpha=0{,}9545$)!

Aufgabe 95

Der junge Diplomkaufmann Xaver Brause ist derart fasziniert von der Arbeit (als solcher), daß er am liebsten zusieht, wie andere ihr nachgehen. Vor allem ein kräftiger Kfz-Mechaniker hat sein Interesse geweckt. Daher wirft er an fünf Tagen einer Woche während der Arbeitszeit (in der Zeit von 7.30 Uhr bis 17.30 Uhr) immer wieder (insgesamt 144 mal) zufällig einen kurzen Blick auf den Mechaniker und registriert jeweils, ob dieser 1. mit der Reparatur eines Kfz's beschäftigt ist (n_1=45), 2. sich um Ersatzteile bemüht (n_2=36), 3. sich durch Gespräche mit Kollegen entspannt (n_3=27) oder 4. einer anderen Tätigkeit nachgeht oder abwesend ist (n_4=36).

Geben Sie anhand dieser Informationen eine Punkt- und eine Intervallschätzung an für die Wochenstunden, in denen sich der Mechaniker um Ersatzteile bemüht ($1-\alpha=0,95$)!

Aufgabe 96

Für die (Direkt-)Wahl des Oberbürgermeisters einer Stadt mit 54020 Wahlberechtigten wurden 46 Wahllokale und 8 Briefwahlbezirke eingerichtet.

Ein eifriger Wahlforscher beabsichtigt, schon wenige Minuten nach Schließung der Wahllokale eine Intervallschätzung für den Stimmenanteil des CSU-Kandidaten vorzulegen. Da es ihm mehr auf die Schnelligkeit als auf die Genauigkeit der Schätzung ankommt, geht er wie folgt vor. Er sucht jenes Wahllokal aus, in dem erwartungsgemäß insgesamt am wenigsten Stimmen abgegeben werden (Wahllokal 41: Aero Club), um die Zeit für das Auszählen der Stimmen zu minimieren. Punkt 18.05 Uhr liegt die Prognose (Intervallschätzung) auf dem Tisch: von den 202 Wählern dieses Wahllokals haben 134 (=66,33%) für den CSU-Kandidaten votiert und es ergibt sich (mit $1-\alpha=0,9545$) das empirische Konfidenzintervall [59,4%; 72,6%]. Am nächsten Morgen ist der Presse zu entnehmen, daß der CSU-Kandidat 75% der Stimmen auf sich vereinigen konnte. Worauf ist es (wohl) zurückzuführen, daß das berechnete Konfidenzintervall den "wahren" Anteilswert (π=75%) nicht einschließt?

* Aufgabe 97

Eine Zufallsvariable X sei $N(\mu,\sigma^2)$-verteilt mit bekannter Varianz σ^2.

a) Geben Sie die Länge des Konfidenzintervalls für μ in Abhängigkeit von n, α und σ^2 an!

b) Wie wirkt sich eine Vergrößerung des Stichprobenprobenumfangs auf die Genauigkeit und Richtigkeit der Konfidenzaussage aus?

Aufgabe 98

Im Jahre 1983 wurden in Bamberg 578 Kinder Bamberger Bürger, darunter 258 Mädchen geboren. Für die Wahrscheinlichkeit π, daß ein neugeborenes

Bamberger Kind ein Mädchen sein wird, ist ein Konfidenzintervall zum Konfidenzniveau $1-\alpha=0,95$ zu bestimmen!

Aufgabe 99

"Wie lang ist der Rock einer Frau idealerweise?" Diese Frage stellte eine deutsche Frauenzeitschrift ihren Leserinnen vor einiger Zeit. Die eintreffenden Antworten überraschten die Redaktion in mancherlei Hinsicht. Beispielsweise schien ein Stadt-/Landgefälle feststellbar: Die ideale Rocklänge war bei den Frauen aus städtischen Gebieten in aller Regel kürzer als bei Frauen aus ländlichen Gebieten.

Der für diese Umfrage zuständigen Redakteurin war klar, daß aus diesem Umfrageergebnis keine statistisch fundierten Schlüsse gezogen werden können. Um statistisch gesicherte Ergebnisse zu erhalten, beauftragte sie ein Meinungsforschungsinstitut festzustellen, wie lang der Rock bei Frauen in städtischen und ländlichen Gebieten idealerweise ist. Entsprechende Stichproben vom Umfang $n = 40$ und $m = 52$ (einfache, voneinander unabhängige Stichproben) ergaben durchschnittliche ideale Rocklängen bei Frauen mit Konfektionsgröße 42 in städtischen Gebieten von 48 cm und in ländlichen Gebieten von 57 cm.

a) Um wieviel unterscheiden sich die durchschnittlichen Ideallängen der Röcke von Frauen mit Konfektionsgröße 42 in ländlichen Gebieten von denen der Frauen in städtischen Gebieten? Beantworten Sie diese Frage durch die Berechnung eines geeigneten Konfidenzintervalls mit $1-\alpha = 0,98$! Unterstellen Sie dabei der Einfachheit halber, daß Ihnen die Varianzen beider Gesamtheiten mit 20 cm^2 (städtische Gebiete) und 25 cm^2 (ländliche Gebiete) bekannt sind!

b) Wie würden sich die Intervallgrenzen in Teilaufgabe a) verändern, wenn die dort angegebenen Varianzen die Stichprobenvarianzen der beiden Stichproben wären?
Führen Sie geeignete Berechnungen unter der Annahme durch, daß die Varianzen der Gesamtheiten gleich sind!

Aufgabe 100

Die Arbeitgeber in der Bundesrepublik Deutschland beklagen sich in letzter Zeit verstärkt darüber, daß das "Krankfeiern" der Arbeitnehmer geradezu zum Volkssport werde. Allerdings bestehen hierbei nach Ansicht der Arbeitgeber Unterschiede zwischen den einzelnen Wirtschaftszweigen. Um ihre Meinung zu untermauern, stellen sie bei jeweils 100 zufällig ausgewählten Arbeitnehmern aus zwei verschiedenen Wirtschaftszweigen (voneinander unabhängige Stichproben) die durchschnittliche Anzahl von krankheitsbedingten Tagen der Abwesenheit (mit einer Länge bis zu drei Tagen) während des letzten halben Jahres fest.

a) Bestimmen Sie auf der Basis der beiden Stichprobenergebnisse (Wirtschaftszweig 1: 3,2 Tage, Wirtschaftszweig 2: 5,1 Tage) ein Konfidenzintervall für das Ausmaß des Unterschieds der durchschnittlichen Anzahlen krankheitsbedingter Tage der Abwesenheit (mit einer Länge bis zu drei Tagen) in den beiden Gesamtheiten ($\alpha=0,01$)! Gehen Sie bei Ihren Berechnungen davon aus, daß die Varianzen der Anzahlen krankheitsbedingter Tage der Abwesenheit (bis zu drei Tagen) mit 2,76 $Tagen^2$ für Wirtschaftszweig 1 und mit 4 $Tagen^2$ für Wirtschaftszweig 2 aus einer früheren Totalerhebung bekannt sind!

b) Kann aufgrund des Ergebnisses von Teilaufgabe a) entschieden werden, ob - unter sonst gleichen Bedingungen - die Nullhypothese, die durchschnittlichen Anzahlen der krankheitsbedingten Tage der Abwesenheit (bis zu einer Länge von drei Tagen) sind in beiden Wirtschaftszweigen gleich, verworfen werden würde? Begründung!

Aufgabe 101

In der Dreherei der Brause KG werden Kolben für Otto-Motoren hergestellt. Wegen Personalmangels muß der Produktionsprozeß gelegentlich für zwei Schichten unterbrochen werden. Mit Hilfe von Stichproben soll festgestellt werden, ob zwischen dem Mittelwert der Durchmesser vor der Unterbrechung und dem Mittelwert der Durchmesser nach der Unterbrechung ein Unterschied besteht.

Brause entschließt sich, ein geeignetes Konfidenzintervall berechnen zu lassen. Eine Stichprobe vor der Unterbrechung ergab einen Mittelwert von $\bar{x}$ = 24,15 mm und eine Stichprobenvarianz von $\hat{\sigma}_X^2$ = 15,2 mm^2 bei einem Stichprobenumfang von n=52; eine zweite Stichprobe (m=50) - nach der Unterbrechung - ergab: $\bar{y}$ = 26,2 mm und $\hat{\sigma}_Y^2$ = 16,1 mm^2.

Bestimmen Sie ein geeignetes Konfidenzintervall ($1-\alpha=0,99$) und stellen Sie fest, ob die Mittelwertdifferenz signifikant von Null abweicht!

Unterstellen Sie dabei Gleichheit der Varianzen der beiden Gesamtheiten!

Aufgabe 102

Die Wiedervereinigung der beiden deutschen Staaten hat u.a. gezeigt, daß das Selbstbildnis der Deutschen in den alten und neuen Bundesländern teilweise weit auseinander klafft.

Im Rahmen zweier Repräsentativbefragungen bei jeweils 1000 Bundesbürgern in den alten bzw. neuen Bundesländern (unabhängige Stichproben) wurde unter anderem gefragt, ob die Befragten die Deutschen i. a. für "Angeber" halten. Die Frage wurde in den alten Bundesländern von 29% der Befragten, in den neuen Bundesländern hingegen von 34% der Befragten bejaht.

Bestimmen Sie auf der Basis dieser Stichprobenergebnisse ein Konfidenzintervall für den Unterschied der Anteile der Deutschen in den alten und neuen Bundesländern, die ihre Landsleute i.a. für Angeber halten ($1-\alpha=0,97$)!

Aufgabe 103

In einem osteuropäischen Land möchte ein Mitarbeiter des völlig neu organisierten Informationsministeriums mit Hilfe der ihm noch nicht allzu vertrauten Methoden der Meinungsforschung Aufschluß darüber erhalten, inwieweit es regionale Unterschiede in der Befürwortung der "Perestroika" in seinem Land gibt. Um möglichst schnell zu einem Ergebnis zu kommen, weist er die lokalen Behörden eines im Osten und eines im Westen des Landes gelegenen Ortes mit jeweils genau 20000 erwachsenen Einwohnern an, jeweils 6% zufällig ausgewählte erwachsene Einwohner nach ihrer Meinung zur Perestroika zu befragen. In dem im Westen des Landes gelegenen Ort geben 648 Einwohner an, die Perestroika zu unterstützen, in dem anderen Ort sind es 468 Einwohner. Im Anschluß an die Befragungen berechnet der Mitarbeiter ein Konfidenzintervall für die Differenz der Anteilswerte der beiden Gesamtheiten zum Niveau $1-\alpha = 0,92$.

Vollziehen Sie seine Berechnungen nach! Welche Aussagen erlaubt dieses Konfidenzintervall?

* Aufgabe 104

Bei der Konstruktion von Konfidenzintervallen gerät der Anwender im Hinblick auf die möglichen Konfidenzaussagen oft in einen Zielkonflikt. Warum?

Aufgabe 105

Im Zusammenhang mit Konfidenzintervallen der Art $P(T_n^u \leq \Theta \leq T_n^o) = 1-\alpha$ wird häufig behauptet, daß die (Konfidenz-)Aussage $t_n^u \leq \Theta \leq t_n^o$ in $(1-\alpha)\cdot 100\%$ "aller Fälle" richtig sei, d.h. nur in $\alpha \cdot 100\%$ "aller Fälle" eine falsche Aussage gemacht würde. Wie ist der Terminus "aller Fälle" zu interpretieren, damit die Behauptung zutrifft?

Aufgabe 106

Ein Meinungsforschungsinstitut beabsichtigt, den prozentualen Stimmenanteil, den eine der beiden großen Parteien in einer kommenden Wahl erreichen wird, zu prognostizieren. Wie viele zufällig ausgewählte Wahlberechtigte müssen (mindestens) befragt werden, um ein Konfidenzintervall zu erhalten, dessen Länge höchstens 2 Prozent-Punkte beträgt?

Aufgabe 107

Im Rahmen einer internationalen bevölkerungsstatistischen Erhebung soll der Mittelwert einer Zufallsvariablen X auf ± 100 Einheiten genau geschätzt werden.

Nehmen Sie an, es sei $\sigma_X = 1600$ und $1-\alpha = 0,9545$ und bestimmen Sie den erforderlichen Stichprobenumfang für

a) Indien (N=700 Mio. Einwohner),

b) Dänemark (N=5 Mio. Einwohner),

c) Island (N=205000 Einwohner),

und (1) eine Auswahl mit und (2) eine Auswahl ohne Zurücklegen! Kommentieren Sie die Ergebnisse!

Aufgabe 108

Ein Luftfahrtfanatiker interessiert sich für die durchschnittliche Länge der Flüge, die an einem Tag an einem großen internationalen Flughafen beginnen oder enden. Da es selbst ihm zu umständlich ist, die Streckenlängen aller ankommenden und abgehenden Flüge dieses Tages festzustellen, entschließt er sich, die gewünschte Information durch eine einfache Zufallsstichprobe zu gewinnen.

Wie viele Flüge muß er wenigstens auswählen, wenn er bei einem Konfidenzniveau von 95% die wahre, aber unbekannte durchschnittliche Länge der an diesem Flughafen ankommenden und von diesem Flughafen abgehenden Flüge dieses Tages auf ± 500 km genau schätzen will? Es ist bekannt, daß der kürzeste (längste) aller ankommenden und abgehenden Flüge über eine Strecke von 200 km (10000 km) geht.

Aufgabe 109

Ein Marktforschungsinstitut startet eine Untersuchung über die Verwendung von Kreditkarten in der Bundesrepublik Deutschland. Es soll festgestellt werden, wie groß der Anteil der erwachsenen Bundesbürger ist, die ihre Rechnungen - soweit möglich - zumindest überwiegend mit Hilfe von Kreditkarten bezahlen.

a) Man nimmt an, daß dieser Anteil derzeit nicht größer als 0,2 ist. Bestimmen Sie den für die Untersuchung erforderlichen Stichprobenumfang, wenn der Anteil auf ± 2%-Punkte genau geschätzt werden soll ($1-\alpha=0,9545$)!

b) Eine Stichprobe von dem in a) berechneten Umfang liefert einen Anteil von Kreditkartennutzern in Höhe von 0,17. Bestimmen Sie das zugehörige Konfidenzintervall ($1-\alpha=0,9545$)!

Aufgabe 110

In einer Stadt mit rd. 50000 erwachsenen Einwohnern soll das Netz der Omnibus-Linien geändert werden. Um sich über die öffentliche Meinung zur geplanten Änderung zu informieren, sollen 400 erwachsene Einwohner der Stadt zufällig aus dem Wählerverzeichnis ausgewählt und gefragt werden, ob sie der Änderung zustimmen oder sie ablehnen.

a) Läßt sich der Anteil der zustimmenden (wahlberechtigten) Einwohner bei diesem Stichprobenumfang und einem Konfidenzniveau von $1-\alpha=0,95$ auf ± 2%-Punkte genau schätzen?

In der kleinen Oppositionsfraktion des Stadtrats wird die Ansicht vertreten, daß höchstens 20% der Einwohner der geplanten Änderung zustimmen.

b) Angenommen, die Opposition hätte - ausnahmsweise einmal - recht. In welchen Grenzen ist dann der Anteil der zustimmenden Einwohner in der Stichprobe zu erwarten ($1-\alpha=0,9545$)?

c) Der Anteil der zustimmenden Einwohner in der konkreten Stichprobe betrage 0,3. Ist damit die Annahme der Opposition widerlegt?

Aufgabe 111

Anläßlich der 400 Jahr-Feier eines Bamberger Gymnasiums will ein Vater seinen beiden Töchtern 20 Lose einer Lotterie mit 6000 Losen kaufen, von der glaubhaft versichert wird, daß jedes 4. Los gewinnt.

a) Wie groß ist die Wahrscheinlichkeit, daß höchstens 1 Los gewinnt?

b) Tatsächlich ist nur eines der 20 Lose ein Gewinn. Unterstützt dieses Ergebnis die Vermutung des Vaters, daß der Gewinnanteil kleiner als 25% ist? Begründen Sie Ihre Meinung mit Hilfe eines geeigneten Tests ($\alpha=0,1$)!

Aufgabe 112

Können Sie sich einen (Grenz-)Fall vorstellen, in dem es möglich ist, mittels einer Zufallsstichprobe eine statistische Hypothese (echt) zu falsifizieren?

Aufgabe 113

Im Rahmen einer Untersuchung des Analphabetentums in Großbritannien wurden auch die "mathematischen" Kenntnisse von 1000 zufällig ausgewählten erwachsenen Inselbewohnern überprüft. Dabei stellte sich heraus, daß 300 der Befragten nicht in der Lage waren zu berechnen, wieviel 50% von 180 ist und wieviel Wochenlohn eine Putzfrau bekommt, wenn sie an fünf Tagen einer Woche je zwei Stunden für einen Stundenlohn von 2,50 Pfund arbeitet.

a) Berechnen Sie 50% von 180 und den Wochenlohn der Putzfrau!

b) Ein Abgeordneter behauptete in einer Rede vor dem Unterhaus, der Anteil der Briten, die des Rechnens unkundig sind, sei größer als die Analphabetenquote ($\pi=12,5\%$). Überprüfen Sie die Aussage des Politikers mit Hilfe eines geeigneten Tests ($\alpha=0,05$)!

* Aufgabe 114

Als Prüffunktion für einen Mittelwerttest (bei bekannter Varianz) wird im allgemeinen $T = \frac{\bar{X}-\mu_o}{\sigma}\sqrt{n}$ verwendet.

Welche Konsequenzen hat es, wenn für einen solchen Test $\bar{X}$ als Prüffunktion verwendet wird?

Aufgabe 115

Gelegentlich wird bei Fahrzeugkontrollen der Fahrer eines Kraftfahrzeugs einem "Alkohol-Test" unterworfen. Erläutern Sie am Beispiel "Alkohol-Test" die möglichen Fehlentscheidungen (Fehler erster und zweiter Art)! Nehmen Sie dabei an, es solle

H_o: Wahrer Blutalkoholanteil ≤ 0,8 Promille gegen

H_1: Wahrer Blutalkoholanteil > 0,8 Promille

getestet werden!

Aufgabe 116

Eine Maschine füllt 500 g-Packungen Kaffee ab. Mittels einer einfachen Stichprobe vom Umfang n=100 soll das mittlere Füllgewicht der Kaffee-Packungen überprüft werden. Aufgrund langer Beobachtungen kann angenommen werden, daß für diese Maschine $\sigma_X = 15$ g.

Für den Test von H_o: $\mu \geq 500$ g gegen H_1: $\mu < 500$ g auf dem Niveau $\alpha = 0,05$ ist

a) der kritische Wert $w_{0,05}$ (in g) zu bestimmen und zu interpretieren!

b) Für ganzzahlige Werte von μ (≤ 500) sind die Werte der Gütefunktion $1-\beta(\mu)$ zu bestimmen!

c) Wie groß ist die Wahrscheinlichkeit, daß H_o verworfen (nicht verworfen) wird, wenn H_1: $\mu = 495$ g richtig ist?

d) Skizzieren Sie den Verlauf der Gütefunktion und interpretieren Sie diesen!

Aufgabe 117

Eine Zufallsvariable X sei $N(\mu,4)$-verteilt. Anhand einer (einfachen) Stichprobe vom Umfang n=16 soll die einfache H_o: $\mu = 0$ gegen die einfache H_1: $\mu = 1$ getestet werden.

a) Wie ist α festzulegen, damit die Fehler 1. und 2. Art gleich sind?

b) Wie groß ist - ceteris paribus - n zu wählen, wenn Fehler 1. Art und 2. Art gleich und $1-\alpha=0,95$ sein sollen?

Aufgabe 118

Beim parametrischen Test der Mittelwerthypothese wird H_o: $\mu = \mu_o$ (H_1: $\mu \neq \mu_o$) verworfen, wenn die Differenz $|\bar{x}-\mu_o|$ "groß" ist.

a) Wann gilt eine solche Differenz als groß und unter welcher Annahme kann die Wahrscheinlichkeit für eine große (oder auch kleine) Differenz berechnet werden?

b) Warum kann auch aus einer "sehr großen" Differenz im allgemeinen nicht sicher gefolgert werden, daß die Nullhypothese falsch ist?

Aufgabe 119

Die Abfüllmenge einer Präzisionsabfüllmaschine sei mit einer Varianz von 36 ml^2 normalverteilt. Die mittlere Abfüllmenge μ kann vom Benutzer eingestellt werden. Ein Mineralwasserhersteller benutzt eine solche Maschine zur Abfüllung seiner 0,7 l-Flaschen.

Eine Verbraucherschutzorganisation vermutet, daß die Flaschen im Mittel zu wenig Mineralwasser enthalten und testet anhand einer Stichprobe vom Umfang 25 die Hypothese H_o: $\mu \geq 700$ ml (Signifikanzniveau α=0,01).

a) Kann die Hypothese verworfen werden, wenn die Stichprobe einen Mittelwert von $\bar{x}$ = 698 ml geliefert hat?

b) Für welche Stichprobenmittelwerte wird die Organisation die Hypothese verwerfen?

c) Die Verbraucherorganisation beabsichtigt für den Fall, daß der Test zum Verwerfen der Hypothese H_o: $\mu \geq 700$ ml führt, den Mineralwasserhersteller zu verklagen.

Mit welcher Wahrscheinlichkeit muß der Hersteller mit einer Klage rechnen, wenn er μ auf 698 ml festgelegt hat?

Aufgabe 120

Ein Wirtschaftsforschungsinstitut vertritt die These, daß seit der (politischen) Wende die Investitionsausgaben pro Monat deutlich über dem langjährigen Mittel von DM 12.857,-- je Unternehmen liegen. Zum Beleg dieser These wird eine Zufallsstichprobe vom Umfang 81 aus der Gesamtheit aller Unternehmen gezogen und die 81 Unternehmen werden nach der Höhe ihrer Investitionsausgaben in einem bestimmten Monat befragt. Dabei ergibt sich ein Mittelwert von DM 13.740,-- bei einer Stichprobenvarianz $\hat{\sigma}^2$ von 10.112.400,-- DM^2.

a) Überprüfen Sie anhand eines geeigneten Tests, ob die Stichprobe einen Grund dafür liefert anzunehmen, daß das Wirtschaftsforschungsinstitut mit seiner These wohl recht hat (α=0,01)!

b) In welche Richtung müßte sich die Stichprobenvarianz ändern, damit sich - unter sonst gleichen Bedingungen (insbesondere $\bar{x}$ unverändert) - das Testergebnis ändert? (keine Rechnung!)

Aufgabe 121

Es wird vermutet, daß höchstens 40% aller Erwachsenen Plattfüße haben. Während der vorlesungsfreien Zeit arbeitet Brause als Aushilfe in einem Schuhgeschäft. Er stellt fest, daß 9 von 20 zufällig ausgewählten erwachsenen Kunden Plattfüße haben. Läßt sich aufgrund dieses Stichprobenergebnisses die Vermutung verwerfen? Treffen Sie Ihre Entscheidung anhand eines geeigneten Tests!

Aufgabe 122

a) Bei einer Gratisaktion des Studentenwerks werden Probepackungen mit je 20 verschiedenfarbigen Gummibärchen verteilt. Im Rahmen dieser Aktion legt sich Ernst. E., Student der Betriebswirtschaftslehre, durch mehrmaliges Erscheinen am Stand des Studentenwerks einen beträchtlichen Vorrat an Probepackungen zu. An den folgenden Abenden verspeist er sie zusammen mit seiner Freundin Erna beim Fernsehen. Aus mangelndem Interesse am Fernsehprogramm und an seiner Freundin Erna und bedingt durch die bevorstehende Statistikklausur beschäftigt er sich mit folgender Frage. Vor ihm liegt eine volle Probepackung mit acht roten, sechs weißen, zwei gelben und vier grünen Gummibärchen. Wie wahrscheinlich ist es, daß die Farbanteile bei zehn auf einmal zufällig entnommenen Gummibärchen genau denen in dieser Probepackung entsprechen? Zu welchem Ergebnis müßte Ernst E. kommen?

b) Ernst schmecken die roten Gummibärchen am besten. Weil die Probepackungen zur Neige gegangen sind, beschließt er, den zukünftigen Ankauf und Verzehr von Gummibärchen vom Anteil der roten abhängig zu machen. Sollte dieser Anteil (in der Gesamtheit aller Gummibärchen) unter 40% liegen, so will er in Zukunft auf Gummibärchen verzichten. Er kauft sich eine Riesenpackung mit 400 Gummibärchen. Dann zählt er die roten aus und kommt dabei auf 166 Stück. Liefert ein geeigneter Test einen hinreichenden Grund zu der Annahme, daß der Anteil der roten Gummibärchen (in der Gesamtheit aller Gummibärchen) mehr als 40% beträgt (α=0,05)?

Aufgabe 123

Bei einer Diskussion über die Häufigkeit von Tennisübertragungen im Fernsehen vermutete Tochter Elena, 15, Tennis-Fan, daß mehr als die Hälfte der (erwachsenen) Bundesbürger mit dieser Häufigkeit zufrieden sind. Kurz darauf wurde von den Tübinger Wickert-Instituten eine Repräsentativbefragung von 3729 Personen durchgeführt. Die Frage: "Wie beurteilen Sie die Häufigkeit der Tennis-Übertragungen im Fernsehen?" wurde von 1939 Befragten mit "gerade richtig", von 1417 mit "zu viel" und von 373 mit "weiß nicht" beantwortet. Überprüfen Sie mit Hilfe eines geeigneten Tests, ob dieses Ergebnis die Vermutung der Tochter stützt!

Aufgabe 124

Zu Beginn des Winters 1983/84 gab es im Kölner Raum wegen Schnee- und Eisglätte eine Serie von Unfällen. Wie die Polizei mitteilte, waren unter den 42 an einem Tage verunglückten PKW 38 mit Hinterradantrieb. Läßt sich diese Beobachtung durch das Wirken des Zufalls erklären, wenn davon ausgegangen wird, daß die Hälfte aller PKW Hinterradantrieb hat?

Aufgabe 125

Die Wirksamkeit von Grippeschutzimpfungen wird seit jeher angezweifelt. In einer breit angelegten Untersuchung werden n=1600 zufällig ausgewählte Personen einer Region (kostenlos) gegen Grippe geimpft. Von diesen Personen erkrankten 256 (=16%) an Grippe, während von den nicht Geimpften dieser Region 20% an Grippe erkrankten.

Ist ein positiver Effekt der Grippeschutzimpfung bei einem Signifikanzniveau von $\alpha = 0{,}025$ nachweisbar?

a) Formulieren Sie Null- und Alternativhypothese!

b) Beschreiben Sie den Fehler 1. Art!

c) Ermitteln Sie die Grenzen des Annahmebereichs des Tests und entscheiden Sie sich für oder gegen H_o! Für welche Werte von P wird H_o nicht verworfen?

d) Berechnen Sie den Wert der Prüffunktion und überprüfen Sie die zu c) getroffene Entscheidung!

e) Beschreiben Sie den Fehler 2. Art!

f) Berechnen Sie den Fehler 2. Art für H_1: $\pi = \pi_1 = 0{,}17$!

g) Wie kann - bei unveränderter Alternativhypothese - die Wahrscheinlichkeit für einen Fehler 2. Art verändert werden?

Aufgabe 126

Ein Hersteller von Fertiggerichten behauptet, das mittlere Füllgewicht eines bestimmten Gerichts (zum Zeitpunkt der Abfüllung) betrage mindestens 300 g. Ein Inspektor überprüft das Füllgewicht anhand einer (einfachen) Stichprobe vom Umfang n=500.

a) Formulieren Sie die Hypothese, die der Inspektor überprüfen sollte und begründen Sie Ihre Entscheidung!

b) Nehmen Sie an, daß die unter a) formulierte Nullhypothese nicht verworfen werden kann, weil $t_n \notin K_\alpha$. Wie groß ist in diesem Falle die Wahrscheinlichkeit für einen Fehler 1. Art und wie ist ein solches Ergebnis (sachlich) zu interpretieren?

Aufgabe 127

Die BRAUSE GmbH&Co.KG plant den Bau eines Motels an einer der Einfallstraßen einer Großstadt. Der Fachliteratur hat cand.rer.pol. X. Brause entnommen, daß ein Motel sich nur dann rentiert, wenn im Mittel mehr als 1600 Kfz je Tag die Straße vor dem Motel passieren. Eine einfache Zufallsstichprobe von 49 Tagen lieferte - für einen bestimmten Straßenabschnitt - ein Stichprobenmittel von $\bar{x} = 1660$ Kfz je Tag. Brause beschließt daraufhin, das Motel zu bauen.

Überprüfen Sie mit Hilfe eines geeigneten Tests Brauses Entscheidung!

Nehmen Sie dabei an, als Stichprobenvarianz hätte sich $\hat{\sigma}^2 = 129600$ (Kfz je Tag)^2 ergeben!

Aufgabe 128

Im Zuge der Gleichstellung von Frauen kommt immer häufiger die "Quotenregelung" ins Gespräch, die einen Mindestanteil an Frauen in bestimmten Positionen garantieren soll. Auch die politischen Parteien überlegen sich, wie sie Frauen verstärkt fördern können.

Der Kreisverband einer Partei behauptet, die viel diskutierte Grenze von 40% bei ihren weiblichen Mitgliedern schon überschritten zu haben. Der einzigen Frau in der Parteiführung erscheint dies stark übertrieben. Sie vermutet, daß weniger als 40% der Parteimitglieder im Kreisverband Frauen sind.

Um ihre Vermutung zu überprüfen, wählt sie aus der Mitgliederkartei des Kreisverbandes zufällig 16 Personen (einfache Stichprobe) aus und stellt fest, daß nur 5 der 16 zufällig ausgewählten Mitglieder Frauen sind.

Stützt dieses Ergebnis die Vermutung der Parteifunktionärin? $(1-\alpha=0{,}9545)$

Aufgabe 129

Eine Umweltschutzorganisation behauptet, daß aufgrund der unzureichenden Informationspolitik der Verantwortlichen höchstens 50% der Wahlberechtigten der Bundesrepublik Deutschland über das wahre Ausmaß des Waldsterbens richtig informiert seien. Die zuständigen Behörden halten diese Behauptung für falsch und geben eine Meinungsumfrage in Auftrag. Dabei stellt sich heraus, daß von 441 zufällig ausgewählten und befragten Wahlberechtigten (einfache Stichprobe) rund 43% richtig informiert waren.

a) Prüfen Sie mit einem geeigneten Test, ob es (statistisch) gerechtfertigt ist anzunehmen, daß die Umweltschutzorganisation mit ihrer Behauptung recht hat!

b) Wie groß wäre die Wahrscheinlichkeit, daß bei diesem Test die Nullhypothese von Teilaufgabe a) nicht verworfen würde, wenn der wahre Anteil der richtig informierten Wahlberechtigten 0,46 betragen würde $(\alpha=0{,}05)$?

* Aufgabe 130

Ein Unternehmen besitzt zwei Produktionsstätten (P_A,P_B), deren gleichartige (Massen-)produkte auf ein Zentrallager gebracht werden. Von der Produktion der Produktionsstätte P_A gehören im Mittel π_A = 29% zur 2. Wahl oder einer schlechteren Kategorie, bei den Produkten von P_B sind es im Mittel nur π_B = 20%. Von einer größeren Lieferung (N=100000 Stück) sei nicht bekannt, ob sie von P_A oder P_B stammt. In einer Zufallsstichprobe vom Umfang n = 500 finden sich x' = 120 Produkte minderer Qualität.

a) Entscheiden Sie mit Hilfe eines geeigneten Tests, aus welcher Produktionsstätte die Lieferung (wohl) stammt, indem Sie sich für die Produktionsstätte mit Anteil an Produkten minderer Qualität π_o entscheiden, wenn H_o: $\pi = \pi_o$ nicht verworfen wird und für die andere Produktionsstätte, wenn H_o verworfen wird!

b) Bestimmen Sie den Fehler 1. und 2. Art zu Teilaufgabe a)!

c) Wann gilt für den kritischen Wert $w_\alpha = (\pi_A+\pi_B)/2$?

Aufgabe 131

Bei einer Untersuchung über den Bekanntheitsgrad von Brauereien bzw. Biermarken wurde unter anderem festgestellt, daß 32% der (erwachsenen) Bundesbürger die Biermarke "Küppers Kölsch" kennen.

a) Wieviel Bundesbürger, die "Küppers Kölsch" kennen, sind in einer einfachen Stichprobe vom Umfang n=900 aus der Gesamtheit der (erwachsenen) Bundesbürger zu erwarten? Ändert sich das Ergebnis bei einer Auswahl ohne Zurücklegen?

b) Nach einer Werbekampagne fanden sich in einer einfachen Stichprobe vom Umfang n=1600 560 Bundesbürger, die "Küppers Kölsch" kennen. Kann man davon ausgehen, daß durch die Werbekampagne der Bekanntheitsgrad verbessert wurde?

Aufgabe 132

Unter dem Motto "Sei schlank, sei gesund!" verkündet eine Frauenzeitschrift mit sehr großer Leserschaft den Beginn der alljährlichen Diät-Saison. Allen interessierten Vollschlanken werden zwei gleichwertige Diätpläne angeboten: die eigene "Brunhilde-Diät" und die von einem Hersteller diätetischer Vollnahrungsmittel speziell entwickelte "Schlankheitsdiät X-2". In Erwartung geradezu abenteuerlicher Gewichtsverluste und mithin hoher Lustgewinne in kürzester Zeit beteiligen sich zahlreiche Frauen an den Diätprogrammen, zumal die Aussicht besteht, daß das eigene Konterfei zu Demonstrationszwecken (vorher - nachher) verwendet wird.

Bereits nach sechs Wochen wird eine Erfolgskontrolle durchgeführt mit dem Ziel festzustellen, ob die "Brunhilde-Diät" oder die "Schlankheitsdiät X-2" größere Erfolge zeitigt. Von der verantwortlichen Redakteurin werden aus beiden Gesamtheiten (aus Kostengründen) nur je 40 zufällig ausgewählte Frauen gewogen. Für die "Brunhilde-Diät" ergibt sich ein mittleres Gewicht von $\bar{x}_1 = 57{,}4$ kg, für die "Schlankheitsdiät X-2" ein mittleres Gewicht von $\bar{y}_1 = 60$ kg.

Der Nahrungsmittelhersteller will es genau wissen. Er wiegt je 1200 zufällig ausgewählte Frauen und erhält die Durchschnittswerte $\bar{x}_2 = 60$ kg und $\bar{y}_2 = 59{,}5$ kg.

a) Welches der beiden Ergebnisse ist auf dem Niveau $\alpha = 0{,}05$ signifikant, wenn angenommen werden kann, daß $\sigma_X^2 = \sigma_Y^2 = 36$ (kg^2)?

b) Erläutern Sie anhand dieses Beispiels, was "signifikant" bedeutet!

Aufgabe 133

In der Umwelt-Diskussion wird seit längerem darauf hingewiesen, daß nicht nur die Industrie, sondern auch die Landwirtschaft in bestimmten Bereichen erheblich zur Umweltbelastung beiträgt. So hat sich gezeigt, daß Böden häufig mit Stickstoff überdüngt werden mit der Folge, daß die zuviel ausgebrachten Stickstoffmengen über das Grundwasser in Form von Nitrat im Trinkwasser erscheinen. Eine staatliche (fränkische) Versuchsanstalt für Weinbau möchte in einem Versuch (einfache, voneinander unabhängige Stichproben) zeigen, daß auch bei wesentlich reduziertem Düngemitteleinsatz die Ernteerträge unverändert bleiben, die Kosten der Winzer und die Umweltbelastung hingegen gesenkt werden können.

Die Ergebnisse des Versuchs sind in der folgenden Tabelle dargestellt:

	geringer Düngemitteleinsatz	hoher Düngemitteleinsatz
Anzahl der (untersuchten) Reben	41	51
Mittl. Ertrag pro Rebe (in Liter)	6,2	6,1
Stichprobenvarianz (in Liter^2)	4,0	4,41

Überprüfen Sie anhand eines geeigneten Tests die Hypothese gleicher mittlerer Erträge bei geringem und hohem Düngemitteleinsatz (Signifikanzniveau α=0,01)!

Hinweis: Unterstellen Sie gleiche Varianzen in den Gesamtheiten!

Aufgabe 134

Die Diskussion über das Katalysator-Auto war eher durch Emotionen als durch Sachargumente gekennzeichnet. So behauptete eine Gruppe, daß Kraftfahrzeuge mit Katalysator einen deutlich höheren Benzinverbrauch hätten als die entsprechenden herkömmlichen Fahrzeuge, während eine andere Gruppe die Meinung vertrat, daß der Einbau von Katalysatoren sogar zu einer Verminderung des Treibstoffverbrauchs führe. Ein unabhängiges Forschungsinstitut bemühte sich daraufhin, diesen kontroversen Sachverhalt mit wissenschaftlichen Methoden zu untersuchen.

Dazu wurden 142 Fahrzeuge des gleichen Typs, von denen die eine Hälfte mit Katalysatoren ausgerüstet war, über eine 100 km lange Teststrecke gefahren. Dabei verbrauchten die Fahrzeuge mit (ohne) Katalysator im Mittel 9,8 l (9,5 l) Benzin bei einer Stichprobenvarianz von $\hat{\sigma}_X^2 = 4$ (l^2) ($\hat{\sigma}_Y^2 = 4{,}41$ (l^2)).

Überprüfen Sie anhand eines geeigneten Tests die Hypothese gleichen Benzinverbrauchs von Fahrzeugen mit und ohne Katalysator (1-α=0,95)! Unterstellen Sie dabei Gleichheit der Varianzen in den beiden Grundgesamtheiten!

Aufgabe 135

Der Hersteller von Präzisionswaagen charakterisiert die Genauigkeit seiner Produkte durch die Angabe der für das jeweilige Gerät typischen Varianz der Messungen. Ein Kunde bezweifelt, daß die Angabe eines solchen globalen Maßes für die Genauigkeit der Messungen angemessen ist. Er nimmt an, daß die Varianz der Messungen mit zunehmendem Gewicht der Meßobjekte größer wird.

Zum Beleg dieser Annahme mißt er mit einer bestimmten Waage das Gewicht von 101 relativ leichten (X_i) und 121 relativ schweren (Y_j) Gegenständen und berechnet die jeweiligen Schätzwerte für die Varianzen $\hat{\sigma}_X^2 = 16$ und $\hat{\sigma}_Y^2 = 24$.

Überprüfen Sie durch einen geeigneten Test, ob dieses Stichprobenergebnis die Annahme des Kunden stützt (1-α=0,95)! Unterstellen Sie dabei Normalverteilungen in den beiden Gesamtheiten!

Aufgabe 136

Zum Vergleich des Kondensat-(Teer-)gehalts zweier Zigarettenmarken HA und HB werden n = 121 Zigaretten der Marke HA (X) und m = 181 Zigaretten der Marke HB (Y) untersucht. Aus den beiden Stichproben ergeben sich die folgenden Maßzahlen:

$\bar{x} = 11$ (mg), $\hat{\sigma}_X^2 = 5{,}2$ (mg^2) und $\bar{y} = 13$ (mg), $\hat{\sigma}_Y^2 = 4$ (mg^2).

Kann die beobachtete Differenz der Stichprobenmittelwerte von $|11-13| = 2$ (mg) noch als zufällig angesehen werden oder unterscheiden sich die Mittelwerte (statistisch) signifikant ($\alpha=0{,}05$)?

Zwei Vorstichproben mit den Stichprobenumfängen n = 141 (X) und m = 161 (Y) lieferten die folgenden Varianzen:

$\hat{\sigma}_X^2 = 5{,}8$ (mg^2) und $\hat{\sigma}_Y^2 = 4{,}5$ (mg^2).

Überprüfen Sie vorab mit Hilfe eines geeigneten Tests, ob die Bedingung gleicher Varianzen in den beiden Gesamtheiten erfüllt ist. Begründen Sie hierbei, wieso beide Gesamtheiten als approximativ normalverteilt angesehen werden können!

Aufgabe 137

Der Produktionsleiter eines Unternehmens vermutet, daß zwei Maschinen unterschiedliche Ausschußanteile produzieren. Er entnimmt der laufenden Produktion beider Maschinen zwei Zufallsstichproben jeweils vom Umfang 500 und stellt als Ausschußanteil 10% für Maschine 1 und 13 % für Maschine 2 fest. Überprüfen Sie mit einem geeigneten Test die Vermutung des Produktionsleiters! ($\alpha=0{,}05$)

Aufgabe 138

Nachdem in Großbritannien die Anzahl der von Kampfhunden getöteten oder grausam verstümmelten Menschen während der letzten Jahre drastisch gestiegen ist, gab es im Unterhaus eine Gruppe von Parlamentariern, welche die Tötung aller Kampfhunde (Pitbull-Terrier, Mastinos etc.) forderte. Zugleich sprachen sich in einer repräsentativen Umfrage vom Umfang 500 (einfache Stichprobe) 55% der befragten Briten für diese Maßnahme aus.

Auch in Deutschland nehmen die Unfälle mit Kampfhunden angsterregend zu. Ein Assistent am Lehrstuhl für Statistik glaubt aber, daß dies nicht die gleichen Auswirkungen auf das Meinungsbild der Bevölkerung hat wie in Großbritannien. Schließlich ist die Tierliebe der Deutschen bekannt und das Treten eines Hundes gilt häufig als verwerflicher als das Verprügeln eines Kindes. Er vermutet daher, daß der Anteil der deutschen Bevölkerung, der die Tötung aller Kampfhunde in Deutschland befürwortet, geringer ist als in Großbritannien. Eine repräsentative Umfrage bei 400 Personen (einfache Stichprobe) ergab einen Anteil von 48%.

Überprüfen Sie die Vermutung des Assistenten mit einem geeigneten Test! ($\alpha=0{,}05$)

Aufgabe 139

Mit Hilfe eines neuen Produktionsverfahrens (B) können bestimmte Bauteile für Präzisionsmaschinen wesentlich kostengünstiger als mit dem alten Verfahren (A) hergestellt werden. Als Maß für die Genauigkeit der hergestellten Produkte wird die Varianz bestimmter Meßwerte verwendet. Um zu entscheiden, ob das neue Produktionsverfahren eingeführt werden soll, werden aus den Produkten der Verfahren A bzw. B einfache Stichproben vom Umfang n = 180 bzw. m = 200 gezogen. Es ergeben sich dabei Stichprobenvarianzen von $\hat{\sigma}_A^2 = 0{,}0218\ (mm^2)$ bzw. $\hat{\sigma}_B^2 = 0{,}0171\ (mm^2)$.

Das neue (kostengünstigere) Verfahren B soll eingeführt werden, wenn es gerechtfertigt ist anzunehmen, daß die Varianz des Verfahrens B nicht größer als die Varianz des Verfahrens A ist. Sie können davon ausgehen, daß sich die Gesamtheiten hinsichtlich des (eingestellten) Mittelwerts nicht unterscheiden.

Führen Sie einen zur Entscheidungsfindung geeigneten Test durch ($1-\alpha=0{,}95$)! Welche Entscheidung würden Sie treffen?

Aufgabe 140

Ein Uhrenhersteller bietet eine bestimmte Armbanduhr in drei Ausführungen an: Economy, Standard und de luxe (Marktanteile: 65:25:10). Nach einer Werbekampagne wird von der Marketing-Abteilung aufgrund einer einfachen Zufallsstichprobe vom Umfang n = 500 aus der Gesamtheit der Käufer dieser Uhr festgestellt, daß sich $n_1 = 320$ Käufer für die Economy-, $n_2 = 100$ Käufer für die Standard- und $n_3 = 80$ Käufer für die de-luxe-Ausführung entschieden haben. Kann man bei diesem Ergebnis davon ausgehen, daß sich die Marktanteile geändert haben?

Aufgabe 141

Der Geschäftsführer eines Großmarktes beabsichtigt, seine Sortimentspolitik zu ändern. Er vermutet, daß sich die Nachfrage nach Kaffee gleichmäßig auf die vier führenden Marken verteilt. Zur Überprüfung seiner Vermutung stehen ihm die folgenden Daten zur Verfügung.

bevorzugte Marke	Anzahl der Kunden, die die Marke ... bevorzugen
A	270
B	230
C	210
D	290

a) Welcher Test ist geeignet, die Vermutung des Geschäftsführers zu überprüfen?

b) Unter welchen Voraussetzungen können die gegebenen Daten benutzt werden, diesen Test durchzuführen?

c) Nehmen Sie an, diese Voraussetzungen seien erfüllt und führen Sie den Test durch!

Aufgabe 142

Es wird behauptet, die Anzahl der täglichen Ausfälle einer neu installierten EDV-Anlage sei POISSON-verteilt. Die Auswertung von n = = 100 zufällig und mit Zurücklegen ausgewählten Tages-Protokollen brachte folgendes Ergebnis.

Anzahl der Ausfälle x	Anzahl der Tage mit x Ausfällen n_i
0	17
1	20
2	27
3	18
4	18
5 und mehr	0

Entscheiden Sie aufgrund eines geeigneten Tests, ob die Anzahl der täglichen Ausfälle einer POISSON-Verteilung folgt ($1-\alpha=0,95$)!

Aufgabe 143

Im Zusammenhang mit bestimmten Lagerhaltungsproblemen ist zu prüfen, ob die POISSON-Verteilung ein geeignetes Modell für die Nachfrage nach einem Produkt ist. Eine einfache Stichprobe von Verkaufs-Tagen lieferte die folgenden Daten.

Anzahl der nachgefragten Produkte je Tag (x)	Anzahl der Tage, an denen x Produkte nachgefragt werden
0	17
1	31
2	25
3	15
4	6
5	6
6 und mehr	0

Ist aufgrund dieser Daten der Schluß gerechtfertigt, daß die POISSON-Verteilung ein geeignetes Nachfrage-Modell ist?

Aufgabe 144

In der Praxis eines praktischen Arztes beklagen sich die Patienten, daß das Spritzen wesentlich stärker mit Schmerzen verbunden ist, wenn die Spritzen vom Arzt selbst anstatt von einer der beiden Arzthelferinnen (Krankenschwestern) gegeben werden. Da der Arzt statistisch interessiert ist, überprüft er diese nach seiner Meinung völlig unhaltbare Behauptung mit Hilfe einer einfachen Stichprobe.

a) Für 500 zufällig ausgewählte Patienten, denen Spritzen gegeben wurden, wurde festgestellt, wer gespritzt hat und ob dabei (stärkere) Schmerzen aufgetreten sind.

Ausführender	Schmerzen	
	ja	nein
Arzt	63	37
Arzthelferin	117	283

Überprüfen Sie mit Hilfe eines geeigneten Tests die Behauptung der Patienten (α=0,001)!

b) Der Arzt ist wegen des Ergebnisses dieses Tests bestürzt. Nach einigen Überlegungen glaubt er jedoch die Ursache zu kennen: Die Arzthelferinnen treffen eine systematische Auswahl, indem sie überwiegend jene Patienten selbst spritzen, deren Venen leicht zugänglich sind. Seine Vermutung läßt ihm keine Ruhe, so daß er eine zweite einfache Stichprobe vom Umfang n = 200 Patienten zieht. Die Ergebnisse enthält die folgende Tabelle.

Ausführender	Venenlage	
	leicht zugänglich	schwer zugänglich
Arzt	12	38
Arzthelferin	134	16

Führen Sie einen geeigneten Test zur Überprüfung der Vermutung des Arztes durch! (α=0,01)

Aufgabe 145

Eine Diplomprüfung an der wirtschafts- und sozialwissenschaftlichen Fakultät einer deutschen Universität erbrachte folgendes Ergebnis.

Fachrichtung (B) / Ergebnis (A)	Kaufleute	Handelslehrer	Volkswirte	insgesamt
bestanden	281	56	122	459
nicht bestanden	164	20	48	232
insgesamt	445	76	170	691

Überprüfen Sie mit Hilfe eines geeigneten Tests, ob dieses Ergebnis die Annahme stützt, daß das Prüfungsergebnis von der Fachrichtung abhängt (α=0,05)!

Aufgabe 146

Es wird vermutet, daß die Diplom-Vorprüfungs-Klausuren im Fach Statistik besser bewertet werden als die im Fach Recht. Um diese Vermutung zu überprüfen, werden aus den Klausuren dieser Fächer zwei einfache, voneinander unabhängige Zufallstichproben (verschiedene Kandidaten!) gezogen, die folgendes Ergebnis lieferten.

Note	Recht	Statistik
1	0	3
2	20	45
3	80	82
4	50	20
5	15	6

Lassen diese Ergebnisse den Schluß zu, daß unterschiedlich bewertet wird (1-α=0,95)?

Aufgabe 147

Von einem bestimmten Präparat wird angenommen, daß es die (geistige) Leistungsfähigkeit erhöht. In einem klinischen Großversuch wurde 100 (zufällig ausgewählten) Männern dieses Präparat und weiteren 100 (zufällig ausgewählten) Männern (Kontrollgruppe) Placebos (Scheinmedikamente) verabreicht. Ihre Reaktionen zeigt die folgende Übersicht.

Leistungsfähigkeit \ Gruppe	Gruppe mit Präparat	Kontrollgruppe
leistungsfähiger	34	20
indifferent	58	68
weniger leistungsfähig	8	12

Bestätigt dieser Versuch die Annahme, daß das Präparat die Leistungsfähigkeit beeinflußt?

Aufgabe 148

Eine Vertriebsgesellschaft vermutet, daß es hinsichtlich der Nachfrage nach bestimmten Wochenzeitschriften regionale Unterschiede gibt. Um diese Vermutung statistisch zu überprüfen, zieht sie aus der Menge der Käufer von Wochenzeitschriften zwei voneinander unabhängige einfache Zufallsstichproben, und zwar eine (n_1=510) aus der norddeutschen und eine (n_2=450) aus der süddeutschen Region.

Die Käufer in beiden Stichproben werden gefragt, welche Wochenzeitschrift sie bevorzugen (keine Mehrfachnennungen!). Das Ergebnis dieser Befragung zeigt die folgende Übersicht.

Wochenzeitschrift	Norddeutschland	Süddeutschland
A	195	145
B	140	200
C	175	105
Σ	510	450

a) Welches ist - unter Berücksichtigung der erhobenen Daten - der geeignete Test, um die Vermutung der Vertriebsgesellschaft zu überprüfen?

b) Formulieren Sie für die Vermutung der Vertriebsgesellschaft "es gibt regionale Nachfrageunterschiede" Null- und Alternativhypothese!

c) Führen Sie den Test durch und interpretieren Sie das Ergebnis (α=0,001)!

d) Kann man aus dem Ergebnis von Teilaufgabe c) schließen, daß der Verkauf dieser Wochenzeitschriften unabhängig ist von der Region, in der sie verkauft werden?

Aufgabe 149

Die Leitung einer Großbank beabsichtigt, in einem neuen Stadtteil einer oberfränkischen Stadt eine Filiale einzurichten. Es wird die Ansicht vertreten, daß dieses Vorhaben nur dann sinnvoll ist, wenn das mittlere monatliche Haushaltseinkommen der Haushalte dieses Stadtteils höher als 2000,-- DM ist. Eine Entscheidung soll aufgrund der folgenden Ergebnisse einer Zufallsstichprobe vom Umfang n=15 gefällt werden.

Haushalt	monatl. Eink. in DM	Haushalt	monatl. Eink. in DM	Haushalt	monatl. Eink. in DM
1	2440	6	2810	11	2620
2	1720	7	2050	12	3710
3	1900	8	3980	13	1890
4	3400	9	2210	14	3280
5	4840	10	6600	15	7100

Kann die Filiale eingerichtet werden?

2.2 Lösungen

Lösung 1

Es soll eine Teilmenge der (Ziel-)Gesamtheit (Bamberger Bürger) erfaßt, d.h. befragt werden (Teilerhebung, Stichprobe). Diese Teilmenge soll für die Gesamtheit repräsentativ sein, d.h. ein verkleinertes, sonst aber naturgetreues Abbild der (Ziel-)Gesamtheit sein.

Voraussetzung dafür ist, daß die Zielgesamtheit (Bamberger Bürger) mit der Auswahlgesamtheit (Personen/Institutionen mit einer Bamberger Telefon-Nummer) übereinstimmt, denn die Stichprobe ist eine Teilmenge der Auswahlgesamtheit. Das ist hier sicher nicht der Fall. Im Bamberger Telefonbuch stehen auch Telefon-Nummern von Personen, die keine Bürger Bambergs sind, aber in Bamberg ein Büro, eine Kanzlei, Praxis oder ähnliches besitzen. Andererseits gibt es zahlreiche Bamberger, die kein Telefon besitzen, die also auch nicht in die Stichprobe aufgenommen werden können.

Schon aus diesem Grunde werden die vorgelegten Ergebnisse verzerrt (nicht repräsentativ) sein. Da die Bamberger ohne Telefon nicht befragt werden und es sich hierbei im allgemeinen um die weniger begüterten Bamberger handelt, wird der daraus resultierende systematische Fehler (Bias) die Wohn- und Einkommensverhältnisse positiver erscheinen lassen als sie realiter sind.

Über die Art der Auswahl (Zufallsauswahl, willkürliche Auswahl) kann man nur mutmaßen. Es scheint sich um eine willkürliche Auswahl zu handeln, die keine Berechnung des Stichproben-(Zufalls-)Fehlers zuläßt.

Angesichts des großen Umfangs der Zielgesamtheit ($N \doteq 70000$) ist es unerheblich, ob die Stichprobeneinheiten mit oder ohne Zurücklegen gezogen werden (Auswahlsatz: $n/N = 250/70000 \doteq 0{,}0036$).

Günstiger, wenn auch aufwendiger, wäre es in jedem Falle gewesen, die Stichprobeneinheiten zufällig anhand des aktuellen Bamberger Wählerverzeichnisses auszuwählen.

Zu berücksichtigen ist auch, daß bei derartigen "freiwilligen" Erhebungen (bei amtlichen Erhebungen besteht überwiegend Antwortpflicht) die Antwortquote meist gering ist (insbesondere bei derartigen "sensiblen" Fragen). Daraus können sich zusätzlich erhebliche Verzerrungen (systematische Fehler) ergeben.

Schließlich dürfte es nicht ganz leicht fallen, die Variable "Wohnverhältnisse" adäquat zu präzisieren.

Lösung 2

Ereignis E: Ein neugeborenes Kind ist ein Mädchen.

$f(E) = \frac{n(E)}{n} = 0{,}49$ gibt an, daß 49% der - in einem bestimmten Gebiet und einem bestimmten Zeitraum - geborenen Kinder Mädchen waren.

P(E) = 0,49 ist (zum Beispiel) ein Maß dafür, daß (bezogen auf ein bestimmtes Gebiet) ein - noch ungeborenes Kind - ein Mädchen sein wird.

Lösung 3

Sei E_i das Ereignis "Hauptgewinn beim i-ten Los" und $\bar{E}_i$ das Ereignis "kein Hauptgewinn beim i-ten Los".

Dann ist $\bar{E} = \bar{E}_1 \cap \bar{E}_2 \cap \ldots \cap \bar{E}_{n^*}$ das Ereignis "kein Hauptgewinn bei n* Losen". Aus der (unterstellten) stochastischen Unabhängigkeit der $\bar{E}_i$ folgt dann mit

$P(E_i) = 0{,}01$, $P(\bar{E}_i) = 0{,}99$ und

$P(\bar{E}) = P(\bar{E}_1) \cdot P(\bar{E}_2) \cdot \ldots \cdot P(\bar{E}_{n^*}) = 0{,}99^{n^*}$, daß n* die Bedingung

$1-P(\bar{E}) = 1-0{,}99^{n^*} \geq 0{,}6$ erfüllen muß.

Aus $0{,}99^{n^*} \leq 0{,}4$ folgt

$n^* \geq \log 0{,}4/\log 0{,}99 \doteq 91{,}2$.

Damit die Wahrscheinlichkeit für mindestens einen Hauptgewinn größer gleich 0,6 ist, müssen wenigstens 92 Lose gekauft werden.

Kontrolle: $1-P(\bar{E}) = 1 - 0{,}99^{92} = 1 - 0{,}397 = 0{,}603 > 0{,}6$.

Die Annahme der stochastischen Unabhängigkeit bedeutet, daß die Lose nach dem Prinzip einer Auswahl mit Zurücklegen gezogen werden, ein Auswahlprinzip, das für eine Lotterie zumindest ungewöhnlich ist. Unter anderem bedeutet diese Annahme, daß es möglich ist, beim Kauf von n* Losen n* Hauptgewinne zu ziehen.

Lösung 4

Unter der Annahme, daß der Assistent "zufällig" spielen geht und sein Chef ihn "zufällig" aufsucht oder anruft, sind E_1 (Assistent geht spielen) und E_2 (Chef sucht ihn auf oder ruft an) zufällige Ereignisse mit $P(E_1) = 8/20 = 0{,}4$ und $P(E_2) = 0{,}1$. Unter der weiteren Annahme, daß E_1 und E_2 stochastisch unabhängig sind, ist die Wahrscheinlichkeit, daß der Chef versucht, seinen Assistenten zu erreichen und ihn auch tatsächlich antrifft $P(\bar{E}_1 \cap E_2) = P(\bar{E}_1) \cdot P(E_2) = 0{,}6 \cdot 0{,}1 = 0{,}06$.

Wenn $P(E_1 \cap E_2) = P(E_1) \cdot P(E_2) \leq 0{,}01$ sein soll und $P(E_2) = 0{,}1$ ist, muß $P(E_1) \leq 0{,}1 = 2/20$ sein, so daß der Assistent nur an höchstens 2 von 20 Arbeitstagen spielen gehen darf.

Lösung 5

Ereignis D_i: die bei der i-ten Entnahme gezogene Sicherung ist defekt.
(Zufalls-)Stichprobe vom Umfang $n = 3$.

a) $N = 10$, $N_1 = 4$, $\pi = N_1/N = 4/10 = 0{,}4$.

Bei einer Entnahme mit Zurücklegen sind die Einzel-Entnahmen voneinander unabhängig, d.h. $P(D_i) = \pi$ für $i=1,2,3$. In der Schachtel sind stets $N = 10$ Sicherungen, darunter $N_1 = 4$ defekte; daher ist

$$P(D_1 \cap D_2 \cap D_3) = P(D_1) \cdot P(D_2) \cdot P(D_3) = 0{,}4 \cdot 0{,}4 \cdot 0{,}4 = 0{,}064 \ .$$

Die Wahrscheinlichkeit, daß unter den genannten Bedingungen alle entnommenen Sicherungen defekt sind, beträgt 0,064 .

b) Bei einer Entnahme ohne Zurücklegen sind die Einzel-Entnahmen nicht voneinander unabhängig. In der Schachtel sind nach der ersten Entnahme nur noch $N-1 = 9$, nach der zweiten Entnahme nur noch $N-2 = 8$ Sicherungen. Wieviel defekte jeweils unter den $N-1$ bzw. $N-2$ Sicherungen sind, hängt davon ab, ob zuvor defekte oder nicht defekte Sicherungen gezogen wurden.

$$P(D_1 \cap D_2 \cap D_3) = P(D_1) \cdot P(D_2 | D_1) \cdot P(D_3 | D_1 \cap D_2) =$$
$$= \frac{N_1}{N} \cdot \frac{N_1 - 1}{N-1} \cdot \frac{N_1 - 2}{N-2} = \frac{4}{10} \cdot \frac{3}{9} \cdot \frac{2}{8} = \frac{24}{720} = 0{,}0\bar{3} \ .$$

Die Wahrscheinlichkeit, daß unter den geänderten Bedingungen alle entnommenen Sicherungen defekt sind, beträgt nur noch $0{,}0\bar{3}$.

c) $N = 1000$, $\pi = 0{,}4$, $N_1 = \pi \cdot N = 0{,}4 \cdot 1000 = 400$.

Das Ergebnis zu a) ändert sich nicht, weil nach wie vor $\pi = 0{,}4$ ist und bei einer Entnahme mit Zurücklegen N, der Umfang der Gesamtheit, keine Rolle spielt.

Aufgrund der größeren Gesamtheit ändert sich jedoch das Ergebnis zu b), obwohl nach wie vor $\pi = N_1/N = 0{,}4$ ist, und zwar wie folgt:

$$P(D_1 \cap D_2 \cap D_3) = P(D_1) \cdot P(D_2 | D_1) \cdot P(D_3 | D_1 \cap D_2) =$$
$$= \frac{N_1}{N} \cdot \frac{N_1 - 1}{N-1} \cdot \frac{N_1 - 2}{N-2} = \frac{400}{1000} \cdot \frac{399}{999} \cdot \frac{398}{998} = 0{,}0637 \doteq 0{,}064 \ .$$

Die Wahrscheinlichkeit, daß alle drei entnommenen Sicherungen defekt sind, beträgt in beiden Fällen (etwa) 0,064.

d) Aus den Ergebnissen zu a), b) und c) folgt, daß Entnahmen (Zufallsauswahlen) mit und ohne Zurücklegen bei kleinem Auswahlsatz n/N praktisch gleichwertig sind, d.h. zu fast den gleichen Ergebnissen führen.

Lösung 6

a) Von der Annahme, daß die Kundinnen jeweils nur ein Paar Schuhe kaufen.

b) Als Stichproben- oder Ereignisraum Ω.

c) Nein! Sie wären stochastisch unabhängig, wenn $P(\omega_i \cap \omega_j) = P(\omega_i)P(\omega_j)$ für alle $i \neq j$ wäre. Das ist aber nicht der Fall. $P(\omega_i)P(\omega_j)$ ist stets größer als 0, sieht man von dem pathologischen Fall ab, daß ein Elementarereignis ein unmögliches Ereignis ist. $P(\omega_i \cap \omega_j)$ ist exakt 0, da Elementarereignisse stets disjunkte Ereignisse sind, ihre Schnittmenge infolgedessen die leere Menge ist und die Wahrscheinlichkeit (solcher) unmöglichen Ereignisse genau 0 ist. Allgemein gilt: Disjunkte Ereignisse sind stets abhängig.

d) Bei hinreichend großem n lassen sich die gesuchten Wahrscheinlichkeiten mit Hilfe der relativen Häufigkeiten bemessen, d.h. durch $P(\omega_i) \doteq n(\omega_i)/n$ (statistische Wahrscheinlichkeitsbemessung nach v.MISES). Beispielsweise ist $P(\omega_4) = 240/800 \doteq 0,3$. Allerdings ist die relative Häufigkeit nur ein Schätzwert für die Wahrscheinlichkeit. Die Wahrscheinlichkeit eines Ereignisses ω_i unterscheidet sich fast immer von der relativen Häufigkeit dieses Ereignisses. Es gibt im übrigen kein Kriterium, wie groß n sein muß, damit die Wahrscheinlichkeit durch die relative Häufigkeit geschätzt werden kann.

e) $P(\omega_1) + P(\omega_2) + \ldots + P(\omega_5) = 0,03 + 0,10 + \ldots + 0,23 = 0,84$.

Die Wahrscheinlichkeit, daß eine neue Kundin ein Paar Schuhe der Größe 40 und kleiner nachfragt, ist 0,84.

f) $P(\omega_5) + P(\omega_6) = 0,23 + 0,12 = 0,35$.

Die Wahrscheinlichkeit, daß eine neue Kundin ein Paar Schuhe der Größe 40 oder 41 nachfragt, ist 0,35.

Lösung 7

Gegeben: Urnenmodell mit N = 3 Losen, M = 1 Treffer und N-M = 2 Nieten.

Sei T_i (N_i) das Ereignis, daß die Person, die an i-ter Stelle zieht, den Treffer (eine Niete) zieht (i=1,2,3).

Gesucht ist $P(T_i)$, i=1,2,3.

Die Wahrscheinlichkeiten können jeweils nach der Regel von LAPLACE bestimmt werden.

a) $P(T_1) = M/N = 1/3$.

b) Nach dem allgemeinen Multiplikationssatz ist

$$P(T_2) = P(T_2 \cap N_1) = P(T_2 | N_1) \cdot P(N_1) \ .$$

$P(N_1) = (N-M)/N = 2/3$,

$P(T_2 | N_1) = M/(N-1) = 1/2$, so daß

$P(T_2) = 1/2 \cdot 2/3 = 1/3 = P(T_1)$.

c) Den Überlegungen zu b) entsprechend ist - Verallgemeinerung auf drei Ereignisse -

$$P(T_3) = P(T_3 \cap N_2 \cap N_1) =$$
$$= P(T_3 | N_2 \cap N_1) \cdot P(N_2 | N_1) \cdot P(N_1) \ .$$

$P(N_1) =(N-M)/N = 2/3$,

$P(N_2 | N_1) = (N-M-1)/(N-1) = 1/2$,

$P(T_3 | N_2 \cap N_1) = M/(N-2) = 1$, so daß

$P(T_3) = 1 \cdot 1/2 \cdot 2/3 = 1/3 = P(T_2) = P(T_1)$.

Somit ist die Treffer-Wahrscheinlichkeit für alle drei Personen gleich! (Wäre es nicht so, gäbe es wohl keine Lotterie in dieser Form!).

Anmerkung: Die Zufallsvariablen X_i, mit x_i = 0 oder 1 für i=1,2,3, die angeben, ob die i-te Person einen Treffer oder eine Niete zieht, sind identisch verteilt, aber nicht stochastisch unabhängig, weil zum Beispiel $P(T_1 \cap T_2) = 0 \neq P(T_1) \cdot P(T_2) = 1/9$ ist.

Lösung 8

Stichprobenraum für einmaliges Würfeln:

$\Omega = \{\omega_1, \omega_2, \ldots, \omega_6\}$, wobei ω_1 das (Elementar-)Ereignis "Werfen einer 1",

ω_2 das (Elementar-)Ereignis "Werfen einer 2" ... und ω_6 das (Elementar-)Ereignis "Werfen einer 6" bedeutet. $P(\omega_i) = 1/6$ für $i=1,2,\dots,6$.

Es sei $P(E_j) = 1/6$ die Wahrscheinlichkeit dafür, in der j-ten Runde eine "6" zu werfen, und $P(\bar{E}_j) = 5/6$ die Wahrscheinlichkeit dafür, in der j-ten Runde keine "6" zu werfen.

a) Dann ist (wegen der stochastischen Unabhängigkeit) die Wahrscheinlichkeit dafür, erst in der 6. Runde herauszukommen, gleich

$$P(\bar{E}_1 \cap \bar{E}_2 \cap \bar{E}_3 \cap \bar{E}_4 \cap \bar{E}_5 \cap E_6) = P(\bar{E}_1)\cdot P(\bar{E}_2)\cdot \ldots \cdot P(E_6) =$$

$$= 5/6 \cdot 5/6 \cdot \ldots \cdot 1/6 = \left(\frac{5}{6}\right)^5 \cdot \frac{1}{6} \doteq 0{,}067 \ .$$

b) Das ist die Wahrscheinlichkeit dafür, nur in der ersten Runde oder nur in der zweiten Runde oder ... oder nur in der zehnten Runde herauszukommen. Diese Wahrscheinlichkeit ist gleich

$$P[(E_1 \cap \bar{E}_2 \cap \bar{E}_3 \cap \ldots \cap \bar{E}_{10}) \cup (\bar{E}_1 \cap E_2 \cap \bar{E}_3 \cap \ldots \cap \bar{E}_{10}) \cup (\bar{E}_1 \cap \bar{E}_2 \cap E_3 \cap \ldots \cap \bar{E}_{10}) \cup \ldots$$

$$\ldots \cup (\bar{E}_1 \cap \bar{E}_2 \cap \bar{E}_3 \cap \ldots \cap E_{10})] =$$

$$= P(E_1 \cap \bar{E}_2 \cap \bar{E}_3 \cap \ldots \cap \bar{E}_{10}) + P(\bar{E}_1 \cap E_2 \cap \bar{E}_3 \cap \ldots \cap \bar{E}_{10}) + P(\bar{E}_1 \cap \bar{E}_2 \cap E_3 \cap \ldots \cap \bar{E}_{10}) +$$

$$+ \ldots P(\bar{E}_1 \cap \bar{E}_2 \cap \bar{E}_3 \cap \ldots \cap E_{10}) =$$

$$= 10 \cdot \left(\frac{5}{6}\right)^9 \cdot \frac{1}{6} \doteq 0{,}323 \ .$$

c) Die gesuchte Zahl t ergibt sich aus

$$P(\bar{E}_1 \cap \bar{E}_2 \cap \ldots \cap \bar{E}_{t-1} \cap E_t) = \left(\frac{5}{6}\right)^{t-1} \cdot \frac{1}{6} = 0{,}00522$$

$$\left(\frac{5}{6}\right)^{t-1} = 0{,}03132$$

$$(t-1)\log\left(\frac{5}{6}\right) = \log 0{,}03132$$

$$t-1 = \frac{\log 0{,}03132}{\log(5/6)} \doteq 19 \ .$$

Wenn man t = 20 mal würfelt, ist die Wahrscheinlichkeit, erst beim zwanzigsten Mal eine 6 zu bekommen, gleich 0,00522 .

d) Voraussetzungen:
- idealer Würfel,
- die Würfe sind voneinander stochastisch unabhängig!

Lösung 9

Jeder Weg von H nach U läßt sich durch einen Vektor der Länge 5 (Streckenabschnitte) und den Komponenten S (Süden) und O (Osten) beschreiben. Dabei muß S 2mal und O 3mal vorkommen. Jeder dieser Vektoren ist ein Ereignis des Zufallsexperiments "eingeschlagener Weg des Professors von H nach U".

a) Durch Auszählen erhält man 10 Wege:

1	2	3	4	5
S	S	O	O	O
S	O	S	O	O
S	O	O	S	O
S	O	O	O	S
O	S	S	O	O
O	S	O	S	O
O	S	O	O	S
O	O	S	S	O
O	O	S	O	S
O	O	O	S	S

Es gibt 10 solcher Vektoren und somit 10 verschiedene (direkte) Wege von H nach U.

b1) Der eingezeichnete Weg entspricht dem Vektor w = (O,O,S,O,S).

Da P an den ersten vier Kreuzungen die Münze wirft, die letzte Komponente w_5 = S, dann jedoch festliegt, gilt

$$P(w) = \frac{1}{2}\cdot\frac{1}{2}\cdot\frac{1}{2}\cdot\frac{1}{2} = 1/16 .$$

Die Wahrscheinlichkeit, daß P den Weg w einschlägt, ist 1/16 .

b2) Wege und ihre Wahrscheinlichkeiten

P(S,S,O,O,O) = 1/4
P(S,O,S,O,O) = 1/8
P(S,O,O,S,O) = 1/16
P(S,O,O,O,S) = 1/16
P(O,S,S,O,O) = 1/8
P(O,S,O,S,O) = 1/16
P(O,S,O,O,S) = 1/16
P(O,O,S,S,O) = 1/16
P(O,O,S,O,S) = 1/16
P(O,O,O,S,S) = 1/8

Σ = 16/16 .

Da an der letzten Kreuzung vor U (bzw. bei Erreichen des U-Weges oder der U-Straße) nie (mehr) die Münze geworfen werden muß, gibt es höchstens 4 Münzwürfe bei einem Weg von H nach U, so daß P(w) wenigstens den - bei b1) bestimmten - Wert $\left(\frac{1}{2}\right)^4$ = 1/16 annehmen muß.

c) Jetzt liegt eine Auswahl ohne Zurücklegen vor. Die Wahrscheinlichkeit für das unter b1) beschriebene Ereignis ist daher so zu bestimmen:

$$P(0,0,S,0,S) = P(w_1=0)\cdot P(w_2=0|w_1=0)\cdot P(w_3=S|w_1=0,w_2=0)\cdot$$
$$\cdot P(w_4=0|w_1=0,w_2=0,w_3=S)\cdot 1 = \frac{3}{5}\cdot\frac{2}{4}\cdot\frac{2}{3}\cdot\frac{1}{2} = 1/10 \ .$$

Für alle anderen Wege ergeben sich die gleichen Wahrscheinlichkeiten, zum Beispiel:

$$P(S,S,0,0,0) = P(w_1=S)\cdot P(w_2=S|w_1=S)\cdot 1\cdot 1\cdot 1 = \frac{2}{5}\cdot\frac{1}{4} = 1/10 \ .$$

Alle Wege besitzen also die gleiche Wahrscheinlichkeit von 1/10!

Lösung 10

Sei $f_X(x)$ eine (beliebige) gegebene Dichte:

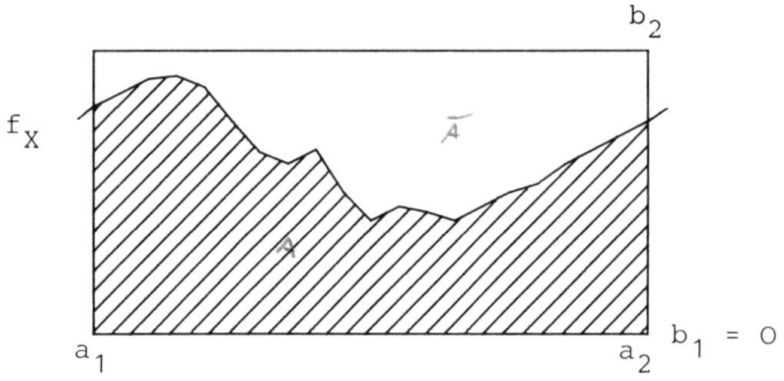

Das Integral über $[a_1,a_2]$ entspricht der schraffierten Fläche. Mit Hilfe eines Zufallszahlen-Generators werden n "zufällige" Koordinaten (X,Y), die einer zweidimensionalen Rechteckverteilung mit $a_1 \le x \le a_2$ und $b_1 \le$ $\le y \le b_2$ folgen, erzeugt. Für jedes erzeugte Koordinatenpaar wird geprüft, ob es Element des schraffierten Bereichs ist (A) oder nicht ($\bar{A}$), und es wird die Anzahl n(A) sowie die gesamte Fläche $F = (a_2-a_1)\cdot b_2$ bestimmt. Dann ist

$$\frac{n(A)}{n}\cdot F \doteq \int_{a_1}^{a_2} f_X(x)dx = P(a_1 \le X \le a_2) \ .$$

Die Abschätzung wird mit zunehmendem n immer genauer.

Lösung 11

Ereignis R_i: Auswahl eines roten Gegenstands durch das Kind beim i-ten Zug,

Ereignis F_i: Auswahl eines Gegenstands beliebiger Farbe durch das Kind beim i-ten Zug.

"Keine Farbpräferenz" bedeutet, daß das Kind alle Farben gleichermaßen liebt, d.h. die Wahrscheinlichkeit für die Auswahl eines Gegenstands irgendeiner Farbe ist für alle Farben gleich und beträgt 1/6.

"Auswahl mit Zurücklegen" bedeutet, daß das Ergebnis des i-ten Zugs nicht von den Ergebnissen früherer Züge abhängt. Dies kann beispielsweise dadurch erreicht werden, daß die Gegenstände nach jedem Zug in einer anderen (zufälligen) Farbordnung aufgestellt werden.

a) Aufgrund der genannten Bedingungen beträgt die Wahrscheinlichkeit, daß ein roter Gegenstand ausgewählt wird, 1/6.

b) $n = 3$.

b1) $P(R_1 \cap R_2 \cap R_3) = P(R_1) \cdot P(R_2) \cdot P(R_3) = (1/6)^3 \doteq 0{,}0046$.

Die Wahrscheinlichkeit, daß das Kind dreimal hintereinander den roten Gegenstand auswählt, ist etwa 0,0046.

b2) Das Ergebnis von Teilaufgabe b1) hätte sich auch ergeben, wenn nach einer anderen Farbe gefragt worden wäre, d.h. die Wahrscheinlichkeit dafür, daß das Kind dreimal hintereinander einen Gegenstand irgendeiner bestimmten Farbe auswählt, ist jeweils 0,0046. Da es sechs Farben gibt, ist die Wahrscheinlichkeit dafür, daß das Kind dreimal hintereinander einen gleichfarbigen Gegenstand auswählt,

$6 \cdot 0{,}0046 = 0{,}02\bar{7}$.

Formal: $P(F_1 \cap F_2 \cap F_3) = 6 \cdot \left(\frac{1}{6}\right)^3 = \left(\frac{1}{6}\right)^2 = 0{,}02\bar{7}$.

c) Gesucht: n .

Gegeben: $P(F_1 \cap F_2 \cap \ldots \cap F_n) < 0{,}001$.

Aufgrund der Überlegungen von Teilaufgabe b2) gilt:

$$P(F_1 \cap F_2 \cap \ldots \cap F_n) = 6 \cdot \left(\frac{1}{6}\right)^n = \left(\frac{1}{6}\right)^{n-1} < 0{,}001$$

$$(n-1) \log (1/6) < \log 0{,}001$$

$$(n-1) > \log 0{,}001/\log (1/6)$$

$$(n-1) > 3{,}86$$

$$n > 4{,}86 .$$

Der Farbtest muß mindestens 5mal durchgeführt werden, damit die Wahrscheinlichkeit, daß das Kind dabei nur gleichfarbige Gegenstände auswählt, kleiner als 0,001 ist.

Lösung 12

Zu dieser Aufgabe gibt es zwei Lösungen, je nachdem, ob man das Vollenden des 10. Lebensjahres als zufälliges Ereignis auffaßt (1) oder nicht, d.h. den Stichprobenraum einschränkt (2).

Zu (1)

Sei E_1, E_2 bzw. E_3 das zufällige Ereignis, wenigstens 10, 45 bzw. 75 Jahre alt zu werden.

Dann ist $E_3 \subset E_2 \subset E_1$ und es gilt:

$$P(E_2|E_1) = P(E_2 \cap E_1)/P(E_1) = P(E_2)/P(E_1) \doteq$$

$$\doteq \frac{n(E_2)}{n} \cdot \frac{n}{n(E_1)} = \frac{n(E_2)}{n(E_1)} = 94700/100000 = 0,947 \; .$$

Das ist die Wahrscheinlichkeit, das 45. Lebensjahr zu vollenden, unter der Bedingung, daß das 10. Lebensjahr vollendet wurde.

Die (bedingte) Wahrscheinlichkeit, das 75. Lebensjahr zu vollenden, wenn man das 10. Lebensjahr vollendet hat, ist:

$$P(E_3|E_1) = P(E_3 \cap E_1)/P(E_1) = P(E_3)/P(E_1) \doteq \frac{n(E_3)}{n} \cdot \frac{n}{n(E_1)} =$$

$$= n(E_3)/n(E_1) = 46400/100000 = 0,464.$$

Schließlich ist

$$P(E_3|E_2) = P(E_3 \cap E_2)/P(E_2) = P(E_3)/P(E_2) =$$

$$= \frac{P(E_3) \cdot P(E_1)}{P(E_1) \cdot P(E_2)} = \frac{P(E_3 \cap E_1)}{P(E_1)} \cdot \frac{P(E_1)}{P(E_2 \cap E_1)} = \frac{P(E_3|E_1)}{P(E_2|E_1)} = \frac{0,464}{0,947} \doteq 0,490$$

die Wahrscheinlichkeit, das 75. Lebensjahr zu vollenden, unter der Bedingung, daß das 45. Lebensjahr vollendet wurde.

Zu (2)

Sei Ω die Menge der männlichen Kinder, die das 10. Lebensjahr vollendet haben, mit $n(\Omega) = n = 100000$.

Sei ferner E_1 bzw. E_2 das zufällige Ereignis, daß eines dieser Kinder 45 bzw. 75 Jahre alt wird.

Dann ist $E_2 \subset E_1$ und es ist

$$P(E_1) \doteq n(E_1)/n = 94700/100000 = 0,947$$

die Wahrscheinlichkeit, das 45. Lebensjahr zu vollenden, wenn man bereits das 10. Lebensjahr vollendet hat.

$$P(E_1 \cap E_2) = P(E_2) \doteq \frac{n(E_2)}{n} = \frac{46400}{100000} = 0,464$$

ist die Wahrscheinlichkeit, das (45. und) 75. Lebensjahr zu vollenden, wenn man das 10. Lebensjahr vollendet hat.

Schließlich ist

$$P(E_2 | E_1) = P(E_2 \cap E_1)/P(E_1) = P(E_2)/P(E_1) = \frac{0,464}{0,947} = 0,490$$

die Wahrscheinlichkeit, das 75. Lebensjahr zu vollenden, unter der Bedingung, daß das 45. Lebensjahr vollendet wurde.

Lösung 13

Die Stromversorgung ist unterbrochen, wenn Teil Nr. 1 defekt ist (Ereignis E_1 mit $P(E_1) = 0,005$) oder alle Teile Nr. 2 bis 5 defekt sind (Ereignis $E_2 = E_{21} \cap E_{22} \cap E_{23} \cap E_{24}$ mit $P(E_2) =$

$$= P(E_{21}) \cdot P(E_{22}) \cdot P(E_{23}) \cdot P(E_{24}) = P(E_{2\cdot})^4).$$

Somit ist das Ereignis G (Unterbrechung der Stromversorgung): $G = E_1 \cup E_2$. $P(G)$ soll $\leq 0,01$ sein.

Es ist $P(G) = P(E_1) + P(E_2) - P(E_1 \cap E_2)$, mit $P(E_1 \cap E_2) > 0$.

Wegen der Unabhängigkeit von E_1 und E_2 gilt:

$$0,01 \geq 0,005 + P(E_{2\cdot})^4 - (0,005 \cdot P(E_{2\cdot})^4)$$ / − 0,05

$$0,005 \geq P(E_{2\cdot})^4 \, (1-0,005)$$

$$\frac{0,005}{0,995} \geq P(E_{2\cdot})^4$$

$$P(E_{2\cdot}) \leq \sqrt[4]{\frac{0,005}{0,995}} = 0,2662 \; .$$

Die Ausfallwahrscheinlichkeit jedes der Teile Nr. 2 bis 5 darf also den Wert 0,2662 nicht übersteigen.

Lösung 14

Sei E_i das Ereignis, daß das i-te Kühlsystem (i=1,2,3) ausfällt.

Dann ist $P(E_i) = 0,1$ für i=1,2,3.

Sowohl bei Teilaufgabe a) als auch bei Teilaufgabe b) ist $P(E_1 \cap E_2 \cap E_3)$ zu bestimmen.

a) Bei Annahme der stochastischen Unabhängigkeit der drei Ereignisse E_i gilt:

$$P(E_1 \cap E_2 \cap E_3) = P(E_1) \cdot P(E_2) \cdot P(E_3) = 0,1 \cdot 0,1 \cdot 0,1 = 0,001 \ .$$

Die Ausfallwahrscheinlichkeit des gesamten Kühlsystems beträgt also 0,001.

b) Unter den geänderten Annahmen ist

$P(E_i) = 0,1$ für i=1,2,3 ,
$P(E_i | E_j) = 0,3$ für $i \neq j$ und
$P(E_i | E_j \cap E_k) = 0,7$ für i,j,k paarweise verschieden.

Damit ist

$$\begin{aligned} P(E_1 \cap E_2 \cap E_3) &= P(E_1) \cdot P(E_2 | E_1) \cdot P(E_3 | E_2 \cap E_1) \\ &= 0,1 \cdot 0,3 \cdot 0,7 = 0,021 \ . \end{aligned}$$

Die Ausfallwahrscheinlichkeit beträgt 0,021 und ist also aufgrund der geänderten Annahmen deutlich gestiegen.

Lösung 15

Eine Betrachtung der Elementarereignisse zeigt unmittelbar, daß der Tutor recht hat.

Elementarereignis (mit Berücksichtigung der Reihenfolge) ω	$P(\omega)$	Elementarereignis (ohne Berücksichtigung der Reihenfolge) ω'	$P(\omega')$
(W,W,W)	1/8	{W,W,W}	1/8
(W,W,Z)	1/8		
(W,Z,W)	1/8	{W,W,Z}	3/8
(Z,W,W)	1/8		
(W,Z,Z)	1/8		
(Z,W,Z)	1/8	{W,Z,Z}	3/8
(Z,Z,W)	1/8		
(Z,Z,Z)	1/8	{Z,Z,Z}	1/8

Also ist $P(\{W,W,W\} \cup \{Z,Z,Z\}) = 2/8 = 1/4$.

Brauses Überlegungen sind diffiziler.

Richtig ist, daß

$$P(\{\text{Anzahl Wappen} \geq 2\} \cup \{\text{Anzahl Zahl} \geq 2\}) = P(\{\text{Anzahl Wappen} \geq 2\}) + P(\{\text{Anzahl Zahl} \geq 2\}) = \frac{1}{2} + \frac{1}{2} = 1$$ ist (s.o.).

Falsch ist hingegen die Annahme, daß die Wahrscheinlichkeit für einen "Wappen-(Zahl-)Wurf" bei der dritten Münze, wenn (unter der Bedingung, daß) die beiden anderen Münzen Wappen (Zahl) zeigen, gleich 1/2 ist.

Begründung:
Wie der obigen Tabelle zu entnehmen ist, zeigen nur in einem von 4 Fällen alle Münzen Wappen (Zahl), wenn man die Betrachtung auf jene Elementarereignisse (ω) beschränkt, in denen wenigstens 2 Münzen Wappen (Zahl) zeigen, d.h. die Wahrscheinlichkeit beträgt nicht, wie Brause vermutet, jeweils 1/2, sondern nur jeweils 1/4. Damit erhält man

$$P(\{W,W,W,\} \cup \{Z,Z,Z\}) = P(\{W,W,W\}) + P(\{Z,Z,Z\}) = \frac{1}{2} \cdot \frac{1}{4} + \frac{1}{2} \cdot \frac{1}{4} = \frac{1}{4} .$$

Lösung 16

Sei E_i, $i=1,2,\ldots,10$, das zufällige Ereignis, daß der i-te Mann aus der Gruppe innerhalb eines Jahres stirbt.

Die E_i sind stochastisch unabhängig, und es ist $P(E_i) = 0{,}00475$ für alle i.

Dann ist

a) $P(A) = P(\bar{E}_1 \cap \bar{E}_2 \cap \ldots \cap \bar{E}_{10}) = P(\bar{E}_1) \cdot P(\bar{E}_2) \cdot \ldots \cdot P(\bar{E}_{10}) =$

$= (1-0{,}00475)^{10} \doteq 0{,}9535$

die Wahrscheinlichkeit dafür, daß keiner der 10 Männer im Alter von 45 bis 46 Jahren stirbt;

b) $P(B) = P[(E_1 \cap \bar{E}_2 \cap \bar{E}_3 \cap \ldots \cap \bar{E}_{10}) \cup (\bar{E}_1 \cap E_2 \cap \bar{E}_3 \cap \ldots \cap \bar{E}_{10}) \cup \ldots$

$\ldots \cup (\bar{E}_1 \cap \bar{E}_2 \cap \bar{E}_3 \cap \ldots \cap E_{10}] = 10 \cdot (1-0{,}00475)^9 \cdot 0{,}00475 \doteq 0{,}0455$

die Wahrscheinlichkeit dafür, daß genau (irgend-)einer der 10 Männer im Alter von 45 bis 46 Jahren stirbt;

c) $P(C) = P(A \cup B) = P(A) + P(B) \doteq 0{,}9535 + 0{,}0455 = 0{,}999$

die Wahrscheinlichkeit dafür, daß nicht mehr als einer, d.h. keiner oder genau einer der 10 Männer im Alter von 45 bis 46 Jahren stirbt;

d) $P(D) = 1 - P(C) \doteq 1 - 0{,}999 = 0{,}001$

die Wahrscheinlichkeit dafür, daß mehr als einer der 10 Männer im Alter von 45 bis 46 Jahren stirbt;

e) $P(E) = 1 - P(A) \doteq 1 - 0{,}9535 = 0{,}0465$

die Wahrscheinlichkeit dafür, daß mindestens einer der 10 Männer im Alter von 45 bis 46 Jahren stirbt.

Lösung 17

a) Sei G das Ereignis "Kfz-Kennzeichen hat gerade Endziffer" und U das Ereignis "Kfz-Kennzeichen hat ungerade Endziffer".

Die Familie kann jeden Tag Auto fahren, wenn der Alfa eine gerade und der Fiat eine ungerade Endziffer hat oder umgekehrt. Man kann (wohl) davon ausgehen, daß die Zuteilung von Kfz-Kennzeichen mit gerader bzw. ungerader Endziffer zufällig und unabhängig erfolgt mit $P(G) = P(U) = 0{,}5$. Dann ist die Wahrscheinlichkeit für die Kombination (G,U) oder (U,G), d.h. dafür, daß die Familie an jedem Tag im Stadtgebiet fahren kann, gleich $P(G) \cdot P(U) + P(U) \cdot P(G) = 2 \cdot 0{,}25 = 0{,}5$.

b) Wenn die Familie noch ein drittes Auto besäße, ist die Wahrscheinlichkeit dafür, daß sie an jedem Tag im Stadtgebiet fahren kann, gleich $1 - [P(G) \cdot P(G) \cdot P(G)] - [P(U) \cdot P(U) \cdot P(U)] = 1 - (1/2)^3 - (1/2)^3 = 0{,}75$, so daß die unter a) berechnete Wahrscheinlichkeit um 50% steigen würde.

Lösung 18

a) Anzahl der Elementarereignisse, Stichprobenraum

a1) Sei $\omega_i = j$, wenn der i-te Würfel j Augen zeigt (i=1,2,3; j=1,2,...,6).

Dann läßt sich jedes Ergebnis eines Wurfes mit 3 unterscheidbaren Würfeln als Elementarereignis $\omega = (\omega_1, \omega_2, \omega_3)$ beschreiben. Da jedes ω_i die Werte j=1,2,...,6 annehmen kann, gibt es 6•6•6 = 216 solche Elementarereignisse. Der Stichprobenraum Ω besteht also - unter Berücksichtigung der Reihenfolge - aus 216 Elementarereignissen.

a2) Jetzt wird nicht mehr zwischen den 3 Würfeln unterschieden, so daß beispielsweise die Elementarereignisse (1,1,2), (1,2,1) und (2,1,1) aus a1) - also mit Berücksichtigung der Reihenfolge - zu einem neuen Elementarereignis ω' = (2-1-1) - ohne Berücksichtigung der Reihenfolge - zusammengefaßt werden. Es gibt nun

- 6 Elementarereignisse ω' der Form $\omega' = (\omega_1 - \omega_1 - \omega_1)$, zum Beispiel (1-1-1), (2-2-2),...,
- 30 Elementarereignisse ω' der Form $\omega' = (\omega_1 - \omega_1 - \omega_2)$, zum Beispiel (2-2-1),(2-2-3),... und
- 20 Elementarereignisse ω' der Form $\omega' = (\omega_1 - \omega_2 - \omega_3)$, zum Beispiel (3-2-1), (4-2-1),...

(mit $\omega_1 \neq \omega_2 \neq \omega_3$, ω_i=1,2,... oder 6), so daß der Stichprobenraum Ω' - ohne Berücksichtigung der Reihenfolge - aus 6+30+20=56 Elementarereignissen ω' besteht.

b) Wahrscheinlichkeiten der Elementarereignisse

b1) Sei E_i^j das Ereignis, daß der i-te Würfel j Augen zeigt. Dann gilt $P(E_i^j)$ = 1/6 (i=1,2,3; j=1,2,...,6), da es sich um ideale Würfel handelt.

Die Ereignisse E_i^j und $E_{i'}^{j'}$ sind stochastisch unabhängig, da die Augenzahl eines Würfels nicht von denen der anderen abhängt ($1 \leq i < i' \leq 3$). Also gilt

$$P(E_1^{j_1} \cap E_2^{j_2} \cap E_3^{j_3}) = 1/6 \cdot 1/6 \cdot 1/6 = 1/216 .$$

Nun ist aber $E_1^{j_1} \cap E_2^{j_2} \cap E_3^{j_3} = \{(j_1, j_2, j_3)\}$ ein Elementarereignis ω, so daß $P(\omega) = P((\omega_1,\omega_2,\omega_3)) = 1/216$ für alle 216 Elementarereignisse aus Ω gilt.

b2) Nun ist zu berücksichtigen, daß zu jedem Elementarereignis ω' aus Ω' 1, 3 oder 6 Elementarereignisse ω aus Ω gehören.

Ist ω' von der Form $\omega' = (\omega_1\text{-}\omega_1\text{-}\omega_1)$, zum Beispiel $\omega' = (1\text{-}1\text{-}1)$, so gibt es genau ein Elementarereignis $\omega\in\Omega$, so daß $\omega' = (\omega_1\text{-}\omega_1\text{-}\omega_1) = \{(\omega_1,\omega_1,\omega_1)\}$ ist. Somit ist für diese 6 Elementarereignisse ω' jeweils $P(\omega') = 1/216$.

Ist ω' von der Form $\omega' = (\omega_1\text{-}\omega_1\text{-}\omega_2)$, zum Beispiel $\omega' = (2\text{-}2\text{-}1)$, so gibt es genau drei Elementarereignisse $\omega\in\Omega$, so daß $\omega' = (\omega_1\text{-}\omega_1\text{-}\omega_2) = \{(\omega_1,\omega_1,\omega_2), (\omega_1,\omega_2,\omega_1), (\omega_2,\omega_1,\omega_1)\}$, zum Beispiel $(2\text{-}2\text{-}1) = \{(2,2,1), (2,1,2), (1,2,2)\}$, ist. Somit ist für diese 30 Elementarereignisse ω' jeweils $P(\omega') = 3/216$.

Ist ω' von der Form $\omega' = (\omega_1,\omega_2,\omega_3)$, zum Beispiel $\omega' = (3\text{-}2\text{-}1)$, so gibt es genau sechs Elementarereignisse $\omega\in\Omega$, so daß $\omega' = (\omega_1\text{-}\omega_2\text{-}\omega_3) = \{(\omega_1,\omega_2,\omega_3), (\omega_1,\omega_3,\omega_2), (\omega_2,\omega_1,\omega_3), (\omega_2,\omega_3,\omega_1), (\omega_3,\omega_1,\omega_2), (\omega_3,\omega_2,\omega_1)\}$, zum Beispiel $(3\text{-}2\text{-}1) = \{(3,2,1), (3,1,2), (2,3,1), (2,1,3), (1,3,2), (1,2,3)\}$, ist. Somit ist für diese 20 Elementarereignisse ω' jeweils $P(\omega') = 6/216$.

N.B.: Die Elementarereignisse $\omega'\in\Omega'$ werden dabei als Ereignisse in Ω aufgefaßt, die dort aber nicht notwendig auch elementar sein müssen.

c1) Bestimmung der Wahrscheinlichkeit für die Augensumme 11 (vgl. b)

ω'	$P(\omega')$
6-4-1	6/216
6-3-2	6/216
5-5-1	3/216
5-4-2	6/216
5-3-3	3/216
4-4-3	3/216
Σ	27/216

c2) Bestimmung der Wahrscheinlichkeit für die Augensumme 12 (vgl. b)

ω'	$P(\omega')$
6-5-1	6/216
6-4-2	6/216
6-3-3	3/216
5-5-2	3/216
5-4-3	6/216
4-4-4	1/216
Σ	25/216

Der Grund für die Beobachtung des Spielers, daß die Augensumme 11 häufiger auftritt als die Augensumme 12, liegt also darin, daß die Wahrscheinlichkeit, mit 3 Würfeln 11 Augen zu werfen, größer ist als die Wahrscheinlichkeit, 12 Augen zu werfen.

d) Sei X die Augensumme beim Werfen von 3 Würfeln. Dann kann X die Werte $x = 3,4,\ldots,18$ annehmen.

Mit $P(X=x) := P(\{\omega' | X(\omega') = x, \omega' \in \Omega'\})$, zum Beispiel $P(X=11) := P(\{\omega' | X(\omega') = 11, \omega' \in \Omega'\})$, vgl. c1), ergibt sich die folgende Wahrscheinlichkeitsfunktion.

x	$P(X=x) = f_X(x)$
3	1/216
4	3/216
5	6/216
6	10/216
7	15/216
8	21/216
9	25/216
10	27/216
11	27/216
12	25/216
13	21/216
14	15/216
15	10/216
16	6/216
17	3/216
18	1/216
Σ	1

Lösung 19 FS S. 112

Eine Wahrscheinlichkeitsfunktion $f_X(x)$ hat die Eigenschaften:

a) $0 \leq f_X(x) \leq 1$ und b) $\sum_j f_X(x_j) = 1$.

Daher können

$f_1(x)$ wegen $\sum_j f_1(x_j) > 1$ und

$f_4(x)$ wegen $f_4(3) = -0{,}25$

keine Wahrscheinlichkeitsfunktionen sein.

$f_2(x)$, $f_3(x)$ und $f_6(x)$ können Wahrscheinlichkeitsfunktionen sein, weil sie die oben angegebenen Eigenschaften besitzen.

Die Funktion $f_5(x)$ kann eine Wahrscheinlichkeitsfunktion sein, wenn gilt: $0 \leq c \leq 0{,}5$. Anderenfalls sind zwei Funktionswerte negativ.

N.B.: $f_3(x)$ ist eine sogenannte Ein-Punkt-Verteilung. Das Ereignis $X = 1$ tritt mit Wahrscheinlichkeit 1 ein; $f_3(1) = P(X=1) = 1$.

Lösung 20

Es ist $X^* = \dfrac{X-\mu_X}{\sigma_X} = \dfrac{X-\mu}{\sigma}$,

so daß $E(X^*) = E\left(\dfrac{X-\mu}{\sigma}\right) = \dfrac{1}{\sigma}\,E(X-\mu) = \dfrac{1}{\sigma}\,\{E(X)-\mu\} = \dfrac{1}{\sigma}(\mu-\mu) = 0$

und $\operatorname{Var}(X^*) = \operatorname{Var}\left(\dfrac{X-\mu}{\sigma}\right) = \dfrac{1}{\sigma^2}\,E\{(X-\mu)^2\} = \dfrac{1}{\sigma^2}\cdot\sigma^2 = 1$.

Lösung 21

a) Das einzige, in diesem Fall geeignete Verfahren zur Bemessung von Wahrscheinlichkeiten ist die Schätzung von Wahrscheinlichkeiten nach VON MISES. Dabei werden die wahren Wahrscheinlichkeiten durch relative Häufigkeiten geschätzt:

$$P(\omega_j) \doteq \frac{n(\omega_j)}{n}, \quad j=1,2,\ldots,6 \; .$$

b) X = Augenzahl beim einmaligen Wurf mit dem verfälschten Würfel.

Die Wahrscheinlichkeitsfunktion lautet:

$$f_X(x) = \begin{cases} 0{,}065 & \text{für } x=1 \\ 0{,}050 & \text{für } x=2 \\ 0{,}100 & \text{für } x=3 \\ 0{,}074 & \text{für } x=4 \\ 0{,}620 & \text{für } x=5 \\ 0{,}091 & \text{für } x=6 \\ 0 & \text{sonst} \end{cases}$$

Die Verteilungsfunktion lautet:

$$F_X(\xi) = \begin{cases} 0 & \text{für } \xi < 1 \\ 0{,}065 & \text{für } 1 \le \xi < 2 \\ 0{,}115 & \text{für } 2 \le \xi < 3 \\ 0{,}215 & \text{für } 3 \le \xi < 4 \\ 0{,}289 & \text{für } 4 \le \xi < 5 \\ 0{,}909 & \text{für } 5 \le \xi < 6 \\ 1{,}0 & \text{für } 6 \le \xi \end{cases}$$

c) $P(X=\text{"ungerade"}) = P(X=1) + P(X=3) + P(X=5) =$
$= 0{,}065 + 0{,}1 + 0{,}62 = 0{,}785$

Die Wahrscheinlichkeit, daß eine ungerade Zahl gewürfelt wird, beträgt 0,785.

d) $P(2 \le X \le 5) = P(X \le 5) - P(X<2) = P(X \le 5) - P(X \le 1) =$
$= F_X(5) - F_X(1) = 0{,}909 - 0{,}065 = 0{,}844$

Brause wird mit einer Wahrscheinlichkeit von 0,844 mindestens eine Zwei und höchstens eine Fünf würfeln.

Lösung 22

Eigenschaften von Dichtefunktionen: 1) $f_X(x) \ge 0$,

2) $\int_{-\infty}^{\infty} f_X(x)dx = 1$.

a1) Zunächst ist die Konstante c_1 so zu bestimmen, daß $f_1(x)$ eine Dichtefunktion sein kann. Aus der Normierungsbedingung folgt:

$$1 = \int_0^2 \left(\frac{1}{4} + c_1 x\right)dx = \left|\frac{1}{4}x + \frac{c_1 x^2}{2}\right|_0^2 = \frac{1}{2} + 2c_1$$

und daraus folgt $c_1 = 1/4$. Es ist $f_1(x) = \frac{1}{4} + \frac{x}{4} > 0$ für $0 \le x \le 2$; also kann $f_1(x)$ eine Dichtefunktion sein.

b1) Für eine Zufallsvariable X mit Dichte $f_X(x) = f_1(x)$ gilt dann:

$$E(X) = \int_0^2 x\left(\frac{1}{4} + \frac{x}{4}\right)dx = \int_0^2 \left(\frac{x}{4} + \frac{x^2}{4}\right)dx = \left|\frac{x^2}{8} + \frac{x^3}{12}\right|_0^2 = 7/6\ ;$$

$$E(X^2) = \int_0^2 x^2\left(\frac{1}{4} + \frac{x}{4}\right)dx = \int_0^2 \left(\frac{x^2}{4} + \frac{x^3}{4}\right)dx = \left|\frac{x^3}{12} + \frac{x^4}{16}\right|_0^2 = 20/12,$$

$$\mathrm{Var}(X) = E(X^2) - [E(X)]^2 = \frac{20}{12} - \frac{49}{36} = 11/36\ .$$

Die Verteilungsfunktion ist:

$$F_X(\xi) = \begin{cases} 0, & \text{falls } \xi < 0 \\ \int_0^{\xi} (\frac{1}{4} + \frac{1}{4}x)dx = \frac{1}{4}\xi + \frac{1}{8}\xi^2, & \text{falls } 0 \le \xi \le 2 \\ 1, & \text{falls } \xi > 2 \end{cases} .$$

a2) Zunächst ist die Konstante c_2 gemäß der Normierungsbedingung zu bestimmen.

$$1 = \int_0^6 (2+c_2x)dx = \left|2x + \frac{c_2x^2}{2}\right|_0^6 = 12 + 18c_2\ ;$$

daraus folgt $c_2 = -11/18$. Mit $c_2 = -11/18$ ist aber $f_2(x)$ nicht im gesamten Intervall [0;6] positiv, so daß es keine Zufallsvariable X gibt, die f_2 als Dichte hat.

b2) Somit erübrigt sich die Frage nach E(X), Var(X) und der Verteilungsfunktion F_X.

Lösung 23

a) $P(0,5<X\le 1,5) = F_X(1,5) - F_X(0,5)$.

$$\text{Mit}\quad F_X(\xi) = \begin{cases} 0, & \text{falls } \xi < 0 \\ \int_0^{\xi} (\frac{1}{4} + \frac{1}{4}x)dx = \frac{1}{4}\xi + \frac{1}{8}\xi^2, & \text{falls } 0 \le \xi \le 2 \\ 1, & \text{falls } \xi > 2 \end{cases}$$

ist $F_X(1,5) = 0,65625$ und $F_X(0,5) = 0,15625$,

so daß $P(0,5<X\le 1,5) = 0,5$ die gesuchte Wahrscheinlichkeit ist.

b) $P(Y\le 9) = P(4+4X^2\le 9) = P(X^2\le\frac{5}{4}) = P(-\sqrt{\frac{5}{4}}\le X\le+\sqrt{\frac{5}{4}}) = P(0\le X\le+\sqrt{\frac{5}{4}}) \doteq$

$\doteq P(X\le 1{,}118) = F_X(1{,}118) = \frac{1}{4}\cdot 1{,}118 + \frac{1}{8}\cdot\frac{5}{4} = 0{,}43575$.

Die Wahrscheinlichkeit, daß die Zufallsvariable Y einen Wert kleiner als 9 annimmt, beträgt 0,43575.

Anmerkung: Die Betrachtung des Intervalls $0 \le X \le +\sqrt{\frac{5}{4}}$ genügt, da die Werte der Dichtefunktion nur im Bereich $0 \le X \le 2$ größer als 0 sind.

Lösung 24

Setzt man

$$X = \begin{cases} x_1 = 500, \text{ falls ein Fahrrad im Werte von 500,-- DM gewonnen wird,} \\ x_2 = 0, \text{ falls kein Gewinn erzielt wird,} \end{cases}$$

so ist $P(X=x_1) = 10/n$ und $P(X=x_2) = 1 - P(X=x_1)$.

a) Mit n = 600000 und $E(X) = \sum_{j=1}^{2} x_j\cdot P(X=x_j)$ ist dann

$E(X) = 500\cdot 10/600000 = 0{,}008\bar{3}$ (DM) die Gewinnerwartung je Postkarte.

b) Aus $E(X) = 0{,}6 = 500\cdot 10/n$ folgt, daß höchstens n = 8333 Postkarten eingehen dürften.

Lösung 25

Sei die Zufallsvariable X der Gewinn bei einem Los.

Dann kann X die Werte $x_1 = 0$ (Niete) und $x_2 = 100$ (DM Gewinn) annehmen.

Es lohnt sich, ein Los zu kaufen, wenn E(X) größer ist als der Preis eines Loses (2,-- DM).

Es gilt: $E(X) = x_1\cdot f_X(x_1) + x_2\cdot f_X(x_2) = 0\cdot 0{,}99 + 100\cdot 0{,}01 = 1$ (DM).

Da ein Los 2,-- DM kostet, verliert man "im Mittel" 1,-- DM je gekauftem Los, d.h. es lohnt sich nicht, ein Los zu kaufen.

Anmerkung: Somit lohnt es sich natürlich auch nicht, $n^* = 92$ Lose zu kaufen.

Lösung 26

Die folgenden Funktionen sind Wahrscheinlichkeitsfunktionen ($0\le c\le 0{,}5$):

x_j	$f_2(x_j)$	$f_3(x_j)$	$f_5(x_j)$	$f_6(x_j)$
0	0,3	0	c	0,1
1	0,7	1	0,5-c	0,2
2	0	0	0,5-c	0,3
3	0	0	c	0,4

Es gilt: $E(X) = \mu_X = \sum_j x_j f_X(x_j)$ und $Var(X) = \sigma_X^2 = \sum_j (x_j-\mu_X)^2 f_X(x_j)$.

Damit ist für $f_2(x_j)$:

$E(X_2) = \mu_{X_2} = 0 \cdot 0,3 + 1 \cdot 0,7 = 0,7$ und

$Var(X_2) = \sigma_{X_2}^2 = (-0,7)^2 \cdot 0,3 + (0,3)^2 \cdot 0,7 = 0,21$.

$f_2(x_j)$ ist eine Zwei-Punkt-(BERNOULLI-)Verteilung, für die stets $E(X) = P(X=1) = \pi$ (=0,7) und $Var(X) = \pi(1-\pi)$ (=0,21) gilt.

$f_3(x_j)$ ist eine Ein-Punkt-Verteilung mit $E(X_3) = \mu_{X_3} = 1$ und $Var(X_3) = \sigma_{X_3}^2 = 0$.

Für $f_5(x_j)$ ist

$E(X_5) = \mu_{X_5} = 0 \cdot c + 1 \cdot (0,5-c) + 2 \cdot (0,5-c) + 3 \cdot c =$

$= 0,5 - c + 1 - 2c + 3c = 1,5$ und

$Var(X_5) = \sigma_{X_5}^2 = (-1,5)^2 \cdot c + (-0,5)^2(0,5-c) + (0,5)^2(0,5-c) + (1,5)^2 \cdot c =$

$= 2,25c + 1/8 - 1/4c + 1/8 - 1/4c + 2,25c =$

$= 4c + 1/4$.

Für $f_6(x_j)$ ist

$E(X_6) = \mu_{X_6} = 0 \cdot 0,1 + 1 \cdot 0,2 + 2 \cdot 0,3 + 3 \cdot 0,4 = 2,0$ und

$Var(X_6) = \sigma_{X_6}^2 = (-2)^2 \cdot 0,1 + (-1)^2 \cdot 0,2 + (0)^2 \cdot 0,3 + (1)^2 \cdot 0,4 = 1,0$.

Lösung 27

Gegeben ist eine zweipunktverteilte Gesamtheit (von 50-jährigen Männern) mit $\pi = 0,007$ (Sterbewahrscheinlichkeit) und $1-\pi = 0,993$ (Überlebenswahrscheinlichkeit).

Sei

$$X = \begin{cases} 50, & \text{falls der Versicherungsnehmer überlebt,} \\ -4950, & \text{falls der Versicherungsnehmer nicht überlebt.} \end{cases}$$

Dann ist

$E(X) = 50 \cdot 0{,}993 - 4950 \cdot 0{,}007 = 15$ (DM) die gesuchte Gewinnerwartung.

Bei der Versicherung von nur einer Person wird der erwartete "Gewinn" natürlich nicht realisiert. Die Versicherungsgesellschaft wird bei einem Vertrag entweder 50,-- DM einnehmen oder 4950,-- DM ausgeben. Um den erwarteten "Gewinn" zu realisieren, muß die Gesellschaft viele derartige Verträge abschließen (Risikoausgleich).

Anmerkung: Im übrigen müssen bei der Festsetzung der Prämie auch die anfallenden Verwaltungskosten einkalkuliert werden. Der berechnete Erwartungswert kann folglich nur als "Brutto"-Gewinnerwartung interpretiert werden.

Lösung 28

a) Zufallsvariable X: Punkt, an dem der Zeiger des Glücksrads stehen bleibt.

Die stetige Zufallsvariable X kann alle Werte des Intervalls [0;60] annehmen ($0 \le x \le 60$). Dabei ist die Wahrscheinlichkeit dafür, daß der Zeiger im Intervall $[x_1, x_2]$, mit $0 \le x_1 < x_2 \le 60$, stehen bleibt, proportional der Länge $(x_2 - x_1)$ dieses Intervalls.

Somit folgt X der Rechteckverteilung

$$f_X(x) = \begin{cases} 1/60 & \text{für } 0 \le x \le 60 \\ 0 & \text{sonst.} \end{cases}$$

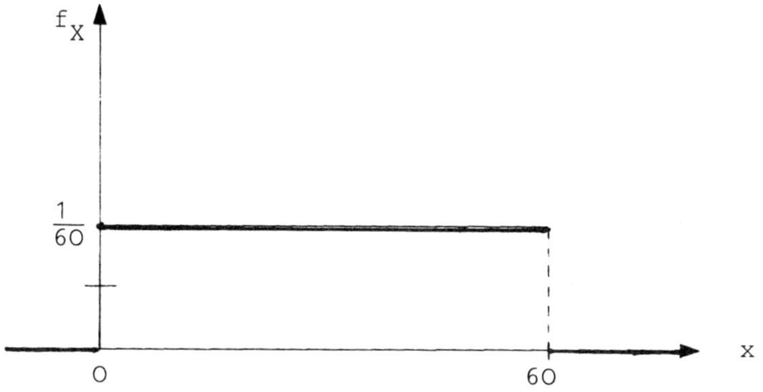

b) Mittelwert:

$E(X) = \mu_X = (a+b)/2 = (0+60)/2 = 30$ oder

$$E(X) = \mu_X = \int_{-\infty}^{+\infty} x \cdot f_X(x)dx = \int_0^{60} \frac{1}{60}\, x\, dx =$$

$$= \frac{1}{60}\left[\frac{x^2}{2}\right]_0^{60} = \frac{1}{60}\,(1800) = 30 \ .$$

Varianz, Standardabweichung:

$Var(X) = \sigma_X^2 = (b-a)^2/12 = 60^2/12 = 300$.

Mit $Var(X) = \sigma_X^2 = E(X^2) - [E(X)]^2$ und

$$E(X^2) = \int_{-\infty}^{+\infty} x^2 f_X(x)dx = \int_0^{60} \frac{1}{60}\, x^2 dx = \frac{1}{60}\left[\frac{x^3}{3}\right]_0^{60} = \frac{1}{60}\,(72000) = 1200$$

ist $Var(X) = 1200 - 900 = 300$ und $\sqrt{Var(X)} = \sigma_X \doteq 17{,}32$.

Der Mittelwert dieser Verteilung beträgt 30 und die Standardabweichung 17,32.

c) $$P(X=14{,}08) = \int_{14{,}08}^{14{,}08} \frac{1}{60}\, dx = 0$$

Die Wahrscheinlichkeit, daß eine stetige Zufallsvariable genau einen Wert annimmt, ist stets (vom Maße) 0.

d) Verteilungsfunktion:

$$F_X(\xi) = \begin{cases} 0, & \text{falls } \xi < 0 \\ \int_0^{\xi} \frac{1}{60}\, dx = \frac{\xi}{60}, & \text{falls } 0 \le \xi \le 60 \\ 1, & \text{falls } \xi > 60 \end{cases}$$

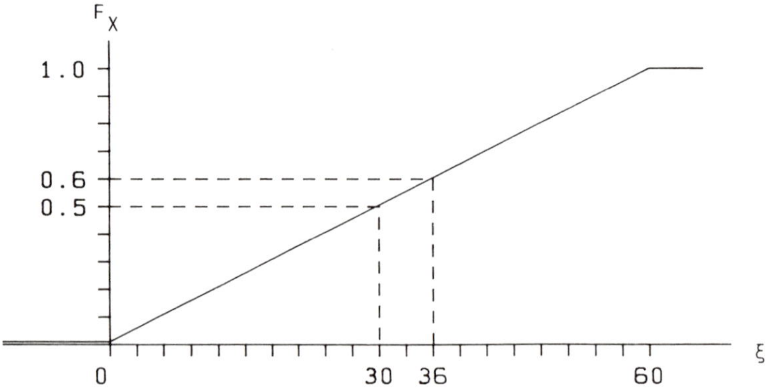

e) $P(30,0 \le X \le 36,0) = P(30,0 < X < 36,0) = \int_{30}^{36} f_X(x)dx = F_X(36) - F_X(30).$

$F_X(36) = 36/60 = 0,6$, $F_X(30) = 1/2$, so daß $P(30,0 \le X \le 36,0) = 0,1$ (s. Abbildung).

Die Wahrscheinlichkeit, daß der Zeiger zwischen 30 und 36 stehen bleibt, ist 0,1.

Lösung 29

Die stetige Zufallsvariable X (Kragenweite eines Hemdes der Größe 39/40) folgt annahmegemäß (exakt) einer Normalverteilung mit den Parametern $\mu_X = 39,5$ (cm) und $\sigma_X^2 = 2,25$ (cm^2), d.h. $X \sim N(39,5;2,25)$.

a1) $P(X>42,5) = 1 - P(X \le 42,5) = 1 - F_U(\lambda_1)$.

Mit $\lambda_1 = \frac{\xi - \mu_X}{\sigma_X} = \frac{42,5-39,5}{1,5} = 2$ ist $1 - F_U(2) = 1 - 0,977 = 0,023 =$ $= 2,3\%$ die gesuchte Ausschußwahrscheinlichkeit eines zufällig ausgewählten Hemdes. $F_U(\lambda)$ ist der Wert der Verteilungsfunktion der Standardnormalverteilung an der Stelle λ, der aus der entsprechenden Tabelle abgelesen werden kann.

a2) $P(X<38,0) = P(X \le 38,0) = F_U(\lambda_1)$.

Mit $\lambda_1 = \frac{\xi - \mu_X}{\sigma_X} = \frac{38,0-39,5}{1,5} = -1$ ist $F_U(-1) = 0,159 = 15,9\%$ die gesuchte Ausschußwahrscheinlichkeit eines zufällig ausgewählten Hemdes.

a3) $P(X<38,5) + P(X>41,5) = 1 - P(38,5 \le X \le 41,5) = 1 - (F_U(\lambda_1) - F_U(\lambda_0)) =$ $= 1 - F_U(\lambda_1) + F_U(\lambda_0)$.

Mit $\lambda_1 = \frac{41,5-39,5}{1,5} \doteq 1,33$ und $\lambda_0 = \frac{38,5-39,5}{1,5} \doteq -0,67$ ist

$1 - F_U(1,33) + F_U(-0,67) = 1 - 0,9082 + 0,2514 = 0,3432 = 34,32\%$ die gesuchte Ausschußwahrscheinlichkeit eines zufällig ausgewählten Hemdes.

b) Die Kragenweite (X) kann nicht exakt normalverteilt sein, weil die Dichte einer exakt normalverteilten Zufallsvariablen Y im Intervall $(-\infty,+\infty)$ definiert und positiv ist, Y also auch negative Werte annehmen kann. Die Kragenweite X kann jedoch nur positive Werte (in einem bestimmten Bereich) annehmen. X kann also allenfalls in einem bestimmten (unbekannten) Intervall $[a,b]$, $a,b > 0$, $a < b$, approximativ normalverteilt sein, so daß die unter a) berechneten Ausschußwahrscheinlichkeiten Näherungswerte sind. Über die Güte der Approximation lassen sich ohne weitere Informationen keine Aussagen machen.

Lösung 30

Die Zufallsvariable X (tatsächliches Gewicht einer "100 g-"Tafel in g) ist approximativ normalverteilt. Die im folgenden berechneten Werte sind daher Näherungswerte.

Gegeben: $P(X>105) \leq 0{,}025$.

a) $\mu_X = 100$; σ_X unbekannt

$$P(X>105) \leq 0{,}025$$

$$1 - P(X\leq 105) \leq 0{,}025$$

$$1 - F_X(105) \leq 0{,}025$$

$$F_X(105) \geq 0{,}975$$

$$F_U\left(\frac{105-100}{\sigma_X}\right) \geq 0{,}975 \ .$$

Daraus folgt: $\lambda = \dfrac{105-100}{\sigma_X} = \dfrac{5}{\sigma_X} \geq 1{,}96$.

Damit ist

$\sqrt{Var(X)} = \sigma_X \leq 5/1{,}96 \doteq 2{,}55$ (g) und $Var(X) \leq 2{,}55^2 \doteq 6{,}5$ (g^2).

Der gesuchte Höchstwert der Varianz beträgt etwa 6,5 (g^2).

b) $\sigma_X = 2{,}0$; μ_X unbekannt

$P(X>105) \leq 0{,}025$.

Analog Teilaufgabe a) ergibt sich dann

$$F_U\left(\frac{105-\mu_X}{2}\right) \geq 0{,}975$$

$$\lambda = \frac{105-\mu_X}{2} \geq 1{,}96$$

$$105 - \mu_X \geq 3{,}92$$

$$\mu_X \leq 101{,}08 \ .$$

Der Mittelwert darf unter den genannten Bedingungen höchstens 101,08 (g) betragen.

c) Zu bestimmen ist c unter der Voraussetzung, daß $P(100-c \leq X \leq 100+c) = 0{,}95$, $\mu_X = 100$ (g) und $\sigma_X = 2$ (g).

$$P(100-c \leq X \leq 100+c) = P\left[\frac{100-c-\mu_X}{\sigma_X} \leq U \leq \frac{100+c-\mu_X}{\sigma_X}\right] =$$

$$= P\left[\frac{100-c-100}{2} \leq U \leq \frac{100+c-100}{2}\right] = P(-\tfrac{c}{2} \leq U \leq +\tfrac{c}{2}) = 2F_U(\tfrac{c}{2})-1 = 0{,}95 \;.$$

Daraus folgt $F_U(\frac{c}{2}) = 0{,}975$, $\frac{c}{2} = 1{,}96$ und $c = 3{,}92$ (g).

Damit ist $P(96{,}08 \leq X \leq 103{,}92) \stackrel{\bullet}{=} 0{,}95$, d.h. unter den genannten Bedingungen wird eine zufällig ausgewählte 100 g Tafel mit Wahrscheinlichkeit 0,95 ein Gewicht zwischen 96,08 g und 103,92 g aufweisen und daher nicht als Ausschuß angesehen werden.

Lösung 31

a) Die Zufallsvariable X (Preis eines Medikaments in der Apotheke) folgt einer (zunächst) unbekannten Verteilung mit Mittelwert $\mu_X = 10$ und Varianz $\sigma_X^2 = 12{,}25$.

Zu bestimmen ist $P(4{,}75 \leq X \leq 15{,}25)$. Da die Verteilung der Gesamtheit unbekannt ist, kann diese Wahrscheinlichkeit nur mit Hilfe der Ungleichung von TSCHEBYSCHEFF abgeschätzt werden.

Es gilt $P(\mu_X - c\sigma_X \leq X \leq \mu_X + c\sigma_X) \geq 1 - \frac{1}{c^2}$.

Bestimmung von c:

Mit $\mu_X = 10$ und $\sigma_X = 3{,}5$ ist $\mu_X - c\sigma_X = 10 - c \cdot 3{,}5 = 4{,}75$ (und $\mu_X + c\sigma_X = 10 + c \cdot 3{,}5 = 15{,}25$).

Daraus folgt $c = 5{,}25/3{,}5 = 1{,}5$ und $P(4{,}75 \leq X \leq 15{,}25) \geq 1 - \frac{1}{c^2} =$

$= 1 - \frac{1}{1{,}5^2} = 0{,}5\overline{5}$ ist die gesuchte (Mindest-)Wahrscheinlichkeit.

b) Zu bestimmen ist $P(4{,}75 \leq X \leq 15{,}25)$ unter der Annahme, daß $X \sim N(10; 12{,}25)$.

$$P(4{,}75 \leq X \leq 15{,}25) = P\left[\frac{4{,}75-10}{3{,}5} \leq U \leq \frac{15{,}25-10}{3{,}5}\right] = P(-1{,}5 \leq U \leq 1{,}5) =$$

$$= F_U(1{,}5) - F_U(-1{,}5) = 2F_U(1{,}5) - 1 = 2 \cdot 0{,}9332 - 1 = 0{,}8664.$$

Unter der Annahme, daß X (exakt) normalverteilt ist, ist die Wahrscheinlichkeit dafür, daß ein zufällig entnommenes Medikament zwischen 4,75 DM und 15,25 DM kostet, genau gleich 0,8664 und damit wesentlich höher als in Teilaufgabe a).

Lösung 32

a) Auswahl mit Zurücklegen

Anzahl der möglichen Stichproben: $N^n = 5^2 = 25$. Jede dieser Stichproben wird mit einer Wahrscheinlichkeit von 1/25 realisiert. Wenn die Einheiten der Gesamtheit durchnumeriert sind (1,2,...,5), ist zum Beispiel

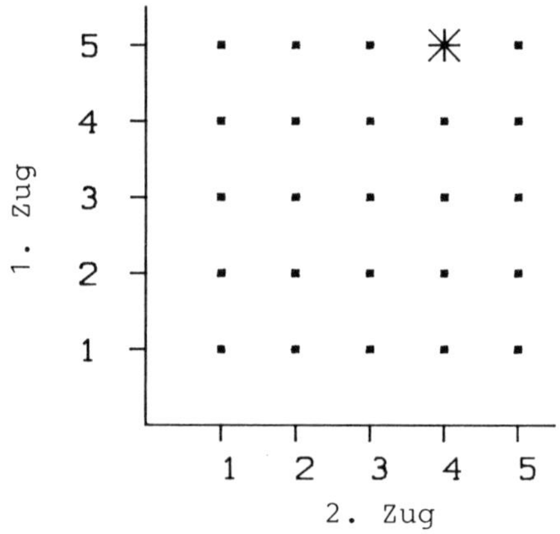

die graphische Darstellung des zugehörigen Stichprobenraums. Jeder Punkt kennzeichnet eine der 25 möglichen Stichproben, der Punkt * zum Beispiel jene Stichprobe bei der zuerst die Einheit Nr. 5 und dann die Einheit Nr. 4 gezogen wird. Jede Einheit kann auch zweimal gezogen werden.

Hinweis: Bei einer Auswahl mit Zurücklegen wird in der Regel die Reihenfolge berücksichtigt, da nur in diesem Falle die Elementarereignisse gleichwahrscheinlich sind (vgl. Aufgabe 18).

b) Bei einer Auswahl ohne Zurücklegen können die Einheiten der Gesamtheit nur einmal gezogen werden. Daher verringert sich die Anzahl der möglichen Stichproben um 5 auf $N!/(N-n)! = 5!/3! = 20$, wenn die Reihenfolge der Einheiten berücksichtigt wird. Jede dieser Stichproben wird mit einer Wahrscheinlichkeit von 1/20 realisiert.

Stichprobenraum

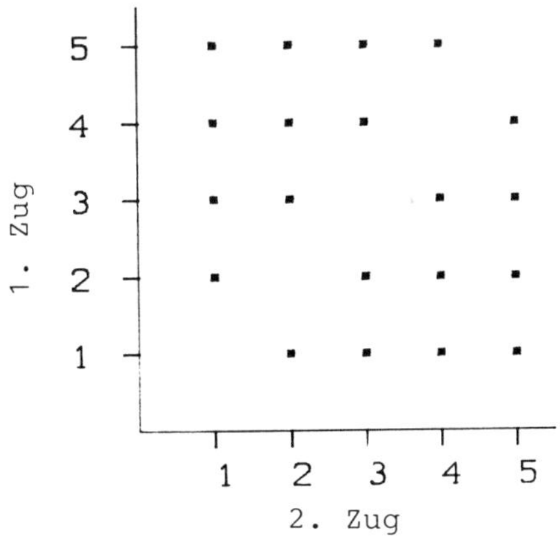

Wird die Reihenfolge der Einheiten nicht berücksichtigt, kommt es also nicht darauf an, ob beim ersten Zug die 5 und beim zweiten Zug die 3 oder umgekehrt zuerst die 3 und dann die 5 gezogen wird, gibt es nur noch

$$\binom{N}{n} = \frac{N!}{(N-n)!n!} = \frac{5!}{3!2!} = 10$$

mögliche Stichproben, die jeweils mit einer Wahrscheinlichkeit von 1/10 = 0,1 realisiert werden.

Lösung 33

Sei X_i eine Zufallsvariable, die die Werte 1 (falls die i-te Aussage richtig gekennzeichnet wird) oder 0 (falls die i-te Aussage falsch gekennzeichnet wird) annimmt $(i=1,2,\dots,20)$. Da der Prüfling sich jeweils nach einem Münzwurf für R oder F entscheidet, ist $P(X_i=0) = P(X_i=1) = 0,5 = \pi$ und für $i \neq j$ sind X_i und X_j stochastisch unabhängig.

Daraus folgt, daß $X' = \sum_{i=1}^{n} X_i$, die Anzahl der richtig gekennzeichneten Aussagen $B(n,\pi) = B(20;0,5)$-verteilt ist. Somit ergibt sich die gesuchte Wahrscheinlichkeit dafür, die Prüfung zu bestehen aus

$$\sum_{x=15}^{20} f_X(x|20;0,5) = 0,0148 + 0,0046 + 0,0011 + 0,0002 + 0 + 0 = 0,0207$$

(Tabelle).

Die Wahrscheinlichkeit, daß der Kandidat diese Prüfung besteht, ist etwa 0,02.

Die Wahrscheinlichkeit dafür, daß ein anderer Prüfling die Prüfung bestanden hat, ist entweder 1 oder 0, denn entweder hat er sie bestanden (1) oder er hat sie nicht bestanden (0).

Lösung 34

Sei X_i (i=1,2,3,4) die Zufallsvariable mit

$$X_i = \begin{cases} 1, & \text{falls der i-te Motor bei einem Flug ausfällt,} \\ 0 & \text{sonst.} \end{cases}$$

Dann ist $P(X_i=1) = 0{,}1 = \pi$, $P(X_i=0) = 0{,}9 = 1-\pi$ und $X' = \sum_{i=1}^{n} X_i$, n=2 bzw. n=4, ist die Anzahl der ausfallenden Motoren.

a) Man wird mit dem Flugzeug fliegen, für das die Wahrscheinlichkeit für einen Absturz, d.h. für den Ausfall von mehr als der Hälfte der Motoren, geringer ist.

Beim zweimotorigen Flugzeug ist daher die Wahrscheinlichkeit zu bestimmen, daß beide Motoren ausfallen: $P(X'=2)$. Da die Ausfälle voneinander unabhängig auftreten, ist $P(X'=2) = P(X_1=1 \cap X_2=1) =$ $= P(X_1=1)\cdot P(X_2=1) = \pi\cdot\pi = 0{,}1\cdot 0{,}1 = 0{,}01$.

Beim viermotorigen Flugzeug ist entsprechend $P(X'>2) = P(X'=3) +$ $+ P(X'=4)$ zu bestimmen. Dabei ist zu berücksichtigen, welche der Motoren ausfallen können.

Werden die n = 4 Motoren in beliebiger Reihenfolge durchnumeriert (1,2,3,4), dann können entweder die Motoren (1-2-3), (1-2-4), (1-3-4), (2-3-4) oder (1-2-3-4) ausfallen. Die zugehörigen Wahrscheinlichkeiten sind jeweils $\pi^3(1-\pi)$ bzw. π^4 (stochastische Unabhängigkeit). Somit ist $P(X'>2) = 4\cdot\pi^3(1-\pi) + \pi^4 = 4\cdot 0{,}1^3\cdot 0{,}9 +$ $+ 0{,}1^4 = 0{,}0037$, so daß ein Flug mit einem viermotorigen Flugzeug vorzuziehen ist.

Die vorangegangen Überlegungen machen deutlich, daß $X'\sim B(n,\pi)$-verteilt ist. Für das viermotorige Flugzeug hätte $P(X'>2)$ also auch wie folgt bestimmt werden können:

$$P(X'>2) = \sum_{x'>2} \binom{n}{x'} \pi^{x'} (1-\pi)^{n-x'} = \binom{4}{3} 0{,}1^3\cdot 0{,}9^1 + \binom{4}{4}\cdot 0{,}1^4\cdot 0{,}9^0 = 0{,}0037.$$

b) Mit $\pi = 0{,}4$ ergibt sich für das zweimotorige Flugzeug:

$P(X'=2) = \binom{2}{2} 0{,}4^2\cdot 0{,}6^0 = 0{,}16$ und für das viermotorige Flugzeug

$$P(X'>2) = \binom{4}{3}0,4^3 \cdot 0,6^1 + \binom{4}{4}0,4^4 \cdot 0,6^0 = 0,1536 + 0,0256 = 0,1792 \ ,$$

so daß nun das zweimotorige Flugzeug vorzuziehen ist.

Lösung 35

a) Sei X_i $(i=1,2,\ldots,6)$ die Zufallsvariable mit

$$X_i = \begin{cases} 1, & \text{falls der Student die i-te Aufgabe lösen kann,} \\ 0 & \text{sonst.} \end{cases}$$

Es ist $P(X_i=1) = 9/15$ und es werden $n = 6$ Aufgaben, die verschiedenen Themenbereichen entstammen (also ohne Zurücklegen), aus den $N = 15$ Themenbereichen ausgewählt. Der Student kann $N_1 = 9$ Themenbereiche erfolgreich und $N-N_1 = 6$ Themenbereiche ohne Erfolg bearbeiten.

Somit ist $X' = \sum_{i=1}^{6} X_i$ hypergeometrisch verteilt mit Parametern: $n = 6$, $N = 15$ und $N_1 = 9$.

Zu bestimmen ist die Wahrscheinlichkeit $P(X'\geq 3) = 1 - P(X'=0) - P(X'=1) - P(X'=2) = 1 - F_{X'}(2|6;15;9)$.

$$P(X'=0) = \frac{\binom{9}{0}\binom{6}{6}}{\binom{15}{6}} = \frac{1\cdot 1}{5005} \doteq 0,0002 \ ,$$

$$P(X'=1) = \frac{\binom{9}{1}\binom{6}{5}}{\binom{15}{6}} = \frac{9\cdot 6}{5005} \doteq 0,0108 \ ,$$

$$P(X'=2) = \frac{\binom{9}{2}\binom{6}{4}}{\binom{15}{6}} = \frac{36\cdot 15}{5005} \doteq 0,1079 \ .$$

Damit ist $P(X'\geq 3) \doteq 1 - 0,1189 = 0,8811$ die Wahrscheinlichkeit dafür, daß der Student die Diplom-Vorprüfung bestehen wird.

b) Wenn der Student mit Sicherheit die Diplom-Vorprüfung bestehen will, muß er sich auf 12 Themenbereiche vorbereiten, da er dann noch im ungünstigsten Fall - wenn nämlich Aufgaben aus den drei nicht vorbereiteten Themenbereichen gestellt werden - mit drei vorbereiteten Themenbereichen die Vorprüfung besteht.

Lösung 36

Sei

$$X_i = \begin{cases} 1, & \text{falls die i-te Frau IMOL kennt,} \\ 0, & \text{falls die i-te Frau IMOL nicht kennt.} \end{cases}$$

Dann ist $P(X_i=1) = 0{,}8 = \pi$ und $P(X_i=0) = 0{,}2 = 1-\pi$.

a) Da es sich hier um eine zweipunktverteilte Gesamtheit handelt, kann die Zufallsvariable $X' = \sum_i X_i$, die zufällige Anzahl der Frauen, die IMOL kennen, sowohl der Binomialverteilung (bei einer Auswahl mit Zurücklegen) als auch der hypergeometrischen Verteilung (bei einer Auswahl ohne Zurücklegen) folgen. $E(X')$ ist für beide Verteilungen als $E(X') = \mu_{X'} = n\pi$ definiert. Die zu erwartende Anzahl an Frauen in der Stichprobe, die IMOL kennen, beträgt $400 \cdot 0{,}8 = 320$. Somit ist die zu erwartende Anzahl an Frauen in der Stichprobe, die IMOL nicht kennen gleich $400 - 320 = 80$.

b) Bei einer einfachen Zufallsstichprobe sind die X_i $(i=1,2,\dots,n)$ stochastisch unabhängig, so daß

$$P(X_1=1 \cap X_2=0 \cap X_3=1 \cap \dots) = P(X_1=1) \cdot P(X_2=0) \cdot P(X_3=1) \cdot \dots =$$

$$= \pi(1-\pi) \cdot \pi \cdot (1-\pi) \dots = \pi^{50}(1-\pi)^{50} = 0{,}8^{50} \cdot 0{,}2^{50} = 1{,}607 \cdot 10^{-40}.$$

(N.B.: Es gibt $\binom{n}{x'} = \binom{100}{50}$ Stichproben, in denen genau 50 Einsen und 50 Nullen vorkommen; jede dieser Stichproben wird mit einer Wahrscheinlichkeit von $1{,}607 \cdot 10^{-40}$ realisiert).

c) Ja, natürlich! Nur ist die Wahrscheinlichkeit für ein solches Ereignis sehr klein, nämlich gleich $(1-\pi)^{1000} = 0{,}2^{1000} \doteq 0$.

Lösung 37

Sei X_i eine Zufallsvariable, die den i-ten Mikrochip $(i=1,2,\dots,10)$ repräsentiert. Dann ist (weil die Anzahl der defekten Mikrochips interessiert) die Realisation (Ausprägung)

$$x_i = \begin{cases} 1, & \text{falls der i-te Mikrochip nicht voll funktionsfähig ist,} \\ 0, & \text{falls der i-te Mikrochip voll funktionsfähig ist,} \end{cases}$$

oder kurz:

sei

$$X_i = \begin{cases} 1, & \text{falls der i-te Mikrochip nicht voll funktionsfähig ist,} \\ 0, & \text{falls der i-te Mikrochip voll funktionsfähig ist.} \end{cases}$$

Die zugrundeliegende Gesamtheit besteht aus allen Mikrochips einer Lieferung. Sie ist zweipunktverteilt mit Parameter $\pi=0{,}05$. Da eine einfache Stichprobe gezogen wird, sind die Stichprobenvariablen X_i, $i=1,2,\dots,10$, stochastisch unabhängig und identisch zweipunktverteilt mit $\pi=0{,}05$.

Mithin ist die Zufallsvariable $X' = \sum_{i=1}^{10} X_i$, die Anzahl der defekten Mikrochips in der Stichprobe vom Umfang n=10, binomialverteilt mit Parametern n=10 und $\pi=0{,}05$, d.h. $X' \sim B(10;0{,}05)$.

a) Die Wahrscheinlichkeit dafür, daß eine Lieferung angenommen wird, P(Annahme), kann wie folgt bestimmt werden.

   Sei X'_1 (X'_2) die Anzahl der defekten Mikrochips in der ersten (zweiten) Stichprobe.

   Dann ist

   $P(\text{Annahme}) = P(X'_1=0) + P(X'_1=1) \cdot P(X'_2=0)$,

   weil die Lieferung genau dann angenommen wird, wenn $X'_1 = 0$ oder wenn $X'_1 = 1$ und $X'_2 = 0$ ist.

   X'_1 und X'_2 sind $B(10;0{,}05)$-verteilt.

   Folglich ist

   $$P(\text{Annahme}) = f_{X'_1}(0|10;0{,}05) + f_{X'_1}(1|10;0{,}05) \cdot f_{X'_2}(0|10;0{,}05) =$$

   $$= 0{,}5987 + 0{,}3151 \cdot 0{,}5987 \doteq 0{,}7874 .$$

   Eine Lieferung mit einem Anteil von 5% defekten Mikrochips wird also mit einer Wahrscheinlichkeit von 0,7874 angenommen.

b) Durchschnittliche Anzahl der zu überprüfenden Mikrochips

   Die erste Stichprobe (n=10) muß in jedem Fall gezogen werden. Die zweite Stichprobe wird nur dann gezogen, wenn sich in der ersten Stichprobe genau ein defekter Mikrochip befand. Die Wahrscheinlichkeit für dieses Ereignis ist gleich $P(X'_1=1) = 0{,}3151$. Mit einer Wahrscheinlichkeit von 0,3152 werden also der Lieferung weitere n=10 Mikrochips entnommen.

Im Durchschnitt (Erwartungswert) werden von den zu kontrollierenden Lieferungen (mit π=0,05) jeweils

$$10 + 0,3152 \cdot 10 = 13,152 \text{ Mikrochips}$$

überprüft.

Zu dem selben Ergebnis kommt man aufgrund der folgenden Überlegungen.

Die Anzahl der zu überprüfenden Mikrochips ist eine Zufallsvariable Y, welche die Werte $y_1 = 10$ und $y_2 = 20$ annehmen kann.

Mit einer Wahrscheinlichkeit von 0,3125 wird eine zweite Stichprobe gezogen und mit einer Wahrscheinlichkeit von 0,6875 nicht.

Somit hat Y die Wahrscheinlichkeitsfunktion:

$$f_Y(y) = \begin{cases} 0,6875 & \text{für } y = 10 \; , \\ 0,3125 & \text{für } y = 20 \; , \\ 0 & \text{sonst.} \end{cases}$$

Der Mittelwert (Erwartungswert) von Y, d.h. die durchschnittliche Anzahl der zu überprüfenden Mikrochips ist der Erwartungswert

$$E(Y) = 0,6875 \cdot 10 + 0,3125 \cdot 20 = 13,152 \; .$$

Lösung 38

Sei

$$X_i = \begin{cases} 1, & \text{falls die i-te Frage richtig beantwortet wird,} \\ 0 & \text{sonst.} \end{cases}$$

a) Die X_i sind unabhängig und identisch zweipunktverteilt mit $P(X_i=1) = \pi = 0,25$. Dann ist $X' = \sum_{i=1}^{n} X_i$, die Anzahl der richtig beantworteten Fragen, $B(n,\pi)$-verteilt mit $n = 20$ und $\pi = 0,25$.

$$P\left(\frac{X'}{20} \geq 0,45\right) = P(X' \geq 9) = 0,0271 + 0,0099 + 0,0030 + 0,0008 + 0,0002 + $$
$$+ 0,0000 + \ldots = 0,041 \; .$$

Die Wahrscheinlichkeit, daß der Kandidat ohne Vorbereitung - durch Zufall - die Klausur besteht, ist 0,041.

b) Die X_i sind unabhängig und identisch zweipunktverteilt mit $P(X_i=1) = \pi = 0,5$, so daß $X' = \sum_{i=1}^{n} X_i$, die Anzahl der richtig beantworteten Fragen, $B(20;0,5)$-verteilt und $P(X \geq 9) = 0,7483$ ist.

c) Da $\pi = 0{,}5$ und $n\pi(1-\pi) = n/4$ vermutlich größer als 9 sein wird (d.h. $n>36$), kann davon ausgegangen werden, daß $X' = \sum_{i=1}^{n} X_i$ approximativ $N(n\pi;n\pi(1-\pi))$-, also $N(0{,}5n;0{,}25n)$-verteilt ist. Also gilt approximativ

$$P(X' \geq 0{,}45n) = 1-P(X' \leq 0{,}45n-1) \doteq$$

$$\doteq 1 - F_U\left(\frac{0{,}45n-1+0{,}5-0{,}5n}{\sqrt{n\cdot 0{,}5\cdot 0{,}5}}\right) =$$

$$= 1 - F_U\left(\frac{-0{,}05n-0{,}5}{\sqrt{n\cdot 0{,}25}}\right) \overset{!}{\doteq} 0{,}9 \;.$$

Daraus folgt mit $\lambda_{0,1} = -1{,}28$:

$$\frac{-0{,}05n-0{,}5}{0{,}5\sqrt{n}} = -1{,}28$$

$$\frac{0{,}0025n^2+2\cdot 0{,}05\cdot 0{,}5\cdot n+0{,}25}{0{,}25n} = 1{,}6384$$

$$0{,}0025n^2 + 0{,}05n + 0{,}25 = 0{,}4096n$$

$$0{,}0025n^2 - 0{,}3596n + 0{,}25 = 0$$

$$n_{1,2} = \frac{0{,}3596 \pm \sqrt{0{,}3596^2-4\cdot 0{,}0025\cdot 0{,}25}}{2\cdot 0{,}0025}$$

$$n_{1,2} = \frac{0{,}3596 \pm 0{,}3561}{0{,}005}$$

$$n_1 = 143{,}14 \doteq 144$$

$$n_2 = 0{,}7 \doteq 1$$

Es müßten also (etwa) 144 Fragen gestellt werden.

Lösung 39

Sei X_i $(i=1,2,\ldots,n)$ eine Zufallsvariable (i-ter Münzwurf), die die Werte 0 (falsche Kennzeichnung) und 1 (richtige Kennzeichnung) annimmt, und für die $P(X_i=0) = P(X_i=1) = 0{,}5$ ist. Es ist gerechtfertigt anzunehmen, daß die X_i, $i=1,2,\ldots,n$ (die Münzwürfe), stochastisch unabhängig sind.

Daraus folgt, daß $X' = \sum_{i=1}^{n} X_i$, die Anzahl der richtigen Kennzeichnungen, einer $B(n,\pi) = B(n;0,5)$ folgt.

Die Wahrscheinlichkeit für genau x' richtige Kennzeichnungen ist somit

$$f_{X'}(x'|n;0,5) = \binom{n}{x'} 0,5^{x'} 0,5^{(n-x')}$$

$$= \binom{n}{x'} 0,5^{n} .$$

a) Die Wahrscheinlichkeit, diesen Prüfungsteil zu bestehen, wenn mehr als 75% der Aussagen richtig gekennzeichnet sein müssen, ergibt sich aus

$$P(X'>\frac{3}{4}n) = \sum_{x'>\frac{3n}{4}} \binom{n}{x'} 0,5^{n} .$$

Für n = 10 ist $P(X'>7,5) = P(X'\geq 8) = 0,0547$ (Tabelle), und

für n = 30 ist $P(X'>22,5) = P(X'\geq 23) = 0,0026$ (Tabelle)

die gesuchte Wahrscheinlichkeit, diesen Prüfungsteil zu bestehen.

Diese Ergebnisse zeigen unmittelbar, daß diese Wahrscheinlichkeit abnimmt, wenn die Anzahl der Aussagen vergrößert wird. D.h. mit zunehmender Schwierigkeit (75% von einer größeren Anzahl an Aussagen) nimmt die Wahrscheinlichkeit (zufällig) zu bestehen ab.

b) Die $B(n;0,5)$ ist eine symmetrische Verteilung. Wegen der zusätzlichen Voraussetzung, daß n ungerade ist, gibt es keinen mittleren Wert $x' = n/2$.

Somit ist (mehr als die Hälfte)

$$P(X'>\frac{1}{2}n) = \frac{1}{2} = P(X'<\frac{1}{2}n)$$

für alle ungeraden n. Die Wahrscheinlichkeit, diesen Prüfungsteil zu bestehen (nicht zu bestehen), ist also - unabhängig von der Anzahl n der Aussagen (und vom Wissen) - stets gleich 0,5 .

Aus der Sicht des Prüfers ist es nicht sinnvoll, "nur zu verlangen, daß 'mehr als die Hälfte' der Aussagen richtig gekennzeichnet sind", weil die Wahrscheinlichkeit, diesen Prüfungsteil "zufällig", d.h. ohne Statistikkenntnisse, zu bestehen, mit 0,5 entschieden zu hoch ist und weil diese Wahrscheinlichkeit durch eine Veränderung (z.B. eine Vergrößerung) der Anzahl der Aussagen nicht beeinflußt werden kann.

Lösung 40

Die Reisenden im Omnibus sind eine Gesamtheit vom Umfang N = 30. $N_1 = 2$ Reisende sind Schmuggler und $N-N_1 = 28$ Reisende sind keine Schmuggler. Der Sachlage folgend wird eine Stichprobe vom Umfang n = 3 nach dem Prinzip einer Auswahl ohne Zurücklegen gezogen.

Somit ist $X' = \sum_{i=1}^{n} X_i$, die Anzahl der Stichprobeneinheiten mit der Eigenschaft "Schmuggler" ($X_i=1$), H(3;30;2)-verteilt.

a) Die Wahrscheinlichkeit dafür, daß kein Reisender mit der Eigenschaft "Schmuggler" in die Stichprobe gelangt, ist demnach

$$f_{X'}(0|3;30;2) = \frac{\binom{2}{0}\binom{28}{3}}{\binom{30}{3}} = 0,8069.$$

b) Die Wahrscheinlichkeit dafür, daß Brause und Brandt erwischt werden, ist

$$f_{X'}(2|3;30;2) = \frac{\binom{2}{2}\binom{28}{1}}{\binom{30}{3}} = 0,0069.$$

c) Die Wahrscheinlichkeit dafür, daß nur ein Schmuggler in die Stichprobe gelangt (entweder Brause oder Brandt), beträgt

$$f_{X'}(1|3;30;2) = \frac{\binom{2}{1}\binom{28}{2}}{\binom{30}{3}} = 0,1862.$$

Mit einer Wahrscheinlichkeit von $0,5 \cdot 0,1862 = 0,0931$ handelt es sich dabei um Brause.

Kontrolle: $f_{X'}(0|\ldots) + f_{X'}(1|\ldots) + f_{X'}(2|\ldots) = 1,0$.

Lösung 41

Zufallsstichprobe vom Umfang n = 25 aus einer zweipunktverteilten Gesamtheit mit $\pi = 0,02$ (mit Nebenwirkung) und $1-\pi = 0,98$ (ohne Nebenwirkung) nach dem Prinzip einer Auswahl ohne Zurücklegen.

Sei

$$X_i = \begin{cases} 1, & \text{falls beim i-ten Patienten Nebenwirkungen auftreten ,} \\ 0, & \text{falls beim i-ten Patienten keine Nebenwirkungen auftreten .} \end{cases}$$

Die Zufallsvariable $X' = \sum_{i=1}^{n} X_i$ folgt einer hypergeometrischen Verteilung.

Der Umfang der Gesamtheit (aller Patienten, die dieses Medikament eingenommen haben bzw. noch einnehmen werden) ist unbekannt. Es kann jedoch angenommen werden, daß der Auswahlsatz n/N sehr klein, zumindest kleiner gleich 0,05 ist.

Daher kann die Verteilung der Zufallsvariablen X' (Anzahl der Patienten mit Nebenwirkungen), die hypergeometrische Verteilung, durch die Binomialverteilung approximiert werden.

Die gesuchte Wahrscheinlichkeit ergibt sich also aus:

$$P(X' \le 2) = f_{X'}(0|25;0,02) + f_{X'}(1|25;0,02) + f_{X'}(2|25;0,02) =$$

$$= \binom{25}{0} 0,02^0 \cdot 0,98^{25} + \binom{25}{1} 0,02^1 \cdot 0,98^{24} + \binom{25}{2} 0,02^2 \cdot 0,98^{23} =$$

$$= 1 \cdot 1 \cdot 0,603 + 25 \cdot 0,02 \cdot 0,616 + 300 \cdot 0,0004 \cdot 0,628 =$$

$$= 0,603 + 0,308 + 0,075 = 0,986.$$

Mit einer Wahrscheinlichkeit von 0,986 werden also höchstens zwei der Patienten Nebenwirkungen zeigen.

Wegen $\pi = 0,02 < 0,1$ und $n\pi = 25 \cdot 0,02 = 0,5 < 5$ kann die B(25;0,02) durch die POISSON-Verteilung mit Parameter $n\pi = \mu = 0,5$ approximiert werden.

Damit ist $P(X' \le 2) = f_{X'}(0|0,5) + f_{X'}(1|0,5) + f_{X'}(2|0,5) = 0,6065 + 0,3033 + 0,0758 = 0,9856$ die gesuchte (approximierte) Wahrscheinlichkeit.

Lösung 42

Sei

$$X_i = \begin{cases} 1, & \text{falls die i-te entnommene Sicherung defekt ist,} \\ 0, & \text{falls die i-te entnommene Sicherung nicht defekt ist} \end{cases}$$

und $X' = \sum_{i=1}^{n} X_i$.

Es handelt sich um eine (Zufalls-)Stichprobe aus einer zweipunktverteilten Gesamtheit. Daher sind die Binomialverteilung (mit Zurücklegen) und die hypergeometrische Verteilung (ohne Zurücklegen) geeignete Wahrscheinlichkeitsverteilungen für die Zufallsvariable X'.

a) Gesucht ist $P(X'=3)$ mit $n = 3$ und $\pi = 0{,}4$.

$X' \sim B(n,\pi) = B(3;0{,}4)$;

$$f_{X'}(3|3;0{,}4) = \binom{3}{3} 0{,}4^3 0{,}6^0 = 0{,}064$$

ist die Wahrscheinlichkeit dafür, daß bei einer Auswahl mit Zurücklegen alle drei entnommenen Sicherungen defekt sind.

b) Gesucht ist $P(X'=3)$ mit $n = 3$, $N = 10$ und $N_1 = 4$.

$X' \sim H(n,N,N_1) = H(3;10;4)$;

$$f_{X'}(3|3;10;4) = \frac{\binom{4}{3}\binom{6}{0}}{\binom{10}{3}} = 0{,}03\bar{3}$$

ist die Wahrscheinlichkeit dafür, daß bei einer Auswahl ohne Zurücklegen alle drei entnommenen Sicherungen defekt sind.

c) Auswahl mit Zurücklegen wie a), denn N kommt in $f_{X'}(\cdot|\cdot)$ nicht vor.

Auswahl ohne Zurücklegen: $X' \sim H(3;1000;400)$;

$$f_{X'}(3|3;1000;400) = \frac{\binom{400}{3}\binom{600}{0}}{\binom{1000}{3}} = 0{,}0637 \doteq 0{,}064$$

ist die Wahrscheinlichkeit dafür, daß in der Stichprobe alle Sicherungen defekt sind.

d) Bei einer Entnahme mit/ohne Zurücklegen sind bei hinreichend kleinem Auswahlsatz n/N die Wahrscheinlichkeiten $f_{X'}(x'|\cdot)$ der hypergeometrischen und der Binomialverteilung praktisch gleich, so daß in diesem Fall die hypergeometrische Verteilung durch die Binomialverteilung approximiert werden kann.

Lösung 43

Sei

$$X_i = \begin{cases} 1, & \text{falls (Haupt-)Gewinn beim i-ten Los,} \\ 0, & \text{falls Niete beim i-ten Los.} \end{cases}$$

Die X_i sind stochastisch unabhängig und identisch zweipunktverteilt mit $\pi = P(X_i=1) = 0{,}01$. Dann ist $X' = \sum_{i=1}^{n^*} X_i$, die Anzahl der (Haupt-)Gewinne beim Kauf von n^* Losen, $B(n^*,\pi)$-verteilt mit $\pi = 0{,}01$ und n^* unbekannt. Die Wahrscheinlichkeit für mindestens einen (Haupt-)Gewinn $P(X'\geq 1) = 1 - P(X'=0)$ soll wenigstens gleich 0,6 sein. Somit ist

$$1 - P(X'=0) = 1 - f_{X'}(0|n^*;0,01) = 1 - \binom{n^*}{0}\pi^0(1-\pi)^{n^*-0} =$$

$$= 1 - \left[1\cdot 1\cdot(0,99)^{n^*}\right] = 1 - 0,99^{n^*} \overset{!}{\geq} 0,6$$

und daraus folgt $n^* = \log 0,4/\log 0,99 \doteq 91,2$, so daß $1 - 0,99^{92} \doteq 0,603$ die Wahrscheinlichkeit für mindestens einen (Haupt-)Gewinn ist, wenn 92 Lose gekauft werden.

Lösung 44

Sei X_i eine Zufallsvariable mit den Realisationen (Ausprägungen)

$$x_i = \begin{cases} 1, & \text{falls ein Wünschelrutengänger beim i-ten Gang über die Rohre das mit Wasser gefüllte Rohr findet (Treffer),} \\ 0 & \text{sonst,} \end{cases}$$

oder kurz:

sei

$$X_i = \begin{cases} 1, & \text{falls ein Wünschelrutengänger beim i-ten Gang über die Rohre das mit Wasser gefüllte Rohr findet (Treffer),} \\ 0 & \text{sonst .} \end{cases}$$

Die X_i sind voneinander (stochastisch) unabhängig und identisch zweipunktverteilt mit $P(X_i=1) = \pi$. Dabei ist π unbekannt. Mithin folgt $X' = \sum_i X_i$, die Anzahl der Treffer, einer $B(20;\pi)$.

a) Die Wahrscheinlichkeit dafür, zufällig einen Treffer zu erzielen, beträgt bei zehn Rohren, von denen eines mit Wasser gefüllt ist, $\pi = 1/10$ und eine Trefferquote von mindestens 80% bei 20 Gängen entspricht einer Anzahl von mindestens $X' = 16$ Treffern.

$$P(X'\geq 16|20;0,1) = \sum_{x'=16}^{20} \binom{20}{x'} 0,1^{x'} 0,9^{(n-x')} \doteq 0$$

(vgl. Tabelle). Die gesuchte Wahrscheinlichkeit für eine Trefferquote von mindestens 80% ist also fast gleich Null.

b) Wenn ein Wünschelrutengänger eine Trefferquote von mindestens 80% erzielt hätte, dann wäre - unter der Annahme, er hätte diese Treffer zufällig (z.B. durch raten) erzielt - ein Ereignis mit extrem kleiner Wahrscheinlichkeit eingetreten. Diese Tatsache liefert den Grund zu vermuten, daß der Wünschelrutengänger doch über eine besondere Leistungsfähigkeit verfügt. Allerdings kann dieses Ereignis, wenn auch mit äußerst geringer Wahrscheinlichkeit, auch dann eintreten, wenn der Wünschelrutengänger über keine besonderen Fähigkeiten verfügt, es ist ja $P(X' \geq 16 | 20; 0,1) > 0$, so daß - wenn das Ereignis "16 Treffer" eingetreten ist - die Leistungsfähigkeit nicht streng "bewiesen" ist.

c) Gesucht ist x' aus

$$P(X' \geq x' | 20; 0,1) = \sum_{x'}^{20} \binom{20}{x'} 0,1^{x'} 0,9^{(20-x')} = 0,0025 .$$

Es ist

$$P(X'=7 | 20; 0,1) = 0,0020 ,$$

$$P(X'=8 | 20; 0,1) = 0,0004 ,$$

$$P(X'=9 | 20; 0,1) = 0,0001 ,$$

$P(X' \geq 10 | 20; 0,1) \doteq 0$ und somit

$P(X' \geq 7 | 20; 0,1) = 0,0025 = 0,25\%$, so daß

die Anzahl der Treffer auf mindestens 7 und die Trefferquote auf mindestens $(7/20) \cdot 100 = 35\%$ hätte festgesetzt werden müssen.

d) Das ist nicht möglich, weil es mit zunehmendem n (und gleichem π=0,1) immer schwieriger (unwahrscheinlicher) wird, eine Trefferquote von mindestens 80% zu erzielen.

Das liegt daran, daß in

$$P(X' \geq 0,8 \cdot n | n; 0,1) = \sum_{x'}^{n} \binom{n}{0,8 \cdot n} 0,1^{(0,8 \cdot n)} 0,9^{(n-0,8 \cdot n)}$$ mit zunehmendem

n der Faktor $0,1^{(0,8 \cdot n)} 0,9^{(n-0,8 \cdot n)}$ schneller sehr klein wird als der Faktor $\binom{n}{0,8 \cdot n}$ groß.

Für n = 20 und x' = 16 ist z. B.

$$\binom{20}{16} = 4845 \quad \text{und} \quad 0,1^{16} \cdot 0,9^{4} = 6,561^{-17};$$

für n = 30 und x' = 24 ist

$$\binom{30}{24} = 593775 \quad \text{und} \quad 0,1^{24} \cdot 0,9^{6} = 5,314^{-25} .$$

Lösung 45

Sei

$$X_i = \begin{cases} 1, & \text{falls der i-te Haushalt, der einen Katalog erhält, Waren im Werte von mindestens 70,-- DM bestellt,} \\ 0, & \text{sonst} \end{cases}$$

und $X' = \sum_{i=1}^{n} X_i$.

Dann ist $P(X_i'=1) = 0{,}18 = \pi$. Die X_i: $(i=1,2,\dots,n)$ sind stochastisch unabhängig, (kleiner Auswahlsatz) so daß X', die Anzahl der Bestellungen im Wert von mindestens 70,-- DM, binomialverteilt ist mit $E(X') = n\pi = 18000$ und $Var(X') = n\pi(1-\pi) = 14760$.

a) Zu erwartende Mindestbestellsumme: $E(X')\cdot 70$,-- DM = 1260000,-- DM.

b) Die $B(100000;0{,}18)$ kann durch die $N(18000;14760)$ approximiert werden, da $0{,}1 \le \pi = 0{,}18 \le 0{,}9$ und $n\pi(1-\pi) = 14760 > 9$.

Einer Mindestbestellsumme von 1274980,-- DM entsprechen (:70) 18214 Bestellungen, so daß

$$P(X'>18214) = 1-P(X'\le 18214) \doteq 1 - F_U\left(\frac{18214+0{,}5-18000}{\sqrt{14760}}\right) =$$

$$= 1 - F_U(1{,}77) = 1 - 0{,}9616 = 0{,}0384$$

die Wahrscheinlichkeit für eine Mindestbestellsumme von über 1274980,-- DM ist.

Lösung 46

Sei

$$X_i = \begin{cases} 1, & \text{falls die i-te geborene Maus weiblich ist,} \\ 0, & \text{falls die i-te geborene Maus männlich ist} \end{cases}$$

und $X' = \sum_{i=1}^{n} X_i$.

Es ist $\pi = 0{,}47$, $1-\pi = 0{,}53$, $n = 800$.

Die X_i sind identisch zweipunktverteilt mit Parameter π und stochastisch unabhängig, weil die Geburt einer weiblichen oder männlichen Maus nicht davon abhängt, daß eine andere weibliche oder männliche Maus geboren wird. Somit ist X', die Anzahl der weibliche Mäuse, $B(n,\pi) = B(800;0{,}47)$-verteilt.

a) Mithin ist $P(X'>350) = 1-P(X'\le 350) = 1-F_{X'}(350|n,\pi)$.

Wegen $0{,}1 \le 0{,}47 \le 0{,}9$ und $800\cdot 0{,}47\cdot 0{,}53 \doteq 199 > 9$ kann $F_{X'}(350|n,\pi)$ jedoch mit Hilfe der $N(n\pi;n\pi(1-\pi))$, also der $N(376;199{,}28)$ (Stetigkeitskorrektur):

$$F_U\left(\frac{350+0{,}5-376}{\sqrt{199{,}28}}\right) = F_U(-1{,}81) = 0{,}0351$$

approximiert werden. Damit ist $P(X'>350) = 1 - 0{,}0351 = 0{,}9649$ die Wahrscheinlichkeit dafür, daß unter 800 neugeborenen Mäusen mehr als 350 weibliche Mäuse sind.

b) Aus Teilaufgabe a) folgt, daß n aus der Beziehung

$$F_U\left(\frac{400+0,5-0,47n}{\sqrt{n\cdot 0,47\cdot 0,53}}\right) = F_U(-1,64) = 0,05$$

abzuleiten ist. Wird $\frac{400+0,5-0,47n}{\sqrt{n\cdot 0,47\cdot 0,53}} = -1,64$ nach n aufgelöst,

so ergibt sich als Lösung (der quadratischen Gleichung) $n_1 = 802,8$ und $n_2 = 904,5$. Es müssen also rd. 803 Mäuse geboren werden.

Lösung 47

Sei

$$X_i = \begin{cases} 1, & \text{falls der i-te befragte Teilnehmer der Veranstaltung EDV-Kenntnisse hat,} \\ 0 & \text{sonst.} \end{cases}$$

Aus der zweipunktverteilten Gesamtheit wird eine Stichprobe - Auswahl ohne Zurücklegen - vom Umfang n gezogen. Die Zufallsvariable $X' = \sum_{i=1}^{n} X_i$ folgt somit einer $H(n,N,N_1)$.

a) $n = 10$; $N = 15$; $N_1 = N\cdot\pi = 15\cdot 0,6 = 9$; $X' \sim H(10;15;9)$.

a1) $P(X'\le 6) = 1 - P(X'\ge 7) = 1 - [P(X'=7) + P(X'=8) + P(X'=9) +$

$+ P(X'=10)] = 1 - [f_{X'}(7|10,15,9) + f_{X'}(8|10,15,9) +$

$+ f_{X'}(9|10,15,9) + f_{X'}(10|10,15,9)] =$

$$= 1 - \left[\frac{\binom{9}{7}\cdot\binom{6}{3}}{\binom{15}{10}} + \frac{\binom{9}{8}\cdot\binom{6}{2}}{\binom{15}{10}} + \frac{\binom{9}{9}\cdot\binom{6}{1}}{\binom{15}{10}} + 0\right] =$$

$$= 1 - \frac{36\cdot 20 + 9\cdot 15 + 1\cdot 6}{3003} = 1 - \frac{861}{3003} = 0,7133$$

ist die Wahrscheinlichkeit, daß höchstens sechs der zehn ausgewählten Teilnehmer über EDV-Kenntnisse verfügen.

a2) Da $x' = 11$ größer als der Stichprobenumfang von $n = 10$ ist, muß die Wahrscheinlichkeit für dieses (unmögliche) Ereignis Null sein.

b) $n = 70$; $N = 526$; $\pi = 0,6$; $N_1 = 526\cdot\pi \doteq 316$; $X' \sim H(70;526;316)$.

Wegen $0,1 < \pi = 0,6 < 0,9$ und $n\pi(1-\pi)\frac{N-n}{N-1} = 70\cdot 0,6\cdot 0,4\ \frac{456}{525} = 14,592 >$

> 9 läßt sich die H(70;526;316) - unter Berücksichtigung einer Stetigkeitskorrektur - durch die $N(n\pi; n\pi(1-\pi)\frac{N-n}{N-1})$, also N(42;14,592), approximieren.

$$P(X'>65) = 1 - P(X'\leq 65) = 1 - F_{X'}(65) \doteq 1 - F_U\left(\frac{65+0,5-42}{\sqrt{14,592}}\right) =$$

$$= 1 - F_U(6,15) \doteq 1 - 1 = 0$$, so daß die Wahrscheinlichkeit, daß mehr als 65 der 70 befragten Studenten über EDV-Kenntnisse verfügen (fast) Null ist.

Lösung 48

Die der Untersuchung zugrundeliegende Gesamtheit ist zweipunktverteilt mit Parameter $\pi = 0,125$.

Sei X_i eine Zufallsvariable (Stichprobenvariable), die die Werte $x_i = 1$ (falls das i-te Kind Linkshänder ist) und $x_i = 0$ (falls das i-te Kind nicht Linkshänder ist) annehmen kann. Dann ist

$X' = \sum_{i=1}^{n} X_i$ die zufällige Anzahl der Linkshänder in der Stichprobe vom Umfang n.

a) Der Gesamtheit vom Umfang N = 16 wird eine Stichprobe vom Umfang n = = 6 entnommen. Es ist anzunehmen, daß "ohne Zurücklegen" gezogen wurde. Somit ist X' hypergeometrisch verteilt mit Parametern n = 6, N = 16 und $N_1 = N \cdot \pi = 16 \cdot 0,125 = 2$, d.h.

$$X' \sim H(6;16;2)\ .$$

Damit ist

a_1) $$P(X'=1) = f_{X'}(1|6;16;2) = \frac{\binom{2}{1}\binom{14}{5}}{\binom{16}{6}} = 0,5$$

die Wahrscheinlichkeit dafür, daß sich unter den 6 auszuwählenden Kindern genau ein Linkshänder befindet und

a_2) $P(X'>2) = P(X'\geq 3) = 0$

die Wahrscheinlichkeit dafür, daß sich in der Stichprobe vom Umfang n = 6 mehr als zwei Linkshänder befinden. Da in der zugehörigen Gesamtheit nur zwei Kinder Linkshänder sind, können in der Stichprobe nicht mehr als zwei Linkshänder sein (unmögliches Ereignis).

b) Für die "größere Untersuchung" gelten die gleichen Bedingungen wie oben, d.h. zweipunktverteilte Gesamtheit mit $\pi = 0,125$ und Auswahl ohne Zurücklegen.

Folglich ist - mit $N_1 = N \cdot \pi = 1000 \cdot 0,125 = 125$ - die zufällige Anzahl X' der linkshändigen Kinder H(91;1000;125)-verteilt.

Die Wahrscheinlichkeit

$$P(X' \le 11) = P(X'=0) + P(X'=1) + \ldots + P(X'=11)$$

ist aber schwer zu berechnen, so daß es zweckmäßig erscheint, diese Wahrscheinlichkeit zu approximieren. Eine Approximation der H(91;1000;125) durch die B(91;0,125) ist nicht zulässig, weil n/N = = 91/1000 = 0,091 > 0,05, der Auswahlsatz also zu groß ist.

Eine Approximation der H(91;1000;125) durch die Normalverteilung ist jedoch möglich, denn die Approximationsbedingungen

$$0,1 \le \pi = 0,125 \le 0,9 \text{ und}$$

$$n\pi(1-\pi)\frac{N-n}{N-1} = 91 \cdot 0,125 \cdot 0,875 \; \frac{1000-91}{1000-1} \doteq 9,056 > 9$$

sind erfüllt. Somit gilt approximativ

$$X' \overset{\bullet}{\sim} N\left(n\pi; n\pi(1-\pi)\frac{N-n}{N-1}\right) = N(11,375;9,056), \quad \text{und}$$

$$P(X' \le 11) \doteq F_{X'}(11) = F_U\left(\frac{11+0,5-11,375}{\sqrt{9,056}}\right) = F_U(0,042) \doteq F_U(0,04) = 0,516$$

ist - approximativ - die Wahrscheinlichkeit dafür, daß unter den 91 Kindern höchstens 11 Linkshänder sind.

Lösung 49

a) $n \ge 9/[\pi(1-\pi)]$.

b) Abbildung

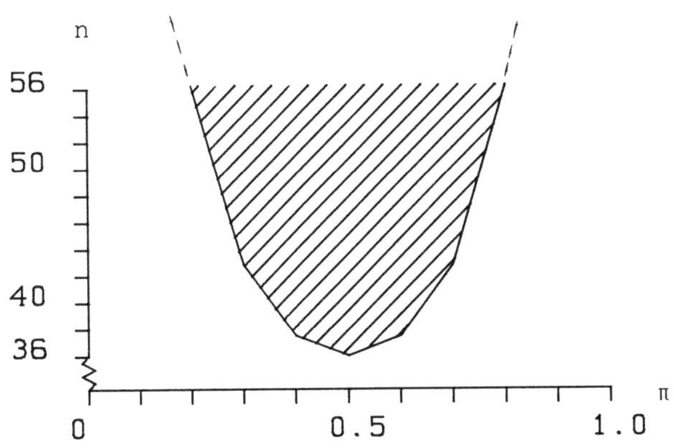

Der schraffierte Bereich enthält alle zulässigen n. Das Minimum liegt bei $\pi = 1-\pi = 0{,}5$ (Symmetrie).

N.B.: Bei sehr kleinem (großem) π ($\pi<0{,}1$ bzw. $\pi>0{,}9$) liefert diese Bedingung keine hinreichenden Stichprobenumfänge!

Lösung 50

Sei

$$X_i = \begin{cases} 1, & \text{falls das Fußpilzmittel beim i-ten Behandelten zum Behandlungserfolg führt,} \\ 0 & \text{sonst.} \end{cases}$$

$$X' = \sum_{i=1}^{n} X_i \quad \text{und } \pi = P(X_i=1) = 0{,}85.$$

Stichprobe (ohne Zurücklegen) vom Umfang n = 800 aus einer Gesamtheit, deren Umfang N unbekannt ist, von dem aber angenommen werden kann, daß er größer als 16000 ist, so daß der Auswahlsatz $n/N \le 0{,}05$ ist.

Die Zufallsvariable X', die Anzahl der geheilten Personen, ist H(800; N;N·0,85)-verteilt. Die hypergeometrische Verteilung kann durch die Binomialverteilung approximiert werden, da der Auswahlsatz klein ist. Die B(800;0,85) kann durch die Normalverteilung approximiert werden, da $0{,}1 \le \pi = 0{,}85 \le 0{,}9$ und $n\pi(1-\pi) = 800 \cdot 0{,}85 \cdot 0{,}15 = 102 > 9$.

D.h.: $X' \overset{\bullet}{\sim} N(n\pi;n\pi(1-\pi))$ und ist somit approximativ N(680;102)-verteilt.

Damit ist

$$P\left(\frac{X'}{800} \le 0{,}82\right) = P(X' \le 656) \doteq F_U\left(\frac{656+0{,}5-680}{\sqrt{102}}\right) = F_U(-2{,}33) = 0{,}0099$$

die Wahrscheinlichkeit, daß höchstens 82% geheilt werden, wenn die Behauptung des Herstellers richtig ist.

Lösung 51

Zufallsvariable X: Anzahl der ankommenden Kunden an der Kasse im Zeitraum von 13.55-14.00 Uhr.

X folgt einer POISSON-Verteilung mit Parameter $\mu = 3{,}5$.

a) $P(X=0) = f_X(0|3{,}5) = \frac{\mu^x}{x!} e^{-\mu} =$

$$= \frac{3{,}5^0}{0!} e^{-3{,}5} = \frac{1}{1} \frac{1}{e^{3{,}5}} = 0{,}0302 .$$

Die Wahrscheinlichkeit, daß kein Kunde in diesem Zeitabschnitt an die Kasse kommt, beträgt etwa 3%.

b) $P(X>3) = 1 - P(X\leq 3) = 1 - f_X(0|3{,}5) + f_X(1|3{,}5) + f_X(2|3{,}5) +$

$+ f_X(3|3{,}5) =$

$= 1 - (0{,}0302+0{,}1057+0{,}1850+0{,}2158) =$

$= 1 - 0{,}5367 = 0{,}4633$.

c) $P(1<X<5) = P(2\leq X\leq 4) = f_X(2|3{,}5) + f_X(3|3{,}5) + f_X(4|3{,}5) =$

$$= 0{,}1850 + 0{,}2158 + \frac{3{,}5^4}{4!}\, 0{,}0302 = 0{,}5896 \ .$$

In dem gegebenen Zeitabschnitt kommen mit einer Wahrscheinlichkeit von 46,33% mehr als vier Kunden an die Kasse und mit einer Wahrscheinlichkeit von 58,96 mehr als einer und weniger als fünf.

Betrachtet werden die 30 zufällig und mit Zurücklegen ausgewählten Zeiträume zwischen 13.55 Uhr und 14.00 Uhr.

Die X_i, die betrachteten Zeitabschnitte, folgen daher einer Zwei-Punkt-Verteilung folgender Form

$$X_i = \begin{cases} 1, & \text{falls an einem Arbeitstag kein Kunde in der Zeit zwischen 13.55 Uhr - 14.00 Uhr an die Kasse kommt,} \\ 0, & \text{sonst.} \end{cases}$$

Da die Zeitabschnitte voneinander unabhängig (Auswahl mit Zurücklegen) sind und die Gesamtheit zweipunktverteilt ist, folgt die Anzahl der Zeitabschnitte $X' = \sum_{i=1}^{n} X_i$ einer Binomialverteilung mit den Parametern

$n = 30$ und $\pi = P(X_i=1) = 0{,}0302$; d.h.

$X' \sim B(n,\pi) = B(30;0{,}0302)$.

<u>Lösung 52</u>

125 l Suppe $\hat{=}$ 500 Portionen $\hat{=}$ begrenztes räumliches Kontinuum.

Die Fleischstückchen sind in der Suppe zufällig verteilt. Ein viertel Liter (eine Portion) enthält im Mittel $\mu = 1$ Fleischstückchen.

Die Zufallsvariable X, die Anzahl der Fleischstückchen je Portion, ist (approximativ) POISSON-verteilt mit Parameter $\mu = 1$, so daß (vgl. Tabelle)

a) $P(X=0) = f_X(0|\mu=1) = 0{,}3679$

die Wahrscheinlichkeit dafür ist, daß sich in einer Portion kein Fleischstückchen befindet und

b) $P(X>3) = f_X(4|\mu=1) + f_X(5|\mu=1) +\ldots = 0{,}0153 + 0{,}0031 + 0{,}0005 +$

$+ 0{,}0001 + 0{,}0000 +\ldots = 0{,}019$

die Wahrscheinlichkeit ist, daß sich mehr als 3 Fleischstückchen in einer Portion Suppe befinden.

Werden nur 400 Fleischstückchen zugegeben, ist μ = 400/500 = 0,8 und

$f_X(0|\mu=0{,}8) = \frac{0{,}8^0}{0!}e^{-0{,}8} = e^{-0{,}8} = 0{,}449$ die gesuchte Wahrscheinlichkeit.

Lösung 53

n Dinge (zum Beispiel n Ziffern), von denen $n_1, n_2, \ldots, n_k$ gleich sind ($n_1+n_2+\ldots+n_k=n$), können auf

$\frac{n!}{n_1!n_2!\ldots n_k!}$ verschiedene Weisen angeordnet werden (Variationen mit Wiederholung; vgl. Multinomialkoeffizient).

Wird zunächst angenommen, daß die Ziffer 1 zweimal vorkommt, ist n = 4, $n_1 = 2$, $n_2 = 1$ und $n_3 = 1$, so daß es

$\frac{n!}{n_1!n_2!n_3!} = \frac{4!}{2!1!1!} = 12$ Ziffernfolgen mit 2 Einsen, einer 2 und einer 8

gibt. Ebenso viele Ziffernfolgen gibt es, wenn die 2 oder die 8 jeweils zweimal vorkommen, so daß Brause höchstens 3·12 = 36 Ziffernfolgen durchprobieren muß.

Lösung 54

X_i = Augenzahl beim i-ten Würfel. Die Zufallsvariable X folgt einer Sechs-Punkt-Verteilung.

Multinomialverteilung:

n = 12, $y_j = 2$ (j=1,2,...,6), $\pi_j = 1/6$ (j=1,2,...,6).

$f_{Y_1,\ldots,Y_5}(2;2;2;2;2|12;1/6;1/6;1/6;1/6;1/6) =$

$$= \frac{12!}{2!2!\ldots2!}\left(\frac{1}{6}\right)^2\left(\frac{1}{6}\right)^2\ldots\left(\frac{1}{6}\right)^2 = \frac{12!}{2^6}\left(\frac{1}{6^2}\right)^6 = \frac{12!}{2^6 \cdot 6^{12}} \doteq 0{,}0034 \;.$$

Die Wahrscheinlichkeit, daß bei einem Wurf mit zwölf Würfeln jede Augenzahl zweimal vorkommt, beträgt 0,34%.

Lösung 55

Sei X_i der Inhalt der i-ten Dose, die Herta dem Kellerregal entnimmt. Die Zufallsvariable X ist siebenpunktverteilt. Es wird eine Zufallsauswahl ohne Zurücklegen gezogen. Die Zufallsvariable Y_j, die Anzahl der Einheiten einer Stichprobe vom Umfang n mit der Eigenschaft

$$X_j = \begin{cases} 1, & \text{falls die Dose Kirschen enthält,} \\ 2, & \text{falls die Dose Pflaumen enthält,} \\ 3, & \text{falls die Dose Birnen enthält,} \\ 4, & \text{falls die Dose Bohnen enthält,} \\ 5, & \text{falls die Dose Erbsen enthält,} \\ 6, & \text{falls die Dose Rote Beete enthält,} \\ 7, & \text{falls die Dose Tomaten enthält,} \end{cases}$$

folgt einer sechsdimensionalen multihypergeometrischen Verteilung mit der Wahrscheinlichkeitsfunktion

$$f_{Y_1,Y_2,\ldots,Y_6}(y_1,y_2,\ldots,y_6|n;60;10;10;5;15;10;5).$$

a) $f_{Y_1,Y_2,\ldots,Y_6}(0,0,0,0,0,3|3;60;10;10;5;15;10;5) =$

$$= \binom{5}{3} \Big/ \binom{60}{3} = 0{,}00029 = f_{X'}(3|3;60;5)$$

ist die Wahrscheinlichkeit, daß Herta zufällig drei Dosen Rote Beete bei einer Auswahl von drei Dosen aus 60, auswählt.

Diese Wahrscheinlichkeit kann auch mit Hilfe der Wahrscheinlichkeitsfunktion der hypergeometrischen Verteilung - $f_{X'}(3|3;60;5)$ - berechnet werden, mit

der Zufallsvariablen $X' = \sum_{i=1}^{n} X_i$, und

$$X_i = \begin{cases} 1, & \text{falls die i-te Dose Rote Beete enthält,} \\ 0 & \text{sonst.} \end{cases}$$

b) $f_{Y_1,Y_2\ldots,y_6}(2;0;0;2;0;0;|5;60;10;10;5;15;10;5) =$

$$= \left[\binom{10}{2}\binom{15}{2}\binom{5}{1}\right] \Big/ \binom{60}{5} = 0{,}0043.$$

Es steht zu fürchten, daß Herta keine große Freude an ihrem Vorrat haben wird!

Lösung 56

a) Für eine Imponiervokabel hat Brause $k = 3$ Worte hintereinander in einer bestimmten Reihenfolge anzuordnen. Für jedes Wort hat er die Auswahl unter jeweils $n = 10$ Wörtern. Mithin gibt es $n \cdot n \cdot n = n^k = 10^3 = 1000$ unterschiedliche Imponiervokabeln, die aus diesem System abgeleitet werden können.

Die Zahl $V_{n,k} = n^k$ heißt auch Variation von n Elementen zur k-ten Klasse.

b) Die Imponiervokabel "permanente Interpretationsproblematik" ist eine von diesen 1000 Möglichkeiten, so daß die Wahrscheinlichkeit dafür, gerade diese zufällig auszuwählen, nach LAPLACE 1/1000 beträgt.

Zum gleichen Ergebnis kommt man, wenn man sich vorstellt, daß Brause die drei einzelnen Wörter unabhängig voneinander auswählt und dann zusammensetzt:

$$\frac{1}{10} \cdot \frac{1}{10} \cdot \frac{1}{10} = \frac{1}{1000} .$$

Lösung 57

Tabelle b) $f_{X_2|X_1}(x_2|x_1)$ und

Tabelle d) $f_{X_1|X_2}(x_1|x_2)$.

Lösung 58

Zu Tabelle d), weil

$$f_{X_1|X_2}(x_1|x_{21}) = f_{X_1|X_2}(x_1|x_{22}).$$

Daraus folgt

$f_{X_1|X_2}(x_1|x_2) = f_{X_1}(x_1)$ für die eine Randverteilung.

Setzt man zum Beispiel

$f_{X_2}(x_{21}) = f_{X_2}(x_{22}) = 0,5$ für die andere Randverteilung, so ergibt sich die folgende gemeinsame Wahrscheinlichkeitsverteilung:

X_1 \ X_2	x_{21}	x_{22}	$f_{X_1}(x_1)$
x_{11}	0,15	0,15	0,3
x_{12}	0,10	0,10	0,2
x_{13}	0,25	0,25	0,5
$f_{X_2}(x_2)$	0,50	0,50	1,0

Setzt man zum Beispiel $f_{X_2}(x_{21}) = 0{,}250$ und $f_{X_2}(x_{22}) = 0{,}750$ für die andere Randverteilung, so ergibt sich die folgende gemeinsame Wahrscheinlichkeitsverteilung:

X_1 \ X_2	x_{21}	x_{22}	$f_{X_1}(x_1)$
x_{11}	0,075	0,225	0,3
x_{12}	0,050	0,150	0,2
x_{13}	0,125	0,375	0,5
$f_{X_2}(x_2)$	0,250	0,750	1,0

Lösung 59

Nur Tabelle c), weil $0 \leq f_{X_1,X_2}(x_{1i},x_{2j}) \leq 1$ und

$$\sum_{i=1}^{3} \sum_{j=1}^{2} f_{X_1,X_2}(x_{1i},x_{2j}) = 1$$ ist.

Lösung 60

Definition der möglichen Ereignisse:

E_1: Der Mitarbeiter ist männlich.

E_2: Der Mitarbeiter ist weiblich.

F_1: Der Mitarbeiter ist in der Verwaltung tätig.

F_2: Der Mitarbeiter ist in der Produktion tätig.

F_3: Der Mitarbeiter ist im Absatz tätig.

a) Bemessen der Wahrscheinlichkeit nach LAPLACE:

$$P(E) = \frac{\text{Anzahl der für E günstigen Elementarereignisse}}{\text{Anzahl der gleichmöglichen Elementarereignisse}} .$$

Arbeitstabelle

Unternehmensbereich \ Geschlecht	männlich (E_1)	weiblich (E_2)	Σ
Verwaltung (F_1)	24	12	36
Produktion (F_2)	314	261	575
Absatz (F_3)	27	51	78
Σ	365	324	689

a$_1$) $P(F_2) = \frac{575}{689} = 0{,}8345$.

Die Wahrscheinlichkeit, daß der Mitarbeiter in der Produktion arbeitet, beträgt 0,8345.

a$_2$) $P(E_2) = \frac{324}{689} = 0{,}4702$.

Die Wahrscheinlichkeit, daß der Mitarbeiter weiblich ist, beträgt 0,4702.

a$_3$) $P(E_2 \cap F_2) = \frac{261}{689} = 0{,}3788$.

Die Wahrscheinlichkeit, daß der Mitarbeiter in der Produktion arbeitet und weiblich ist, beträgt 0,3788.

b) Bestimmung der bedingten Wahrscheinlichkeit:

$$P(E_1|F_1) = \frac{P(E_1 \cap F_1)}{P(F_1)} = \frac{24/689}{36/689} = \frac{24}{36} = 2/3 .$$

Die Wahrscheinlichkeit, daß ein zufällig ausgewählter Verwaltungsmitarbeiter männlich ist, beträgt 2/3 .

c) Bestimmung der bedingten Wahrscheinlichkeit:

$$P(F_3|E_2) = \frac{P(E_2 \cap F_3)}{P(E_2)} = \frac{51/689}{324/689} = \frac{51}{324} = 0{,}1574 .$$

Die Wahrscheinlichkeit, daß eine zufällig ausgewählte Mitarbeiterin im Bereich Absatz tätig ist, beträgt 0,1574.

d) Wenn die Ereignisse E_i und F_j stochastisch unabhängig wären, müßte für alle E_i, F_j (i=1,2; j=1,2,3) gelten:
$P(E_i \cap F_j) = P(E_i) \cdot P(F_j)$.

Dies ist aber nicht der Fall, da zum Beispiel

$$P(E_2 \cap F_2) = \frac{261}{689} = 0,3788 \neq P(E_2) \cdot P(F_2) = \frac{324}{689} \cdot \frac{575}{689} = 0,3924 \quad .$$

Es besteht also keine stochastische Unabhängigkeit zwischen der Aufteilung der Mitarbeiter auf die einzelnen Unternehmensbereiche und nach dem Geschlecht.

Lösung 61

Es wird mit vier (idealen) Würfeln gespielt, deren Augenzahlen (Zufallsvariable) mit X_1, X_2, X_3 und X_4 bezeichnet werden sollen.

Die Zufallsvariablen X_h (h=1,2,3,4) sind stochastisch unabhängig.

a) Daher ist die Gewinnerwartung

$$E(X_1 \cdot X_2 \cdot X_3 \cdot X_4) = E(X_1) \cdot E(X_2) \cdot E(X_3) \cdot (X_4) =$$
$$= 3,5 \cdot 3,5 \cdot 3,5 \cdot 3,5 = 3,5^4 \doteq 150 \text{ (Pfennige)}$$

für einen Einsatz von 1,-- DM.

b) Hier ist die Gewinnerwartung

$$E\{8(X_1+X_2+X_3+X_4)\} = 8 \cdot E(X_1+X_2+X_3+X_4) = 8\{E(X_1) + E(X_2) + E(X_3) +$$
$$+ E(X_4)\} = 8 \cdot 4 \cdot 3,5 = 112 \text{ (Pfennige)}$$

für einen Einsatz von 1,-- DM.

Brause müßte sich also sehr wohl um seine Zukunft sorgen!

Lösung 62

Die Zufallsvariablen X_1 und X_2 haben diskrete Ausprägungen; es handelt sich um die Wahrscheinlichkeitsfunktion einer zweidimensionalen, diskreten Zufallsvariablen.

a) Randverteilungen:

x_{1i}	1	2
$f_{X_1}(x_{1i})$	0,6	0,4

,

x_{2j}	1	2	3
$f_{X_2}(x_{2j})$	0,2	0,4	0,4

.

$$E(X_1) = \sum_{i=1}^{2} x_{1i} f_{X_1}(x_{1i}) = 0{,}6 + 0{,}8 = 1{,}4 ,$$

$$E(X_2) = 0{,}2 + 0{,}8 + 1{,}2 = 2{,}2;$$

$$\text{Var}(X_1) = \sum_{i=1}^{2} (x_{1i} - \mu_{X_1})^2 f_{X_1}(x_{1i}) = 0{,}4^2 \cdot 0{,}6 + 0{,}6^2 \cdot 0{,}4 = 0{,}24 \text{ und}$$

$$\text{Var}(X_2) = E(X_2^2) - (E(X_2))^2 = 0{,}2 + 4 \cdot 0{,}4 + 9 \cdot 0{,}4 - 2{,}2^2 = 0{,}56$$

sind die Mittelwerte und Varianzen der Zufallsvariablen X_1 und X_2.

b) Verteilung von $X_1 + X_2 = X_3$

x_{3j}	2	3	4	5
$f_{X_3}(x_{3j})$	0,1	0,4	0,3	0,2

$$E(X_1+X_2) = E(X_3) = 0{,}2 + 1{,}2 + 1{,}2 + 1{,}0 = 3{,}6 \quad \text{oder}$$

$$E(X_1+X_2) = E(X_1) + E(X_2) = 1{,}4 + 2{,}2 = 3{,}6 ,$$

$$\begin{aligned} \text{Var}(X_1+X_2) &= \text{Var}(X_3) = E(X_3^2) - (E(X_3))^2 \\ &= 4 \cdot 0{,}1 + 9 \cdot 0{,}4 + 16 \cdot 0{,}3 + 25 \cdot 0{,}2 - 3{,}6^2 = \\ &= 0{,}4 + 3{,}6 + 4{,}8 + 5{,}0 - 3{,}6^2 = 0{,}84 \quad \text{oder} \end{aligned}$$

$$\text{Var}(X_1+X_2) = \text{Var}(X_1) + \text{Var}(X_2) + 2\,\text{Cov}(X_1, X_2)$$

$$= 0{,}24 + 0{,}56 + (2 \cdot 0{,}02)^{1)} = 0{,}84$$

sind Mittelwert und Varianz der Zufallsvariablen $X_3 = X_1 + X_2$.

1) N.B.: X_1 und X_2 sind nicht stochastisch unabhängig. Es ist
$\text{Cov}(X_1, X_2) = E(X_1 \cdot X_2) - E(X_1)E(X_2) = 3{,}1 - 1{,}4 \cdot 2{,}2 = +0{,}02$.

c) Verteilung von $X_1 \cdot X_2 = X_4$

x_{4j}	1	2	3	4	6
$f_{X_4}(x_{4j})$	0,1	0,4	0,2	0,1	0,2

$$E(X_1 \cdot X_2) = E(X_4) = 0{,}1 + 0{,}8 + 0{,}6 + 0{,}4 + 1{,}2 = 3{,}1 \quad \text{und}$$

$$\text{Var}(X_1 \cdot X_2) = \text{Var}(X_4) = E(X_4^2) - (E(X_4))^2 = 0{,}1 + 1{,}6 + 1{,}8 + 1{,}6 + 7{,}2 - 3{,}1^2 = 2{,}69$$

sind Mittelwert und Varianz der Zufallsvariablen $X_4 = X_1 \cdot X_2$.

Lösung 63

a) Die Familie hat 2 Autos.

Seien X_1 (1. Auto) und X_2 (2. Auto) zwei Zufallsvariable, die jeweils die Werte 0 (gerade) und 1 (ungerade) annehmen. Dann ist die Wahrscheinlichkeitsfunktion für die Zufallsvariable $Y = X_1 + X_2$, die die Werte y = 0,1,2 (Anzahl der ungeraden Endziffern) annehmen kann, durch

(x_1, x_2)	y		$f_Y(y) = P(Y=y)$
0,0	0	0,25	0,25
0,1	1	0,25	0,50
1,0	1	0,25	
1,1	2	0,25	0,25

gegeben.

b) Wenn die Familie noch ein drittes Auto besäße, würde sich mit $Y = X_1 + X_2 + X_3$ (X_3 ist wie X_1 und X_2 definiert) die folgende Wahrscheinlichkeitsfunktion ergeben:

(x_1, x_2, x_3)	y		$f_Y(y)$
0,0,0	0	0,125	0,125
0,0,1	1	0,125	0,375
0,1,0	1	0,125	
1,0,0	1	0,125	
1,1,0	2	0,125	0,375
1,0,1	2	0,125	
0,1,1	2	0,125	
1,1,1	3	0,125	0,125

Lösung 64

X und Y sind stochastisch unabhängig, wenn

$f_{X,Y}(x,y) = f_X(x) \cdot f_Y(y)$ für alle (x,y).

$$f_X(x) = \int_0^1 (x+y)dy = \left| xy + \frac{y^2}{2} \right|_0^1 = x + \frac{1}{2},$$

entsprechend ist $f_Y(y) = y + \frac{1}{2}$.

Somit sind wegen $x + y \neq (x+\frac{1}{2})\cdot(y+\frac{1}{2})$ die Zufallsvariablen X und Y nicht stochastisch unabhängig.

Lösung 65

Sei X_i das Gewicht des i-ten 250 g-Paketes und Y_j das Gewicht des j-ten 500 g-Paketes Kaffee.

a) Überprüft wird, ob die Stichprobe - im Mittel - das Sollgewicht (251 g) aufweist oder nicht.

$\bar{x} = \frac{1}{10} \sum_{i=1}^{10} x_i = \frac{1}{10} \cdot 2490 = 249$ ist der Mittelwert der Stichprobe. Das Sollgewicht wird in dieser Stichprobe im Mittel um 2 g je 250 g-Paket unterschritten.

b) Sei $Z = X_1 + X_2 + X_3 + X_4 + Y_1 + Y_2$ das Gewicht eines 2000 g-Pakets.

Dann ist mit $E(X_i) = \mu_X$, für i=1,2,3,4, und $E(Y_j) = \mu_Y$, für j=1,2, nach dem Additionssatz für Mittelwerte

$$E(Z) = E(X_1+X_2+X_3+X_4+Y_1+Y_2) = E(X_1) + E(X_2) + E(X_3) + E(X_4) +$$

$$+ E(Y_1) + E(Y_2) = 4\cdot\mu_X + 2\cdot\mu_Y = 4\cdot 251 + 2\cdot 501 = 2006 \text{ (g)}$$

der Mittelwert der 2000 g-Pakete.

Es ist plausibel anzunehmen, daß die Gewichte der einzelnen Pakete, also die X_i (i=1,2,3,4) und die Y_j (j=1,2) stochastisch unabhängig sind.

Somit ist

$$Var(Z) = Var(X_1+X_2+X_3+X_4+Y_1+Y_2) = Var(X_1) + Var(X_2) + Var(X_3) +$$

$$+ Var(X_4) + Var(Y_1) + Var(Y_2) =$$

$$= 4\cdot\sigma_X^2 + 2\cdot\sigma_Y^2 = 4\cdot 12 + 2\cdot 14 = 76 \text{ (g}^2\text{)}$$

die Varianz der 2000 g-Pakete.

Lösung 66

a) $\bar{x} = \frac{1}{N} \sum_{i=1}^{N} x_i = \frac{1}{4} \cdot 200 = 50 = \mu_X$ ist der Mittelwert und

$s_X^2 = \overline{x^2} - \bar{x}^2 = 3000 - 2500 = 500 = \sigma_X^2$ die Varianz der Gesamtheit.

b) Mit Zurücklegen: $N^n = 4^2 = 16$ Stichproben vom Umfang 2;

ohne Zurücklegen: $N!/(N-n)! = 4!/2! = 12$ Stichproben vom Umfang 2, jeweils mit Berücksichtigung der Reihenfolge.

mit Zurücklegen (x_1, x_2)	$\bar{x}$	$f_{\bar{X}}^{(1)}(\bar{x})$	ohne Zurücklegen (x_1, x_2)	$\bar{x}$	$f_{\bar{X}}^{(2)}(\bar{x})$
(1)	(2)	(3)	(4)	(5)	(6)
20;20	20	1/16	-	-	-
20;40	30	2/16	20;40	30	2/12
40;20	30		40;20	30	
20;60	40	3/16	20;60	40	2/12
60;20	40		60;20	40	
40;40	40		-	-	-
20;80	50	4/16	20;80	50	4/12
80;20	50		80;20	50	
40;60	50		40;60	50	
60;40	50		60;40	50	
40;80	60	3/16	40;80	60	2/12
80;40	60		80;40	60	
60;60	60		-	-	-
60;80	70	2/16	60;80	70	2/12
80;60	70		80;60	70	
80;80	80	1/16	-	-	-

Spalte (2) und (3) bzw. (5) und (6): exakte Stichprobenverteilung von $\bar{X}$; Verteilung aller möglichen Stichprobenmittelwerte.

c) Mittelwert von $\bar{X}$:

Auswahl mit Zurücklegen:

$$E(\bar{X}) = \sum_i \bar{x}_i \cdot f_{\bar{X}}(\bar{x}_i) = 20 \cdot \frac{1}{16} + 30 \cdot \frac{2}{16} + \ldots + 80 \cdot \frac{1}{16} = 800/16 = 50 = \mu_X.$$

Auswahl ohne Zurücklegen:

$$E(\bar{X}) = \sum_i \bar{x}_i \cdot f_{\bar{X}}(\bar{x}_i) = 30 \cdot \frac{2}{12} + 40 \cdot \frac{2}{12} + \ldots + 70 \cdot \frac{2}{12} = 600/12 = 50 = \mu_X.$$

Der Mittelwert aller Stichprobenmittelwerte ist also in beiden Fällen gleich dem Mittelwert der Gesamtheit.

Varianz von $\bar{X}$:

Auswahl mit Zurücklegen:

$$\mathrm{Var}(\bar{X}) = \sum_i (\bar{x}_i-\mu_X)^2 f_{\bar{X}}(\bar{x}_i) = (20-50)^2\cdot\frac{1}{16} + \ldots + (80-50)^2\cdot\frac{1}{16} =$$

$$= 4000/16 = 250 = \frac{\sigma_X^2}{n} = \frac{500}{2},$$

Auswahl ohne Zurücklegen:

$$\mathrm{Var}(\bar{X}) = \sum_i (\bar{x}_i-\mu_X)^2 f_{\bar{X}}(\bar{x}_i) = (30-50)^2\cdot\frac{2}{12} + \ldots + (70-50)^2\cdot\frac{2}{12} =$$

$$= 2000/12 = 166{,}67 = \frac{\sigma_X^2}{n}\frac{N-n}{N-1} = \frac{500}{2}\cdot\frac{2}{3}.$$

Bei der Auswahl ohne Zurücklegen ist die Varianz von $\bar{X}$ also kleiner als bei einer Auswahl mit Zurücklegen. Für $n = N$ (Totalerhebung) ist $\mathrm{Var}(\bar{X}) = 0$; wenn N groß und $n << N$ ist (kleiner Auswahlsatz n/N), ist $(N-n)/N-1) \doteq 1$, so daß sich die Varianzen von $\bar{X}$ bei einer Auswahl mit bzw. ohne Zurücklegen (fast) nicht unterscheiden.

d) Gesucht ist die Wahrscheinlichkeit $(\mu_X-10\le\bar{X}\le\mu_X+10) = P(40\le\bar{X}\le60)$. Aus der Arbeitstabelle ergibt sich $P(40\le\bar{X}\le60) = 0{,}625$ bei einer Auswahl mit Zurücklegen und $P(40\le\bar{X}\le60) = 0{,}667$ bei einer Auswahl ohne Zurücklegen.

e) Bei einer Auswahl ohne Zurücklegen können der kleinste (20) und der größte Wert (80) nicht zweimal gezogen werden, d.h. die beiden extrem ungünstigen Stichproben (20;20) und (80;80) können nicht vorkommen. Die Konsequenzen zeigen die Ergebnisse der Teilaufgaben c) und d).

f) $P(\bar{X}=50) = 0{,}25$ bei einer Auswahl mit und $P(\bar{X}=50) = 0{,}3\bar{3}$ bei einer Auswahl ohne Zurücklegen.

Lösung 67

Sei X_i das Geldvermögen des i-ten Haushalts.

Es ist anzunehmen, daß die Haushalte "ohne Zurücklegen" ausgewählt werden. Da aber $n = 100$ klein und N (wohl) groß ist, zumindest größer als 2000, kann vorausgesetzt werden, daß der Auswahlsatz $n/N \le 0{,}05$ ist. Eine Endlichkeitskorrektur ist somit nicht erforderlich.

Die Verteilung der Gesamtheit ist unbekannt. Nach dem zentralen Grenzwertsatz von LINDEBERG/LEVY ist aber - für hinreichend große

Stichprobenumfänge (Faustregel: n ≥ 40) - das arithmetische Mittel der Stichproben approximativ normalverteilt, d.h. es gilt hier

$\bar{X} \overset{\bullet}{\sim} N(1600;\sigma^2_{\bar{X}})$, mit $\sigma^2_{\bar{X}} = 160000/100$.

Daraus folgt, daß

$U = \dfrac{\bar{X}-\mu_X}{\sigma_{\bar{X}}} = \dfrac{\bar{X}-1600}{40}$ approximativ standardnormalverteilt ist.

a) Damit ist

$$P(\bar{X}>1700) = P\left[\frac{\bar{X}-1600}{40} > \frac{1700-1600}{40}\right] = P(U>2,5) \doteq 1-F_U(2,5) =$$
$$= 1 - 0,9938 = 0,0062$$

die Wahrscheinlichkeit dafür, daß das durchschnittliche Geldvermögen von 100 zufällig ausgewählten Haushalten höher als 1700 GE ist.

b) Entsprechend ist

$$P(\bar{X}\leq 1400) = P\left[\frac{\bar{X}-1600}{40} \leq \frac{1400-1600}{40}\right] = P(U\leq -5) \doteq F_U(-5) \doteq 0 \ .$$

Die Wahrscheinlichkeit, daß das durchschnittliche Geldvermögen der 100 zufällig ausgewählten Haushalte geringer oder höchstens gleich 1400 GE ist, ist approximativ Null.

Lösung 68

Aus der Ungleichung von TSCHEBYSCHEFF

$P(|\bar{X}_n-\mu_X|\leq\varepsilon) \geq 1 - \dfrac{1}{c^2}$ folgt mit

$\varepsilon = c\sigma_{\bar{X}} = c\dfrac{\sigma_X}{\sqrt{n}}$, daß $\eta = \dfrac{\sigma^2_X}{\varepsilon^2 \cdot n}$ und $n = \dfrac{\sigma^2_X}{\varepsilon^2 \cdot \eta}$ der erforderliche

(Mindest-)Stichprobenumfang ist.

Hinweis: Das ist eine recht grobe Abschätzung von n, ohne Kenntnis der Verteilung von X (der Gesamtheit) und ohne Kenntnis der Verteilung von $\bar{X}$.

Lösung 69

Sei X_i der Inhalt der i-ten abgefüllten 0,7-l-Flasche. X folgt einer unbekannten Verteilung mit $\mu_X = 710$ und $\sigma^2_X = 6400$.

Nach dem zentralen Grenzwertsatz von LINDEBERG/LEVY ist (mit n=256) die Stichprobenfunktion $\bar{X}$ approximativ normalverteilt mit den Parametern $\mu_X = 710$ und $\sigma_{\bar{X}}^2 = \sigma_X^2/n = 25$. Somit ist

$$P\left(\mu_X - \lambda_{1-\alpha/2}\frac{\sigma_X}{\sqrt{n}} \le \bar{X} \le \mu_X + \lambda_{1-\alpha/2}\frac{\sigma_X}{\sqrt{n}}\right) \doteq 1-\alpha\ .$$

Mit $\mu_X = 710$ und $\sigma_{\bar{X}} = 5$ ist

$$P(710-\lambda_{1-\alpha/2}\cdot 5 \le \bar{X} \le 710+\lambda_{1-\alpha/2}\cdot 5) \doteq 0{,}95\ .$$

Für $1-\alpha = 0{,}95$ ist $\lambda_{0,975} = 1{,}96$, so daß

$$P(710-1{,}96\cdot 5 \le \bar{X} \le 710+1{,}96\cdot 5) \doteq 0{,}95$$

$$P(700{,}2 \le \bar{X} \le 719{,}8) \doteq 0{,}95$$

das gesuchte zentrale Schwankungsintervall ist, in dem - mit einer Wahrscheinlichkeit von approximativ 0,95 - der Stichprobenmittelwert von Stichproben des Umfangs n = 256 zu erwarten ist.

Lösung 70

Sei R_i die Zufallsvariable "Rundungsfehler der i-ten Rechnung".

a) Die R_i (i=1,2,...,n) sind annahmegemäß stochastisch unabhängig und identisch rechteckverteilt im Intervall [-0,5; +0,5].

Aus der Rechteckverteilung folgt, daß

$E(R_i) = (-0{,}5+0{,}5)/2 = 0$ und

$Var(R_i) = (0{,}5+0{,}5)^2/12 = 1/12$ ist.

Für die Summe der R_i, also für $R' = \sum_{i=1}^{n} R_i$, gilt nach dem Additionssatz für Mittelwerte

$$E\left(\sum_i^n R_i\right) = \sum_i^n E(R_i) = 0 = E(R')\ ,$$

und weil die R_i stochastisch unabhängig sind gilt nach dem Additionssatz für Varianzen

$$\mathrm{Var}\left(\sum_i^n R_i\right) = \sum_i^n \mathrm{Var}(R_i) = \sum_i^n \frac{1}{12} = \frac{n}{12} = \mathrm{Var}(R') \; .$$

Nach dem zentralen Grenzwertsatz von LINDEBERG/LEVY folgt für hinreichend große n die standardisierte Summe

$$U_n = \frac{R'-E(R')}{\sqrt{\mathrm{Var}(R')}} = \frac{R'}{\sqrt{\frac{n}{12}}}$$

approximativ der Standardnormalverteilung.

Mithin ist

$$P\left(\left|\frac{R'}{\sqrt{\frac{n}{12}}}\right| \le \lambda_{1-\frac{\alpha}{2}}\right) = P\left(|R'| \le \sqrt{\frac{n}{12}} \cdot \lambda_{1-\frac{\alpha}{2}}\right) \doteq 1-\alpha \; .$$

Daraus folgt für $\alpha = 0{,}05$ ("5% aller Fälle") und n = 200 (Rechnungen)

$$P\left(|R'| \le \sqrt{\frac{200}{12}} \cdot 1{,}96\right) = P(|R'| \le 8{,}00) \doteq 0{,}95 \; ,$$

so daß also die Summe der Rundungsfehler (die grundsätzlich zum Beispiel auch gleich + 100,-- DM sein kann) mit einer Wahrscheinlichkeit von 0,95 den Betrag (die Grenze) von± 8,-- DM nicht unter- oder überschreitet.

b) Es wird angenommen, daß die Rundungsfehler R_i stochastisch unabhängig sind und daß sie (identisch) rechteckverteilt sind.

Die Annahme der stochastischen Unabhängigkeit ist nur dann erfüllt, wenn die Zufallsvariable R_i die Zufallsvariable R_j ($i \neq j$; $i,j = 1,2,\ldots,n$) nicht beeinflußt. Wenn zum Beispiel ein Mensabesucher einen anderen darauf aufmerksam macht, daß ein bestimmtes Gericht besonders gut schmeckt, und der andere daraufhin dieses Gericht auswählt, ist die Unabhängigkeit gestört. Bei einem großen Angebot an Speisen und Getränken nimmt die Bedeutung solcher Störungen ab.

Die Annahme, daß die R_i rechteckverteilt sind, kann nur approximativ erfüllt sein, und zwar dann, wenn alle 99 Nachkommastellen (0,01; 0,02;...;0,99) der Rechnungsbeträge mit gleicher Wahrscheinlichkeit realisiert werden. Das ist bei den Preisen einer Mensa zumindest fraglich.

Beide Annahmen sind also streng genommen nicht erfüllt, so daß die in a) berechneten Grenzen approximative Werte sind.

Lösung 71

Seien X_i, die gefahrenen Kilometer des Vertreters am i-ten Tag.

Die Verteilung der Gesamtheit (der täglich zurückgelegten Strecken) ist unbekannt. Wegen des kleinen Stichprobenumfangs (n=16) kann die (exakte) Verteilung des Stichprobenmittels nicht durch die Normalverteilung approximiert werden. Die gesuchte Wahrscheinlichkeit kann daher nur mittels der Ungleichung von TSCHEBYSCHEFF

$$P\left[\mu_X - c\frac{\sigma_X}{\sqrt{n}} \le \bar{X} \le \mu_X + c\frac{\sigma_X}{\sqrt{n}}\right] \ge 1 - \frac{1}{c^2}$$

grob nach unten abgeschätzt werden.

Mit $\sigma_X/\sqrt{n} = 48/4 = 12$ und $c \cdot 12 = 36 = \varepsilon$ ist $c = 3$,

so daß die gesuchte Wahrscheinlichkeit größer gleich $1 - \frac{1}{3^2} = 0,\bar{8}$ ist.

Lösung 72

Die Zufallsvariable X, der Betrag einer Rechnung des vergangenen Geschäftsjahres, hat eine unbekannte Verteilung mit Mittelwert $\mu_X = 150$ und Varianz $\sigma_X^2 = 25600$.

a) Wegen des geringen Stichprobenumfangs (n=16) kann diese Wahrscheinlichkeit nur mit Hilfe der Ungleichung von TSCHEBYSCHEFF (grob) abgeschätzt werden.

Es ist

$$P(\mu_X - c\sigma_{\bar{X}} \le \bar{X} \le \mu_X + c\sigma_{\bar{X}}) \ge 1 - \frac{1}{c^2}, \quad c \ge 1,$$

$$P(\mu_X - 40 \le \bar{X} \le \mu_X + 40) \ge 1 - \frac{1}{c^2}.$$

Daraus folgt

$$c\sigma_{\bar{X}} = c\frac{\sigma_X}{\sqrt{n}} = 40 \text{ und daraus } c = \frac{40 \cdot \sqrt{n}}{\sigma_X} = \frac{40 \cdot 4}{160} = 1,$$

so daß

$P(110 \le \bar{X} \le 190) \ge 0$ ist.

Die TSCHEBYSCHEFFsche Ungleichung liefert also in diesem Beispiel keine brauchbare Abschätzung der gesuchten Wahrscheinlichkeit.

b) Bei hinreichend großem Stichprobenumfang n (Faustregel: $n \geq 40$) ist nach dem zentralen Grenzwertsatz von LINDEBERG/LEVY (auch bei beliebiger Verteilung der Gesamtheit) das Stichprobenmittel $\bar{X}$ approximativ normalverteilt. Mit n = 16+34 = 50 ist $\bar{X}$ approximativ normalverteilt mit den Parametern

$\mu_X = 150$ und $\sigma^2_{\bar{X}} = \frac{\sigma^2_X}{n} = \frac{25600}{50} = 512$. Somit läßt sich die gesuchte Wahrscheinlichkeit aus dem zentralen Schwankungsintervall für $\bar{X}$ ableiten.

Es ist

$P(150-40 \leq \bar{X} \leq 150+40) \doteq ?$

$P(150-\lambda_{1-\alpha/2}\sigma_{\bar{X}} \leq \bar{X} \leq 150+\lambda_{1-\alpha/2}\sigma_{\bar{X}}) \doteq 1-\alpha$.

Daraus folgt (mit $\sigma_{\bar{X}} \doteq 22{,}6$) $\lambda_{1-\alpha/2}\sigma_{\bar{X}} = \lambda_{1-\alpha/2}\, 22{,}6 = 40$ und daraus $\lambda_{1-\alpha/2} = \frac{40}{22{,}6} \doteq 1{,}77$, so daß $1 - \alpha/2 = 0{,}9616$, $\alpha = 0{,}0768$ und $1-\alpha =$ $= 0{,}9232$ und mithin $P(110 \leq \bar{X} \leq 190) \doteq 0{,}9232$ ist.

Die Wahrscheinlichkeit, daß sich der Mittelwert einer Stichprobe im zentralen Schwankungsintervall [110;190] befindet, beträgt 92,32% .

Lösung 73

Sei X_i die Spieldauer des i-ten zufällig ausgewählten Herreneinzels. Dann folgt die Zufallsvariable X (Spieldauer) einer unbekannten Verteilung mit Mittelwert $\mu_X = 165$ (min) und Standardabweichung $\sigma_X = 58$ (min).

Es soll eine Zufallsstichprobe vom Umfang n = 25 aus der Gesamtheit aller Herreneinzel der letzten Jahre gezogen werden.

Die Zufallsvariable $\bar{X} = \frac{1}{n} \sum_{i=1}^{25} X_i$ folgt einer unbekannten Verteilung mit Mittelwert $\mu_{\bar{X}} = \mu_X = 165$ und Standardabweichung $\sigma_{\bar{X}} = \sigma_X/\sqrt{n} = 58/5 =$ 11,6.

Die (unbekannte) Verteilung des Stichprobenmittels kann wegen des geringen Stichprobenumfangs nicht durch die Normalverteilung approximiert werden.

a) Gesucht ist die Wahrscheinlichkeit $P(|\bar{X}-165| \leq 30)$.

   Da eine Approximation durch die Normalverteilung nicht möglich ist, kann diese Wahrscheinlichkeit nur relativ grob mit Hilfe der Ungleichung von TSCHEBYSCHEFF abgeschätzt werden.

Es gilt:

$$P\left[|\bar{X} - \mu_X| \leq \varepsilon\right] \geq 1 - \frac{1}{c^2} = 1 - \alpha ,$$

dabei ist $\varepsilon = c\sigma_{\bar{X}} = c\frac{\sigma_X}{\sqrt{n}} = 30$

und folglich $c = \varepsilon/\sigma_{\bar{X}} = 30/11,6 \doteq 2,59$.

Damit ist

$$P(|\bar{X}-165| \leq 30) \geq 1 - \frac{1}{2,59^2} \doteq 0,85 .$$

Mit einer Wahrscheinlichkeit von mindestens 0,85 wird das arithmetische Mittel der Spieldauern von 25 zufällig ausgewählten Herreneinzeln um höchstens 30 Minuten vom Mittelwert der Gesamtheit (μ_X=165 min) abweichen.

b) Die Ungleichung von TSCHEBYSCHEFF liefert nur dann ein sinnvolles Ergebnis, wenn $c \geq 1$ ist. Für Teilaufgabe a) folgt daraus, daß das zentrale Schwankungsintervall

$$(\mu_X - c\sigma_{\bar{X}} \leq \bar{X} \leq \mu_X + c\sigma_{\bar{X}})$$

eine Breite von mindestens

$$2(c\sigma_{\bar{X}}) = 2(\sigma_{\bar{X}}) = 2 \cdot 11,6 = 23,2 \text{ (min)}$$ --> S. 129

haben muß.

In diesem Falle ist

$$P(\mu_X - 11,6 \leq \bar{X} \leq \mu_X + 11,6) =$$

$$= P(165-11,6 \leq \bar{X} \leq 165 + 11,6) =$$

$$= P(153,4 \leq \bar{X} \leq 176,6) \geq 0 .$$

Lösung 74

Die gesuchte Wahrscheinlichkeit für das zentrale Schwankungsintervall

$P\left[\mu_X - 2\cdot\frac{\sigma_X}{\sqrt{n}} \leq \bar{X} \leq \mu_X + 2\cdot\frac{\sigma_X}{\sqrt{n}}\right]$ hängt entscheidend von der Verteilung der Grundgesamtheit ab.

a) Wird angenommen, daß die Gesamtheit normalverteilt ist, dann ist auch die Stichprobenfunktion $\bar{X}$ (exakt) normalverteilt und die Wahrscheinlichkeit für das zentrale Schwankungsintervall für normalverteilte Zufallsvariable

$$P\left[\mu_X-\lambda_{1-\frac{\alpha}{2}}\frac{\sigma_X}{\sqrt{n}} \le \bar{X} \le \mu_X+\lambda_{1-\frac{\alpha}{2}}\frac{\sigma_X}{\sqrt{n}}\right]$$ kann mit $\lambda_{1-\frac{\alpha}{2}} = 2$ der Tabelle der

Standardnormalverteilung entnommen werden.

Für $\lambda_{1-\frac{\alpha}{2}} = 2$ ist $1-\alpha = 0,9545$, so daß die gesuchte Wahrscheinlichkeit genau 0,9545 beträgt.

b) Wird eine beliebige Verteilung der Gesamtheit angenommen (die Verteilung der Gesamtheit kann nun ein- oder mehrgipflig, symmetrisch oder asymmetrisch sein) und ist n klein (n<40), dann kann die gesuchte Wahrscheinlichkeit auch - allerdings nur grob - mit Hilfe der TSCHEBYSCHEFFschen Ungleichung abgeschätzt werden. Mit

$$P\left[\mu_X-c\,\frac{\sigma_X}{\sqrt{n}} \le \bar{X} \le \mu_X+c\,\frac{\sigma_X}{\sqrt{n}}\right] \ge 1-\frac{1}{c^2}$$

und $c = 2$ ist $1-\frac{1}{c^2} = 1-\frac{1}{4} = 0,75$

eine grobe Abschätzung der gesuchten Wahrscheinlichkeit nach unten.

c) Für beliebige Verteilungen der Gesamtheit (vgl. b)) aber hinreichend große Stichprobenumfänge (Faustregel: $n \ge 40$) ist nach dem zentralen Grenzwertsatz von LINDEBERG/LEVY die Stichprobenfunktion $\bar{X}$ approximativ normalverteilt. In diesem Beispiel ist n = 400, so daß die gesuchte (approximierte) Wahrscheinlichkeit etwa gleich 0,9545 ist (vgl. a)).

Lösung 75

Wenn die Zufallsvariablen X_i, $i=1,2,\dots,n$, stochastisch unabhängig und im Intervall [0;1] identisch rechteckverteilt sind mit Mittelwert $\mu = 1/2$ und Varianz $\sigma^2 = 1/12$, dann strebt - nach dem zentralen Grenzwertsatz - die standardisierte Summe

$$U_n = \frac{X'_n - n\cdot 0,5}{\sqrt{\frac{n}{12}}}$$

mit $n \to \infty$ gegen die Standardnormalverteilung, dabei ist $X'_n = \sum_{i=1}^{n} X_i$.

Für $n = 24$ ist die Approximation hinreichend gut, so daß

$u_{24} = \dfrac{x'_{24}-12}{\sqrt{2}}$, mit $x'_{24} = \sum_{i=1}^{24} x_i$, Realisation einer approximativ standardnormalverteilten Zufallsvariablen ist.

Lösung 76

$X' = \sum_{i=1}^{n} X_i$, die Anzahl der Kopf-Würfe, ist $B(n;0,5)$-verteilt mit

$E(X') = n/2$ und $Var(X') = n/4$; daraus folgt für den Anteil $X'/n = P$:

$E(P) = 1/2$ und $Var(P) = 1/4n$.

n ist so zu bestimmen, daß $P(\pi-\varepsilon \le \frac{X'}{n} \le \pi+\varepsilon) = 0,9$ ist.

Nach dem zentralen Grenzwertsatz gilt

$$P\left(\frac{\pi-\varepsilon-\pi}{\sqrt{\frac{\pi(1-\pi)}{n}}} \le \frac{P-\pi}{\sqrt{\frac{\pi(1-\pi)}{n}}} \le \frac{\pi+\varepsilon-\pi}{\sqrt{\frac{\pi(1-\pi)}{n}}}\right) \doteq P\left(\frac{-\varepsilon}{\sqrt{\frac{\pi(1-\pi)}{n}}} \le U \le \frac{+\varepsilon}{\sqrt{\frac{\pi(1-\pi)}{n}}}\right) =$$

$$= 2F_U\left(\frac{\varepsilon}{\sqrt{\frac{\pi(1-\pi)}{n}}}\right) - 1 = 0,9 .$$

Mit $\lambda_{0,95} = 1,64$ und $\dfrac{\varepsilon}{\sqrt{\frac{\pi(1-\pi)}{n}}} = 0,01\cdot 2\cdot\sqrt{n}$ ergibt sich

$0,01\cdot 2\cdot\sqrt{n} = 1,64$, so daß $n = 6724$ die (approximierte) Anzahl der Würfe ist, die mindestens erforderlich ist, damit $P(0,49 \le P \le 0,51) \doteq 0,9$. Somit ist $n = 6724$ für die obige Approximation durch die Normalverteilung hinreichend groß.

Lösung 77

Nach dem zentralen Grenzwertsatz ist auch bei beliebiger Verteilung der X_i das arithmetische Mittel $\bar{X}$ bei hinreichend großem n approximativ normalverteilt, wenn nur Mittelwert μ und Varianz σ^2 existieren und die X_i stochastisch unabhängig und identisch verteilt sind. Unter diesen (sehr allgemeinen) Bedingungen folgt $\bar{X}$ approximativ einer $N\left(\mu, \frac{\sigma^2}{n}\right)$.

Mithin ist $P(|\bar{X}-\mu| \leq 0{,}5) = P(\mu-0{,}5 \leq \bar{X} \leq \mu+0{,}5) \doteq$

$$\doteq P\left[\frac{\mu-0{,}5-\mu}{\sigma}\cdot\sqrt{n} \leq U \leq \frac{\mu+0{,}5-\mu}{\sigma}\cdot\sqrt{n}\right] = 2F_U\left[\frac{0{,}5}{\sigma}\cdot\sqrt{n}\right] - 1 = 0{,}99,$$

so daß mit $\lambda_{0,995} = 2{,}58$ und $\sigma = 6$

$\frac{0{,}5}{6}\cdot\sqrt{n} = 2{,}58$ und n = 959 ist.

n ist also so groß, daß die Approximation durch die Normalverteilung (im nachhinein) gerechtfertigt ist.

Lösung 78

Wünschenswerte Eigenschaften von Schätzfunktionen sind unter anderem Erwartungstreue und (relative) Effizienz. Es ist also zu prüfen, welche der beiden Schätzfunktionen bessere Eigenschaften besitzt.

a) Die Schätzfunktionen sind erwartungstreu, wenn $E(T_n) = \Theta$, hier also, wenn $E(\bar{X}_3^{(\cdot)}) = \mu_X$ gilt.

Es ist $E(X_i) = \mu_X$ für i=1,2,3 und

$$E(\bar{X}_3^{(1)}) = E\left[\frac{1}{3}\sum_{i=1}^{3} X_i\right] = \frac{1}{3}E\left[\sum_{i=1}^{3} X_i\right] = \frac{1}{3}\sum_{i=1}^{3} E(X_i) = \frac{1}{3}\sum_{i=1}^{3} \mu_X =$$

$$= \frac{1}{3}\cdot 3\mu_X = \mu_X \quad \text{und}$$

$$E(\bar{X}_3^{(2)}) = E\left[\frac{1}{4}X_1 + \frac{1}{2}X_2 + \frac{1}{4}X_3\right] = \frac{1}{4}E(X_1) + \frac{1}{2}E(X_2) + \frac{1}{4}E(X_3) =$$

$$= \frac{1}{4}\mu_X + \frac{1}{2}\mu_X + \frac{1}{4}\mu = \mu_X .$$

Beide Schätzfunktionen sind also erwartungstreu.

b) Zur Bestimmung der relativen Effizienz sind die Varianzen dieser Schätzfunktionen zu vergleichen.

Es ist $Var(X_i) = \sigma_X^2 = 900$ und

$$Var(\bar{X}_3^{(1)}) = Var\left[\frac{1}{3}\sum_{i=1}^{3} X_i\right] = \frac{1}{9}Var\left[\sum_{i=1}^{3} X_i\right] = \frac{1}{9}\sum_{i=1}^{3} Var(X_i) =$$

$$= \frac{1}{9}\sum_{i=1}^{3}\sigma_X^2 = \frac{1}{9}\cdot 3\sigma_X^2 = \frac{1}{3}\sigma_X^2 = \frac{900}{3} = \frac{\sigma_X^2}{n} = 300$$

(für $\bar{X}_3^{(1)} = \bar{X}$ gilt stets $\sigma_{\bar{X}}^2 = \sigma_X^2/n$) und

$$Var(\bar{X}_3^{(2)}) = Var\left[\frac{1}{4}X_1 + \frac{1}{2}X_2 + \frac{1}{4}X_3\right] = \frac{1}{16}Var(X_1) + \frac{1}{4}Var(X_2) + \frac{1}{16}Var(X_3) =$$

$$= \frac{1}{16}\sigma_X^2 + \frac{1}{4}\sigma_X^2 + \frac{1}{16}\sigma_X^2 = \frac{3}{8}\sigma_X^2 = \frac{3\cdot 900}{8} = 337{,}5\ ,$$

so daß $\bar{X}_3^{(1)}$ die relativ effiziente Schätzfunktion (und daher vorzuziehen) ist.

Lösung 79

Bei praktischen Anwendungen wird eine einfache Zufallsstichprobe (mit stochastisch unabhängigen und identisch verteilten Komponenten) aus einer endlichen Gesamtheit durch eine Auswahl mit Zurücklegen erzeugt. Eine Zufallsstichprobe heißt uneingeschränkt, wenn jede Teilmenge von n Einheiten der Gesamtheit (also auch jedes einzelne Element) die gleiche Wahrscheinlichkeit hat, gezogen zu werden.

Beide Voraussetzungen sind erfüllt, wenn die Auswahl der Glühlampen über Zufallszahlen gesteuert wird und gewährleistet ist, daß einzelne Zufallszahlen mehrfach gezogen werden können. Zufallszahlen sind Zahlenreihen, die in zufälliger Anordnung die Ziffern 0 bis 9 enthalten.

Man numeriert die Paletten, Reihen sowie die Glühlampen in den Reihen jeweils von 0 - 9 .

An einer beliebigen Stelle in der Zufallszahlenreihe beginnend bestimmt die erste Ziffer die Palette, die zweite Ziffer die Reihe und die dritte Ziffer die Position einer zufällig auszuwählenden Glühlampe innerhalb der Reihe (Zufallszahl mit drei Stellen). Diese Glühlampe wird gezogen. Nach der Feststellung der interessierenden Eigenschaft (z. B. der Brenndauer) wird die Glühbirne "zurückgelegt". Dann werden - auf die gleiche Weise - die übrigen der n Glühbirnen gezogen. Sollte dabei eine bestimmte Glühbirne mehr als einmal gezogen werden, kann (bzw. muß) auf die erneute Feststellung der interessierenden Eigenschaft dieser Glühlampe verzichtet werden, weil diese bereits von der ersten Ziehung bekannt ist.

Lösung 80

Sei X_i die Leistung der i-ten ausgewählten Aluminiumbatterie in Wattstunden je kg.

a) Die wesentliche Bedingung, die für eine Punkt-/Intervallschätzung (für den Mittelwert μ_X) erfüllt sein muß, ist, daß es sich bei den angegebenen Daten um eine konkrete Zufallsstichprobe aus einer Gesamtheit von Aluminiumbatterien handelt. Ob die Stichprobeneinheiten (Batterien) durch eine Auswahl mit oder ohne Zurücklegen gezogen wurden, ist für eine Punktschätzung unerheblich, für eine Intervallschätzung ebenfalls, wenn nur der Auswahlsatz n/N hinreichend klein ist. Es ist zu vermuten, daß eine Auswahl ohne Zurücklegen vorgenommen wurde. Da der Umfang der Gesamtheit (N) unbekannt ist, muß angenommen werden, daß der Auswahlsatz n/N vernachlässigbar klein (≤0,05) ist.

b) Eine erwartungstreue, konsistente und effiziente Punkt-Schätzfunktion für den unbekannten Mittelwert der Gesamtheit ist $\bar{X} = \frac{1}{n} \sum_i X_i \cdot n_i$.

Aus der Symmetrie der Leistungsverteilung folgt, daß $\bar{x} = x_3 = 300$ (Wattstunden je kg) ein - wegen der Klassierung approximativer - Punkt-Schätzwert für die mittlere Leistung (μ_X) der Aluminiumbatterien ist.

Der Stichprobenumfang ist mit n = 400 hinreichend groß, so daß die Verteilung des Stichprobenmittels $\bar{X}$ (bei beliebiger endlicher Gesamtheit) durch eine $N(\mu_X, \sigma_X^2/n)$ approximiert werden kann. Allerdings ist die Varianz der Gesamtheit σ_X^2 unbekannt und muß (klassierte Werte!) mit

$$\hat{\sigma}^2 = \frac{1}{n-1} \sum_{i=1}^{k} (X_i - \bar{X})^2 \cdot n_i$$

aus der Stichprobe geschätzt werden (Approximation).

Arbeitstabelle

i	$(x_i-\bar{x})$	$(x_i-\bar{x})^2$	$(x_i-\bar{x})^2 n_i$
1	-20	400	8000
2	-10	100	8000
3	0	0	0
4	10	100	8000
5	20	400	8000
Σ	0	-	32000

Es ergibt sich

$\hat{\sigma}^2 = \frac{1}{399} \cdot 32000 \doteq 80{,}2$ und $\hat{\sigma} \doteq 9$ (Wattstunden je kg).

Weil n = 400 ist, kann - obwohl σ_X^2 durch $\hat{\sigma}^2$ geschätzt wird - die t-Verteilung (mit ν=399 Freiheitsgraden) durch die Normalverteilung approximiert werden. Es erscheint zweckmäßig, das Konfidenzniveau auf $1-\alpha = 0{,}95$ festzusetzen. Damit ist $\lambda_{1-\alpha/2} = \lambda_{0,975} = 1{,}96$ und es gilt:

$$P(\bar{X}-1{,}96 \frac{\hat{\sigma}}{\sqrt{n}} \leq \mu_X \leq \bar{X}+1{,}96 \frac{\hat{\sigma}}{\sqrt{n}}) \doteq 0{,}95.$$

Mit $1{,}96 \cdot \frac{9}{20} \doteq 0{,}88$ ergibt sich daraus

$$300-0{,}88 \leq \mu_X \leq 300+0{,}88$$
$$299{,}12 \leq \mu_X \leq 300{,}88$$

als empirisches Konfidenzintervall für die mittlere Leistung (in Wattstunden je kg) der neuartigen Aluminiumbatterien. Es ist - bei einem Konfidenziniveau von $1-\alpha = 0{,}95$ - berechtigt anzunehmen, daß dieses empirische Konfidenzniveau die "wahre" mittlere Leistung (μ_X) einschließt.

Lösung 81

Mit

$$X_i = \begin{cases} 1, & \text{falls der i-te Haushalt mehr als einen PKW besitzt} \\ 0, & \text{sonst} \end{cases}$$

folgt die Gesamtheit einer Zwei-Punkt-Verteilung und

$X' = \sum_i X_i \sim B(n_1, \pi_1)$.

a) $N_1 = 10000$ Haushalte, $n_1 = 400$ Haushalte,
$x_1' = 140$ Haushalte, $1-\alpha = 0{,}95$,

$$p_1 = \frac{x_1'}{n_1} = \frac{140}{400} = 0{,}35 \; .$$

Gesucht ist ein Konfidenzintervall für den wahren Anteilswert π_1. Da eine Auswahl mit Zurücklegen aus einer zweipunktverteilten Gesamtheit gezogen wurde und n = 400 ist, kann die Binomialverteilung durch die Normalverteilung approximiert werden. Weil außerdem λ^2/n, $\lambda^2/4n^2$ sowie $\lambda^2/2n$ "klein" sind, gilt näherungsweise:

$$P\left[P_1-\lambda_{1-\frac{\alpha}{2}}\sqrt{\frac{P_1(1-P_1)}{n}} \le \pi_1 \le P_1 + \lambda_{1-\frac{\alpha}{2}}\sqrt{\frac{P_1(1-P_1)}{n}}\right] \doteq 0,95 \ .$$

Mit $\lambda_{0,975} = 1,96$ ergibt sich das folgende empirische Intervall für den wahren Anteilswert π_1: $0,303 \le \pi_1 \le 0,397$.

Mit einem "Konfidenzniveau von etwa 0,95" liegt der wahre, aber unbekannte Anteil der Haushalte mit mehr als einem PKW in diesem Vorort im Intervall [0,303;0,397]. Das bedeutet, 95% aller Stichproben vom Umfang n = 400 (aus dieser Gesamtheit vom Umfang N = 10000) liefern Konfidenzintervalle, die den wahren Anteil einschließen, 5% aller Stichproben jedoch Intervalle, die den wahren Anteil nicht einschließen.

Hinweis: Wenn die untere Grenze eines empirischen Konfidenzintervalls $p_u < 0,1$ oder die obere Grenze $p_o > 0,9$ ist, kann die Binomialverteilung (im allgemeinen) nicht mehr mit hinreichender Genauigkeit durch eine Normalverteilung approximiert werden. In solchen Fällen können zur Bestimmung von Konfidenzintervallen für π Nomogramme verwendet werden (vgl. F. VOGEL, Beschreibende und schließende Statistik, Anhang). Diese Nomogramme können auch dann verwendet werden, wenn die Approximationsbedingungen erfüllt sind.

b) Stichprobenumfang

Es ist $\lambda = \lambda_{1-\alpha/2} = 1,96$, $\varepsilon = 0,02$ und $n = \dfrac{\lambda^2 P(1-P)}{\varepsilon^2}$

(ε ist die halbe Länge des Konfidenzintervalls).

b1) Mit p = 140/400 = 0,35 ergibt sich der erforderliche Mindest-Stichprobenumfang

$$n = (1,96^2 \cdot 0,35 \cdot 0,65)/0,02^2 \doteq 2185 \text{ (Haushalte).}$$

Dieser Stichprobenumfang ist so groß, daß die Approximationsbedingungen (n>>400, d.h. P folgt approximativ einer Normalverteilung; vgl. auch a)) erfüllt sind.

b2) Wenn die Stichprobe aus a) nicht als Vorstichprobe dienen kann und auch keine weiteren Informationen für eine zweckmäßige Festlegung (Abschätzung) von P (zur Schätzung von n) verfügbar sind, kann p = 1-p = 0,5 (Streuung maximal) gesetzt werden. Damit ist

$$n' = (1,96^2 \cdot 0,5 \cdot 0,5)/0,02^2 = 2401 \text{ (Haushalte).}$$

Wegen p = 1-p = 0,5 ist auch n' maximal. Wenn der wahre Anteil π_2 kleiner als 0,5 ist, dann ist der so berechnete Stichprobenumfang zu groß. Man sollte daher stets versuchen, P aufgrund von Vorinformationen so zu schätzen, daß der geschätzte Mindeststichprobenumfang nicht zu groß ist.

Lösung 82

Es ist $n = \dfrac{\lambda^2_{1-\alpha/2} P(1-P)}{\varepsilon^2}$.

Mit p = 1-p = 0,5 ist p(1-p) = 0,5·0,5 = 0,25 maximal, so daß - mit (zum Beispiel) 1-α = 0,95 und $\lambda_{0,975}$ = 1,96 - auch

$$n = \frac{1,96^2 \cdot 0,25}{0,02^2} = 2401 \quad \text{maximal ist.}$$

Lösung 83

Zufallsvariable X: Verbrauch an Roh-, Hilfs- und Betriebsstoffen.

X folgt einer unbekannten Verteilung; Stichprobe vom Umfang n = 14430; Auswahl ohne Zurücklegen, Auswahlsatz n/N = 0,39.

a) $\bar{x}$ = 15 (Mio.DM), $\hat{\sigma}_X$ = 12 (Mio.DM).

Bei der Berechnung eines Konfidenzintervalls für den unbekannten Mittelwert μ_X der Gesamtheit ist zu berücksichtigen, daß der Auswahlsatz "groß" ist (Endlichkeitskorrektur) und daß die Varianz aus der Stichprobe geschätzt wird (grundsätzlich t-Verteilung). Wegen des großen Stichprobenumfangs kann jedoch die t-Verteilung durch die Normalverteilung approximiert werden, so daß

$$P\left[\bar{X} - \lambda_{1-\alpha/2}\frac{\hat{\sigma}}{\sqrt{n}}\sqrt{1-\frac{n}{N}} \le \mu_X \le \bar{X} + \lambda_{1-\alpha/2}\frac{\hat{\sigma}}{\sqrt{n}}\sqrt{1-\frac{n}{N}}\right] \doteq 1-\alpha \ .$$

Mit α = 0,01 ist $\lambda_{1-\alpha/2} = \lambda_{0,995}$ = 2,58 und es ergibt sich:

$$15 - 2,58\,\frac{12}{\sqrt{14430}}\sqrt{1-0,39} \le \mu_X \le 15 + 2,58\cdot\frac{12}{\sqrt{14430}}\sqrt{1-0,39}$$

$$15 - 2,58\,\frac{12}{120,125}\cdot 0,781 \le \mu_X \le 15 + 2,58\,\frac{12}{120,125}\cdot 0,781$$

$$15 - 0,20 \le \mu_X \le 15 + 0,20$$

$$14,8 \le \mu_X \le 15,2 \ .$$

Der durchschnittliche Verbrauch aller Unternehmen (mit wenigstens 20 Beschäftigten) liegt also - bei einem Konfidenzniveau von 1-α = 0,99 - zwischen rd. 14,8 und 15,2 Mio.DM.

b) Eine Punktschätzung für den Gesamtwert der im betrachteten Zeitraum eingesetzten Roh-, Hilfs- und Betriebsstoffe ergibt sich aus

$N\bar{x} = 37000 \cdot 15 = 555000$ (Mio.DM),

so daß der geschätzte Gesamtwert 555000 Mio.DM (=555 Mrd.DM) beträgt.

Die Schätzfunktion $N\bar{X}$ ist wegen $E(N\bar{X}) = NE(\bar{X}) = N\mu_X = \sum_{i=1}^{N} X_i = X'$

erwartungstreu.

c) Beim Abschneideverfahren wird ein Teil der Gesamtheit, und zwar die in einem bestimmten Sinne "großen" oder - wie hier - "kleinen" Einheiten, nicht erfaßt. Die möglichen Aussagen beziehen sich dann auch nur auf den erfaßten Teil der Gesamtheit, nicht auf alle Einheiten der Gesamtheit.
Allerdings können - in bestimmten Fällen - auch so die wesentlichen Informationen über die Kostenstruktur (kostengünstig) beschafft werden, zum Beispiel dann, wenn die "großen" Einheiten 80% oder gar 90% des Verbrauchs eines Bereichs auf sich vereinigen.

Lösung 84

Zufallsvariable X_i: Anzahl der kranken Zähne des i-ten Schülers.

a) X folgt einer unbekannten Verteilung, auch σ_X^2 ist unbekannt;
$n = 150$; $N = 1500$; Auswahl ohne Zurücklegen mit großem Auswahlsatz
$\frac{n}{N} = \frac{150}{1500} = 0{,}1 > 0{,}05$; da zusätzlich $\nu = n-1 = 150 - 1 = 149 > 120$
ist, ergibt sich das folgende Konfidenzintervall für μ_X:

$$P\left(\bar{X} - \lambda_{1-\frac{\alpha}{2}} \frac{\hat{\sigma}_X}{\sqrt{n}} \sqrt{1-\frac{n}{N}} \le \mu_X \le \bar{X} + \lambda_{1-\frac{\alpha}{2}} \frac{\hat{\sigma}_X}{\sqrt{n}} \sqrt{1-\frac{n}{N}}\right) \doteq 0{,}95.$$

Zur Berechnung des Konfidenzintervalls müssen $\hat{\mu}_X$ und $\hat{\sigma}_X^2$ bestimmt werden.

Arbeitstabelle

x_i	n_i	$x_i n_i$	$(x_i-\bar{x})$	$(x_i-\bar{x})^2$	$(x_i-\bar{x})^2 n_i$
0	59	0	-1,4	1,96	115,64
1	30	30	-0,4	0,16	4,80
2	25	50	0,6	0,36	9,00
3	20	60	1,6	2,56	51,20
4	10	40	2,6	6,76	67,60
5	6	30	3,6	12,96	77,76
Σ	150	210	-	-	326,00

$\bar{x} = \frac{1}{n} \sum_i x_i n_i = 210/150 = 1,4, \quad \hat{\sigma}_X^2 = \frac{1}{n-1} \sum_i (x_i - \bar{x})^2 n_i ,$

$\hat{\sigma}_X^2 = \frac{326}{149} = 2,1879; \quad \hat{\sigma}_X = 1,479.$

Mit $\lambda_{0,975} = 1,96$ ist

$1,4 - 1,96 \cdot 0,12 \cdot 0,949 \le \mu_X \le 1,4 + 1,96 \cdot 0,12 \cdot 0,949$ und

$1,18 \le \mu_X \le 1,62$

das empirische Konfidenzintervall "zum Konfidenzniveau $1-\alpha = 0,95$" für die durchschnittliche Anzahl der kranken Zähne je Schüler.

b) Wenn 60% der 1500 Schüler, das sind 900 Schüler, behandelt werden, dann ist insgesamt (bei einem Konfidenzniveau von $1-\alpha = 0,95$) mit einem Zeitaufwand von

$900 \cdot 30 \cdot 1,18 \le \mu_X \cdot 900 \cdot 30 \le 900 \cdot 30 \cdot 1,62,$

531 Stunden $\le \mu_X \cdot 900 \cdot 0,5$ Stunden $\le$ 729 Stunden zu rechnen.

Lösung 85

Sei X_i der "Wert des i-ten Artikels des Vorratslagers" . X folgt einer unbekannten Verteilung. Da es sich um eine Zufallsstichprobe handelt, deren Einheiten ohne Zurücklegen ausgewählt wurden, der Auswahlsatz groß ist ($n/N=0,35$) und zudem die Varianz der Gesamtheit σ_X^2 unbekannt sowie $\nu = n-1 = 3500 - 1 = 3499$ größer 120 ist, gilt das folgende Konfidenzintervall für den Totalwert $N \cdot \mu_X$:

$$P\left[N\bar{X} - \lambda_{1-\alpha/2} \, N \frac{\hat{\sigma}_X}{\sqrt{n}} \sqrt{1-\frac{n}{N}} \le N\mu_X \le N\bar{X} + \lambda_{1-\alpha/2} \, N \frac{\hat{\sigma}_X}{\sqrt{n}} \sqrt{1-\frac{n}{N}}\right] \doteq 0,95 .$$

$N = 10000; \; n = 3500; \; \bar{x} = 299,04; \; \hat{\sigma}_X = \sqrt{95560} = 309,13; \; 1-\alpha = 0,95 \Rightarrow$

$\Rightarrow \lambda_{1-\alpha/2} = \lambda_{0,975} = 1,96 .$

$$t_{3500}^{u} = 10000 \cdot 299,04 - 1,96 \cdot 10000 \frac{\sqrt{95560}}{\sqrt{3500}} \cdot \sqrt{1 - \frac{3500}{10000}} =$$

$$\doteq 2990400 - 82569 = 2907831 \text{ [DM]} ,$$

$$t_{3500}^{o} \doteq 2990400 + 82569 = 3072969 \text{ [DM]} .$$

Der wahre, aber unbekannte Totalwert der Gesamtheit liegt mit einem Konfidenzniveau von 95% in dem Intervall [2907831; 3072969].

Eine geeignete, erwartungstreue Punktschätzung für den Totalwert der Gesamtheit ist $N\hat{\mu} = N\bar{X} = 10000 \cdot 299{,}04$ DM = 2990400 DM.

Der Gesamt- bzw. Totalwert des Vorratslagers des Unternehmens wird auf 2990400 DM geschätzt.

Lösung 86

Zufallsvariable X_i: Lebensdauer des i-ten Reifens.

a) In einer solchen Situation kann man nur unter bestimmten Modellannahmen über die Verteilung der Gesamtheit zu einer praktikablen Lösung kommen. Es kann zum Beispiel angenommen werden, daß die Lebensdauer von Autoreifen (X) approximativ normalverteilt ist. Mithin befinden sich nahezu alle Werte x_i, i=1,2,...,N, im Intervall $[\mu-3\sigma_X; \mu+3\sigma_X]$, so daß $R_o = x_{[N]} - x_{[1]} \doteq 6\sigma_X$ ist. Als grober) Schätzwert für σ_X ergibt sich daraus $\sigma_s = R_o/6$. Das Problem der Schätzung von σ_X reduziert sich somit auf die (grobe) Schätzung von R_o.

Nach der Aufgabenstellung ist $R_o = x_{[N]} - x_{[1]} = 66000-24000 = 42000$ und somit $\sigma_s = 42000/6 = 7000$ (km).

Damit ergibt sich ($\lambda_{0,975}=1{,}96$):

$$n = \frac{\lambda^2_{1-\alpha/2} \cdot \sigma^2_s}{\varepsilon^2} = \frac{1{,}96^2 \cdot 7000^2}{1000^2} \doteq 188$$

als grobe Schätzung des erforderlichen Stichprobenumfangs.

Für die Approximation der t- durch die Normalverteilung ist ein Stichprobenumfang von n=188 hinreichend groß.

b) Für $\nu = n-1 \geq 120$ ist approximativ

$\varepsilon = |\mu_X - \bar{X}| = \lambda_{1-\alpha/2} \cdot \frac{\hat{\sigma}}{\sqrt{n}}$. Wenn die Stichprobenstandardabweichung $\hat{\sigma}$, die anstelle der grob geschätzten Standardabweichung σ_s für die Berechnung des Konfidenzintervalls zu verwenden ist, größer als σ_s ist, wird das berechnete Konfidenzintervall länger als das geplante Konfidenzintervall sein.

Lösung 87

Wenn u die Realisation einer N(0;1)-verteilten Zufallsvariablen ist, dann ist die lineare Transformation $x = 100 \cdot u + 500$ Realisation einer N(500;10000)-verteilten Zufallsvariablen. Es gilt nämlich mit $X = aU + b$: $E(X) = E(aU+b) = aE(U)+b$ und

$Var(X) = Var(aU+b) = a^2 \cdot Var(U)$, so daß (wegen $E(U) = 0$ und $Var(U) = 1$)

$E(X) = \mu_X = b = 500$ und

$Var(X) = \sigma_X^2 = a^2 = 10000$ ist.

Lösung 88

X_i ist im Intervall [0;1] rechteckverteilt und die $X_i (i=1,2,\ldots,n)$ sind stochastisch unabhängig.

Wird der Parameter π $(0<\pi<1)$ geeignet vorgegeben und werden die x_i wie folgt transformiert:

$$y_i = \begin{cases} 1, & \text{falls } x_i \leq \pi , \\ 0, & \text{falls } x_i > \pi , \end{cases}$$

dann ist die zugehörige Zufallsvariable Y_i, $i=1,2,\ldots,n$, $B(1,\pi)$-verteilt (zweipunktverteilt), so daß die Summe $y' = \sum_{i=1}^{n} y_i$ Realisation einer $B(n,\pi)$-verteilten Zufallsvariablen Y' ist.

Lösung 89

a1) Bestimmung der Konfidenzintervalle für den Anteil und die Anzahl der Studierenden, die für den Entwurf waren.

$$X_{i1} = \begin{cases} 1, & \text{falls i-ter Studierender für den Entwurf war,} \\ 0, & \text{sonst.} \end{cases}$$

Die Gesamtheit ist folglich zweipunktverteilt.

$n = 300$; $N = 4000$; $x_1' = 180$; $1-\alpha = 0,95$; $p_1 = \frac{x_1'}{n} = \frac{180}{300} = 0,6$.

Es ist davon auszugehen, daß es sich um eine Auswahl ohne Zurücklegen handelt. Da der Auswahlsatz nicht klein ist (>0,05), ist der Korrekturfaktor für endliche Gesamtheiten (1-n/N) zu berücksichtigen und es ergeben sich die folgenden Intervallgrenzen:

$$T_n^{u,o} = \frac{1}{1+\frac{\lambda^2}{n}\left(1-\frac{n}{N}\right)}\left[P+\frac{\lambda^2}{2n}\left(1-\frac{n}{N}\right) \mp \lambda\cdot\sqrt{\frac{P(1-P)}{n}+\frac{\lambda^2}{4n^2}\left(1-\frac{n}{N}\right)}\sqrt{1-\frac{n}{N}}\right] .$$

Mit $1 - \frac{n}{N} = 1 - \frac{300}{4000} = 0,925$, ist

$$t_{300}^{u,o} = \frac{1}{1+\frac{1,96^2}{300}\cdot 0,925}\left[0,6 + \frac{1,96^2}{600}\cdot 0,925 \mp 1,96 \cdot\right.$$

$$\left.\cdot\sqrt{\frac{0,6\cdot 0,4}{300} + \frac{1,96^2}{360000}\cdot 0,925\cdot\sqrt{0,925}}\right] =$$

$$= 0,9883(0,6059 \mp 1,96\cdot 0,02846\cdot 0,9618) = 0,9883(0,6059 \mp 0,0537).$$

Somit ist [0,5457;0,6519] das empirische Konfidenzintervall "zum Konfidenzniveau $1-\alpha = 0,95$" für den Anteil der Studierenden, die für den Entwurf sind. Die Approximationsbedingungen sind erfüllt.

Das Konfidenzintervall für die unbekannte Anzahl der Studierenden, die für den Entwurf stimmten, läßt sich wie folgt berechnen:

$$P\left[N\cdot T_{300}^{u} \le N\cdot\pi_1 \le N\cdot T_{300}^{o}\right] \doteq 0,95$$

$$4000\cdot 0,5457 \le N\cdot\pi_1 \le 4000\cdot 0,6519$$

$$2183 \le N\cdot\pi_1 \le 2608 .$$

Die wahre Anzahl der Studierenden liegt bei einem Konfidenzniveau von 95% im Intervall [2183; 2608].

a2) Bestimmung der Konfidenzintervalle für den Anteil und die Anzahl der Studierenden, die gegen den Entwurf stimmten.

$$X_{i2} = \begin{cases} 1, & \text{falls i-ter Studierender gegen den Entwurf war,} \\ 0, & \text{sonst.} \end{cases}$$

Auch hier ist die Gesamtheit zweipunktverteilt.

$$p_2 = \frac{x_2'}{n} = \frac{75}{300} = 0,25 .$$

In diesem Fall ergeben sich die folgenden Intervallgrenzen (vgl. auch a1):

$$t_{300}^{u,o} = 0,9883\left[0,25+\frac{1,96^2}{600}\cdot 0,925 \mp 1,96\cdot\sqrt{\frac{0,25\cdot 0,75}{300}+\frac{1,96^2}{360000}\cdot 0,925\cdot\right.$$

$$\left.\cdot\sqrt{0,925}}\right] = 0,9883(0,2559 \mp 1,96\cdot 0,0252\cdot 0,9618) =$$

$$= 0,9883(0,2559 \mp 0,0475).$$

Somit ist [0,206;0,30] das empirische Konfidenzintervall für den Anteil und [824;1200] das empirische Konfidenzintervall für die Anzahl der Studierenden (jeweils zum Konfidenzniveau $1-\alpha = 0,95$), die gegen den Entwurf sind. Die Approximationsbedingungen sind erfüllt.

b) Stichprobenumfang

Anteil der Befürworter: $p_1 = p = 0,6$, $\varepsilon = 0,03$.

$$n = \frac{\lambda^2_{1-\alpha/2}p(1-p)}{\varepsilon^2} = \frac{1,96^2 \cdot 0,6 \cdot 0,4}{0,03^2} \doteq 1024 .$$

Da eine Auswahl ohne Zurücklegen gezogen wird, reduziert sich der (Mindest-)Stichprobenumfang auf

$$n' = \frac{n}{1+\frac{n}{N}} = \frac{1024}{1+\frac{1024}{4000}} \doteq 815.$$

Lösung 90

Zufallsstichprobe vom Umfang n = 49 aus einer Gesamtheit vom Umfang N = = 258. Die Zufallsvariable X ist der tägliche Milchbedarf eines Kleinkindes. Es ist anzunehmen, daß die Stichprobe nach dem Prinzip einer Auswahl ohne Zurücklegen gezogen wurde. Der Auswahlsatz $n/N = 49/258 \doteq$ $\doteq 0,19 > 0,05$ kann bei den weiteren Überlegungen nicht vernachlässigt werden.

Die Verteilung der Gesamtheit ist nicht bekannt.

Stichprobenmittel: $\bar{x} = 0,5$ l/Tag bzw. 75 g/Tag.

a) Konfidenzintervall für den Mittelwert,

Konfidenzniveau: $1-\alpha = 0,9545 \rightarrow \lambda_{1-\alpha/2} = 2$; $\sigma_X = 0,14$ l/Tag.

Für eine Auswahl ohne Zurücklegen, großem Auswahlsatz, $n \geq 40$ sowie σ_X bekannt, gilt (bei beliebiger Verteilung der Gesamtheit) approximativ

$$P\left[\bar{X} - \lambda_{1-\frac{\alpha}{2}} \frac{\sigma_X}{\sqrt{n}} \sqrt{1-\frac{n}{N}} \leq \mu_X \leq \bar{X} + \lambda_{1-\alpha/2} \frac{\sigma_X}{\sqrt{n}} \sqrt{1-\frac{n}{N}}\right] \doteq 1-\alpha .$$

Somit ist

$$0,5 - 2 \cdot \frac{0,14}{7} \sqrt{1-0,19} \leq \mu_X \leq 0,5 + 2 \cdot \frac{0,14}{7} \sqrt{1-0,19},$$

$$0,464 \leq \mu_X \leq 0,536$$

[0,464 l/Tag; 0,536 l/Tag] das empirische Konfidenzintervall für den unbekannten Mittelwert zum KonfidenzniveauNiveau $1-\alpha = 0,9545$.

95,45% aller möglichen Stichproben liefern Konfidenzintervalle, die den wahren, aber unbekannten Mittelwert μ_X, den durchschnittlichen täglichen Milchbedarf eines Kleinkindes (eines bestimmten Hochhauses), einschließen.

b) Schätzung für den Zeitraum in Tagen

Durchschnittlicher täglicher Milchbedarf für ein Kleinkind:

[0,464 l/Tag; 0,536 l/Tag],

für die N = 258 Kindes des Hochhauses:

[119,72 l/Tag; 138,288 l/Tag].

Da 1 l Milch 150 g Trockenmilchpulver entspricht, ergibt sich daraus eine Trockenmilchpulvermenge von

[119,72·150 g/Tag; 138,288·150 g/Tag] ,

[17956,8 g/Tag; 20743,2 g/Tag] .

Nun ist eine Tonne gleich 1000000 g, so daß

$$\left[\frac{1000000}{17956,8}\ \text{Tage};\ \frac{1000000}{20743,2}\ \text{Tage}\right]$$

[55,7 Tage; 48,2 Tage].

Die Hochhausbewohner können also den Milchbedarf ihrer Kleinkinder mit einer Tonne Trockenmilchpulver zwischen 48,2 Tagen und 55,7 Tagen decken (Konfidenzniveau: $1-\alpha=0,9545$).

c) Wird $1-\alpha$ vergrößert (zum Beispiel auf 0,999), so wird auch $\lambda_{1-\alpha/2}$ größer (zum Beispiel 3,29) und folglich das Konfidenzintervall länger. Für das in Teilaufgabe a) berechnete Intervall ergibt sich zum Beispiel [0,44078 l/Tag; 0,55922 l/Tag]. Die Konfidenzaussage ist dann unpräziser, aber dafür ist der Anteil der Stichproben, für den diese Konfidenzaussage richtig ist, größer, nämlich 99,9%.

Lösung 91

Zufallsvariable:

$$X_i = \begin{cases} 1, & \text{falls i-ter (erwachsener) Einwohner Grüner oder deren Sympathisant ist,} \\ 0 & \text{sonst.} \end{cases}$$

Die Gesamtheit folgt einer Zwei-Punkt-Verteilung.

Es liegt eine einfache Stichprobe, d.h. eine Auswahl mit Zurücklegen vor.

$n = 144;\ N = 50000;\ p = 0,15,\ 1-\alpha = 0,9545 \rightarrow \lambda_{1-\alpha/2} = 2.$

a) Zunächst muß ein Konfidenzintervall für den Anteilswert bestimmt werden. Da n < 400 ist, ergeben sich die folgenden Intervallgrenzen ($\lambda_{1-\alpha/2}=\lambda$):

$$T_n^{u,o} = \frac{1}{1+\frac{\lambda^2}{n}}\left[P + \frac{\lambda^2}{2n} \mp \lambda\sqrt{\frac{P(1-P)}{n} + \frac{\lambda^2}{4n^2}}\right]$$

$$t_{144}^{u} = \frac{1}{1+\frac{4}{144}}\left[0,15 + \frac{4}{288} - 2\sqrt{\frac{0,15\cdot 0,85}{144} + \frac{4}{82944}}\right] =$$

$$= 0,973[0,1639-0,0611] = 0,10 \; ,$$

$$t_{144}^{o} = 0,973[0,1639+0,0611] = 0,22 \; .$$

Somit ist [0,10;0,22] das empirische Konfidenzintervall zum Konfidenzniveau $1-\alpha = 0,9545$ für den Anteilswert.

Die Approximationsbedingungen sind erfüllt, da schon für die untere Intervallgrenze

$nt^u(1-t^u) = 144\cdot 0,1\cdot 0,9 = 12,96 > 9$ und $0,1 \le t^u \le 0,9$ gilt.

Das Konfidenzintervall für die Anzahl der (erwachsenen) Teilnehmer der geplanten Demo ergibt sich durch Multiplikation der Intervallgrenzen für den Anteilswert mit der Anzahl der erwachsenen Einwohner der Stadt und dem Anteil der Grünen (bzw. Sympathisanten), die an einer Demo teilnehmen. Somit sind

$t_{144}^{u'} = 0,1\cdot 50000\cdot 0,8 = 4000$ Teilnehmer und

$t_{144}^{o'} = 0,22\cdot 50000\cdot 0,8 = 8800$ Teilnehmer

die Intervallgrenzen des gesuchten Konfidenzintervalls zum Konfidenzniveau 0,9545.

b) Die Einnahmen der grünen Kasse liegen mit einem Konfidenzniveau von 95,45% im Intervall [0,8 DM ·4000;0,8 DM ·8800] = [3200 DM;7040 DM].

Lösung 92

Gegeben ist eine zweipunktverteilte Gesamtheit erwachsener Personen, die einen bestimmten privaten Fernsehsender empfangen können (Frühstücksfernseher - keine Frühstücksfernseher) mit unbekanntem Parameter π. Dieser Gesamtheit wird eine Stichprobe vom Umfang n = 420 - wohl nach dem Prinzip einer Auswahl ohne Zurücklegen - entnommen.

Es kann davon ausgegangen werden, daß der Umfang der Gesamtheit größer als 8400 ist, so daß der Auswahlsatz $n/N = 420/N < 0,05$ ist und die Stichprobe wie eine einfache Stichprobe (Auswahl mit Zurücklegen) interpretiert werden kann.

Sei X_i die Stichproben-(Zufalls-)variable, die die Werte (Realisationen)

$$x_i = \begin{cases} 1, & \text{falls die i-te Person die Weltmeisterschaft im Frühstücksfernsehen ansieht,} \\ 0 & \text{sonst,} \end{cases}$$

annimmt.

Kurz:

$$X_i = \begin{cases} 1, & \text{falls die i-te Person die Weltmeisterschaft im Frühstücksfernsehen ansieht,} \\ 0 & \text{sonst.} \end{cases}$$

Dann ist

$X' = \sum_{i=1}^{420} X_i$ die zufällige Anzahl der "Frühstücksfernseher" in der Stichprobe und $x' = 60$ die zugehörige Realisation.

a) Eine Punktschätzfunktion für den wahren, aber unbekannten Anteil π ist

$$\hat{\pi} = P = \frac{X'}{n} = \frac{X'}{420} \quad \text{und}$$

$$p = \frac{x'}{420} = \frac{60}{420} = 0{,}143 \text{ ist der gesuchte Schätzwert.}$$

b) Da der Stichprobenumfang $n > 400$ ist, gilt näherungsweise ($\lambda_{1-\alpha/2} = \lambda_{0,98} = 2{,}05$):

$$P\left[P - 2{,}05\sqrt{\frac{P(1-P)}{n}} \le \pi \le P + 2{,}05\sqrt{\frac{P(1-P)}{n}}\right] \doteq 0{,}96 \ .$$

Mit $p = 0{,}143$ (s.o.) ergibt sich:

$$0{,}143 - 2{,}05\sqrt{\frac{0{,}143 \cdot 0{,}857}{420}} \le \pi \le 0{,}143 + 2{,}05\sqrt{\frac{0{,}143 \cdot 0{,}857}{420}}$$

$$0{,}143 - 2{,}05 \cdot 0{,}017 \le \pi \le 0{,}143 + 2{,}05 \cdot 0{,}017$$

$$0{,}143 - 0{,}035 \le \pi \le 0{,}143 + 0{,}035$$

$$0{,}108 \le \pi \le 0{,}178 \ .$$

Das (approximative) empirische Konfidenzintervall zum Konfidenzniveau $1-\alpha = 0{,}96$ ist also $[0{,}108;\ 0{,}178]$. Ob der wahre Parameter π tatsächlich innerhalb der Grenzen 0,108 und 0,178 liegt, ist unbekannt. Der Parameter π ist ein fester Wert. Entweder liegt er innerhalb dieser Grenzen oder nicht. Weil aber 96% aller Stichproben vom Umfang $n = 420$ aus dieser Gesamtheit Konfidenzintervalle liefern, deren Grenzen den wahren Parameter einschließen, kann man "zu 96%" davon überzeugt sein, daß die oben berechneten Intervallgrenzen den wahren Parameter π einschließen.

Lösung 93

Die Länge des Konfidenzintervalls ist - ceteris paribus - proportional zu $1/\sqrt{n}$. Mithin muß, soll die Länge des Intervalls halbiert werden, der Stichprobenumfang vervierfacht werden:

$$\varepsilon = \lambda \cdot \sigma_X \cdot \frac{1}{\sqrt{n}} \; ; \quad \text{daraus folgt } \frac{\varepsilon}{2} = \lambda \cdot \sigma_X \cdot \frac{1}{2} \cdot \frac{1}{\sqrt{n}} = \lambda \cdot \sigma_X \frac{1}{\sqrt{4n}} .$$

Lösung 94

$$\text{Sei } X_i = \begin{cases} 1, & \text{falls i-ter Studierender in psychiatrischer Behandlung ist,} \\ 0 & \text{sonst.} \end{cases}$$

Somit folgt die Gesamtheit einer Zwei-Punkt-Verteilung.

$N = 4100$, $n = 200$, $n/N < 0{,}05$; $p = 30/200 = 0{,}15$; $1-\alpha = 0{,}9545$.

Es fehlt zwar eine Angabe über die Art der Zufallsauswahl der Studierenden, da jedoch der Auswahlsatz klein ist, kann zumindest annähernd von einer Auswahl mit Zurücklegen ausgegangen werden. Da $n < 400$ ist, ergeben sich mit $\lambda_{1-\alpha/2} = 2$ die folgenden Intervallgrenzen für den wahren, aber unbekannten Anteilswert in der Gesamtheit der Studierenden, die sich in psychiatrischer Behandlung befinden.

$$t^u_{200} = \frac{1}{1+\frac{4}{200}} \left[0{,}15 + \frac{4}{400} - 2\sqrt{\frac{0{,}15 \cdot 0{,}85}{200} + \frac{4}{160000}}\right] = 0{,}1064,$$

$$t^o_{200} = \frac{1}{1+\frac{4}{200}} \left[0{,}15 + \frac{4}{400} + 2\sqrt{\frac{0{,}15 \cdot 0{,}85}{200} + \frac{4}{160000}}\right] = 0{,}2073.$$

Somit ist [0,1064;0,2073] das empirische Konfidenzintervall für den Anteilswert der behandelten Studierenden, [436;850] das empirische Konfidenzintervall für die Anzahl Bamberger Studierender, die in psychiatrischer Behandlung sind, und [5232h;10200h] das empirische Konfidenzintervall für den Bedarf an psychiatrischen Behandlungsstunden (jeweils bei einem Konfidenzniveau von $1-\alpha = 0{,}9545$).

Die Approximationsbedingungen sind erfüllt.

Lösung 95

Zufallsvariable:

$$X_i = \begin{cases} 1, & \text{falls der Mechaniker sich zum i-ten Zeitpunkt mit der Beschaffung von Ersatzteilen beschäftigt,} \\ 0 & \text{sonst.} \end{cases}$$

d.h. die Gesamtheit folgt einer Zwei-Punkt-Verteilung.

Zufallsstichprobe vom Umfang n = 144 (Auswahl ohne Zurücklegen) aus einer kontinuierlichen Gesamtheit der Länge 50 Stunden (5 Arbeitstage zu je 10 Stunden).

Die Stichprobenvariablen können als stochastisch unabhängig angesehen werden, wenn man sich vorstellt, daß Brause die Beobachtungszeitpunkte im vorgegebenen Beobachtungszeitraum zufällig auswählt, d.h. eine einfache Stichprobe vom Umfang n = 144 zieht.

$P_j = N_j/n$, j=1,2,3,4 ist eine Schätzfunktion für π_j, den wahren Anteil der j-ten Tätigkeit an der Gesamtzeit (den 50 Stunden).

a) Für die Tätigkeit "Ersatzteile beschaffen" (j=2) ist folglich

$p_2 = n_2/n = 36/144 = 0,25 = 25\%$

ein Punktschätzwert für den Anteil und

$p_2 \cdot 50 = 0,25 \cdot 50 = 12,5$ (h) ein Punktschätzwert für die Wochenstunden, die auf die Tätigkeit "Ersatzteile beschaffen" entfällt.

b) Für die Bestimmung eines Konfidenzintervalls für π ist zu beachten, daß der Umfang N der Gesamtheit unendlich ist. Damit ist $n/N \ll 0,05$ und kann (muß) vernachlässigt werden; Auswahl mit und ohne Zurücklegen sind in diesem Falle äquivalent.

Mit $p_2 = 0,25$, $1-p_2 = 0,75$ und $\lambda_{0,975} = 1,96$ ergibt sich das folgende empirische Konfidenzintervall (zum Konfidenzniveau $1-\alpha=0,95$) für π_2

$$t^u_{144} = \frac{1}{1+\frac{1,96^2}{144}}\left[0,25 + \frac{1,96^2}{2\cdot 144} - 1,96\sqrt{\frac{0,25\cdot 0,75}{144} + \frac{1,96^2}{4\cdot 144^2}}\right] =$$

$$= 0,974[0,25+0,01339-0,07197] = 0,1864,$$

$$t^o_{144} = 0,3266,$$

$0,1864 \le \pi_2 \le 0,3266$ und für die Wochenstunden $h_2 = \pi_2 \cdot 50$ h:

$0,1864\cdot 50 \text{ h} \le h_2 \le 0,3266\cdot 50 \text{ h}$

$9,32 \text{ h} \le h_2 \le 16,33 \text{ h}.$

Die Approximationsbedingungen sind erfüllt.

Mit einem Konfidenzniveau von 95% beschäftigt sich der Mechaniker zwischen 9,32 h und 16,33 h in der Woche mit der Beschaffung von Ersatzteilen.

Lösung 96

Auch wenn es sich in diesem Beispiel um eine uneingeschränkte Zufallsstichprobe vom Umfang n = 202 (mit oder ohne Zurücklegen) aus der Gesamtheit aller Wähler handeln würde, müßte das empirische Konfidenzintervall den "wahren" Anteilswert nicht einschließen, weil in $\alpha \cdot 100\% = 4{,}55\%$ aller möglichen Zufallsstichproben (vom Umfang n=202 aus dieser Gesamtheit) der wahre Wert nicht zum Konfidenzintervall (dieses Niveaus) gehört. Die konkrete Stichprobe kann durchaus eine dieser "ungünstigen" Stichproben sein, in denen der Anteil der CSU-Wähler zufällig besonders groß (oder klein) ist.

In diesem Beispiel handelt es sich jedoch um eine ausschließlich subjektiv gesteuerte Auswahl eines Wahllokals, eines sogenannten "Klumpens" von n = 202 Einheiten. Auch wenn - was ja nicht der Fall ist - dieser Klumpen zufällig ausgewählt würde, wären Rückschlüsse (auf die Gesamtheit aller Wähler) nur unter der Voraussetzung sinnvoll, daß die Wähler den Wahllokalen zufällig zugeordnet wurden, so daß jeder einzelne Klumpen (jedes einzelne Wahllokal) die Stimmenverteilung aller Wähler hinreichend repräsentiert. Diese Vorausstzung ist aber nicht gegeben; im Gegenteil! Es ist bekannt, daß es Wahllokale gibt, die "Hochburgen" bestimmter Parteien sind, d.h. in denen der Anteil der Stimmen für eine bestimmte Partei relativ hoch ist. Mithin kann die Stimmenverteilung einzelner Wahllokale die Stimmenverteilung aller Wähler gerade nicht hinreichend repräsentieren, und das ist in diesem Beispiel die Ursache für die schlechte Qualität der Prognose.

Lösung 97

a) Ein Konfidenzintervall für μ hat bei bekannter Varianz σ^2 die konstante Länge (L)

$$L = \frac{2\lambda_{1-\alpha/2}\sigma}{\sqrt{n}}$$, die nicht vom Ergebnis der Zufallsstichprobe abhängt.

b) Aus a) folgt, daß die Länge des Intervalls ceteris paribus bei wachsendem n abnimmt, daß also die Genauigkeit der Konfidenzaussage mit zunehmendem Stichprobenumfang zunimmt. Die Konfidenzaussage wird jedoch dadurch nicht häufiger richtig. Um das zu erreichen, muß $1-\alpha$ vergrößert werden, woraus sich allerdings wegen des entsprechenden größeren $\lambda_{1-\alpha/2}$ (tendenziell) eine ungenauere Konfidenzaussage (ein längeres Intervall) ergibt.

Lösung 98

Sei $X_i = 0$, falls das i-te Kind männlich ist, und $X_i = 1$, falls das i-te Kind weiblich ist $(i=1,2,\ldots,n)$. Dann sind die X_i identisch zweipunktverteilt mit unbekanntem Parameter π. Die X_i sind auch stochastisch unabhängig, weil die Geburt eines männlichen oder weiblichen Kindes nicht davon abhängt, ob ein anderes männliches oder weibliches Kind geboren wird.

Somit ist $X' = \sum_i X_i$, die Anzahl der weiblichen Kinder, $B(n,\pi)$-verteilt.
Der Stichprobenumfang ist hinreichend groß (n=578>400), so daß die Binomialverteilung durch die Normalverteilung approximiert werden kann.

Da λ^2/n, $\lambda^2/4n^2$ und $\lambda^2/2n$ "klein" sind, gilt:

$$P\left[P - \lambda_{1-\alpha/2}\sqrt{\frac{P(1-P)}{n}} \le \pi \le P + \lambda_{1-\alpha/2}\sqrt{\frac{P(1-P)}{n}}\right] \doteq 1-\alpha .$$

Es ist $p = 258/578 = 0{,}4464$, und $\lambda_{1-\alpha/2} = \lambda_{0,975} = 1{,}96$.

Damit ist

$$t^u_{578} = \left[0{,}4464 - 1{,}96\sqrt{\frac{0{,}4464\cdot 0{,}5536}{578}}\right] = 0{,}4464 - 0{,}0405277 = 0{,}40587,$$

$t^o_{578} = 0{,}48693$ und $0{,}406 \le \pi \le 0{,}487$

das (approximative) empirische Konfidenzintervall für den unbekannten Parameter π.

Mit einem Konfidenzniveau von 95% liegt die Wahrscheinlichkeit, daß ein neugeborenes Bamberger Kind ein Mädchen ist, im Intervall [0,406;0,487].

Bei der Interpretation ist zu beachten, daß das empirische Konfidenzintervall auf dem Geburtenverhältnis des Jahres 1983 beruht und sich dieses Verhältnis im Zeitablauf ändert.

Lösung 99

Sei

X_i die ideale Rocklänge bei der i-ten Stadtbewohnerin mit Konfektionsgröße 42;

Y_j die ideale Rocklänge bei der j-ten Landbewohnerin mit Konfektionsgröße 42.

X_i und Y_j folgen jeweils einer unbekannten Verteilung.

Aus beiden Gesamtheiten werden jeweils einfache, voneinander unabhängige Stichproben vom Umfang n = 40 (Stadtbewohnerinnen) bzw. m = 52 (Landbewohnerinnen) gezogen. In beiden Stichproben geht es um den Mittelwert der idealen Rocklängen. Beide Stichprobenmittelwerte sind vor der Ziehung der Stichproben Zufallsvariable. Da beide Stichprobenumfänge mit n = 40 und m = 52 hinreichend groß (größer gleich 40) sind, folgen die Stichprobenfunktionen $\bar{X} = \frac{1}{n}\sum_{i=1}^{n} X_i$ und $\bar{Y} = \frac{1}{m}\sum_{j=1}^{m} Y_j$ jeweils approximativ einer Normalverteilung mit μ_X und $\sigma^2_{\bar{X}} = \frac{\sigma^2_X}{n}$ bzw. μ_Y und $\sigma^2_{\bar{Y}} = \frac{\sigma^2_Y}{m}$.

Gesucht ist ein Konfidenzintervall für die Differenz zweier Mittelwerte $\mu_X - \mu_Y$. Grundlage für die Berechnung des Konfidenzintervalls ist die Zufallsvariable $\bar{X} - \bar{Y}$, die unter den gegebenen Bedingungen approximativ normalverteilt ist mit den Parametern $\mu_X - \mu_Y$ und $\frac{\sigma^2_X}{n} + \frac{\sigma^2_Y}{m}$.

a) Die Varianzen σ^2_X (=20) und σ^2_Y (=25) sind bekannt. Daher lautet das Konfidenzintervall allgemein:

$$P\left[\bar{X} - \bar{Y} - \lambda_{1-\frac{\alpha}{2}} \sqrt{\frac{\sigma^2_X}{n} + \frac{\sigma^2_Y}{m}} \le \mu_X - \mu_Y \le \bar{X} - \bar{Y} + \lambda_{1-\frac{\alpha}{2}} \sqrt{\frac{\sigma^2_X}{n} + \frac{\sigma^2_Y}{m}}\right] \doteq 1-\alpha .$$

Mit $\bar{x} = 48$, $\bar{y} = 57$ und $\lambda_{1-\frac{\alpha}{2}} = \lambda_{0,99} = 2,33$ ergibt sich

$$48 - 57 - 2,33 \sqrt{\frac{20}{40} + \frac{25}{52}} \le \mu_X - \mu_Y \le 48 - 57 + 2,33 \sqrt{\frac{20}{40} + \frac{25}{52}}$$

$$-9 - 2,31 \le \mu_X - \mu_Y \le -9 + 2,31$$

$$-11,31 \le \mu_X - \mu_Y \le -6,69 .$$

Mit einem (subjektiven) Grad der Überzeugtheit von 98% ($1-\alpha=0,98$) ist davon auszugehen, daß die Damenröcke der Konfektionsgröße 42 in ländlichen Gebieten idealerweise zwischen rd. 6,7 cm und rd. 11,3 cm länger sind als in städtischen Gebieten.

b) Ist nur bekannt, daß die Varianzen in beiden Gesamtheiten gleich sind, und betrachtet man die im Text angegebenen Varianzen als Stichprobenvarianzen, dann erhält man ein Konfidenzintervall mit geringfügig veränderten Grenzen. Grund der Veränderung ist die Tatsache, daß die Stichprobenfunktion

$$\frac{(\bar{X}-\bar{Y}) - (\mu_X-\mu_Y)}{\hat{\sigma}\sqrt{\frac{1}{n} + \frac{1}{m}}}$$

nicht mehr approximativ standardnormalverteilt, sondern approximativ t-verteilt ist mit $\nu = n + m - 2 = 40 + 52 - 2 = 90$ Freiheitsgraden. Damit lautet das Konfidenzintervall:

$$P\left[\bar{X} - \bar{Y} - t_{1-\frac{\alpha}{2};\nu}\, \hat{\sigma}\sqrt{\frac{1}{n} + \frac{1}{m}} \le \mu_X - \mu_Y \le \bar{X} - \bar{Y} + t_{1-\frac{\alpha}{2};\nu}\, \hat{\sigma}\sqrt{\frac{1}{n} + \frac{1}{m}}\right] \doteq 1-\alpha .$$

Mit $t_{1-\frac{\alpha}{2},\nu} = t_{0,99;90} = 2,368$ und

$$\hat{\sigma}\sqrt{\frac{1}{n+m-2}\left[(n-1)\hat{\sigma}_X^2 + (m-1)\hat{\sigma}_Y^2\right]} = \sqrt{\frac{1}{90}(39\cdot 20+51\cdot 25)} \doteq 4,78$$

ergibt sich

$$48 - 57 - 2,368 \cdot 4,78 \cdot 0,21 \le \mu_X - \mu_Y \le 48 - 57 + 2,368 \cdot 4,78 \cdot 0,21$$
$$- 9 - 2,38 \le \mu_X - \mu_Y \le - 9 + 2,38$$
$$- 11,38 \le \mu_X - \mu_Y \le - 6,62 \; .$$

Die Grenzen des Konfidenzintervalls verschieben sich somit um 0,07 cm von -11,31 cm auf -11,38 cm und von -6,69 cm auf -6,62 cm.

Lösung 100

X_i = Anzahl der Tage, die der i-te Arbeitnehmer des Wirtschaftszweiges 1 während des letzten halben Jahres aufgrund von Krankheit bis zu einer Länge von drei Tagen gefehlt hat,

Y_j = Anzahl der Tage, die der j-te Arbeitnehmer des Wirtschaftszweiges 2 während des letzten halben jahres aufgrund von Krankheit bis zu einer Länge von drei Tagen gefehlt hat.

Die Zufallsvariablen X und Y folgen jeweils unbekannten Verteilungen mit bekannten Varianzen $\sigma_X^2 = 2,76$ und $\sigma_Y^2 = 4$. Aus beiden Gesamtheiten wird jeweils eine Stichprobe vom Umfang n = 100 bzw. m = 100 (vermutlich) nach dem Prinzip einer Auswahl ohne Zurücklegen gezogen. Da angenommen werden kann, daß in beiden Fällen der Auswahlsatz $\frac{n}{N}$ bzw. $\frac{m}{M}$ kleiner als 5% ist, liegt approximativ eine Auswahl mit Zurücklegen vor. Weiterhin sind die beiden Stichproben lt. Text voneinander unabhängig.

In beiden Stichproben geht es um den Stichprobenmittelwert, d.h. die Zufallsvariablen (Stichprobenfunktionen) $\bar{X}$ und $\bar{Y}$. Da die Stichprobenumfänge größer als 40 und damit hinreichend groß sind, sind die Stichprobenmittelwerte approximativ normalverteilt mit den Parametern μ_X und $\sigma_{\bar{X}}^2 = \frac{\sigma_X^2}{n}$ bzw. μ_Y und $\sigma_{\bar{Y}}^2 = \frac{\sigma_Y^2}{m}$. Damit ist auch deren Differenz $\bar{X} - \bar{Y}$ approximativ normalverteilt mit den Parametern $\mu_X - \mu_Y$ und $\sigma_{\bar{X}-\bar{Y}}^2 = \frac{\sigma_X^2}{n} + \frac{\sigma_Y^2}{m}$.

a) Aufgrund dieser Überlegungen kann für die Differenz $\mu_X - \mu_Y$ ein Konfidenzintervall angegeben werden. Es gilt:

$$P\left[\bar{X} - \bar{Y} - \lambda_{1-\frac{\alpha}{2}} \sqrt{\frac{\sigma_X^2}{n} + \frac{\sigma_Y^2}{m}} \le \mu_X - \mu_Y \le \bar{X} - \bar{Y} + \lambda_{1-\frac{\alpha}{2}} \sqrt{\frac{\sigma_X^2}{n} + \frac{\sigma_Y^2}{m}}\right] \doteq 1-\alpha \,.$$

Mit $\bar{x} = 3{,}2$, $\bar{y} = 5{,}1$, $\sqrt{\frac{\sigma_X^2}{n} + \frac{\sigma_Y^2}{m}} = \sqrt{\frac{2{,}76}{100} + \frac{4}{100}} = \sqrt{\frac{6{,}76}{100}} = \sqrt{0{,}0676} =$

$= 0{,}26$ und $\lambda_{1-\frac{\alpha}{2}} = \lambda_{0{,}995} = 2{,}58$ erhält man

$$3{,}2 - 5{,}1 - 2{,}58 \cdot 0{,}26 \le \mu_X - \mu_Y \le 3{,}2 - 5{,}1 + 2{,}58 \cdot 0{,}26$$

$$- 2{,}571 \le \mu_X - \mu_Y \le - 1{,}229 \,.$$

Mit einem subjektiven Grad der Überzeugtheit von 99% liegt die durchschnittliche Anzahl von Tagen (mit einer Länge von bis zu drei Tagen), die ein Arbeitnehmer innerhalb des letzten halben Jahres aufgrund von Krankheit gefehlt hat, bei Arbeitnehmern im Wirtschaftszweig 2 zwischen 1,23 und 2,57 Tagen höher als bei Arbeitnehmern im Wirtschaftszweig 1.

b) Ja! Gefragt ist nach dem Zusammenhang zwischen Schätzen und Testen. Das in Teilaufgabe a) berechnete Konfidenzintervall enthält alle Differenzen $(\mu_X - \mu_Y)_o$, für die die Nullhypothese H_o: $\mu_X - \mu_Y = (\mu_X - \mu_Y)_o$ unter den gegebenen Bedingungen nicht verworfen werden würde. Unter diesen Differenzen befindet sich der Wert $(\mu_X - \mu_Y)_o = 0$ nicht, d.h. die Nullhypothese $\mu_X - \mu_Y = 0$ würde in diesem Fall verworfen werden.

Lösung 101

X_i = Durchmesser des i-ten Kolbens vor der Unterbrechung,

Y_j = Durchmesser des j-ten Kolbens nach der Unterbrechung.

Gegeben: $\bar{x} = 24{,}15$, $\hat{\sigma}_X^2 = 15{,}2$, $n = 52$; $\bar{y} = 26{,}2$, $\hat{\sigma}_Y^2 = 16{,}1$, $m = 50$; beliebige Verteilung von X und Y.

Es liegen zwei Stichproben vor, die (vermutlich) nach dem Prinzip einer Auswahl ohne Zurücklegen gezogen wurden; da aber angenommen werden kann, daß der Umfang beider Gesamtheiten sehr groß ist, kann man von kleinen Auswahlsätzen ausgehen ⇒ stochastische Unabhängigkeit der X_i bzw. Y_j; Unabhängigkeit zwischen den Stichproben kann angenommen werden; außerdem ist unterstellt, daß gilt: $\sigma_X^2 = \sigma_Y^2$.

Dann gilt:

$$P\left[\bar{X}-\bar{Y} - t_{1-\alpha/2,\nu}\,\hat{\sigma}_{\bar{X}-\bar{Y}} \le \mu_X-\mu_Y \le \bar{X}-\bar{Y} + t_{1-\alpha/2,\nu}\,\hat{\sigma}_{\bar{X}-\bar{Y}}\right] \doteq 1-\alpha \ ,$$

$$1-\alpha = 0{,}99;\ \nu = n+m-2 = 100 \Rightarrow t_{0,995;100} = 2{,}626 \ ,$$

$$\hat{\sigma}_{\bar{X}-\bar{Y}} = \hat{\sigma}\sqrt{\frac{1}{n}+\frac{1}{m}} \quad \text{mit } \hat{\sigma}^2 = \frac{1}{n+m-2}\left[(n-1)\hat{\sigma}_X^2+(m-1)\hat{\sigma}_Y^2\right] \ ,$$

$$\hat{\sigma}^2 = \frac{1}{100}(51\cdot 15{,}2 + 49\cdot 16{,}1) = 15{,}641 \Rightarrow \hat{\sigma} \doteq 3{,}955 \Rightarrow$$

$$\hat{\sigma}_{\bar{X}-\bar{Y}} = 3{,}955\cdot\sqrt{\frac{1}{52}+\frac{1}{50}} = 0{,}783 \ .$$

Daraus folgt:

$$t_{102}^{u} = 24{,}15 - 26{,}2 - 2{,}626\cdot 0{,}783 = -4{,}106 \ ,$$

$$t_{102}^{o} = 24{,}15 - 26{,}2 + 2{,}626\cdot 0{,}782 = 0{,}006 \ .$$

Mit einem Konfidenzniveau von 0,99 liegt die wahre, aber unbekannte Differenz der Mittelwerte der beiden Gesamtheiten im Intervall von -4,106 und 0,006.

Dieses Intervall schließt den Wert 0 ein, d.h. bei einem Test der Hypothese H_o: $\mu_X = \mu_Y$ gegen die Alternativhypothese H_A: $\mu_X \neq \mu_Y$ unter gleichen Bedingungen hätte H_o nicht verworfen werden können; allerdings wäre diese Entscheidung sehr knapp ausgefallen.

Lösung 102

Sei

$$X_i = \begin{cases} 1, & \text{falls i-ter Bundesbürger in den alten Bundesländern die Deutschen i.a. für Angeber hält,} \\ 0 & \text{sonst;} \end{cases}$$

$$Y_i = \begin{cases} 1, & \text{falls i-ter Bundesbürger in den neuen Bundesländern die Deutschen i.a. für Angeber hält,} \\ 0 & \text{sonst.} \end{cases}$$

Die Zufallsvariablen X_i und Y_j sind jeweils zweipunktverteilt mit unbekannten) Parametern π_1 bzw. π_2. Aus beiden Gesamtheiten wird eine Stichprobe vom Umfang n = 1000 bzw. m = 1000 (vermutlich) nach dem Prinzip einer Auswahl ohne Zurücklegen gezogen. Allerdings ist der Auswahlsatz $\frac{n}{N}$ bzw. $\frac{m}{M}$ jeweils deutlich kleiner als 0,05, so daß approximativ von Auswahlen mit Zurücklegen ausgegangen werden kann. Die Stichproben sind voneinander unabhängig (vgl. Text).

Ausgangspunkt der folgenden Überlegungen sind die beiden Stichprobenfunktionen (Zufallsvariablen) $P_1 = \frac{1}{n} \sum_{i=1}^{n} X_i$ und $P_2 = \frac{1}{m} \sum_{j=1}^{m} Y_j$.

Da beide Stichprobenumfänge deutlich größer sind als 400, sind P_1 und P_2 jeweils approximativ normalverteilt. Damit ist aber auch die Zufallsvariable $P_1 - P_2$ approximativ normalverteilt. Aufgrund dieser Überlegungen erhält man folgendes Konfidenzintervall für den Unterschied der Anteile $\pi_1 - \pi_2$:

$$P\left[P_1 - P_2 - \lambda_{1-\alpha/2} \sqrt{\frac{P_1(1-P_1)}{n} + \frac{P_2(1-P_2)}{m}} \le \pi_1 - \pi_2 \le\right.$$

$$\left.\le P_1 - P_2 + \lambda_{1-\alpha/2} \sqrt{\frac{P_1(1-P_1)}{n} + \frac{P_2(1-P_2)}{m}}\right] \doteq 1-\alpha \ .$$

Mit $p_1 = 0{,}29$, $p_2 = 0{,}34$ und $\lambda_{1-\alpha/2} = \lambda_{0,985} = 2{,}17$ ergibt sich:

$$0{,}29 - 0{,}34 - 2{,}17 \cdot \sqrt{\frac{0{,}29 \cdot 0{,}71}{1000} + \frac{0{,}34 \cdot 0{,}66}{1000}} \le \pi_1 - \pi_2 \le$$

$$\le 0{,}29 - 0{,}34 + 2{,}17 \sqrt{\frac{0{,}29 \cdot 0{,}71}{1000} + \frac{0{,}34 \cdot 0{,}66}{1000}}$$

$$-\ 0{,}05 - 2{,}17 \cdot 0{,}0207 \le \pi_1 - \pi_2 \le -\ 0{,}05 + 2{,}17 \cdot 0{,}0207$$

$$-\ 0{,}05 - 0{,}045 \le \pi_1 - \pi_2 \le -\ 0{,}05 + 0{,}045$$

$$-\ 0{,}095 \le \pi_1 - \pi_2 \le -\ 0{,}005 \ .$$

Mit einem subjektiven Grad der Überzeugtheit von 97% liegt der Anteil der Deutschen, die ihre Landsleute i.a. für Angeber halten, in den neuen Bundesländern zwischen 0,005 (=0,5%) und 0,095 (=9,5%) höher als in den alten Bundesländern.

Lösung 103

Sei

$$X_i = \begin{cases} 1, & \text{falls i-ter Bewohner des im Westen gelegenen Dorfes die Perestroika unterstützt,} \\ 0 & \text{sonst;} \end{cases}$$

$$Y_j = \begin{cases} 1, & \text{falls i-ter Bewohner des im Osten gelegenen Dorfes die Perestroika unterstützt,} \\ 0 & \text{sonst.} \end{cases}$$

Die Zufallsvariablen X_i und Y_j sind zweipunktverteilt mit den (unbekannten) Parametern π_1 und π_2. Aus beiden Gesamtheiten wird jeweils eine Zufallsstichprobe (vermutlich) nach dem Prinzip einer Auswahl ohne Zurücklegen gezogen. Die Auswahlsätze $\frac{n}{N} = 0{,}06$ und $\frac{m}{M} = 0{,}06$ sind vorgegeben. Da der Umfang der Gesamtheit jeweils 20000 Personen beträgt, haben beide Stichproben jeweils einen Umfang von 1200 Personen, d.h. $n = m = 1200$. Die beiden Stichproben sind voneinander unabhängig.

Gesucht ist ein Konfidenzintervall für die unbekannte Differenz $(\pi_1 - \pi_2)$ der Scharparameter der Verteilungen der beiden Gesamtheiten. Die Basis der zugehörigen Schätzfunktion $P_1 - P_2$, die Stichprobenfunktionen P_1 und P_2, sind approximativ normalverteilt, da die Stichprobenumfänge mit jeweils 1200 deutlich größer als 400 sind. Damit ist auch die Stichprobenfunktion $P_1 - P_2$ approximativ normalverteilt.

Das Konfidenzintervall für $\pi_1 - \pi_2$ lautet dann:

$$P\left[P_1 - P_2 - \lambda_{1-\alpha/2}\sqrt{\frac{P_1(1-P_1)}{n}\left(1-\frac{n}{N}\right) + \frac{P_2(1-P_2)}{m}\left(1-\frac{m}{M}\right)} \le \pi_1 - \pi_2 \le\right.$$

$$\left.\le P_1 - P_2 + \lambda_{1-\alpha/2}\sqrt{\frac{P_1(1-P_1)}{n}\left(1-\frac{n}{N}\right) + \frac{P_2(1-P_2)}{m}\left(1-\frac{m}{M}\right)}\right] \doteq 1-\alpha .$$

Mit $p_1 = \frac{648}{1200} = 0{,}54$, $p_2 = \frac{468}{1200} = 0{,}39$ und $\lambda_{1-\alpha/2} = \lambda_{0,96} \doteq 1{,}75$ ergibt sich

$$0{,}54 - 0{,}39 - 1{,}75 \cdot \sqrt{\frac{0{,}54 \cdot 0{,}46}{1200} \cdot 0{,}94 + \frac{0{,}39 \cdot 0{,}61}{1200} \cdot 0{,}94} \le \pi_1 - \pi_2 \le$$

$$\le 0{,}54 - 0{,}39 + 1{,}75 \cdot \sqrt{\frac{0{,}54 \cdot 0{,}46}{1200} \cdot 0{,}94 + \frac{0{,}39 \cdot 0{,}61}{1200} \cdot 0{,}94}$$

$$0{,}15 - 1{,}75 \cdot 0{,}0195 \le \pi_1 - \pi_2 \le 0{,}15 + 1{,}75 \cdot 0{,}0195$$

$$0{,}15 - 0{,}034 \le \pi_1 - \pi_2 \le 0{,}15 + 0{,}034$$

$$0{,}116 \le \pi_1 - \pi_2 \le 0{,}184.$$

Die Grenzen des empirischen Konfidenzintervalls sind also 0,116 und 0,184. Dies bedeutet, daß mit einem subjektiven Grad der Überzeugtheit von 92% davon ausgegangen werden kann, daß der Anteil der erwachsenen Einwohner des Ortes im Westen, die die Perestroika befürworten, zwischen

0,116 und 0,184 höher liegt als der entsprechende Anteil in dem Ort im Osten des Landes.

In aller Regel kann hieraus nicht der Schluß abgeleitet werden, daß diese Aussage für die Bewohner im Westen und im Osten des Landes allgemein zutrifft. Dies wäre nur dann der Fall, wenn die Bewohner der beiden Orte repräsentative Teilgesamtheiten der Bewohner im Westen und im Osten des Landes wären und das kann bezweifelt werden.

Lösung 104

Einerseits soll die Wahrscheinlichkeit für die Richtigkeit einer Konfidenzaussage, also das Konfidenzniveau $(1-\alpha)$, möglichst groß sein. Andererseits soll aber auch die Genauigkeit einer Konfidenzaussage möglichst hoch, d.h. die Länge des Intervalls möglichst klein sein. Beide Ziele lassen sich - ceteris paribus - nicht erreichen, weil die Länge des Intervalls über den Faktor $\lambda_{1-\alpha/2}$ mit dem Konfidenzniveau verknüpft ist.

Aus $L = 2\cdot\lambda_{1-\alpha/2}\cdot\frac{\sigma}{\sqrt{n}}$ folgt, daß L größer wird, wenn α abnimmt, denn nur dann wird $\lambda_{1-\alpha/2}$ größer. Die beiden Ziele ließen sich über eine entsprechende Vergrößerung des Stichprobenumfangs n erreichen, doch stehen dieser Lösung meist die höheren (proportionalen) Kosten entgegen.

Lösung 105

Der Terminus "aller Fälle" ist im Sinne von "aller (möglichen) Stichproben" zu interpretieren. Werden alle (verschiedenen und gleichwahrscheinlichen) Stichproben des Umfangs n betrachtet, die aus einer ganz bestimmten Gesamtheit mit Parameter Θ gezogen werden können, und wird für jede dieser Stichproben das empirische Konfidenzintervall $t_n^u \le \Theta \le t_n^o$ (zum Konfidenzniveau $1-\alpha$) bestimmt, dann schließen $(1-\alpha)\cdot 100\%$ dieser Intervalle den Parameter Θ ein, $\alpha\cdot 100\%$ dieser Intervalle jedoch nicht.

Im allgemeinen wird einer Gesamtheit jedoch nur eine Stichprobe entnommen, und das daraus abgeleitete empirische Konfidenzintervall schließt den Parameter Θ ein oder auch nicht. Weil nun der Anteil aller Stichproben, deren empirisches Konfidenzintervall den Parameter Θ nicht einschließt, sehr klein ist (nur $\alpha\cdot 100\%$), ist es berechtigt anzunehmen, daß die eine Stichprobe, die gezogen wurde, nicht zu dem kleinen Teil der "ungünstigen" Stichproben gehört und die Konfidenzaussage "auf dem Konfidenzniveau $1-\alpha$" wohl richtig ist.

Lösung 106

Länge des Intervalls: $L = 2\lambda_{1-\alpha/2}\sqrt{\frac{p(1-p)}{n}} = 0{,}02 \ (=2\varepsilon)$.

Es wird $\lambda_{1-\alpha/2} = 2$ $(1-\alpha=0{,}9545)$ festgesetzt. Dann ist

$$n = \frac{4 \cdot p(1-p)}{0{,}0001}\ .$$

Mit $p = 0{,}5$ ist n am größten (n=10000), mit $p = 0{,}4$ ergibt sich n = = 9600. Wenn zu erwarten ist, daß der Stimmenanteil der betreffenden Partei etwa 50% betragen wird, sollten (mindestens) 10000 Wahlberechtigte befragt werden.

Die Approximationsbedingungen sind erfüllt.

Lösung 107

Es ist $\sigma_X = 1600$, $\sigma_X^2 = 2560000$, $1-\alpha = 0{,}9545$, $\lambda = \lambda_{1-\alpha/2} = 2$, $\varepsilon = 100$ und $\varepsilon^2 = 10000$.

(1) Für a), b) und c) und Auswahl mit Zurücklegen ist

$$n = \frac{\lambda^2 \cdot \sigma_X^2}{\varepsilon^2} = \frac{4 \cdot 2560000}{10000} = 1024.$$

Der Umfang der Gesamtheit (N) ist (bei einer Auswahl mit Zurücklegen) für die Bestimmung des Stichprobenumfangs ohne Bedeutung.

(2) Aus

$$n' = \frac{n}{1+\frac{n}{N}} \quad \text{folgt für}$$

a) $n' = 1024/1{,}0000015 \doteq 1024$,

b) $n' = 1024/1{,}0002048 \doteq 1024$,

c) $n' = 1024/1{,}0049951 \doteq 1019$,

so daß - auch bei einer Auswahl ohne Zurücklegen - wegen des kleinen Auswahlsatzes n/N der Stichprobenumfang praktisch unabhängig vom Umfang der Gesamtheit (N) ist.

Lösung 108

Sei X_i die Streckenlänge des i-ten ankommenden oder abgehenden Fluges. Die Streckenlänge X folgt einer unbekannten Verteilung.

Aus der Gesamtheit aller Flüge eines Tages soll eine einfache Stichprobe gezogen werden, um die durchschnittliche Streckenlänge aller Flüge dieses Tages abschätzen zu können. Grundlage der Schätzung ist die Stichprobenfunktion (Zufallsvariable) $\bar{X} = \frac{1}{n} \sum_{i=1}^{n} X_i$, die einer unbekannten Verteilung folgt. Sollte allerdings der Stichprobenumfang hinreichend groß, d.h. größer gleich 40 gewählt werden, dann ist $\bar{X}$ approximativ normalverteilt mit μ_X und $\frac{\sigma_X^2}{n}$.

Gesucht ist der Mindeststichprobenumfang n unter den genannten Bedingungen. Geht man (zunächst) davon aus, daß n größer gleich 40 sein wird, dann kann n bestimmt werden durch

$n = \frac{\lambda_{1-\alpha/2}^2 \sigma_X^2}{\varepsilon^2}$ bzw. geschätzt werden durch $n = \frac{\lambda_{1-\alpha/2}^2 \hat{\sigma}_X^2}{\varepsilon^2}$.

Im vorliegenden Fall ist weder σ_X^2 noch $\hat{\sigma}_X^2$ bekannt. Als weitere Information ist lediglich noch die Spannweite R_o der Verteilung der Gesamtheit mit 10000 - 200 = 9800 [km] gegeben. Trifft man nun zusätzliche Annahmen über den Verteilungstyp der Gesamtheit, dann kann die Standardabweichung wie folgt geschätzt werden.

Fall I: Es sei angenommen, daß X zumindest approximativ normalverteilt ist.

Dann gilt: $\hat{\sigma}_X \doteq 0,17 \cdot R_o = 0,17 \cdot 9800 = 1666$ [km].

Fall II: Es sei angenommen, daß X zumindest annähernd rechteckverteilt ist.

Dann gilt: $\hat{\sigma}_X \doteq 0,29 \cdot R_o = 0,29 \cdot 9800 = 2842$ [km].

Mit $\lambda_{1-\alpha/2} = \lambda_{0,975} = 1,96$ und $\varepsilon = 500$ ergibt sich dann als Mindeststichprobenumfang im

Fall I: $n_I = \frac{1,96^2 \cdot 1666^2}{500^2} = 42,65 \Rightarrow$ Mindeststichprobenumfang $n_I = 43$;

Fall II: $n_{II} = \frac{1,96^2 \cdot 2842^2}{500^2} = 124,11 \Rightarrow$ Mindeststichprobenumfang $n_{II} = 125$.

In beiden Fällen ist die Bedingung, daß der Mindeststichprobenumfang wenigstens 40 betragen muß, erfüllt.

Wird angenommen, daß die Gesamtheit zumindest annähernd normalverteilt ist, beträgt der Mindeststichprobenumfang 43, im Fall einer annähernd rechteckverteilten Gesamtheit 125 Flüge.

Lösung 109

Zweipunktverteilte Gesamtheit, Schätzung von π .

a) Man nimmt an, daß derzeit $\pi \leq 0,2$. Aus $1-\alpha = 0,9545$ folgt $\lambda_{1-\alpha/2} = 2$. Der Anteil soll auf $\varepsilon = 0,02$ genau geschätzt werden. Der (Mindest-) Stichprobenumfang für eine Auswahl mit Zurücklegen ergibt sich aus

$n = \dfrac{\lambda^2_{1-\alpha/2}p(1-p)}{\varepsilon^2}$, dabei ist man mit $p = 0,2$ (s.o.) "auf der sicheren Seite". Somit ist $n = \dfrac{4 \cdot 0,2 \cdot 0,8}{0,0004} = 1600$ der erforderliche (Mindest-) Stichprobenumfang bei einer Auswahl mit Zurücklegen.

Es ist anzunehmen, daß $N > 32000$ ist, so daß, wegen $n/N < 1600/32000 < 0,05$, die Endlichkeitskorrektur bei einer Auswahl ohne Zurücklegen vernachlässigt werden kann: $n \doteq n'$.

b) Konfidenzintervall für den Anteilswert.

Sei

$$X_i = \begin{cases} 1, & \text{falls der i-te erwachsene Bundesbürger Kreditkarten verwendet,} \\ 0 & \text{sonst.} \end{cases}$$

Dann ist $X' = \sum_{i=1}^{n} X_i$ bei einer Auswahl mit Zurücklegen $B(n,\pi)$-verteilt und bei einer Auswahl ohne Zurücklegen, wegen des kleinen Auswahlsatzes, approximativ $B(n,\pi)$-verteilt.

Weil der Stichprobenumfang hinreichend groß ist und die Approximationsbedingungen erfüllt sind, kann die $B(n,\pi)$ durch die $N(n\pi, n\pi(1-\pi))$ approximiert werden, so daß ein approximatives Konfidenzintervall für π mit Hilfe der Normalverteilung bestimmt werden kann.

Wegen $n/N < 0,05$ und weil λ^2/n, $\lambda^2/4n^2$, vor allem aber $\lambda^2/2n$ (=0,00125) wegen $n > 400$ klein sind, gilt (auch bei einer Auswahl ohne Zurücklegen) näherungsweise:

$$P\left[P - \lambda_{1-\alpha/2}\sqrt{\frac{P(1-P)}{n}} \leq \pi \leq P + \lambda_{1-\alpha/2}\sqrt{\frac{P(1-P)}{n}}\right] \doteq 1-\alpha.$$

Daraus ergibt sich mit $\lambda_{1-\alpha/2} = 2$ und $p = 0,17$:

$$t^u_{1600} = 0,17-2\cdot\sqrt{\frac{0,17\cdot 0,83}{1600}} = 0,1512 \quad \text{und}$$

$$t^{o}_{1600} = 0,17+2\cdot\sqrt{\frac{0,17\cdot 0,83}{1600}} = 0,1888 ,$$

so daß [0,1512;0,1888] das empirische Konfidenzintervall ist, welches mit einem Konfidenzniveau von 0,9545 den unbekannten Parameter π (den Anteil von Kreditkartennutzern) einschließt.

Lösung 110

Sei

$$X_i = \begin{cases} 1, & \text{falls i-ter Einwohner der Änderung zustimmt,} \\ 0 & \text{sonst.} \end{cases}$$

$\Rightarrow$ X ist zweipunktverteilt.

a) Auswahl ohne Zurücklegen, aber $n/N = 400/50000 = 0,008 < 0,05$.
Annahme: $0,1 \le \pi \le 0,9$.

Aus $n = \dfrac{\lambda^2_{1-\alpha/2} P(1-P)}{\varepsilon^2}$ folgt

$$\varepsilon = \lambda_{1-\alpha/2}\sqrt{\frac{P(1-P)}{n}} = |\pi - P| .$$

Es ist $\lambda_{0,975} = 1,96$, so daß sich mit $p = 0,1$ und $n = 400$ $\varepsilon = 0,0294$ und mit $p = 0,5$ und $n = 400$ $\varepsilon = 0,049$ ergibt. Offensichtlich ist es nicht möglich, π auf $\pm$ 2%-Punkte (=0,02) genau zu schätzen.

b) $\pi \le 0,2$; $n\pi(1-\pi) = 64$; Approximation durch die Normalverteilung, d.h.

$$U = \frac{P-\pi}{\sqrt{\frac{\pi(1-\pi)}{n}}} \overset{\bullet}{\sim} N(0;1) .$$

Daraus folgt mit $\lambda = \lambda_{1-\alpha/2}$:

$$P(-\lambda \le U \le +\lambda) \overset{\bullet}{=} 1-\alpha, \quad P\left(\pi - \lambda\sqrt{\frac{\pi(1-\pi)}{n}} \le P \le \pi + \lambda\sqrt{\frac{\pi(1-\pi)}{n}}\right) \overset{\bullet}{=} 1-\alpha.$$

Mit $\lambda = 2$ $(1-\alpha=0,9545)$ ist $\lambda\sqrt{\frac{\pi(1-\pi)}{n}} = 2\sqrt{\frac{0,2\cdot 0,8}{400}} = 0,04$, so daß

der Anteil der zustimmenden Einwohner mit Wahrscheinlichkeit 0,9545 in den Grenzen $0,16 \le P \le 0,24$ zu erwarten ist.

c) Es ist $\pi_o \le 0,2$ und $p = 0,3$.

Mit diesem Stichprobenergebnis ($p=0,3$) ist die Annahme der Opposition, höchstens 20% der Einwohner ($\pi_o \le 0,2$) würden der geplanten Änderung zustimmen, nicht widerlegt. Auch wenn $\pi_o \le 0,2$ richtig ist, kann $p = 0,3$ (oder größer) sein, obwohl jedoch $P(P \ge 0,3 | \pi = 0,2) <$ $< 0,0001$, also sehr klein ist.

Lösung 111

$N = 6000$, $N_1 = 1500$, $n = 20$ (Auswahl ohne Zurücklegen).

$$\text{Sei } X_i = \begin{cases} 1, & \text{falls das i-te Los gewinnt,} \\ 0 & \text{sonst,} \end{cases}$$

also ist X zweipunktverteilt.

Dann ist $X' = \sum_{i=1}^{n} X_i$ hypergeometrisch verteilt: $X' \sim H(n,N,N_1) =$

$= H(20;6000;1500)$.

a) Gesucht ist

$P(X' \le 1) = P(X'=0)+P(X'=1)$.

Mit der hypergeometrischen Verteilung ist zum Beispiel

$$P(X'=0) = \frac{\binom{1500}{0}\binom{4500}{20}}{\binom{6000}{20}} .$$

Diese Wahrscheinlichkeit ist - wenn überhaupt - mit einem Taschenrechner nur recht mühsam berechenbar. Daher ist es von Vorteil, daß - angesichts des kleinen Auswahlsatzes von $n/N = 0,003$ - die $H(20;6000;1500)$ durch die $B(20;0,25)$ approximiert werden kann.

Damit ergibt sich näherungsweise (Tabelle):

$$P(X'=0) = \binom{20}{0} 0,25^0 \; 0,75^{20} = 0,0032$$

und

$$P(X'=1) = \binom{20}{1} 0,25^1 \; 0,75^{19} = 0,0211 ,$$

so daß $P(X' \le 1) = 0,0243$ die Wahrscheinlichkeit dafür ist, daß höchstens ein Los gewinnt.

b) Zur Überprüfung der Vermutung des Vaters, daß der Gewinnanteil kleiner als 25% ist, eignet sich der Test für den Anteilswert π bei kleinem Stichprobenumfang. Entsprechend der Grundregel, daß als Nullhypothese jene Annahme/Vermutung zu wählen ist, die - beim jeweiligen Standpunkt - verworfen werden soll, ist

H_o: $\pi \geq 0{,}25$ gegen H_1: $\pi < 0{,}25$ zu testen, mit dem Ziel, die Nullhypothese zu verwerfen. Gelingt dies, so gibt es einen Grund anzunehmen, daß wohl H_1: $\pi < 0{,}25$ richtig ist, denn man irrt sich - wenn H_o richtig ist - nur in höchstens $\alpha \cdot 100\%$ aller Fälle und α ist vorgebbar klein.

H_o ist zu verwerfen, falls $t \leq w_\alpha = w_{0,1}$.

Da nur ein Treffer gezogen wurde, ist $t = 1$ (=X').

Zu bestimmen ist der kritische Wert $w_{0,1}$, die größte ganze Zahl, für die $P(T \leq w_{0,1}) \leq 0{,}1$ (einseitiger Test).

Laut Tabelle der B(20;0,25) ist

$P(X'=0)+(X'=1)+P(X'=2) = 0{,}0032 + 0{,}0211 + 0{,}0669 = 0{,}0912 < 0{,}1 =$
$= \alpha$, so daß $P(X' \leq 2) = 0{,}0912$ und mithin $w_{0,1} = 2$ ist.

Wegen $t = 1 < w_{0,1} = 2$ wird H_o auf dem Niveau $\alpha = 0{,}1$ verworfen (H_o kann bereits auf dem Niveau $\alpha = 0{,}0032+0{,}0211 = 0{,}0243$ verworfen werden). Der Vater hat Grund anzunehmen, daß H_o nicht richtig ist, daß der Anteil der Gewinnlose wohl doch kleiner als 0,25 ist. Die Stichprobe steht im Widerspruch zu H_o .

Lösung 112

a) Solche Grenzfälle sind Tests von (praktisch bedeutungslosen) Hypothesen der Art H_o: $\pi = 0$ oder H_o: $\pi = 1$, zum Beispiel der Hypothese "Es gibt keine rothaarigen Eskimos" (H_o: $\pi = 0$). Wenn eine konkrete Zufallsstichprobe auch nur einen rothaarigen Eskimo enthält, ist H_o (echt) falsifiziert.

b) Es sei bekannt, daß X rechteckverteilt ist mit $\sigma_X^2 = 1/12$.

Wegen $\sigma_X^2 = \frac{(b-a)^2}{12}$ ist dann $b = a + 1$.

Getestet wird die Hypothese H_o: $\mu_X = 0{,}5$ (also ist - unter H_o - a=0 und b=1). Dann folgt aus $x_i < 0$ oder $x_i > 1$ für irgendein i, daß H_o falsch ist, da unter H_o stets $0 \leq x_i \leq 1$ gilt.

Lösung 113

a) 50% von 180 ist $0{,}5 \cdot 180 = 90$.
5 Tage zu 2 Stunden, das sind 10 Wochenstunden, zu 2,50 Pfund.
Daraus ergibt sich ein Wochenlohn von 25 Pfund.

b) Sei

$$X_i = \begin{cases} 1, & \text{falls i-ter Brite des Rechnens unkundig ist,} \\ 0 & \text{sonst.} \end{cases}$$

Die X_i folgen einer Zwei-Punkt-Verteilung mit unbekanntem Parameter π.

Ein geeigneter Test ist der Test für den Anteilswert π bei großem Stichprobenumfang (n=1000).

Zu testen ist H_o: $\pi \le \pi_o = 0{,}125$ gegen H_1: $\pi > 0{,}125$ mit dem Ziel, H_o zu verwerfen.

Da der Auswahlsatz $n/N = 1000/N$ sehr klein, $0{,}1 < \pi_o = 0{,}125 < 0{,}9$ sowie $n\pi_o(1-\pi_o) = 1000 \cdot 0{,}125 \cdot 0{,}875 > 9$ ist, ist die Prüffunktion

$$T = \frac{X' - n\pi_o}{\sqrt{n\pi_o(1-\pi_o)}}$$ unter H_o approximativ standardnormalverteilt.

H_o ist zu verwerfen, falls $t \ge \lambda_{1-\alpha} = \lambda_{0,95} = 1{,}64$ ist.

Mit $n = 1000$, $x' = \sum_{i=1}^{1000} x_i = 300$ und $\pi_o = 0{,}125$ ergibt sich

$$t = \frac{300-125}{\sqrt{109{,}375}} \doteq 16{,}7,$$ so daß H_o zu verwerfen ist. Es gibt also einen Grund anzunehmen, daß H_o nicht richtig ist. Das Stichprobenergebnis steht im Widerspruch zur Nullhypothese. Die Behauptung des Abgeordneten wird wohl richtig sein.

Lösung 114

Unter H_o ist T standardnormalverteilt, so daß die aufgrund einer Stichprobe berechnete Realisation t für eine Entscheidung lediglich mit einem Quantil der Standardnormalverteilung (kritischer Wert) verglichen werden muß. Dabei wird das Quantil (zum Beispiel λ_α) der jeweiligen Nullhypothese und dem gewünschten Signifikanzniveau (α) entsprechend festgelegt.

Wird $\bar{X}$ als Prüffunktion verwendet, so muß zunächst der kritische Wert, zum Beispiel c_α, mit dem dann die Realisation $\bar{x}$ zu vergleichen ist, berechnet werden.
Mit λ_α ist zum Beispiel

$$c_\alpha = \mu_o + \lambda_\alpha \frac{\sigma}{\sqrt{n}} .$$

c_α hat die gleiche Dimension wie $\bar{x}$.

Im ersten Falle ist also der Wert der Prüffunktion, im zweiten Falle der kritische Wert "zu berechnen". Ansonsten ändert sich nichts.

Lösung 115

Es ist zu unterscheiden:

(1) die unbekannte Realität (R),

a) wahrer Blutalkoholanteil ≤ 0,8 Promille (R_1),

b) wahrer Blutalkoholanteil > 0,8 Promille (R_2) und

(2) die (vorläufige) Entscheidung der Kontrolle (E),

a) Blutalkoholanteil gemäß Alkohol-Test ≤ 0,8 Promille (E_1),

b) Blutalkoholanteil gemäß Alkohol-Test > 0,8 Promille (E_2).

Nach der folgenden Übersicht sind zwei Fehlentscheidungen möglich,

R \ E	E_1	E_2
R_1	r.	f_{12}
R_2	f_{21}	r.

- der Fehler erster Art (f_{12}), die Kontrolle entscheidet > 0,8 Promille, obwohl ≤ 0,8 Promille richtig ist (falsche Entscheidung zu ungunsten des Fahrers),
- der Fehler zweiter Art (f_{21}), die Kontrolle entscheidet ≤ 0,8 Promille, obwohl > 0,8 Promille richtig ist (falsche Entscheidung zugunsten des Fahrers).

Hinweis: Aus diesem Beispiel wird die Forderung verständlich, daß die Wahrscheinlichkeit für einen Fehler 1. Art gleich der Wahrscheinlichkeit für einen Fehler 2. Art sein sollte!

Lösung 116

Es kann angenommen werden, daß die Füllgewichte X_i der 500 g Packungen approximativ N(500;225)-verteilt sind und daß die Prüffunktion $\bar{X}$ approximativ N(500;2,25)-verteilt ist.

a) Es handelt sich hier um einen Test für den Mittelwert bei bekannter Varianz σ_X^2 der Gesamtheit. Es liegt eine große Stichprobe (n=100>40) aus einer beliebigen Gesamtheit vor. Vermutlich wurde eine Auswahl ohne Zurücklegen gezogen. Man kann jedoch von einem kleinen Auswahlsatz $\left[\frac{n}{N}<0,05, \text{ d.h. } N>2000\right]$ ausgehen.

Für den einseitigen Test H_o: $\mu \geq 500$ g gegen H_1: $\mu < 500$ g ergibt sich $w_{0,05}$ aus

$P(T_n \in K_\alpha | H_o) = \alpha = 0,05$, $P(\bar{X} \leq w_{0,05} | \mu=500) = 0,05$, $F_{\bar{X}}(w_{0,05}) = 0,05$,

$F_U\left(\frac{w_{0,05}-500}{1,5}\right) = 0,05$ und daraus folgt mit $\lambda_{0,05} = -1,64$

$-1,64 = (w_{0,05}-500)/1,5$ und $w_{0,05} = 500 - 1,64 \cdot 1,5 = 497,54$ (g).

H_o ist folglich (auf dem Niveau $\alpha = 0,05$) zu verwerfen, wenn für eine konkrete Stichprobe $\bar{x} \leq 497,54$ g ist. Der kritische Bereich $K_{0,05}$ umfaßt das Intervall $(-\infty; 497,54]$. Weil die $x_i \geq 0$ sind, ist hier $[0; 497,54]$ der kritische Bereich.

b) Die Gütefunktion $1-\beta(\mu)$ kann mit Hilfe von $P(T_n \in K_\alpha | \mu) = 1-\beta(\mu)$ bestimmt werden.

$P(\bar{X} \leq w_{0,05} | \mu) = 1-\beta(\mu)$ und $F_U\left(\frac{w_{0,05}-\mu}{\sigma_{\bar{X}}}\right) = F_U\left(\frac{497,54-\mu}{1,5}\right) = 1-\beta(\mu)$,

so daß - für eine Skizze - in diesen Ausdruck lediglich ganzzahlige Werte von μ für $\mu < 500$ einzusetzen und die Werte von $F_U(\xi)$ für die entsprechenden ξ aus der Tabelle abzulesen sind.

Beispielsweise ist für $\mu = 499$:

$F_U\left(\frac{497,54-499}{1,5}\right) = F_U(-0,97) = 1-\beta(499) \doteq 0,17$.

Somit ergeben sich die folgenden Werte der Gütefunktion:

μ	$1-\beta(\mu)$	
500	0,05	$(=\alpha)$
499	0,17	
498	0,38	
497	0,64	
496	0,85	
495	0,95	
494	0,99	

c) Aus b) folgt, daß die Wahrscheinlichkeit dafür, daß H_o verworfen wird, wenn H_1: μ = 495 g richtig ist, gleich $P(\bar{X} \leq 497{,}54 | \mu=495) = 1-\beta(495) = 0{,}95$ ist. Mithin ist $\beta(495) = 0{,}05$ die Wahrscheinlichkeit dafür, daß H_o nicht verworfen wird, wenn H_1: μ = 495 g richtig ist.

d)

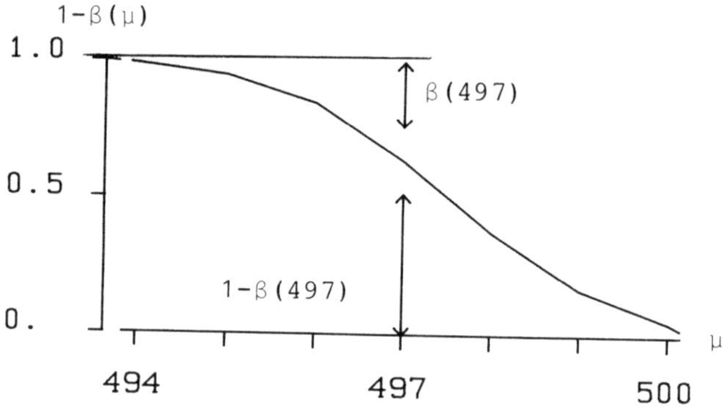

Die Gütefunktion $1-\beta(\mu)$ gibt in Abhängigkeit von μ die Wahrscheinlichkeit dafür an, daß H_o: $\mu \geq 500$ g verworfen wird.

Lösung 117

a) Wenn $\alpha = \beta$ sein soll, muß der kritische Wert $w_{1-\alpha}$ in der Mitte zwischen $\mu_o = 0$ und $\mu_1 = 1$, also bei 0,5, liegen.

Aus $w_{1-\alpha} = \mu_o + \lambda_{1-\alpha} \cdot \frac{\sigma}{\sqrt{n}}$ folgt mit $\mu_o = 0$, $n = 16$, $\sigma = 2$ und $w_{1-\alpha} = 0{,}5$:

$0{,}5 = 0 + \lambda_{1-\alpha} \cdot 2/4$ und daraus $\lambda_{1-\alpha} = 1$.

Aus der Tabelle ist abzulesen, daß $\lambda_{0,841} = 1$, so daß $1-\alpha = 0{,}841$ und $\alpha = 0{,}159$ ist. Somit ist α auf 0,159 festzulegen (daraus folgt, daß auch $\beta = 0{,}159$ ist).

b) Aus a) folgt mit $\lambda_{1-\alpha} = \lambda_{0,95} = 1{,}64$:

$0{,}5 = 0 + 1{,}64 \cdot \frac{2}{\sqrt{n}}$ und daraus $n = (1{,}64 \cdot 4)^2 = 43{,}03 \doteq 44$, der Stichprobenumfang, für den $\alpha = \beta \doteq 0{,}05$.

Lösung 118

a) Ob eine Differenz der Art $|\bar{x}-\mu_o|$ "groß" ist, kann nur mit Hilfe der bedingten Wahrscheinlichkeit $P(|\bar{X}-\mu_o| \geq |\bar{x}-\mu_o| \,|\, H_o)$ beurteilt werden. Die Differenz $|\bar{x}-\mu_o|$ gilt als groß (statistisch signifikant), wenn die bedingte Wahrscheinlichkeit für "die beobachtete oder eine größere Differenz" klein, zum Beispiel kleiner gleich $\alpha = 0{,}05$ ist.

Die Wahrscheinlichkeit $P(|\bar{X}-\mu_o| \geq |\bar{x}-\mu_o| \,|\, H_o)$ kann nur unter der entscheidenden Annahme (Bedingung), daß H_o: $\mu = \mu_o$ richtig ist, berechnet werden. Unter dieser Annahme folgt (bei hinreichend großem Stichprobenumfang n) - bei kleinem n und nicht normalverteilten X_i, $i=1,2,\ldots,n$, läßt sich die Wahrscheinlichkeit mit Hilfe der Ungleichung von TSCHEBYSCHEFF abschätzen - die Zufallsvariable $\bar{X}$ (zumindest approximativ) einer $N(\mu_o, \sigma_{\bar{X}}^2)$, so daß für jedes $\varepsilon > 0$ die Wahrscheinlichkeit $P(|\bar{X}-\mu_o| \geq \varepsilon \,|\, H_o)$ berechnet werden kann. Sei die beobachtete Differenz gleich ε .

Dann ist $P(|\bar{X}-\mu_o| \geq \varepsilon \,|\, H_o) = \alpha$, $P(|\bar{X}-\mu_o| < \varepsilon \,|\, H_o) = 1-\alpha$ und

$$P\left(\frac{|\bar{X}-\mu_o|}{\sigma_{\bar{X}}} < \frac{\varepsilon}{\sigma_{\bar{X}}} \,\middle|\, H_o\right) \doteq 2 \cdot F_U\left(\frac{\varepsilon}{\sigma_{\bar{X}}}\right) - 1 = 1-\alpha \ .$$

Daraus folgt $\frac{\varepsilon}{\sigma_{\bar{X}}} = \frac{|\bar{X}-\mu_o|}{\sigma_{\bar{X}}} = \lambda_{1-\alpha/2}$ und $\varepsilon = |\bar{x} - \mu_o| = \lambda_{1-\alpha/2} \cdot \sigma_{\bar{X}}$, so daß

$$P(|\bar{X}-\mu_o| \geq |\bar{x}-\mu_o| \,|\, H_o) \leq P(|\bar{X}-\mu_o| \geq \lambda_{1-\alpha/2} \cdot \sigma_{\bar{X}} | H_o) = \alpha ,$$

falls $|\bar{x}-\mu_o| \geq \lambda_{1-\alpha/2} \cdot \sigma_{\bar{X}}$.

Eine Differenz $|\bar{x}-\mu_o|$ gilt also dann als groß (als signifikant bei gegebenem α), wenn sie größer oder wenigstens gleich dem $\lambda_{1-\alpha/2}$-fachen der Standardabweichung $\sigma_{\bar{X}}$ ist. Die Größe der Differenz wird also in $\sigma_{\bar{X}}$-Einheiten gemessen.

Wird nun zum Beispiel $\alpha = 0,05$ ($\lambda_{0,975} = 1,96$) oder $\alpha = 0,01$ ($\lambda_{0,995} = 2,58$) gesetzt, dann ist - wenn H_o richtig ist - das zufällige Ereignis "große Differenz", d.h. $|\bar{X}-\mu_o| \geq \lambda_{1-\alpha/2} \cdot \sigma_{\bar{X}}$ "unwahrscheinlich", und es ist daher naheliegend, wenn dieses unwahrscheinliche Ereignis eingetreten ist, H_o zu verwerfen, d.h. die vorausgesetzte Richtigkeit von H_o zu bezweifeln.

b) Weil auch bei richtiger Nullhypothese (und kleinem α, d.h. großem $\lambda_{1-\alpha/2}$) sehr große Differenzen ($>\lambda_{1-\alpha/2} \cdot \sigma_{\bar{X}}$) möglich sind (ungünstige Stichproben!).

Lösung 119

Sei X_i der Inhalt der i-ten zufällig ausgewählten Flasche.

Die X_i sind normalverteilt mit bekannter Varianz der Gesamtheit:

$\sigma_X^2 = 36 \text{ ml}^2$.

a) Zu testen ist die Hypothese H_o: $\mu \geq 700$ ml (mit dem Ziel, diese Nullhypothese zu verwerfen). H_o ist zu verwerfen, falls

$$t = \frac{\bar{x}-\mu_o}{\sigma} \cdot \sqrt{n} \leq \lambda_\alpha .$$

Mit $\bar{x} = 698$, $\mu_o = 700$, $\sigma = 6$, $n = 25$ und $\lambda_\alpha = \lambda_{0,01} = -2,33$ ist $t = -5/3 > -2,33$, so daß H_o nicht verworfen werden kann, d.h., daß die Vermutung der Verbraucherschutzorganisation wohl nicht richtig ist.

b) H_o ist zu verwerfen, falls

$\frac{\bar{x}-\mu_o}{\sigma} \cdot \sqrt{n} \leq \lambda_\alpha$ oder - äquivalent -

$\bar{x} \leq \mu_o + \lambda_\alpha \frac{\sigma}{\sqrt{n}}$, d.h. $\bar{x} \leq 700 - 2,33 \frac{6}{5} = 697,204$ ml ist.

Die Verbraucherschutzorganisation wird also für alle Stichprobenmittelwerte, die kleiner gleich 697,204 (ml) sind, die Hypothese verwerfen. Für diesen Test ist $K_\alpha = K_{0,01} = (-\infty; 697{,}204]$ der kritische Bereich. Wegen $x_i \geq 0$ ist hier $K_{0,01} = [0; 697{,}204]$.

c) Der Hersteller muß mit einer Klage rechnen, wenn $\bar{x} \leq 697{,}2$ ist. Unter der Bedingung $\mu = 698$ ist $E(X_i) = \mu = 698$ und es gilt

$X_i \sim N(698;36)$; $\sigma_{\bar{X}} = \sigma/\sqrt{n} = 1{,}2$.

$$P(\bar{X} \leq 697{,}2 \,|\, \mu = 698) = P\left[\frac{\bar{X}-698}{1{,}2} \leq \frac{697{,}2-698}{1{,}2}\right] = P(U \leq -2/3) \doteq$$

$$\doteq F_U(-2/3) \doteq 0{,}2514, \text{ da } U \overset{\bullet}{\sim} N(0;1).$$

Die Wahrscheinlichkeit für eine Klage ist also etwa gleich 0,25.

Lösung 120

a) X_i: private monatliche Investitionsausgaben des i-ten Unternehmens;

X folgt einer unbekannten Verteilung mit $\mu_X = \mu$ und $\sigma_X^2 = \sigma^2$ (beide unbekannt); Auswahl ohne Zurücklegen, aber kleiner Auswahlsatz $\left(\frac{n}{N} < 0{,}05\right)$; $n = 81 > 40$.

Zur Überprüfung der Vermutung, daß die durchschnittlichen Investitionsausgaben über 12857 DM liegen, ist der Test für den Mittelwert μ bei unbekannter Varianz der Gesamtheit geeignet.

Zu testen ist die Hypothese

H_o: $\mu \leq \mu_o = 12857$ (DM) gegen

H_1: $\mu > 12857$ (DM), mit dem Ziel, H_o zu verwerfen. Gelingt dies, so gibt es einen Grund anzunehmen, daß H_1 "wohl" richtig ist.

Für diesen Mittelwerttest ist $n = 81$, $\bar{x} = 13740$ (DM) und $\hat{\sigma} = 3180$ (DM). Der Korrekturfaktor für endliche Gesamtheiten kann vernachlässigt werden.

Die Prüffunktion

$$T = \frac{\bar{X}-\mu_o}{\hat{\sigma}} \cdot \sqrt{n}$$ ist unter H_o t-verteilt mit $\nu = n - 1 = 80$ Freiheitsgraden. H_o ist zu verwerfen, falls $t \geq t_{0,99;80} = 2{,}374$ (eine Approximation durch die Normalverteilung ist nicht zulässig, weil ν nicht hinreichend groß ist).

Der Wert der Prüffunktion $t = \frac{13740-12857}{3180} \cdot 9 \doteq 2{,}5$ ist so groß, daß H_o auf dem Signifikanzniveau $\alpha = 0{,}01$ verworfen wird.

Es gibt also einen Grund anzunehmen, daß die These des Wirtschaftsforschungsinstituts richtig ist.

b) Unter sonst gleichen Bedingungen, d.h. $\bar{x}$, μ_o und n bleiben unverändert, müßte die Stichprobenvarianz größer sein, wenn sich das Testergebnis ändern soll.

Lösung 121

$$\text{Sei } X_i = \begin{cases} 1, & \text{falls i-ter Kunde Plattfüße hat,} \\ 0 & \text{sonst,} \end{cases}$$

so daß X einer Zwei-Punkt-Verteilung (mit unbekanntem Parameter π) folgt.

Ein geeigneter Test ist der Test für den Anteilswert π bei kleinem Stichprobenumfang (n=20). Unter Berücksichtigung des Auswahlverfahrens (Auswahl ohne Zurücklegen) ist ein Test für den Parameter $\pi = N_1/N$ der hypergeometrischen Verteilung durchzuführen. Da jedoch N unbekannt ist und angenommen werden kann, daß der Auswahlsatz n/N sehr klein ist, sind Auswahl mit und ohne Zurücklegen praktisch äquivalent, so daß ein Test für den Parameter π der Binomialverteilung (der identisch ist mit dem Parameter π der zugrunde liegenden Zwei-Punkt-Verteilung) durchgeführt werden kann.

Zu prüfen ist, ob aufgrund dieses Stichprobenergebnisses die Vermutung, höchstens 40% haben Plattfüße, "verworfen" werden kann. Tests parameterischer Hypothesen sind "auf Verwerfen" konstruiert; daher ist

H_o: $\pi \le 0{,}4$ gegen H_1: $\pi > 0{,}4$ zu testen, mit dem Ziel, H_o zu verwerfen.

Prüffunktion ist $T = \sum_{i=1}^{n} X_i$, die - unter H_o - B(20;0,4)-verteilt ist.

H_o ist zu verwerfen, falls $t \ge w_{1-\alpha}$ ist; dabei wird zunächst (diskrete Prüfverteilung) α auf etwa 0,05 gesetzt.

Es ist t = 9 und (vgl. Tabelle der B(20;0,4)): S. 269 Tabelle

$P(T\ge 13|H_o) = P(T\ge w_{0,9789}) = 0{,}0211$ sowie da Auswahl $w_{0,95}$ nicht erreicht

$P(T\ge 12|H_o) = P(T\ge w_{0,9434}) = 0{,}0566$,

so daß H_o noch nicht einmal auf dem Signifikanzniveau $\alpha = 0{,}0566$ verworfen werden kann.

Für die konkrete Stichprobe ist $P(T \geq t | H_0) = P(T \geq 9 | \pi=0,4) = 0,4044$, d.h. die Wahrscheinlichkeit dafür, daß in einer Stichprobe vom Umfang $n = 20$ 9 oder mehr Erwachsene mit Plattfüßen vorgefunden werden, wenn die Nullhypothese richtig ist (daß höchstens 40% aller Erwachsenen Plattfüße haben), ist mit rd. 0,4 recht hoch.

Es gibt folglich keinen Grund, an der Nullhypothese ($\pi \leq 0,4$) zu zweifeln.

Lösung 122

a) Sei

$$X_i = \begin{cases} 1, & \text{falls das i-te Gummibärchen rot ist,} \\ 2, & \text{falls das i-te Gummibärchen weiß ist,} \\ 3, & \text{falls das i-te Gummibärchen gelb ist,} \\ 4, & \text{falls das i-te Gummibärchen grün ist.} \end{cases}$$

Dann ist die Zufallsvariable X_i 4-Punkt-verteilt mit $\pi_1 = P(X_i=1) = 0,4$, $\pi_2 = P(X_i=2) = 0,3$ und $\pi_3 = P(X_i=3) = 0,1$.

Der Gesamtheit vom Umfang $N = 20$ werden $n = 10$ Gummibärchen zufällig und nach dem Prinzip einer Auswahl ohne Zurücklegen ("auf einmal") entnommen.

Sei Y_i die Anzahl der Gummibärchen in der Stichprobe mit der Eigenschaft X_i (i=1,2,3,4). Dann folgt die (3-dimensionale) Zufallsvariable (Y_1, Y_2, Y_3) einer multihypergeometrischen Verteilung mit den Parametern $n = 10$, $N = 20$, $N_1 = 8$, $N_2 = 6$ und $N_3 = 2$.

Somit gilt:

$$P(Y_1=4; Y_2=3; Y_3=1) = \frac{\binom{8}{4}\binom{6}{3}\binom{2}{1}\binom{4}{2}}{\binom{20}{10}} = \frac{70 \cdot 20 \cdot 2 \cdot 6}{184756} = \frac{16800}{184756} = 0,0909 \ .$$

Mit einer Wahrscheinlichkeit von rd. 9,1% entsprechen die Farbanteile in der Stichprobe den Farbanteilen in der Gesamtheit.

b) In dieser Teilaufgabe schränkt Ernst E. die Betrachtung auf die roten Gummibärchen ein.

Daher ist

$$Z_i = \begin{cases} 1, & \text{falls das i-te Gummibärchen rot ist,} \\ 0, & \text{sonst.} \end{cases}$$

Die Zufallsvariable Z_i folgt einer Zwei-Punkt-Verteilung mit Parameter $\pi = P(X_i=1)$, dessen Wert allerdings unbekannt ist.

Aus der Gesamtheit aller Gummibärchen werden zufällig und nach dem Prinzip einer Auswahl ohne Zurücklegen ("eine Riesenpackung") n = 400 ausgewählt.

Da davon ausgegangen werden kann, daß die Gesamtheit aller Gummibärchen größer als N = 8000 ist, d.h. $n/N \leq 0{,}05$, kann approximativ eine Auswahl mit Zurücklegen angenommen werden.

Somit ist die Zufallsvariable $Z' = \sum_i Z_i$, die Anzahl der Gummibärchen in der Stichprobe, approximativ binomialverteilt mit den Parametern $n = 400$ und π .

Aufgrund des großen Stichprobenumfangs (n=400) ist eine (weitere) Approximation durch die Normalverteilung möglich; d.h. es gilt approximativ

$$Z' \stackrel{\bullet}{\sim} N(n\pi; n\pi(1-\pi)) = N(400\pi; 400\pi(1-\pi)).$$

Die Approximation gilt als gut, da $n \geq 400$ ist.

Es ist zu überprüfen, ob es einen hinreichenden Grund gibt anzunehmen, daß der Anteil der roten Gummibärchen in der Gesamtheit mehr als 40% beträgt.

Somit ist

H_0: $\pi \leq 0{,}4$ gegen H_A: $\pi > 0{,}4$ zu testen mit dem Ziel, H_0 zu verwerfen.

Prüfmaß für den Test von H_0 ist

$$T = \frac{P-\pi_0}{\sqrt{\frac{\pi_0(1-\pi_0)}{n}}} = \frac{Z'-n\pi_0}{\sqrt{n\pi_0(1-\pi_0)}} \; ;$$

S. 220

unter H_0 ist T approximativ standardnormalverteilt.

Stichprobenergebnis: $z' = 166$, $p = 166/400 = 0{,}415$.

Mit $n = 400$ und $\pi_0 = 0{,}4$ ergibt sich

$$t = \frac{0{,}415 - 0{,}4}{\sqrt{\frac{0{,}4(0{,}6)}{400}}} = \frac{166-400\cdot 0{,}4}{\sqrt{400\cdot 0{,}4\cdot 0{,}6}} = 0{,}612 \; .$$

Entscheidung:

H_0 ist zu verwerfen, falls $t \geq \lambda_{1-\alpha} = \lambda_{0,95} = 1{,}64$ ist. Das ist aber nicht der Fall. H_0 kann nicht verworfen werden. Somit gibt es keinen Grund anzunehmen, daß der Anteil der roten Gummibärchen in der Gesamtheit größer als 40% ist. Ernst E. wird wohl in Zukunft auf seine geliebten Gummibärchen verzichten müssen.

Lösung 123

Sei X_i (i=1,2,...,3729) eine Stichprobenvariable, die die Werte $x_i = 1$, falls der i-te Befragte die derzeitige Sendehäufigkeit mit "gerade richtig" beurteilt, und $x_i = 0$ in allen anderen Fällen annimmt. Es ist $x_i =$ $= 0$ also genau dann, wenn der i-te Befragte die derzeitige Sendehäufigkeit mit "zu viel" oder mit "weiß nicht" beurteilt.

X_i ist zweipunktverteilt mit $P(X_i=1) = \pi$; dabei ist π unbekannt.

Es wurde eine Stichprobe vom Umfang n = 3729 aus der Gesamtheit aller (erwachsenen) Bundesbürger (vermutlich) nach dem Modell einer Auswahl ohne Zurücklegen gezogen. Weil aber der Auswahlsatz klein ist ($n/N<0,05$), kann approximativ von einer Auswahl mit Zurücklegen ausgegangen werden.

$X' = \sum_{i=1}^{n} X_i$, die zufällige Anzahl der (erwachsenen) Bundesbürger in der Stichprobe, die die derzeitige Sendehäufigkeit "gerade richtig" finden, ist somit approximativ $B(n,\pi) = B(3729;\pi)$-verteilt.

Es gibt eine Vermutung über den Wert des Scharparameters π, die anhand der konkreten Stichprobe mit einem "Test für den Anteilswert bei großem Stichprobenumfang" überprüft werden kann.

Elena vermutet, daß "mehr als 50% ... zufrieden" sind. Da gefragt ist, ob das Stichprobenergebnis "die Vermutung der Tochter stützt", ist

H_o: $\pi \leq 0,5$ gegen H_1: $\pi > 0,5$ zu testen mit dem Ziel, H_o zu verwerfen. Gelingt dies, gibt es einen Grund zur Annahme, daß H_o wohl nicht richtig ist, daß wohl H_1 (die Vermutung der Tochter) zutrifft.

Die Testvoraussetzungen $n/N \leq 0,05$, $0,1 \leq \pi_o = 0,5 \leq 0,9$, $n\pi_o(1-\pi_o) =$ $= 3729 \cdot 0,5 \cdot 0,5 \doteq 932 > 9$, $n > 400$ sind erfüllt.

Prüffunktion ist

$$T = \frac{X' - n\pi_o}{\sqrt{n\pi_o(1-\pi_o)}}$$, die unter H_o approximativ standardnormalverteilt

ist.

Sei $\alpha = 0,05$; dann ist $\lambda_{0,95} = 1,64$ und H_o ist zu verwerfen, falls $t \geq \lambda_{0,95} = 1,64$ ist.

Für t ergibt sich:

$$t = \frac{1939 - 3729 \cdot 0,5}{\sqrt{3729 \cdot 0,5 \cdot 0,5}} \doteq \frac{74,5}{30,533} \doteq 2,44 \quad .$$

Da $t = 2,44 > 1,64 = \lambda_{0,95}$ ist, wird H_0 verworfen. Es gibt also einen Grund zur Annahme, daß H_0: $\pi \leq 0,5$ wohl nicht richtig ist. Das Ergebnis stützt die Vermutung der Tochter, daß mehr als 50% der Bundesbürger mit der Sendezeit zufrieden sind.

Lösung 124

Es ist anhand des gegebenen Stichprobenergebnisses zu untersuchen, ob wohl zwischen der Antriebsart eines PKW und dem Risiko, in einen "Schneeunfall" verwickelt zu werden, ein Zusammenhang besteht.

Somit ist die Hypothese zu testen, daß der Anteil π der hinterradangetriebenen PKW in der Gesamtheit aller an Schneeunfällen beteiligten PKW genauso groß ist wie in der Gesamtheit aller PKW.

Setzt man

$$X_i = \begin{cases} 1, & \text{falls der i-te an einem Schneeunfall beteiligte PKW Hinterradantrieb hat,} \\ 0 & \text{sonst,} \end{cases}$$

so ist X zweipunktverteilt mit $P(X_i=1) = \pi$.

Da der Anteil der 42 (beobachteten) PKW an der Gesamtheit aller PKW, die in Schneeunfälle verwickelt waren, sehr gering (<0,05) ist, ist

$$X' = \sum_{i=1}^{42} X_i \quad B(42;\pi)\text{-verteilt.}$$

Mit einem Anteil $\pi_0 = 0,5$ von PKW mit Hinterradantrieb in der Grundgesamtheit ist

H_0: $\pi = \pi_0 = 0,5$ gegen H_1: $\pi \neq \pi_0 = 0,5$ zu testen mit dem Ziel, H_0 zu verwerfen.

Unter H_0 ist X' B(42,1/2)-verteilt.

H_0 wird verworfen, falls $P(X' \leq x' \mid H_0) \leq \alpha/2$ oder $P(X' \geq x' \mid H_0) \leq \alpha/2$ gilt.

In diesem Fall ist $x' = 38$, $n = 42$.

Da $n \cdot \pi_0 \cdot (1-\pi_0) = 10,5 > 9$ und $0,1 \leq \pi_0 \leq 0,9$ gilt, kann die Verteilung von X' (unter H_0) durch die Normalverteilung approximiert werden:

$$P(X' \geq 38 | H_o) = 1 - P(X' \leq 37{,}5 | H_o) =$$

$$= 1 - P\left[\frac{X' - n\pi_o}{\sqrt{n\pi_o(1-\pi_o)}} \leq \frac{37{,}5-21}{3{,}24}\right] \doteq 1 - F_U(5{,}09) \doteq 1 - 1 = 0 \; .$$

Damit ist H_o auf jedem sinnvollen Signifikanzniveau zu verwerfen. Die in der Aufgabe beschriebene Beobachtung ist wohl kaum durch den Zufall zu erklären.

Lösung 125

a) Sei $X_i = \begin{cases} 1, & \text{falls die i-te geimpfte Person erkrankt,} \\ 0, & \text{falls die i-te geimpfte Person nicht erkrankt.} \end{cases}$

Dann ist $P(X_i=1) = \pi$ und zu testen ist H_o: $\pi \geq 0{,}2$ mit dem Ziel, H_o zu verwerfen, d.h. die Grippeschutzimpfung hat keine (positive) Wirkung ($\pi_o \geq 0{,}2$), es erkranken mit Impfung mindestens ebenso viele wie ohne Impfung. Informationen über ("das wahre") π liefert die Stichprobe. H_1: $\pi < 0{,}2$, d.h. die Grippeschutzimpfung hat eine positive Wirkung.

b) Man begeht einen Fehler 1.Art, wenn H_o verworfen wird, obwohl H_o richtig ist. Die Wahrscheinlichkeit für diesen Fehler $P(T_n \in K_\alpha | H_o)$ wird durch das Signifikanzniveau α festgelegt, denn $P(T_n \in K_\alpha | H_o) \leq \alpha$. In diesem Falle bedeutet ein Fehler 1.Art, daß keine Grippeschutzwirkung besteht (H_o richtig), jedoch zufällig eine Schutzwirkung festgestellt, also H_o verworfen wird.

c) Unter H_o ist (kleiner Auswahlsatz, $\pi_o = 0{,}2$, $n = 1600$, d.h. $0{,}1 \leq \pi_o \leq 0{,}9$ und $n\pi_o(1-\pi_o) = 256 > 9$) $P \overset{\bullet}{\sim} N(\pi_o; \pi_o(1-\pi_o)/n) = N(0{,}2; 0{,}0001)$, so daß sich mit $\alpha = 0{,}025$ der Annahmebereich (einseitiger Test):

$$\bar{K}_\alpha = \left\{P \,\middle|\, \pi_o - \lambda_{1-\alpha}\sqrt{\frac{\pi_o(1-\pi_o)}{n}} < P\right\} , \text{ d.h.}$$

$$\bar{K}_{0,025} = \{P | 0{,}2 - 1{,}96 \cdot 0{,}01 < P\} = \{P | 0{,}1804 < P\}$$

ergibt. H_o wird also nicht verworfen für alle P, die größer als 0,1804 sind.

Wegen $p = 0{,}16 < 0{,}1804$ ($p \in K_{0,025}$) ist H_o zu verwerfen.

Es gibt bei dem gegebenen Signifikanzniveau (0,025) Grund zur Annahme, daß die Impfung einen positiven Effekt hat.

d) Wegen

$$t = \frac{P-\pi_o}{\sqrt{\frac{\pi_o(1-\pi_o)}{n}}} = \frac{0,16-0,20}{0,01} = -4 < -1,96$$

ist - wie zu erwarten war - H_o zu verwerfen.

e) Man begeht einen Fehler 2. Art, wenn H_o nicht verworfen wird, obwohl H_o falsch ist. Die Wahrscheinlichkeit für einen Fehler 2. Art $P(T_n \in \bar{K}_\alpha | H_1) = \beta$ kann nur bei einfachen Alternativhypothesen bestimmt werden und nimmt - ceteris paribus - zu, wenn α abnimmt. In diesem Falle bedeutet ein Fehler 2. Art, daß eine Grippeschutzwirkung besteht (H_o falsch), jedoch zufällig $P \in \bar{K}_\alpha$ ist, so daß die falsche Nullhypothese nicht verworfen wird.

f) $P(T_n \notin K_\alpha | H_1) = P(P \in \bar{K}_\alpha | \pi_1 = 0,17) = \beta$.

Mithin ist

$$P(0,1804 < P | \pi_1 = 0,17) = P\left(\frac{0,1804-\pi_1}{\sigma_{\pi_1}} < \frac{P-\pi_1}{\sigma_{\pi_1}}\right) = \beta \text{ .}$$

Mit $\pi_1 = 0,17$ und $\sigma_{\pi_1} = \sqrt{\frac{\pi_1(1-\pi_1)}{n}} = 0,0094$ ergibt sich

$P(1,11 < U) = \beta$ und daraus folgt $\beta \doteq 1 - F_U(1,11) = 1 - 0,8665 =$ $= 0,1335$.

g) Durch Veränderung von n und/oder des Signifikanzniveaus α. Wird zum Beispiel - ceteris paribus - der Stichprobenumfang vergrößert, nimmt der Fehler 2. Art ab.

Lösung 126

X_i: Füllgewicht der i-ten Packung eines Fertiggerichts;

X folgt einer unbekannten Verteilung.

Der Hersteller behauptet: $\mu \geq 300$ (g).

a) Es ist anzunehmen, daß der Inspektor eine Überschreitung des mittleren Füllgewichts nicht mißbilligen wird. Im Interesse des Verbrauchers wird er versuchen nachzuweisen, daß das mittlere

Füllgewicht unterschritten wird. Er sollte daher H_0: $\mu \geq 300$ gegen H_1: $\mu < 300$ testen mit dem Ziel, H_0 zu verwerfen. Gelingt ihm das, hat er Grund anzunehmen, daß H_1 richtig ist.

Der Grund besteht dann darin, daß unter H_0 (wenn H_0 richtig ist) die Wahrscheinlichkeit α dafür, daß das Prüfmaß Werte des kritischen Bereichs K_α annimmt, vorgebbar klein und somit in aller Regel sehr gering ist.

b) Ein Fehler 1. Art wird nur dann begangen, wenn H_0 verworfen wird, obwohl H_0 richtig ist. Da die unter a) formulierte Nullhypothese nicht verworfen werden kann, kann auch kein Fehler 1. Art begangen werden (worden sein). Die Wahrscheinlichkeit für einen Fehler 1. Art ist - für eine konkrete Stichprobe (für die Realisation t_n) - entweder gleich 1 oder gleich 0; hier also gleich 0.

Da H_0 nicht verworfen werden kann, besteht kein Grund anzunehmen, daß H_0 nicht richtig ist (das Stichprobenergebnis steht nicht im Widerspruch zu H_0). Dennoch ist es falsch, daraus zu schließen, daß H_0 richtig ist, denn es ist möglich, daß ein Fehler 2. Art begangen wird, daß H_0 nicht verworfen wird, obwohl H_0 falsch ist. Über die Größenordnung dieses Fehlers können - ohne zusätzliche Informationen - keine exakten Aussagen gemacht werden.

Lösung 127

X_i ist die Anzahl der Kfz, die am i-ten Tag den Straßenabschnitt passieren; X folgt einer unbekannten Verteilung mit unbekanntem μ_X und σ_X^2. Es ist n > 40.

Eine konkrete einfache Stichprobe vom Umfang n = 49 ergab: $\bar{x} = 1660$ und $\hat{\sigma}^2 = 129600$.

Es ist festzustellen, ob es aufgrund dieser Daten gerechtfertigt ist anzunehmen, daß im Jahresdurchschnitt mehr als 1600 Kraftfahrzeuge/Tag diesen Straßenabschnitt passieren.

Somit ist H_0: $\mu \leq 1600$ gegen H_A: $\mu > 1600$ zu testen mit dem Ziel, H_0 zu verwerfen.

Unter H_o ist die Prüffunktion $T = \frac{\bar{X}-\mu_o}{\hat{\sigma}} \cdot \sqrt{n}$ approximativ t-verteilt mit $\nu = n-1$ Freiheitsgraden. H_o ist zu verwerfen, falls $t \geq t_{1-\alpha,\nu}$ ist.

Mit $1-\alpha = 0{,}95$ ist $t_{0,95;48} = 1{,}677$ und es ergibt sich

$t = \frac{1660-1600}{360} \cdot \sqrt{49} \doteq 1{,}17$, so daß H_o nicht verworfen werden kann.

Es gibt keinen Grund anzunehmen, daß H_o: $\mu \leq 1600$ Kfz/Tag nicht richtig ist (die Stichprobe steht nicht im Widerspruch zu H_o). Brauses Entscheidung kann also durchaus falsch sein!

Lösung 128

Gegeben ist eine zweipunktverteilte Gesamtheit von Parteimitgliedern mit unbekanntem Frauenanteil π. Der Gesamtheit wurde eine einfache Stichprobe vom Umfang n = 16 entnommen.

Sei X_i (i=1,2,...,n) die Stichproben-(Zufalls-)variable mit den Realisationen

$$x_i = \begin{cases} 1, & \text{falls i-tes Mitglied weiblich ist,} \\ 0 & \text{sonst.} \end{cases}$$

Dann ist $X' = \sum_{i=1}^{n} X_i$ die zufällige Anzahl der weiblichen Parteimitglieder in der Stichprobe. Da eine einfache Stichprobe gezogen wurde, folgt X' einer $B(n,\pi) = B(16;\pi)$.

Die Frage ist, ob das Stichprobenergebnis $\frac{x'}{n} = \frac{5}{16} = 0{,}125$ die Vermutung der Parteifunktionärin, daß weniger als 40% der Parteimitglieder des Kreisverbands Frauen sind, stützt.

Diese Frage kann mit einem Test von H_o: $\pi \geq 40\%$ gegen H_A: $\pi < 40\%$ (mit dem Ziel, H_o zu verwerfen) beantwortet werden, denn wenn es gelingt, H_o zu verwerfen, gibt es einen Grund zur Annahme, daß H_o wohl nicht richtig ist.

Der Test von H_o gegen H_A ist wegen n = 16 ein "Test für den Anteilswert bei kleinem Stichprobenumfang".

Die Prüffunktion

$T = \sum_{i=1}^{n} X_i = X'$ ist unter H_o $B(n;\pi_o) = B(16;0{,}4)$-verteilt.

Aus $1-\alpha = 0,9545$ folgt $\alpha = 0,0455$.

H_o ist zu verwerfen, falls $t \leq w_{0,0455}$ ist.

Dabei ist $w_{0,0455}$ die größte ganze Zahl, für die gilt:

$P(T \leq w_{0,0455} | 16;0,4) \leq 0,0455$.

Aus der Tabelle der B(16;0,4) ist abzulesen, daß

$P(T \leq 2 | \cdot) = 0,0183 < 0,0455$ und

$P(T \leq 3 | \cdot) = 0,0651 > 0,0455$ ist,

so daß $w_{0,0455} = 2 = w_{0,0183}$ ist.

Weil $t = x' = 5 > 2$ ist, kann H_o: $\pi \geq 0,4$ nicht verworfen werden. Es gibt keinen Grund anzunehmen, daß H_o nicht richtig ist (die Stichprobe steht nicht im Widerspruch zu H_o).

Lösung 129

Sei $X_i = 1$, falls der i-te Wahlberechtigte richtig informiert ist, und $X_i = 0$ sonst. Die X_i folgen einer Zwei-Punkt-Verteilung mit unbekanntem Parameter π.

Die X_i sind stochastisch unabhängig (einfache Stichprobe) und es ist $0,1 \leq \pi_o \leq 0,9$ sowie $n\pi_o(1-\pi_o) = 441 \cdot 0,5 \cdot 0,5 > 9$ bzw. $n > 400$.

a) Es wird ein Test für den Anteilswert π bei großem Stichprobenumfang durchgeführt. Zu überprüfen ist H_o: $\pi \geq \pi_o = 0,5$ gegen H_1: $\pi < \pi_o = 0,5$, mit dem Ziel, H_o zu verwerfen.

   Unter H_o folgt $T = \dfrac{P-\pi_o}{\sqrt{\dfrac{\pi_o(1-\pi_o)}{n}}}$ approximativ der N(0;1).

   Sei $\alpha = 0,05$, dann ist H_o zu verwerfen, falls $t \leq \lambda_{0,05} = -1,64$ ist.

   Mit $p = 0,43$ und $\pi_o = 0,5$ ist $t = -2,94$.

   Somit ist $t = -2,94 < \lambda_{0,05} = -1,64$ und H_o wird verworfen. Es kann - bei einem Signifikanzniveau von $\alpha = 0,05$ - davon ausgegangen werden, daß die Behauptung der Umweltschutzorganisation wohl richtig ist.

b) Gesucht ist die Wahrscheinlichkeit für einen Fehler 2. Art, unter der Bedingung, daß $\pi_w = 0,46$ "wahr" ist, d.h.

$P(T_n \notin K_{0,05} | \pi_w = 0,46) = \beta$.

Zu bestimmen ist folglich

$$P(T_n > -1,64 | \pi_w = 0,46) = P\left(\frac{P-\pi_o}{\sqrt{\frac{\pi_o(1-\pi_o)}{n}}} > -1,64 \middle| \pi_w = 0,46\right) =$$

$$= P\left(P > \pi_o - 1,64\sqrt{\frac{\pi_o(1-\pi_o)}{n}} \middle| \pi_w = 0,46\right) = P\left(P > 0,5 - 1,64\,\frac{0,5}{21} \middle| \pi_w = 0,46\right) =$$

$$= P(P > 0,461 | \pi_w = 0,46) = 1 - P(P \leq 0,461 | \pi_w = 0,46) \doteq$$

$$\doteq 1 - P\left(U \leq \frac{0,461 - 0,46}{\sqrt{\frac{0,46 \cdot 0,54}{441}}}\right) = 1 - F_U(0,042) = 1 - 0,5160 = 0,484.$$

Somit ist die Wahrscheinlichkeit, daß H_o nicht verworfen wird, wenn der wahre Anteil $\pi_w = 0,46$ ist, approximativ gleich 0,484.

Lösung 130

$$\text{Sei } X_{Ai} = \begin{cases} 1, & \text{falls i-tes Produkt der Produktionsstätte A 2. Wahl oder schlechter} \\ 0 & \text{sonst,} \end{cases}$$

$$\text{und } X_{Bi} = \begin{cases} 1, & \text{falls i-tes Produkt der Produktionsstätte B 2. Wahl oder schlechter} \\ 0 & \text{sonst;} \end{cases}$$

sowohl die X_{Ai} als auch X_{Bi} folgen einer Zwei-Punkt-Verteilung.

Es ist $\pi_A = 0,29$, $\pi_B = 0,20$; $N = 100000$, $n = 500$. Ferner ist $n/N = 0,005 < 0,05$, so daß Auswahl mit und ohne Zurücklegen praktisch gleichwertig sind (keine Endlichkeitskorrektur), und $p = 0,24$ ist der Anteil der Produkte minderer Qualität in der Stichprobe. Da die Approximationsbedingungen erfüllt sind, ist $P \overset{\bullet}{\sim} N(\pi; \pi(1-\pi)/n)$.

a) Die geforderte Entscheidung soll mit einem Test für den Anteilswert π bei großem Stichprobenumfang herbeigeführt werden. Dabei gibt es grundsätzlich zwei Möglichkeiten, entweder wird

(1) H_o: $\pi = \pi_A$ gegen H_1: $\pi = \pi_B$ oder

(2) H_o: $\pi = \pi_B$ gegen H_1: $\pi = \pi_A$ getestet.

In beiden Fällen sind die Hypothesen einfach und ist der kritische Bereich K_α einseitig.

Es leuchtet unmittelbar ein, daß die Entscheidung nicht davon abhängen darf, ob gemäß (1) oder gemäß (2) getestet wird. Der Test ist daher so zu konstruieren, daß in beiden Fällen die gleiche Entscheidung getroffen wird.

Diese Überlegungen führen zu der Forderung, daß der Fehler 1. Art (α) genau so groß wie der Fehler 2. Art (β) sein muß, d.h. es muß gelten:

$$P(T_n \in K_\alpha | H_o) = P(T_n \notin K_\alpha | \bar{H}_o).$$

Aus dieser Beziehung läßt sich wegen $T_n = P \overset{\bullet}{\sim} N(\pi; \pi(1-\pi)/n)$ der kritische Wert w_α, der die Gleichheit $\alpha = \beta$ gewährleistet, ableiten. Es ist $\pi_A = 0,29 > \pi_B = 0,20$; daher ist mit (1)

$$P\left[P \le w_\alpha | \pi = \pi_A\right] = P\left[P > w_\alpha | \pi = \pi_B\right] \qquad \text{bzw. mit (2)}$$

$$P\left[P > w_\alpha | \pi = \pi_B\right] = P\left[P \le w_\alpha | \pi = \pi_A\right],$$

so daß es genügt, w_α nur aus einer dieser Beziehungen abzuleiten (Symmetrie bezüglich $\alpha=\beta$).

Mit (1) ist

$$P\left[\frac{P-\pi_A}{\sqrt{\frac{\pi_A(1-\pi_A)}{n}}} \le \frac{w_\alpha-\pi_A}{\sqrt{\frac{\pi_A(1-\pi_A)}{n}}}\right] = P\left[\frac{P-\pi_B}{\sqrt{\frac{\pi_B(1-\pi_B)}{n}}} > \frac{w_\alpha-\pi_B}{\sqrt{\frac{\pi_B(1-\pi_B)}{n}}}\right]$$

und daraus folgt approximativ

$$F_U\left[\frac{w_\alpha-\pi_A}{\sqrt{\frac{\pi_A(1-\pi_A)}{n}}}\right] = 1-F_U\left[\frac{w_\alpha-\pi_B}{\sqrt{\frac{\pi_B(1-\pi_B)}{n}}}\right] = F_U\left[\frac{\pi_B-w_\alpha}{\sqrt{\frac{\pi_B(1-\pi_B)}{n}}}\right] \quad \text{und}$$

$$\frac{w_\alpha-\pi_A}{\sqrt{\pi_A(1-\pi_A)}} \cdot \sqrt{n} = \frac{\pi_B-w_\alpha}{\sqrt{\pi_B(1-\pi_B)}} \cdot \sqrt{n}.$$

$\sqrt{n}$ läßt sich kürzen, damit ist gezeigt, daß der kritische Wert w_α unabhängig vom Stichprobenumfang n ist.

Nach einigen Umformungen ergibt sich

$$w_\alpha = \frac{\pi_B\sqrt{\pi_A(1-\pi_A)} + \pi_A\sqrt{\pi_B(1-\pi_B)}}{\sqrt{\pi_B(1-\pi_B)} + \sqrt{\pi_A(1-\pi_A)}}$$

und mit $\pi_A = 0{,}29$ sowie $\pi_B = 0{,}2$

ist schließlich $w_\alpha = 0{,}24217$ der gesuchte kritische Wert.

Wegen $p = 0{,}24 < w_\alpha = 0{,}24217$ wird H_o: $\pi = \pi_A$ verworfen und somit entschieden, daß die Lieferung wohl aus der Produktionsstätte B stammt. (Im Falle (2) würde wegen $0{,}24 < 0{,}24217$ die Hypothese $\pi = \pi_B$ nicht verworfen und somit die gleiche Entscheidung getroffen).

b) α und β sind (zunächst) unbekannt, aber gleich. Sie ergeben sich mit n = 500 aus

$$F_U\left(\frac{w_\alpha-\pi_A}{\sqrt{\frac{\pi_A(1-\pi_A)}{n}}}\right) = F_U\left(\frac{0{,}24217-0{,}29}{0{,}020293}\right) = F_U(-2{,}36) = 0{,}0091 = \alpha \quad \text{und}$$

$$1-F_U\left(\frac{w_\alpha-\pi_B}{\sqrt{\frac{\pi_B(1-\pi_B)}{n}}}\right) = 1-F_U\left(\frac{0{,}24217-0{,}2}{0{,}017890}\right) = 1-F_U(+2{,}36) = F_U(-2{,}36) =$$

$= 0{,}0091 = \beta$.

c) Es ist $w_\alpha = (\pi_A+\pi_B)/2$ nur dann, wenn die Varianzen gleich sind, d.h.

$\pi_A(1-\pi_A) = \pi_B(1-\pi_B)$, also $\frac{\pi_A+\pi_B}{2} = 1/2$.

Lösung 131

a) Sei X_i eine (zweipunktverteilte) Zufallsvariable, die die Werte $x_i =$ $= 1$ (der i-te befragte Bundesbürger kennt Küppers Kölsch) und $x_i = 0$ (der i-te befragte Bundesbürger kennt Küppers Kölsch nicht) annehmen kann.

Dann ist $P(X_i=1) = \pi$ und $X' = \sum_{i=1}^{n} X_i$ ist $B(n,\pi)$-verteilt bei einer Auswahl mit und $H(n,N,N_1)$-verteilt bei einer Auswahl ohne Zurücklegen. Für dieses Beispiel ergibt sich in beiden Fällen $E(X') = n\cdot\pi =$ $= 900\cdot 0{,}32 = 288$ (erwachsene Bundesbürger) als Erwartungswert. Das Ergebnis hängt also nicht vom Auswahlverfahren ab.

b) Das Unternehmen erwartet, daß der Bekanntheitsgrad seiner Biermarke durch die Werbekampagne steigt, d.h. daß der Anteil der (erwachsenen) Bundesbürger, die "Küppers Kölsch" kennen, größer wird. Zur Überprüfung dieser Erwartung (Vermutung) eignet sich ein einseitiger Test für den Anteilswert. Entsprechend der Grundregel, daß als Nullhypothese jene Vermutung zu wählen ist, die - mit Hilfe eines Tests - "verworfen" werden soll, ist hier

$H_o: \pi \le \pi_o = 0{,}32$ gegen $H_1: \pi > \pi_o = 0{,}32$ zu testen mit dem Ziel, H_o zu verwerfen.

Da der Stichprobenumfang n = 1600 groß ist, kann die Vermutung mit dem Test für den Anteilswert bei großem Stichprobenumfang überprüft werden. Die hierfür notwendigen Approximationsbedingungen $0{,}1 \le \pi_o = 0{,}32 \le 0{,}9$ und $n\pi_o(1-\pi_o) = 1600 \cdot 0{,}32 \cdot 0{,}68 \doteq 348 > 9$ sind erfüllt; außerdem liegt laut Aufgabe eine einfache Stichprobe vor. Die Prüffunktion ist daher

$$T = \frac{X' - n\pi_o}{\sqrt{n\pi_o(1-\pi_o)}},$$ die unter H_o approximativ standardnormalverteilt ist.

Aufgrund des Stichprobenergebnisses erhält man als Wert des Prüfmaßes

$$t = \frac{560-512}{\sqrt{348{,}16}} \doteq \frac{48}{18{,}66} = 2{,}57 .$$

H_o wird verworfen, wenn gilt: $t = 2{,}57 \ge \lambda_{1-\alpha}$.

Bei einem Signifikanzniveau von $\alpha = 0{,}05$ ist $\lambda_{1-\alpha} = \lambda_{0,95} = 1{,}64$, bei einem Signifikanzniveau von $\alpha = 0{,}01$ ist $\lambda_{1-\alpha} = \lambda_{0,99} = 2{,}33$, so daß in beiden Fällen wegen $t = 2{,}57 > \lambda_{1-\alpha}$ H_o zu verwerfen ist. Man darf also davon ausgehen (hat Grund zur Annahme), daß die Werbekampagne "erfolgreich" war.

Wegen $n/N < 0{,}05$ würde sich dieses Ergebnis auch bei einer Auswahl ohne Zurücklegen nicht ändern.

Lösung 132

a) Definition der Zufallsvariablen:

X_{1i} = Gewicht der i-ten Frau, die sich nach der Brunhilde-Diät ernährt und von der Redakteurin befragt wird;

Y_{1j} = Gewicht der j-ten Frau, die sich nach der Schlankheitsdiät X-2 ernährt und von der Redakteurin befragt wird;

X_{2k} = Gewicht der k-ten Frau, die sich nach der Brunhilde-Diät ernährt und vom Nahrungsmittelhersteller befragt wird;

Y_{2l} = Gewicht der l-ten Frau, die sich nach der Schlankheitsdiät X-2 ernährt und vom Nahrungsmittelhersteller befragt wird.

Die Zufallsvariablen folgen unbekannten Verteilungen mit $\sigma_X^2 = \sigma_Y^2 = 36$ (kg^2).

Aus den beiden disjunkten Gesamtheiten X und Y werden jeweils Zufallsstichproben vermutlich nach dem Prinzip einer Auswahl ohne Zurücklegen gezogen. Da jedoch angenommen werden kann, daß der jeweilige Auswahlsatz klein ist ("mit sehr großer Leserschaft"), kann approximativ von einer Auswahl mit Zurücklegen ausgegangen werden.

Das Ziel der beiden Untersuchungen besteht jeweils darin zu überprüfen, ob eine Diät der anderen im Mittel überlegen ist, d.h., ob das Durchschnittsgewicht der Frauen, die die eine Diät anwenden, größer oder kleiner ist als das Durchschnittsgewicht der Frauen, die die andere Diät bevorzugen. Hierzu eignet sich der Mittelwertdifferenzentest. Da dem Text nicht zu entnehmen ist, von welcher Diät vermutet wird, daß sie der anderen überlegen sein könnte, sind die Hypothesen zweiseitig zu formulieren. Da die jeweiligen Gesamtheiten nicht normalverteilt sind, ist der Test ein approximativer Test. Die Approximationsbedingungen sind erfüllt, da die Stichprobenumfänge wenigstens 40 betragen.

a1) Test der Redakteurin

H_o: $\mu_X = \mu_Y$ gegen H_1: $\mu_X \neq \mu_Y$.

Prüfmaß: $T_1 = \dfrac{\bar{X}_1 - \bar{Y}_1}{\sigma\sqrt{\frac{1}{n_1}+\frac{1}{m_1}}}$;

Wert des Prüfmaßes: $t_1 = \dfrac{57,4-60}{6\cdot\sqrt{\frac{1}{40}+\frac{1}{40}}} = \dfrac{-2,6}{6\cdot\sqrt{2/40}} \doteq -1,94$.

H_o wird verworfen, wenn gilt: $|t| = 1,94 \geq \lambda_{1-\alpha/2} = 1,96$; diese Bedingung ist, wenn auch knapp, nicht erfüllt; somit wird H_o nicht verworfen, das Ergebnis ist nicht signifikant. Aufgrund des Stichprobenergebnisses und des vorgegebenen Signifikanzniveaus muß davon ausgegangen werden, daß sich die Durchschnittsgewichte der Frauengruppen, die sich verschiedenen Diäten unterziehen, wohl gleich sind, d.h. beide Diäten sind gleichermaßen mehr oder weniger erfolgreich.

a2) Test des Nahrungsmittelherstellers

H_o: $\mu_X = \mu_Y$ gegen H_1: $\mu_X \neq \mu_Y$.

Prüfmaß: $T_2 = \frac{\bar{X}_2-\bar{Y}_2}{\sigma\sqrt{\frac{1}{n_2}+\frac{1}{m_2}}}$;

Wert des Prüfmaßes: $t_2 = \frac{60-59,5}{6\cdot\sqrt{\frac{2}{1200}}} \doteq 2,04$.

Unter sonst gleichen Bedingungen wie in Teil a1) wird H_o nun verworfen, d.h. bei dem Test des Nahrungsmittelherstellers erhält man das entgegengesetzte Testergebnis.

Mithin ist die Differenz von -2,6 kg (vgl. a1) nicht signifikant, wohl aber die Differenz von 0,5 kg.

b) Signifikant bedeutet, daß die Wahrscheinlichkeit für das beobachtete oder ein extremes Ergebnis (Differenz) unter der Annahme, daß H_o richtig ist, "klein", zum Beispiel kleiner als $\alpha = 0,05$ ist. Tritt ein solches "unwahrscheinliches" Ereignis ein, nimmt man an, daß H_o (wohl) nicht richtig ist und verwirft daher H_o.

Wenn H_o dennoch richtig ist, irrt man sich nur in $\alpha\cdot 100\%$ aller Fälle, d.h. aller Tests dieser Hypothese anhand aller Stichproben (vom Umfang n) aus diesen Gesamtheiten. Formal ist ein Ergebnis (statistisch!) signifikant, wenn (zum Beispiel) $|t| \geq \lambda_{1-\alpha/2}$ ist, wenn also der Wert der Prüffunktion größer oder kleiner als ein vorgegebener Wert ($\lambda_{1-\alpha/2}$) ist.

Wie die Ergebnisse zu a) zeigen, hat (statistisch!) "signifikant" nicht die Bedeutung "relevant" oder "sachlich bedeutsam" (eine Differenz von 500 g ist wohl sachlich ohne Bedeutung, obwohl sie - statistisch - signifikant ist). Wenn zwischen μ_X und μ_Y ein Unterschied besteht, dann werden bei einer hinreichenden Vergrößerung von n und m auch beliebig kleine (praktisch irrelevante) Unterschiede statistisch signifikant sein. Andererseits kann auch ein großer (praktisch bedeutsamer) Unterschied statistisch nicht signifikant sein, wenn nur n und m hinreichend klein sind (s.o.).

Lösung 133

X_i = Ertrag der i-ten Rebe bei geringem Düngemitteleinsatz,

Y_j = Ertrag der j-ten Rebe bei hohem Düngemitteleinsatz.

X_i und Y_j entstammen unbekannt verteilten Gesamtheiten, von denen nur bekannt ist, daß ihre Varianzen gleich sind.

Gegeben sind die Ergebnisse von zwei voneinander unabhängigen einfachen Stichproben vom Umfang n = 41 und m = 51 (Reben).

Test der Hypothese "gleicher mittlerer Erträge": zweiseitiger Test für die Differenz zweier Mittelwerte;

H_o: $\mu_X = \mu_Y$ gegen H_1: $\mu_X \neq \mu_Y$.

Prüffunktion für diesen Test ist

$$T = \frac{\bar{X}-\bar{Y}}{\hat{\sigma}\sqrt{\frac{1}{n}+\frac{1}{m}}} \text{ ; dabei ist } \hat{\sigma}^2 = \frac{1}{n+m-2}\left[(n-1)\hat{\sigma}_X^2 + (m-1)\hat{\sigma}_Y^2\right] .$$

T ist unter H_o approximativ t-verteilt mit $\nu = n + m - 2 = 90$ Freiheitsgraden. Die Approximationsbedingungen (n und m $\geq$ 40) sind erfüllt.

$$\hat{\sigma}^2 = \frac{1}{41+51-2}\left[40\cdot 4{,}0 + 50\cdot 4{,}41\right] = \frac{1}{90}(380{,}5) \doteq 4{,}228 \text{ und } \hat{\sigma} \doteq 2{,}056.$$

$$\text{Damit ergibt sich: } t = \frac{6{,}2-6{,}1}{2{,}056\sqrt{\frac{1}{41}+\frac{1}{51}}} = \frac{0{,}1}{2{,}056\cdot 0{,}2098} \doteq 0{,}232 .$$

H_o ist zu verwerfen, falls $|t| \geq t_{1-\alpha/2,\nu} = t_{0,995;90} = 2{,}632$ ist. H_o kann also nicht verworfen werden. Es gibt keinen Grund anzunehmen, daß die mittleren Erträge pro Rebe verschieden sind. Das Stichprobenergebnis steht nicht im Widerspruch zu H_o. Bei etwa gleichbleibenden Erträgen können wohl die Kosten der Winzer und die Umweltbelastung verringert werden.

Lösung 134

X_i = Benzinverbrauch des i-ten Fahrzeugs mit Katalysator,

Y_j = Benzinverbrauch des j-ten Fahrzeugs ohne Katalysator.

X_i und Y_j entstammen Gesamtheiten, mit unbekanntem Verteilungstyp, von denen nur bekannt ist, daß ihre Varianzen gleich sind. Aus beiden Gesamtheiten werden Zufallsstichproben (vermutlich) nach dem Prinzip einer Auswahl ohne Zurücklegen gezogen. Da die beiden Gesamtheiten (Fahrzeuge eines Typs mit/ohne Katalysator) hinreichend groß sein dürften, kann von einem vernachlässigbar kleinen Auswahlsatz ausgegangen werden.

Ein geeigneter Test ist der Mittelwertdifferenzentest, d.h. der Test der (zweiseitigen) Hypothese H_o: $\mu_X = \mu_Y$ gegen H_1: $\mu_X \neq \mu_Y$, da gleicher Benzinverbrauch vermutet wird.

Das Prüfmaß ist

$$T = \frac{\bar{X}-\bar{Y}}{\hat{\sigma}\sqrt{\frac{1}{n}+\frac{1}{m}}} \quad \text{mit } \hat{\sigma}^2 = \frac{1}{n+m-2}\left[(n-1)\,\hat{\sigma}_X^2 + (m-1)\,\hat{\sigma}_Y^2\right],$$

das unter H_o approximativ t-verteilt ist mit $\nu = n + m - 2 = 140$ Freiheitsgraden. Da $\nu \geq 120$ ist, kann die t-Verteilung ihrerseits durch die Standardnormalverteilung approximiert werden. Somit ist H_o zu verwerfen, falls $|t| \geq \lambda_{1-\alpha/2} = \lambda_{0,975} = 1,96$ ist.

Mit $\hat{\sigma}_X^2 = 4$ und $\hat{\sigma}_Y^2 = 4,41$ ist

$$\hat{\sigma}^2 = \frac{1}{n+m-2}\left[(n-1)\hat{\sigma}_X^2 + (m-1)\hat{\sigma}_Y^2\right] = \frac{1}{140}(70\cdot 4+70\cdot 4,41) = \frac{1}{2}(4+4,41) = 4,205$$

und $\hat{\sigma} \doteq 2,05$.

Annahme: $\alpha = 0,05$.

Mit $\bar{x} = 9,8$, $\bar{y} = 9,5$, $n = m = 71$ sowie $\hat{\sigma} = 2,05$ ist

$$t = \frac{9,8-9,5}{2,05\sqrt{\frac{2}{71}}} \doteq 0,872, \text{ so daß, wegen } t \doteq 0,872 < \lambda_{0,975} = 1,96 ,$$

H_o auf dem Signifikanzniveau $\alpha = 0,05$ nicht verworfen werden kann.

Es gibt keinen Grund anzunehmen, daß H_o nicht richtig ist, d.h. man kann wohl davon ausgehen, daß sich die Kraftfahrzeuge mit bzw. ohne Katalysator hinsichtlich des Benzinverbrauchs nicht unterscheiden (in diesem Beispiel!).

Lösung 135

X_i = Gewicht des i-ten leichten Gegenstands,
Y_j = Gewicht des j-ten schweren Gegenstands.

X_i und Y_j entstammen zwei "normalverteilten Gesamtheiten" mit unbekannten Parametern. Aus beiden Gesamtheiten werden jeweils Zufallsstichproben (vermutlich) nach dem Prinzip einer Auswahl ohne Zurücklegen entnommen; da jedoch der Umfang beider Gesamtheiten sehr groß sein dürfte, kann von einer Auswahl mit Zurücklegen ausgegangen werden und damit auch von einfachen Stichproben. Beide Stichproben sind zudem voneinander unabhängig.

Ein geeigneter Test ist der Test auf Gleichheit zweier Varianzen (F-Test). Zu testen ist die Hypothese H_o: $\sigma_X^2 \geq \sigma_Y^2$ gegen H_1: $\sigma_X^2 < \sigma_Y^2$, mit dem Ziel, H_o zu verwerfen (der Kunde nimmt an, daß H_1 wohl richtig ist).

Prüffunktion ist das Verhältnis der Stichprobenvarianzen (das unter H_o etwa gleich 1 sein sollte):

$$T = \hat{\sigma}_X^2/\hat{\sigma}_Y^2 .$$

Unter H_o ist T F-verteilt mit ν_1 = n-1 = 100, ν_2 = m-1 = 120 Freiheitsgraden. H_o ist zu verwerfen, falls

$$\frac{1}{t} \geq F_{\nu_2,\nu_1,1-\alpha} = F_{120;100;0,95} = 1,38.$$

Es ist t = 16/24 = 2/3, also 1/t = 1,5, so daß H_o verworfen wird.

Das Stichprobenergebnis stützt die Annahme des Kunden: die Varianz der Messungen nimmt wohl mit dem Gewicht der Meßobjekte zu.

Lösung 136

X_i = Kondensatgehalt der i-ten Zigarette der Marke HA,

Y_j = Kondensatgehalt der j-ten Zigarette der Marke HB.

Bei einem Test für die Differenz zweier Mittelwerte (t-Test) muß unter anderem - wenn wie hier die Varianzen der Gesamtheiten unbekannt sind - vorausgesetzt werden, daß die beiden unbekannten Varianzen gleich sind.

Ob diese Voraussetzung gerechtfertigt ist, läßt sich mit dem Test auf Gleichheit zweier Varianzen (F-Test) - der hier als "Vor-Test" eingesetzt wird - überprüfen.

Die Voraussetzungen des F-Tests (und des t-Tests) können als erfüllt angesehen werden: Die beiden Vorstichproben dürften voneinander unabhängig sein. Die Auswahl der Zigaretten innerhalb der beiden Stichproben erfolgt (vermutlich) nach dem Prinzip einer Auswahl ohne Zurücklegen; da aber beide Gesamtheiten wohl sehr groß sind, sind beide Auwahlsätze sehr klein und es kann von einfachen Stichproben ausgegangen werden. Schließlich kann angenommen werden, daß beide Gesamtheiten approximativ normalverteilt sind, da der Kondensatgehalt von Zigaretten (wie viele technische Größen) von vielen Faktoren abhängt, die für sich genommen jedoch jeweils nur geringen Einfluß haben und additiv zusammenwirken. In diesem Fall ist die Annahme der Normalverteilung gerechtfertigt (vgl. zentraler Grenzwertsatz von LJAPUNOFF).

Zu testen ist also zunächst (Grundlagen sind die Vorstichproben)

H_o: $\sigma_X^2 = \sigma_Y^2$ gegen H_1: $\sigma_X^2 \neq \sigma_Y^2$.

Die Prüffunktion ist $T = \hat{\sigma}_X^2/\hat{\sigma}_Y^2$, die unter H_o F-verteilt ist mit $\nu_1 = n - 1 = 140$ und $\nu_2 = m - 1 = 160$ Freiheitsgraden.

H_o ist zu verwerfen, falls $t \geq F_{\nu_1,\nu_2,1-\alpha/2}$ oder $\frac{1}{t} \geq F_{\nu_2,\nu_1,1-\alpha/2}$.

Mit $1-\alpha/2 = 0{,}975$ ist $F_{140;160;0,975} = 1{,}38$ und $F_{160;140;0,975} = 1{,}38$.

Als Wert des Prüfmaßes ergibt sich $t = 5{,}8/4{,}5 = 1{,}29$ (und $\frac{1}{t} = 0{,}78$), so daß H_o nicht verworfen werden kann. Es darf also angenommen werden, daß die - unbekannten - Varianzen gleich sind.

Damit ist eine weitere Voraussetzung des Tests für die Differenz der Mittelwerte bei unbekannten Varianzen (wohl) erfüllt und es kann nun (auf der Grundlage der beiden (Haupt-)Stichproben) H_o: $\mu_X = \mu_Y$ gegen H_1: $\mu_X \neq \mu_Y$ getestet werden.

Prüffunktion ist $T = \frac{\bar{X}-\bar{Y}}{\hat{\sigma}\sqrt{\frac{1}{n}+\frac{1}{m}}}$, die unter H_o t-verteilt ist mit $\nu = n + m - 2 = 300$ Freiheitsgraden.

H_o ist zu verwerfen, falls $|t| \geq t_{1-\alpha/2,\nu}$ ist.

Weil $\nu = 300 > 120$ ist, kann das Quantil der t-Verteilung durch das entsprechende Quantil der Standardnormalverteilung approximiert werden: $\lambda_{1-\alpha/2} = \lambda_{0,975} = 1{,}96$.

Mit $\bar{x} = 11$, $\bar{y} = 13$, $n = 121$, $m = 181$ und

$$\hat{\sigma}^2 = \frac{1}{n+m-2}\left[(n-1)\hat{\sigma}_X^2 + (m-1)\hat{\sigma}_Y^2\right] = \frac{1}{300}(624+720) = 4{,}48 \ (mg^2)$$

ergibt sich $t = \frac{-2}{2{,}117 \cdot 0{,}1174} \doteq -8{,}05$, so daß H_o verworfen wird. Die Mittelwertdifferenz ist (statistisch) hoch signifikant. Es ist anzunehmen, daß sich die beiden Zigarettenmarken hinsichtlich des Kondensatgehalts unterscheiden.

Hinweis: In dieser Aufgabe wurden die Ergebnisse von zwei separaten Vorstichproben verwendet, um die Gleichheit der Varianzen zu überprüfen. Weil es gerechtfertigt ist anzunehmen, daß die unbekannten Varianzen gleich sind, konnte - mit den Ergebnissen der beiden (Haupt-) Stichproben - überprüft werden, ob die Mittelwertdifferenz statistisch signifikant ist.

Wenn angenommen werden kann, daß die beiden Gesamtheiten (aus denen die beiden Vor- und Hauptstichproben stammen) normalverteilt sind, ist die Ziehung von zwei Vorstichproben (für den Varianzentest) nicht unbedingt erforderlich. Es können nämlich Varianzen- und Mittelwerttest nur mit den Ergebnissen der beiden Hauptstichproben, d.h. nur mit einem Datensatz, durchgeführt werden. Der wesentliche Unterschied zwischen den beiden Vorgehensweisen liegt darin, daß im einen Falle zwei Nullhypothesen mit zwei Datensätzen getrennt getestet werden und im anderen Falle ein "kombinierter Test" zweier Teil-Hypothesen mit nur einem Datensatz durchgeführt wird, und das hat Konsequenzen für das Signifikanzniveau.

Wird (bei nur einem Datensatz, d.h. nur aufgrund der beiden Hauptstichproben) die Gleichheit der Varianzen auf dem Niveau α_1 und die Mittelwerte auf dem Niveau α_2 getestet, dann kann man zeigen, daß die Wahrscheinlichkeit dafür, beide Nullhypothesen nicht zu verwerfen, wenn sie richtig sind, gleich $(1-\alpha_1)(1-\alpha_2)$ ist, so daß das Signifikanzniveau α des "kombinierten Tests", also die Wahrscheinlichkeit dafür, mindestens eine Nullhypothese zu verwerfen, wenn beide richtig sind, gleich $\alpha_1 + \alpha_2 - \alpha_1\alpha_2$ ist.

Es ist allerdings zu beachten, daß der Einsatz von zwei Tests bei nur einem Datensatz im allgemeinen nicht zulässig ist. Daß dies hier möglich ist, läßt sich darauf zurückführen, daß bei normalverteilten Gesamtheiten die Prüffunktionen des Varianzentests und des Mittelwertdifferenzentests stochastisch unabhängig sind.

Lösung 137

Sei X_i $(i=1,2,\dots,n)$ das i-te Teil in der Stichprobe aus der Produktion der ersten Maschine und Y_j $(j=1,2,\dots,m)$ das j-te Teil in der Stichprobe aus der Produktion der zweiten Maschine mit den Realisationen

$$x_i = \begin{cases} 1, & \text{falls i-tes Teil von Maschine 1 Ausschuß ist,} \\ 0 & \text{falls nicht} \end{cases}$$

und

$$y_j = \begin{cases} 1, & \text{falls j-tes Teil von Maschine 2 Ausschuß ist,} \\ 0 & \text{falls nicht} \end{cases}$$

oder kurz:

$$X_i(Y_j) = \begin{cases} 1, & \text{falls i-tes (j-tes) Teil von Maschine 1 (2) Ausschuß ist,} \\ 0 & \text{falls nicht (sonst).} \end{cases}$$

Die beiden Grundgesamtheiten der von beiden Maschinen produzierten Teile sind jeweils zweipunktverteilt mit den unbekannten Scharparametern π_1 und π_2 .

Es ist davon auszugehen, daß die beiden Auswahlsätze klein sind ($\frac{n}{N} \leq 0,05$ und $\frac{m}{M} \leq 0,05$), so daß die beiden Stichproben, auch wenn "ohne Zurücklegen" gezogen wurde, zumindest approximativ als einfache Stichproben betrachtet werden können. Die Stichproben sind voneinander unabhängig, weil die zugrundeliegenden Gesamtheiten disjunkt sind.

$P_1 = \frac{1}{n} \sum_i X_i$ ist der zufällige Ausschußanteil in der ersten, $P_2 = \frac{1}{m} \sum_j Y_j$ der zufällige Ausschußanteil in der zweiten Stichprobe.

Zu testen ist die zweiseitige Hypothese ("unterschiedliche" Ausschußanteile)

H_o: $\pi_1 = \pi_2$ gegen H_1: $\pi_1 \neq \pi_2$,

mit dem Ziel, H_o zu verwerfen. Gelingt dies, gibt es einen Grund anzunehmen, daß die Vermutung des Produktionsleiters wohl richtig ist.

Prüffunktion ist

$T = \dfrac{P_1 - P_2}{\sqrt{P(1-P)\left[\frac{1}{n} + \frac{1}{m}\right]}}$; dabei ist P eine Schätzfunktion für den unbekannten Parameter π unter H_o: $\pi_1 = \pi_2 = \pi$, deren Wert p mit

$$p = \frac{p_1 n + p_2 m}{n + m}$$

zu bestimmen ist.

Wegen $n = m = 500$ sind die Approximationsbedingungen erfüllt, so daß die Prüffunktion approximativ standardnormalverteilt ist.

H_o ist zu verwerfen, falls $|t| \geq \lambda_{1-\alpha/2} = \lambda_{0,975} = 1,96$ ist.

Mit $p_1 = 0,10$ und $p_2 = 0,13$ sowie $n = m = 500$ ergibt sich:

$$p = \frac{0,10 \cdot 500 + 0,13 \cdot 500}{500 + 500} = 0,115 ,$$

so daß

$$t = \frac{0,10 - 0,13}{\sqrt{0,115 \cdot 0,885 \left(\frac{1}{500} + \frac{1}{500}\right)}} = - \frac{0,03}{0,0202} = - 1,485 \quad .$$

Weil $t = |- 1,485| < 1,96$ ist, kann die Nullhypothese auf dem Signifikanzniveau $\alpha = 0,05$ nicht verworfen werden.

Aus statistischer Sicht gibt es keinen Grund anzunehmen, daß die Ausschußanteile der beiden Maschinen verschieden sind.

Lösung 138

Sei X_i $(i=1,2,\dots,n)$ die Meinung des i-ten Befragten der Stichprobe in Deutschland mit den Realisationen

$$x_i = \begin{cases} 1, & \text{falls die i-te Person die Tötung aller Kampfhunde befürwortet,} \\ 0, & \text{falls nicht} \end{cases}$$

und

Y_j $(j=1,2,\dots,m)$ die Meinung des j-ten Befragten der Stichprobe in Großbritannien mit den Realisationen

$$y_j = \begin{cases} 1, & \text{falls die j-te Person die Tötung aller Kampfhunde befürwortet,} \\ 0, & \text{falls nicht.} \end{cases}$$

Die beiden Grundgesamtheiten der deutschen bzw. britischen Bevölkerung sind zweipunktverteilt mit den (unbekannten) Scharparamtern π_1 und π_2. Es liegen zwei einfache Stichproben vor, die voneinander unabhängig sind, weil die grundeliegenden Gesamtheiten disjunkt sind.

Die Zufallsvariable (Stichprobenfunktion) $P_1 = \frac{1}{n} \sum_i X_i$ gibt den Anteil der Personen an, die sich bei der Umfrage Deutschland für die Tötung aller Kampfhunde ausgesprochen haben. Das britische Pendant hierzu ist $P_2 = $

$= \frac{1}{m} \sum_j Y_j$.

Zu testen ist die Hypothese

H_o: $\pi_1 \geq \pi_2$ gegen H_A: $\pi_1 < \pi_2$,

mit dem Ziel, H_o zu verwerfen, um zu bestätigen, daß die Vermutung des Assistenten wohl richtig ist.

Prüffunktion ist $T = \dfrac{P_1 - P_2}{\sqrt{P(1-P)\left[\frac{1}{n} + \frac{1}{m}\right]}}$,

dabei ist $p = \dfrac{p_1 n + p_2 m}{n + m}$ ein Schätzwert für π unter H_o: $\pi_1 = \pi_2 = \pi$.

Da die Approximationsbedingungen mit n = 400 und m = 500 erfüllt sind, ist die Prüffunktion T approximativ standardnormalverteilt.

H_o ist zu verwerfen, falls $t \leq \lambda_\alpha = \lambda_{0,05} = -1,64$ ist.

Mit $p_1 = 0,48$, $p_2 = 0,55$, n = 400 sowie m = 500 ergibt sich:

$$p = \frac{0,48 \cdot 400 + 0,55 \cdot 500}{400 + 500} = \frac{467}{900} = 0,5189 \quad \text{und}$$

$$t = \frac{0,48 - 0,55}{\sqrt{0,5189(1-0,5189)\left(\frac{1}{400} + \frac{1}{500}\right)}} = \frac{-0,07}{0,03352} = -2,088 \quad .$$

Wegen $t = -2,088 < \lambda_{0,05} = -1,64$ wird die Nullhypothese auf dem Signifikanzniveau $\alpha = 0,05$ verworfen.

Aus statistischer Sicht bietet das Testergebnis hinreichend Grund zu der Annahme, daß der Anteil der Bevölkerung, der die Tötung aller Kampfhunde befürwortet, in Deutschland geringer ist als in Großbritannien. Die Vermutung des Statistik-Assistenten wird wohl richtig sein.

Lösung 139

X_i = i-ter Meßwert bei Verfahren A,

Y_j = j-ter Meßwert bei Verfahren B.

Ein geeigneter Test ist der Test auf Gleichheit zweier Varianzen.

Seine Voraussetzungen können als erfüllt angesehen werden: Laut Text handelt es sich um zwei einfache Stichproben, die voneinander unabhängig sein dürften. Außerdem ist es sinnvoll anzunehmen, daß beide Gesamtheiten approximativ normalverteilt sind, da technische Meßwerte von vielen, additiv verknüpften Faktoren abhängen, die für sich genommen jedoch jeweils nur geringen Einfluß haben (Satz von LJAPUNOFF).

Zu testen ist H_o: $\sigma_Y^2 \geq \sigma_X^2$ gegen H_1: $\sigma_Y^2 < \sigma_X^2$, mit dem Ziel, H_o zu verwerfen.

Wenn H_o verworfen werden kann, ist es gerechtfertigt anzunehmen, daß σ_Y^2 zumindest nicht größer als σ_X^2 ist.

Die Prüffunktion $T = \hat{\sigma}_X^2/\hat{\sigma}_Y^2$ ist unter H_o (approximativ) F-verteilt mit $\nu_1 = n - 1 \doteq 180$ und $\nu_2 = m - 1 \doteq 200$ Freiheitsgraden.

H_o ist zu verwerfen, falls

$$t \geq F_{\nu_1,\nu_2,1-\alpha} = F_{180;200;0,95} = 1,27 \text{ ist.}$$

Mit $\hat{\sigma}_X^2 = 0,0218$ und $\hat{\sigma}_Y^2 = 0,0171$ ist $t = 0,0218/0,0171 = 1,2749$,

so daß - formal - H_o verworfen werden kann. Angesichts der (möglichen) Tragweite der Entscheidung, der geringen Differenz zwischen $t = 1,2749$ und $F_{180;200;0,95} = 1,27$ und des (nur) "approximativen" Tests könnte die Entscheidung auch aufgeschoben werden, bis neue Untersuchungen ein zuverlässigeres Urteil ermöglichen, zumal über die Vorgabe des Signifikanzniveaus α (=0,05) auch anders entschieden werden kann.

Lösung 140

X_j = Ausführung der j-ten Armbanduhr.

Da untersucht werden soll, ob sich die Verteilung einer Gesamtheit verändert hat oder nicht, ist der χ^2-Anpassungstest der geeignete Test. Die Voraussetzungen für seine Anwendung sind erfüllt: Laut Text wird eine einfache Stichprobe gezogen. Außerdem handelt es sich um eine dreipunktverteilte Gesamtheit, bei der jeder Ausführung der Armbanduhr genau eine Ausprägung zugeordnet ist:

$$X_j = \begin{cases} 1, & \text{falls j-te Armbanduhr die Economy-Ausführung ist,} \\ 2, & \text{falls j-te Armbanduhr die Standard-Ausführung ist,} \\ 3, & \text{falls j-te Armbanduhr die de-Luxe-Ausführung ist.} \end{cases}$$

Unter H_o gilt: $\pi_1^o = P(X_j{=}1) = 0,65$

$\pi_2^o = P(X_j{=}2) = 0,25$ oder $f_o(x) = \begin{cases} 0,65 & \text{für } x = 1, \\ 0,25 & \text{für } x = 2, \\ 0,10 & \text{für } x = 3, \\ 0 & \text{sonst.} \end{cases}$

$\pi_3^o = P(X_j{=}3) = 0,10$

Die Anpassungshypothese lautet hier:

H_o: $f_X(x) = f_o(x|\Theta)$ für alle $x \in \mathbb{R}$; H_1: $f_X(x) \neq f_o(x|\Theta)$ für wenigstens ein $x \in \mathbb{R}$; $f_o(x|\Theta)$ ist dabei die oben formulierte Wahrscheinlichkeitsfunktion der Drei-Punkt-Verteilung.

Die Prüffunktion: $T = \sum_{i=1}^{3} \frac{(N_i - n\pi_i^o)^2}{n\pi_i^o}$ ist unter H_o approximativ

χ^2-verteilt mit $\nu = k - 1 = 3 - 1 = 2$ Freiheitsgraden. Die Approximation gilt als gut, da $n\pi_i^o \geq 10$ für alle i ist (zum Beispiel $n\pi_3^o = 500 \cdot 0{,}1 = 50 > 10$).

Sei $1-\alpha = 0{,}95$, dann ist $\chi^2_{0,95;2} = 5{,}99$ und es ergibt sich

$$t = \frac{(320-325)^2}{325} + \frac{(100-125)^2}{125} + \frac{(80-50)^2}{50} = 0{,}077 + 5{,}0 + 18{,}0 = 23{,}077 >$$

$> 5{,}99$, so daß H_o zu verwerfen ist. Es kann also davon ausgegangen werden (es gibt einen Grund zur Annahme), daß sich die Marktanteile geändert haben.

Lösung 141

X_j = bevorzugte Kaffeemarke des j-ten Kunden.

a) Es wird vermutet, daß sich die Nachfrage gleichmäßig auf die vier Marken verteilt, daß der Anteil der Kunden, die eine bestimmte Marke bevorzugen, für alle Marken gleich, für die vier Marken also jeweils gleich 0,25 ist.

   Ein geeigneter Test ist folglich der χ^2-Anpassungstest, der Test der Anpassungshypothese

   H_o: $f_X(x) = f_o(x|\Theta)$ für alle $x \in \mathbb{R}$

   gegen

   H_1: $f_X(x) \neq f_o(x|\Theta)$ für mindestens ein $x \in \mathbb{R}$;

   dabei ist $f_o(x|\Theta)$ die Wahrscheinlichkeitsfunktion der Gleichverteilung mit dem Parametervektor $\Theta = (\pi_1, \pi_2, \pi_3)$.

b) Entscheidende Voraussetzung für die Durchführung dieses Tests ist, daß es sich bei den gegebenen Daten um eine konkrete einfache Zufallsstichprobe handelt. Die Zufallsvariablen X_j, $j=1,2,\ldots,n = 1000$, dürfen nur die Werte A, B, C und D annehmen.

   Anmerkung: Unter diesen Voraussetzungen ist n_i, die Anzahl der Kunden, die die i-te Marke bevorzugen (i=1,2,3,4), Realisation der Zufallsvariablen N_i.

c) Die durch die Nullhypothese spezifizierten Wahrscheinlichkeiten π_i^o, $i=1,2,3,4$, sind bekannt: $\pi_i^o = 0{,}25$ für $i=1,2,3,4$.

Die Prüffunktion

$$T = \sum_{i=1}^{4} \frac{(N_i - n\pi_i^o)^2}{n\pi_i^o}$$ ist unter H_o approximativ χ^2-verteilt mit

$\nu = k-1 = 4-1 = 3$ Freiheitsgraden. Die Approximationsbedingungen sind erfüllt, da $n\pi_i^o > 10$ für alle i.

Es erscheint zweckmäßig, $\alpha = 0{,}05$ zu setzen. Somit ist H_o zu verwerfen, falls $t \geq \chi^2_{0,95;3} = 7{,}81$.

Mit $n\pi_i^o = 1000 \cdot 0{,}25 = 250$ für alle i ergibt sich

$$t = \frac{(270-250)^2}{250} + \frac{(230-250)^2}{250} + \frac{(210-250)^2}{250} + \frac{(290-250)^2}{250} =$$

$$= 1{,}6 + 1{,}6 + 6{,}4 + 6{,}4 = 16 > 7{,}81 = \chi^2_{0,95;3} ,$$

so daß H_o zu verwerfen ist. Es gibt einen Grund anzunehmen, daß H_o (Gleichverteilung) nicht richtig ist, daß also einzelne Marken stärker als andere nachgefragt werden.

Lösung 142

X_j = Anzahl der Ausfälle der EDV-Anlage am j-ten Tag.

Ein geeigneter Test ist der χ^2-Anpassungstest. Seine Voraussetzungen sind erfüllt: Laut Text handelt es sich um eine Zufallsstichprobe nach dem Prinzip einer Auswahl mit Zurücklegen (einfache Stichprobe). Außerdem werden sechs disjunkte "Ausfallklassen" unterschieden.

Zu testen ist die Anpassungshypothese H_o: $F_X(\xi) = F_o(\xi|\mu)$ für alle $\xi \in \mathbb{R}$, gegen H_1: $F_X(\xi) \neq F_o(\xi|\mu)$ für mindestens ein $\xi \in \mathbb{R}$.

Dabei ist F_o die Verteilungsfunktion der POISSON-Verteilung mit Parameter μ, der nicht bekannt und daher aus der Stichprobe zu schätzen ist.

Ein geeigneter Schätzwert für μ ist $\bar{x} = \frac{1}{100}(0 \cdot 17 + 1 \cdot 20 + 2 \cdot 27 + 3 \cdot 18 + 4 \cdot 18) =$ $= 2$, so daß die folgenden Überlegungen für die POISSON-Verteilung mit der Wahrscheinlichkeitsfunktion

$f_X(x|2) = \frac{2^x}{x!} e^{-2}$, x = 0,1,2,..., durchgeführt werden.

Die Prüffunktion $T = \sum_{i=1}^{k} \frac{(N_i - nP_i^o)^2}{nP_i^o}$ ist unter H_o approximativ χ^2-verteilt mit $\nu = k - 1 - r = 5 - 1 - 1 = 3$ Freiheitsgraden. r = 1 ist die Anzahl der aus der Stichprobe geschätzten Parameter; die Klassen "4 Ausfälle" und "5 und mehr Ausfälle" werden wegen $np_i^o < 10$ zu einer neuen Klasse "4 und mehr Ausfälle" zusammengefaßt, so daß sich die Anzahl der Klassen von 6 auf 5 verringert.

Die Approximationsbedingungen sind dann erfüllt.

H_o ist zu verwerfen, falls $t \geq \chi^2_{1-\alpha,\nu} = \chi^2_{0,95;3} = 7,81$.

Die geschätzten hypothetischen Wahrscheinlichkeiten P_i^o werden gemäß

$P_i^o = P(X=x_i | F_X(\xi) = F_o(\xi|\hat{\mu})) = f_X(x_i|2)$

bestimmt. Sie können der Tabelle der PV(2) entnommen werden.

x	n_i	p_i^o	np_i^o	$\frac{(n_i - np_i^o)^2}{np_i^o}$
0	17	0,1353	13,53	0,890
1	20	0,2707	27,07	1,847
2	27	0,2707	27,07	0,000
3	18	0,1804	18,04	0,000
4 u.m.	18	0,1428	14,28	0,969
Σ	100	1	100	t=3,706

Weil $t = 3,706 < \chi^2_{,95;3} = 7,81$ ist, kann die Nullhypothese nicht verworfen werden. Es kann wohl davon ausgegangen werden, daß die Anzahl der täglichen Ausfälle der EDV-Anlage approximativ einer POISSON-Verteilung (mit μ=2) folgt.

Lösung 143

X_j = Anzahl der nachgefragten Produkte am j-ten Tag.

Zu prüfen ist, ob die angegebene Verteilung zur Familie der POISSON-Verteilungen gehören kann. Hierfür eignet sich der χ^2-Anpassungstest. Seine Voraussetzungen sind erfüllt: Laut Text handelt es sich um eine einfache Stichprobe. Außerdem werden sieben disjunkte (Nachfrage-) Klassen von Anzahlen unterschieden. Folglich ist H_0: $F_X(\xi) = F_0(\xi|\hat{\mu})$ für alle $\xi \in \mathbb{R}$ gegen H_1: $F_X(\xi) \neq F_0(\xi|\hat{\mu})$ für mindestens ein $\xi \in \mathbb{R}$ zu testen; dabei ist $F_0(\xi|\hat{\mu})$ die Verteilungsfunktion der POISSON-Verteilung mit unbekanntem (und daher aus der Stichprobe zu schätzendem) Parameter μ.

Als Schätzwert für μ ergibt sich $\bar{x} = \sum_{i=1}^{7} x_i n_i = 1{,}8$, so daß ein Anpassungstest auf PV(1,8) durchzuführen ist. Die Prüffunktion

$T = \sum_{i=1}^{k} \frac{(N_i - nP_i^o)^2}{nP_i^o}$ ist unter H_0 approximativ χ^2-verteilt mit $\nu = k-1-r$

Freiheitsgraden. Zur Erfüllung der Approximationsbedingung, $np_i^o \geq 10$, müssen die drei letzten Klassen zusammengefaßt werden (siehe Tabelle). Die Verteilung der Prüffunktion hat somit $\nu = k-1-r = 5-1-1 = 3$ Freiheitsgrade.

H_0 ist zu verwerfen, falls $t \geq \chi^2_{1-\alpha,\nu}$; setzt man $\alpha = 0{,}05$, so erhält man $\chi^2_{0,95;3} = 7{,}81$.

Die geschätzten hypothetischen Wahrscheinlichkeiten P_i^o können der Tabelle der PV(1,8) entnommen werden.

Arbeitstabelle

i	x	n_i	p_i^o	np_i^o	$(n_i-np_i^o)^2$	$\frac{(n_i-np_i^o)^2}{np_i^o}$
1	0	17	0,1653	16,53	0,2209	0,0134
2	1	31	0,2975	29,75	1,5625	0,0525
3	2	25	0,2678	26,78	3,1684	0,1183
4	3	15	0,1607	16,07	1,1449	0,0712
5	4	6	0,0723			
6	5	6	0,0260	10,87	1,2769	0,1175
7	6+	0	0,0104			
Σ	-	100	1	100	-	0,3729

Weil $t = 0{,}3729 < 7{,}81 = \chi^2_{0,95;3}$ ist, kann die Nullhypothese nicht verworfen werden.

Es gibt keinen Grund anzunehmen, daß die POISSON-Verteilung (mit $\mu=1{,}8$) kein angemessenes Nachfrage-Modell ist.

Lösung 144

a) Es sei $X_{1i} = \begin{cases} 0, & \text{falls der i-te Patient keine Schmerzen hat,} \\ 1, & \text{falls der i-te Patient Schmerzen hat,} \end{cases}$

und $X_{2i} = \begin{cases} 0, & \text{falls der i-te Patient vom Arzt gespritzt wird,} \\ 1, & \text{falls der i-te Patient von einer Arzthelferin gespritzt wird.} \end{cases}$

Zu testen ist die Vermutung, daß das Auftreten von Schmerzen davon abhängt, wer die Spritzen gibt, also die Unabhängigkeitshypothese

H_o: $f_{X_1,X_2}(x_1,x_2) = f_{X_1}(x_1)\cdot f_{X_2}(x_2)$ für alle $(x_1,x_2) \in \mathbb{R}^2$ gegen

H_1: $f_{X_1,X_2}(x_1,x_2) \neq f_{X_1}(x_1)\cdot f_{X_2}(x_2)$ für mindestens ein $(x_1,x_2) \in \mathbb{R}^2$.

Ein geeigneter Test ist der χ^2-Unabhängigkeitstest. Die Voraussetzungen für diesen Test sind erfüllt: Laut Text liegt eine einfache Stichprobe aus einer zweidimensionalen Verteilung mit zwei zweipunktverteilten Randverteilungen vor. Die Voraussetzung disjunkter, nicht-leerer Klassen A_1, A_2 und B_1, B_2 ist ebenfalls erfüllt.

Prüffunktion ist $T = \sum_{i=1}^{k} \sum_{j=1}^{l} \frac{\left(N_{ij} - \frac{N_{i\cdot}N_{\cdot j}}{n}\right)^2}{\frac{N_{i\cdot}N_{\cdot j}}{n}}$,

weil die hypothetischen Wahrscheinlichkeiten π^o_{ij} durch

$p^o_{ij} = \frac{N_{i\cdot}}{n}\cdot\frac{N_{\cdot j}}{n}$ aus der Stichprobe geschätzt werden müssen.

Unter H_o ist T approximativ χ^2-verteilt mit $\nu = (k-1)(l-1) = 1$ Freiheitsgraden. (Es werden $r=k+l-2 = 4-2 = 2$ Parameter aus der Stichprobe geschätzt.) Die Approximation gilt als gut, weil $np^o_{ij} \geq 10$ für alle i,j.

H_o ist abzulehnen, falls $t \geq \chi^2_{0,999;1} = 10{,}83$.

Arbeitstabelle

			$n_{i\cdot}$
	63 / 36	37 / 64	100
	117 / 144	283 / 256	400
$n_{\cdot j}$	180	320	500

$$np^o_{ij} = \frac{n_{i\cdot}n_{\cdot j}}{n}$$

n_{ij} / $\frac{n_{i\cdot}n_{\cdot j}}{n}$

Damit ist

$$t = \frac{(63-36)^2}{36} + \frac{(37-64)^2}{64} + \frac{(117-144)^2}{144} + \frac{(283-256)^2}{256} =$$

$= 20{,}25 + 11{,}39 + 5{,}06 + 2{,}85 = 39{,}55$, so daß H_o auf dem Niveau $\alpha = 0{,}001$ zu verwerfen ist. Es ist anzunehmen, daß die Schmerzen nicht unabhängig vom Ausführenden sind. Das bedeutet jedoch nicht zwingend, daß die Arzthelferinnen eher schmerzfrei spritzen können als der Arzt.

b) $X_{1i} = \begin{cases} 0, & \text{falls die Venen leicht zugänglich sind,} \\ 1, & \text{falls die Venen schwer zugänglich sind;} \end{cases}$

zu X_{2i} vgl. a).

Zu testen ist die Vermutung, daß ein Zusammenhang zwischen der Venenlage und dem Ausführenden besteht. Zu testen ist also erneut eine Unabhängigkeitshypothese. Hinsichtlich Voraussetzungen, Prüfmaß, Prüfverteilung und Approximationsbedingungen gilt das zu a) Gesagte analog.

H_o ist zu verwerfen, falls $t \geq \chi^2_{0,99;1} = 6{,}63$.

Arbeitstabelle

			$n_{i\cdot}$
	12 / 36,5	38 / 13,5	50
	134 / 109,5	16 / 40,5	150
$n_{\cdot j}$	146	54	200

Damit ist

$$t = \frac{(12-36,5)^2}{36,5} + \frac{(38-13,5)^2}{13,5} + \frac{(134-109,5)^2}{109,5} + \frac{(16-40,5)^2}{40,5} =$$

$$= 16,445 + 44,463 + 5,482 + 14,821 = 81,211 \; ,$$

so daß H_o zu verwerfen ist. Es ist wohl anzunehmen, daß sich die Arzthelferinnen Patienten mit guter Venenlage aussuchen.

Lösung 145

Ein geeigneter Test ist der χ^2-Unabhängigkeitstest, weil die Vermutung überprüft werden soll, daß das Prüfungsergebnis von der Fachrichtung abhängt. Die Stichprobe vom Umfang n = 691 kann wie eine einfache Stichprobe behandelt werden, weil die Zufallsvektoren (X_{1i}, X_{2i}), $i=1,2,\ldots,n$ (X_1: Prüfungsergebnis; X_2: Fachrichtung), stochastisch unabhängig und wohl auch identisch verteilt sind. Die Voraussetzung disjunkter, nicht-leerer Klassen A_1, A_2 bzw. B_1, B_2, B_3 ist ebenfalls erfüllt.

Zu testen ist die Unabhängigkeitshypothese

$$H_o\colon\; f_{X_1,X_2}(x_1,x_2) = f_{X_1}(x_1)\cdot f_{X_2}(x_2) \text{ für alle } (x_1,x_2) \in \mathbb{R}^2$$

oder - äquivalent -

$$H_o\colon\; \pi_{ij} = \pi_{i\bullet}\;\pi_{\bullet j} = \pi^o_{ij} \quad \text{für alle } i,j$$

gegen

$$H_1\colon\; \pi_{ij} \neq \pi^o_{ij} \quad \text{für mindestens ein } i,j;$$

dabei sind die π^o_{ij} durch $\hat{\pi}^o_{ij} = P^o_{ij} = \frac{N_{i\bullet}}{n}\cdot\frac{N_{\bullet j}}{n}$ aus der Stichprobe zu schätzen.

$$\text{Die Prüffunktion } T = \sum_{i=1}^{k}\sum_{j=1}^{l} \frac{\left[N_{ij} - \frac{N_{i\bullet}N_{\bullet j}}{n}\right]^2}{\frac{N_{i\bullet}N_{\bullet j}}{n}}$$

ist unter H_o approximativ χ^2-verteilt mit $\nu = (k-1)(l-1) = 1\cdot 2 = 2$ Freiheitsgraden. Die Approximation gilt als gut, weil $np^o_{ij} \geq 10$ für alle i,j. H_o ist zu verwerfen, falls $t \geq \chi^2_{0,95;2} = 5,99$ ist.

Arbeitstabelle

				$n_{i\bullet}$
	281 / 295,6	56 / 50,5	122 / 112,9	459
	164 / 149,4	20 / 25,5	48 / 57,1	232
$n_{\bullet j}$	445	76	170	691

Legende: n_{ij} / $\frac{n_{i\bullet} \cdot n_{\bullet j}}{n}$

Damit ist

$$t = \frac{(281-295,6)^2}{295,6} + \frac{(56-50,5)^2}{50,5} + \ldots + \frac{(48-57,1)^2}{57,1} =$$

$$= 0,721 + 0,599 + 0,733 + 1,427 + 1,186 + 1,450 = 6,116 \ ,$$

so daß H_o zu verwerfen ist. Es ist anzunehmen, daß das Prüfungsergebnis von der Fachrichtung abhängt. Das Stichprobenergebnis widerspricht bei einem Signifikanzniveau $\alpha = 0,05$ der Annahme, daß Fachrichtung und Ergebnis der Diplomprüfung unabhängig sind.

Lösung 146

X_i = Note des i-ten Kandidaten im Fach Recht,

Y_j = Note des j-ten Kandidaten im Fach Statistik.

Zu überprüfen ist die Vermutung, daß in beiden Fächern nicht gleich bewertet wird, d.h. daß die Notenverteilungen beider Fächer nicht übereinstimmen.

Ein geeigneter Test dafür ist der χ^2-Homogenitätstest, d.h. der Test der Hypothese

H_o: $f_X(x) = f_Y(x)$ für alle $x \in \mathbb{R}$ gegen H_1: $f_X(x) \neq f_Y(x)$ für mindestens ein $x \in \mathbb{R}$.

Die Voraussetzungen dieses Tests sind erfüllt. Laut Text liegen zwei einfache, voneinander unabhängige Stichproben vor. In beiden Gesamtheiten werden die gleichen Notenklassen unterschieden.

Die hypothetischen Wahrscheinlichkeiten π_i^o sind aus der Stichprobe zu schätzen und zwar durch $\hat{\pi}_i^o = P_i^o = N_{i\bullet}/n$.

Unter H_o ist $P^o_{i1} = P^o_{i2} = P^o_i$, so daß $n_{.j} \cdot P^o_i = \frac{n_{.j} N_{i\cdot}}{n}$ ist.

Unter H_o ist die Prüffunktion

$$T = \sum_{i=1}^{k} \sum_{j=1}^{2} \frac{\left(N_{ij} - \frac{N_{i\cdot} n_{.j}}{n}\right)^2}{\frac{N_{i\cdot} n_{.j}}{n}}$$ approximativ χ^2-verteilt mit $\nu = k-1 = 4-1 = 3$ Freiheitsgraden.

Wegen $n_{.j} p^o_1 < 10$ sind die beiden ersten Klassen zusammenzufassen, so daß dann die Approximation als gut angesehen werden kann.

Arbeitstabelle

Note \ Fach	Recht	Statistik	$n_{i\cdot}$
1 o. 2	20 / 34,95	48 / 33,05	68
3	80 / 83,27	82 / 78,73	162
4	50 / 35,98	20 / 34,02	70
5	15 / 10,79	6 / 10,21	21
$n_{.j}$	165	156	321

Es ergibt sich

$$t = \frac{(20-34,95)^2}{34,95} + \frac{(48-33,05)^2}{33,05} + \ldots + \frac{(6-10,21)^2}{10,21} = 28,04 > \chi^2_{0,95;3} =$$

$= 7,81$, so daß H_o zu verwerfen ist. Die Klausuren werden wohl nicht gleich bewertet, d.h. die Notengebung ist wohl unterschiedlich.

Lösung 147

X_i = Leistungsfähigkeit des i-ten Mannes der Gruppe mit Präparat,

Y_j = Leistungsfähigkeit des j-ten Mannes der Kontrollgruppe.

Zu testen ist die Homogenitätshypothese, daß die beiden Verteilungen (für die Gruppe mit Präparat bzw. die Kontrollgruppe) gleich sind, d.h. H_o: $f_X(x) = f_Y(x)$ für alle $x \in \mathbb{R}$ gegen H_1: $f_X(x) \neq f_Y(x)$ für mindestens ein $x \in \mathbb{R}$.

Ein hierfür geeigneter Test ist der χ^2-Homogenitätstest. Seine Voraussetzungen sind erfüllt: Es kann angenommen werden, daß die beiden Stichproben voneinander unabhängig sind. Außerdem sind die Auswahlsätze wohl klein, so daß die beiden Stichproben wie einfache Stichproben behandelt werden können. Schließlich werden bei beiden Gesamtheiten die gleichen, disjunkten und nicht-leeren Leistungsfähigkeitsklassen unterschieden.

Die Prüffunktion

$$T = \sum_{i=1}^{k} \sum_{j=1}^{2} \frac{\left(N_{ij} - \frac{N_{i\cdot} n_j}{n}\right)^2}{\frac{N_{i\cdot} n_j}{n}}$$

ist unter H_o approximativ χ^2-verteilt mit $\nu =$

$= k-1 = 3-1 = 2$ Freiheitsgraden. Die Approximation gilt als gut, weil $n_j p_i^o \geq 10$ für alle i,j .

Arbeitstabelle

Gruppe mit Präparat	Kontroll-gruppe	$n_{i\cdot}$
34 / 27	20 / 27	54
58 / 63	68 / 63	126
8 / 10	12 / 10	20
100	100	200

Es ergibt sich

$$t = \frac{(34-27)^2}{27} + \frac{(20-27)^2}{27} + \ldots + \frac{(12-10)^2}{10} =$$

$$= 1{,}815 + 1{,}815 + 0{,}397 + 0{,}397 + 0{,}4 + 0{,}4 = 5{,}224 .$$

Wegen $\chi^2_{0,95;2} = 5{,}99 > t = 5{,}224$ kann H_o nicht verworfen werden; d.h. dieser Versuch liefert keine statistisch gesicherten Anhaltspunkte für die Vermutung, daß das Präparat die Leistungsfähigkeit beeinflußt.

Lösung 148

a) Gegeben sind die Ergebnisse von zwei voneinander unabhängigen einfachen Zufallsstichproben aus zwei Gesamtheiten. Die Zufallsvariablen beider Stichproben, X_i, $i=1,2,\ldots,n_1$, und Y_j, $j=1,2,\ldots,n_2$, die möglichen Befragungsergebnisse aus Nord- bzw. Süddeutschland, nehmen nur die Werte A, B und C an (gemeinsamer Wertebereich). Es soll überprüft werden, ob sich die Verteilungen der beiden Zufallsvariablen unterscheiden. Somit ist der χ^2-Homogenitätstest der geeignete Test, um die Vermutung der Vertriebsgesellschaft zu überprüfen.

b) Die Befragung liefert zwei Verteilungen von Käufern auf die von ihnen bevorzugten $k = 3$ Wochenzeitschriften. Die Vermutung der Vertriebsgesellschaft kann also wie folgt präzisiert werden: Es gibt Unterschiede zwischen diesen beiden Verteilungen, d.h. die Anteile der Käufer, die die i-te Wochenzeitschrift bevorzugen ($i=1,2,3$), sind in den beiden Regionen nicht gleich.

   Zu testen ist folglich die Homogenitätshypothese H_o: $f_X(x) = f_Y(x)$ für alle $x \in \mathbb{R}$ gegen H_1: $f_X(x) \neq f_Y(x)$ für mindestens ein $x \in \mathbb{R}$.

   Eine äquivalente Formulierung der Homogentitätshypothese ist:
   H_o: $\pi_{i1} = \pi_{i2} = \pi_i^o$ für alle $i=1,2,3$.

c) Die hypothetischen Wahrscheinlichkeiten π_i^o sind unbekannt und daher durch $\hat{\pi}_i^o = P_i^o = \frac{N_{i\bullet}}{n}$ aus der Stichprobe zu schätzen, so daß $n_j P_i^o = \frac{n_j N_{i\bullet}}{n}$, $j=1,2$, die unter H_o zu erwartenden, geschätzten (absoluten) Häufigkeiten sind.

Die Prüfunktion

$$T = \sum_{i=1}^{k} \sum_{j=1}^{2} \frac{\left(N_{ij} - \frac{N_{i\bullet} n_{\bullet j}}{n}\right)^2}{\frac{N_{i\bullet} n_{\bullet j}}{n}}$$ ist unter H_o approximativ χ^2-verteilt mit

$\nu = k-1 = 3-1 = 2$ Freiheitsgraden. Die Approximationsbedingungen sind erfüllt, da $n_{\bullet j} p_i^o \geq 10$ für alle i,j .

Mit $\alpha = 0{,}001$ ist H_o zu verwerfen, falls $t \geq \chi^2_{0,999;2} = 13{,}82$.

Arbeitstabelle

	Nord	Süd	$n_{i\bullet}$
A	195 / 180,6	145 / 159,4	340
B	140 / 180,6	200 / 159,4	340
C	175 / 148,8	105 / 131,2	280
$n_{\bullet j}$	510	450	960

n_{ij} / $\frac{n_{\bullet j} n_{i\bullet}}{n}$

Die erwarteten Häufig - keiten sind auf eine Nachkommastelle gerundet.

Es ergibt sich:

$$t = \frac{(195-180{,}6)^2}{180{,}6} + \frac{(145-159{,}4)^2}{159{,}4} + \frac{(140-180{,}6)^2}{180{,}6} + \frac{(200-159{,}4)^2}{159{,}4} +$$

$$+ \frac{(175-148{,}8)^2}{148{,}8} + \frac{(105-131{,}2)^2}{131{,}2} =$$

$= 1{,}15 + 1{,}30 + 9{,}13 + 10{,}34 + 4{,}61 + 5{,}23 = 31{,}76$, so daß, wegen

$t = 31{,}76 > \chi^2_{0,999;2} = 13{,}82$, H_o auf dem Niveau $\alpha = 0{,}001$ zu verwerfen ist. Es gibt also einen Grund anzunehmen, daß es regionale Nachfrageunterschiede gibt, d.h. daß die Verteilungen der beiden Regionen wohl doch unterschiedlich sind.

d) Das Ergebnis von Teilaufgabe c) läßt einen Schluß auf Unabhängigkeit nicht zu, da lediglich festgestellt wurde, daß die Verteilungen von zwei Regionen (Gesamtheiten) wohl nicht übereinstimmen.

Ein Unabhängigkeitstest (zum Beispiel ein χ^2-Unabhängigkeitstest) kann hier auch nicht durchgeführt werden, weil dazu eine einfache Stichprobe von n Wertepaaren (X_i, Y_i) aus einer Gesamtheit, die durch eine zweidimensionale Verteilung gekennzeichnet ist, erforderlich ist.

Lösung 149

X_i = monatliches Einkommen des i-ten Haushalts.

Ein geeigneter Test für eine solche Fragestellung ist der Vorzeichentest für den Median, weil Einkommensverteilungen im allgemeinen asymmetrisch sind und weil für die Leitung der Großbank (den Erfolg der Filiale) der Median der Einkommensverteilung im allgemeinen informativer ist als das arithmetische Mittel. Hinzu kommt, daß die Angaben über die Höhe des monatlichen Haushaltseinkommens im allgemeinen fehlerbehaftet (ungenau) sind und sich solche Fehler beim Vorzeichentest nicht oder zumindest nur in sehr geringem Ausmaß auswirken.

Gegen die Anwendung des Mittelwerttests sprechen auch formale Gründe. Er ist nur anwendbar, wenn die zugrundeliegende Gesamtheit normalverteilt ist, was hier nicht zutrifft, oder aus beliebig verteilten Gesamtheiten große ($n \geq 40$) Stichproben gezogen werden, was auch nicht der Fall ist.

Die Voraussetzungen des Vorzeichentests sind erfüllt: Aufgrund des vermutlich kleinen Auswahlsatzes können die Zufallsvariablen X_i, als voneinander unabhängig angesehen werden. Außerdem ist das Einkommen ein stetiges Merkmal.

Zu testen ist also die Hypothese

H_o: $\mu_{0,5} \leq \mu^o_{0,5} = 2000$ (DM) gegen H_1: $\mu_{0,5} > \mu^o_{0,5} = 2000$ (DM), mit dem Ziel H_o zu verwerfen.

Prüffunktion ist $T = \sum_{i=1}^{n} V_i$ mit

$$V_i = \begin{cases} 1, \text{ falls } X_i > \mu^o_{0,5} = 2000 \text{ ,} \\ 0, \text{ falls } X_i < 2000 \text{ ,} \end{cases}$$

so daß - aus der gegebenen Tabelle - lediglich die Anzahl der Haushalte mit einem monatlichen Einkommen von mehr als 2000,-- DM festzustellen ist. Es ergibt sich t = 12.

Unter H_o ist T $B(n,\pi) = B(15;0,5)$-verteilt. H_o ist zu verwerfen, falls $t \geq w_{1-\alpha}$.

Aus der Tabelle der B(15;0,5) ist abzulesen, daß $P(T \geq 12) = 0{,}0176$ ist.

Somit ist, wegen $w_{1-\alpha} = w_{0,9824} = 12 = t$, H_o auf dem Signifikanzniveau $\alpha = 0{,}0176$ (!) zu verwerfen. Es gibt einen Grund anzunehmen, daß der Median der Einkommensverteilung größer als 2000,-- DM ist; die Filiale kann also eingerichtet werden.

3. Überprüfen Sie Ihre Statistik-Kenntnisse

3.1 Vorbemerkung

Auf den folgenden Seiten finden Sie je 225 Aussagen zur beschreibenden und zur schließenden Statistik sowie die dazu gehörenden Lösungen. Sie sollen dazu dienen, Ihre Statistik-Kenntnisse zu überprüfen und Ihre Chancen, die Statistik-Klausur zu bestehen, abzuschätzen. Bei dem folgenden Test sind Hilfsmittel, wie Formel- oder Aufgabensammlung, nicht zugelassen!

Wählen Sie je 15 Aussagen zur beschreibenden oder zur schließenden Statistik (zufällig) aus! Kennzeichnen Sie die ausgewählten Aussagen mit "R" (Aussage ist richtig), mit "F" (Aussage ist falsch) oder mit "?" (das weiß ich nicht)! Vergleichen Sie Ihre Kennzeichnungen mit den Lösungen und geben Sie jeder richtigen Kennzeichnung einen Pluspunkt (+1) und jeder falschen Kennzeichnung einen Minuspunkt (-1)! Jedes "?" wird mit 0 Punkten bewertet. Bestimmen Sie die Summe der Punkte!

Sollte es Ihnen bei mehreren Versuchen dieser Art gelingen, jeweils 12 bis 15 Punkte zu erzielen, ist es fast sicher, daß Sie die entsprechende Teilklausur bestehen werden.

3.2 Aussagen zur beschreibenden Statistik

1. Eine Häufigkeitsverteilung, für die $\bar{x} < x_{0,5}$ ist, ist nicht symmetrisch.

2. Ist $r^2 = +1$, so ist dies ein Beweis dafür, daß zwischen den betrachteten metrischen Merkmalen eine kausale Beziehung besteht.

3. Zwei klassifikatorische (komparative) Merkmale A und B heißen statistisch unabhängig, wenn $f_{ij} = f_{i\cdot} f_{\cdot j}$ für alle i und j gilt.

4. Bei klassifikatorischen Merkmalen ist die Berechnung relativer Häufigkeiten aus methodischen Gründen unzulässig.

5. Die Eigenschaft der Varianz, große Abweichungen vom arithmetischen Mittel stärker als kleine zu gewichten, wird bei der Standardabweichung durch die Berechnung der Wurzel nicht ausgeschaltet.

6. Beim Preisindex nach PAASCHE muß für jede Berichtsperiode ein neuer Warenkorb bestimmt werden.

7. Das Kontingenzmaß von GOODMAN/KRUSKAL mißt nur lineare Beziehungen zwischen zwei komparativen Merkmalen.

8. Korrelationskoeffizient und Kovarianz stimmen stets überein.

9. Regressionslinie und Regressionsgerade sind immer identisch.

10. Der Korrelationskoeffizient mißt die kausale (und lineare) Beziehung zwischen zwei metrischen Merkmalen.

11. Bei klassierten metrischen Merkmalen ist das arithmetische Mittel von der Festsetzung der Klassengrenzen offener Randklassen abhängig.

12. Bei klassierten metrischen Merkmalen können Mittelwert und Varianz nur approximativ bestimmt werden.

13. Auch wenn der Umfang der Teilgesamtheiten bekannt ist, kann der Gesamt-Median nicht aus den Medianen der Teilgesamtheiten abgeleitet werden.

14. Klassierte metrische Merkmale werden als klassifikatorische Merkmale bezeichnet.

15. Der Median kann niemals Werte kleiner als Null annehmen, da er durch $F_X(x_{0,5}) \geq 0,5$ definiert ist, und die Werte der Verteilungsfunktion stets positiv sind.

16. Bewegungsmassen werden im Gegensatz zu Bestandsmassen für einen bestimmten Zeitraum erfaßt. Deshalb ist die Dimension stets "Einheiten je Periode".

17. Die approximierende Verteilungsfunktion stimmt mit der empirischen Verteilungsfunktion nur an den Klassenmitten überein.

18. Wegen seiner Konstruktion gibt ein Preisindex nach LASPEYRES nicht nur Preis-, sondern auch Mengenänderungen wieder.

19. Bedingte Verteilungen lassen sich immer als Quotienten aus den entsprechenden Randverteilungen bestimmen.

20. Die statistische Unabhängigkeit zweier komparativer Merkmale läßt sich auch mit Hilfe ihrer bedingten Verteilungen feststellen.

21. Ist das Maß γ von GOODMAN/KRUSKAL gleich Null, so folgt daraus nicht zwingend, daß U und V statistisch unabhängig sind.

22. Der Median einer Verteilung ändert sich nicht bei linearen Transformationen ($b \neq 1$ und/oder $a \neq 0$) des zugrunde liegenden Merkmals.

23. Das Maß vom Typ HERFINDAHL basiert auf der Entropie und kann daher sowohl mit Hilfe absoluter als auch mit Hilfe relativer Häufigkeiten bestimmt werden.

24. Aus der statistischen Unabhängigkeit metrischer Merkmale folgt ihre Unkorreliertheit.

25. Die Varianz linear transformierter Merkmalswerte unterscheidet sich stets von der Varianz der ursprünglichen Werte.

26. Wenn $r = \pm 1$ ist, dann besteht ein vollständiger kausaler Zusammenhang zwischen den betrachteten Merkmalen.

27. Bei klassifikatorischen Merkmalen spielt die Reihenfolge der Merkmalsausprägungen keine Rolle.

28. Die Varianz wird stets größer, wenn der Umfang der zu beschreibenden Gesamtheit erhöht wird.

29. Der Median ist kleiner, größer oder genau so groß wie das entsprechende arithmetische Mittel.

30. Der Median ist ein Maß der zentralen Tendenz nicht nur für stetige metrische Merkmale, sondern auch für diskrete metrische und komparative Merkmale.

31. Das Verhältnis der Zeitmengenfläche zur Länge der Periode gibt den Wert des durchschnittlichen Bestands an.

32. Die Kovarianz ist das gewichtete arithmetische Mittel von interner und externer Varianz.

33. Der Umfang einer Bestandsmasse wird nur für Zeitpunkte erfaßt.

34. Klassifikatorische Merkmale können durch geeignete Transformationen in komparative Merkmale umgewandelt werden.

35. Der Wert des arithmetischen Mittels aus klassierten Werten hängt entscheidend von der Einteilung der Werte in Klassen ab.

36. Die Transinformation zweier klassifikatorischer Merkmale A und B gibt an, wieviel Information von Merkmal A in Merkmal B enthalten ist und umgekehrt.

37. Statistische Unabhängigkeit ist für alle Merkmalstypen definiert.

38. In der Regel sind die Maße für die Stärke der linearen Regressionsbeziehung $r^2_{Y|X}$ und $r^2_{X|Y}$ verschieden.

39. Die Preisindizes nach LASPEYRES und PAASCHE unterscheiden sich unter anderem durch das zugrunde liegende Gewichtsschema.

40. Veränderungen der Häufigkeitsverteilung eines metrischen Merkmals wirken sich nur dann auf den Wert des arithmetischen Mittels aus, wenn sich diese Veränderungen auf Merkmalsausprägungen beziehen, die kleiner als der Wert des arithmetischen Mittels sind.

41. Für die Häufigkeitsdichte $\hat{f}_X(\xi)$ gilt, wie auch für die relative Häufigkeit f_j, $0 \leq \hat{f}_X(\xi) \leq 1$.

42. Wenn zwei Merkmale U und V statistisch unabhängig sind, dann sind die bedingten Verteilungen gleich den Randverteilungen.

43. Das Produkt aus dem Preisindex nach LASPEYRES (${}_{L}P_{t_o,t}$) und dem Preisindex nach PAASCHE (${}_{P}P_{t_o,t}$) ergibt den Umsatzindex $U_{t_o,t}$.

44. Statistische Unabhängigkeit bzw. vollständige statistische Abhängigkeit ist nur bei metrischen Merkmalen definiert.

45. Das arithmetische Mittel wird im Gegensatz zum Median von Extremwerten (Ausreißern) beeinflußt.

46. Die Entropie ist aufgrund ihrer Eigenschaften geeignet, die Streuung/Variabilität klassifikatorischer Merkmale zu messen.

47. Merkmale mit nur einer Ausprägung sind für empirische Untersuchungen von besonderer Bedeutung.

48. Häufigkeitsverteilungen metrischer Merkmale lassen sich stets durch das arithmetische Mittel und die Varianz eindeutig beschreiben.

49. Die Standardabweichung läßt sich nicht in eine interne und eine externe Komponente zerlegen.

50. Wenn die individuellen Verweildauern nicht bekannt sind, läßt sich der Durchschnittsbestand nur approximativ bestimmen.

51. Die arithmetischen Mittel aus klassierten und nicht-klassierten Werten stimmen stets exakt überein.

52. Bei zweidimensionalen Häufigkeitsverteilungen werden jeweils Paare von Merkmalsträgern betrachtet, im Gegensatz zu eindimensionalen Häufigkeitsverteilungen, bei denen nur Ausprägungen an einzelnen Merkmalsträgern betrachtet werden.

53. Für Korrelationstabellen gilt stets: $f(x_i, y_j) = f(x_i)$ für alle i und j.

54. Ausgleichende Regressionsgeraden können nur bei metrischen Merkmalen sinnvoll angegeben werden.

55. Umsatzindizes können als Produkt geeigneter Preis- und Mengenindizes berechnet werden.

56. Bei einer vollständigen linearen Beziehung zwischen zwei metrischen Merkmalen gilt für den Korrelationskoeffizienten $r = -1$ oder $r = +1$.

57. Bei einem Mengenindex wird mit Mengen, bei einem Preisindex mit Preisen und bei einem Umsatzindex mit Umsätzen gewichtet.

58. Umsatzindizes und -meßzahlen sind sachlich identisch.

59. Ein Umsatzindex läßt sich (wenn geeignete zusätzliche Informationen gegeben sind) in einen Preisindex und einen Mengenindex zerlegen.

60. Bei komparativen Merkmalen ist das Verhältnis zweier Ausprägungen nicht sinnvoll interpretierbar.

61. Assoziationskoeffizienten für klassifikatorische Merkmale ändern ihren Wert, wenn in der zugehörigen Kontingenztabelle Zeilen und Spalten vertauscht werden.

62. Relative Streuungsmaße - wie zum Beispiel der Variationskoeffizient - ermöglichen den Vergleich unterschiedlicher Verteilungen von Merkmalen verschiedenen Typs.

63. Die Standardabweichung mißt den durchschnittlichen Abstand der Merkmalswerte vom zugehörigen arithmetischen Mittel.

64. Sind zwei Merkmale statistisch unabhängig, so kann ihre gemeinsame relative (zweidimensionale) Häufigkeitsverteilung als Produkt der beiden Randverteilungen bestimmt werden.

65. Nimmt γ, das Kontingenzmaß von GOODMAN/KRUSKAL, den Wert Null an, so folgt daraus, daß die betrachteten (komparativen) Merkmale statistisch unabhängig sind.

66. Die Indizes nach PAASCHE, LASPEYRES und LOWE unterscheiden sich unter anderem durch das Gewichtungsschema.

67. Mit Hilfe der approximierenden Verteilungsfunktion lassen sich exakte Aussagen über die kumulierten relativen Häufigkeiten nur an den Klassengrenzen treffen.

68. Empirische Verteilungsfunktionen sind im Gegensatz zu den Summenfunktionen immer stetig.

69. Die Berechnung der relativen durchschnittlichen Abweichung $v_d = d(x_{0,5})/x_{0,5}$ ist auch für ordinal skalierte Merkmale sinnvoll, weil der Median für dieses Skalenniveau sinnvoll definiert ist.

70. Die Varianz der Verteilung eines metrischen Merkmals X ist stets positiv, es sei denn, es gilt: $x_\nu < 0$ für alle ν.

71. Jede Standardisierung ist eine lineare Transformation und umgekehrt.

72. Die ausgleichenden Regressionsgeraden $\bar{Y}(X)$ und $\bar{X}(Y)$ schneiden sich immer im Punkt $(\bar{x},\bar{y})$.

73. Die Summe der Häufigkeitsdichten über alle Klassen eines klassierten metrischen Merkmals ist gleich 1.

74. Die Frage nach der statistischen Unabhängigkeit zweier komparativer Merkmale kann durch den Vergleich der Mediane ihrer Randverteilungen beantwortet werden: Stimmen die beiden Mediane überein, sind die beiden Merkmale statistisch unabhängig.

75. Aus dem Bestimmtheitsmaß läßt sich ohne weitere Information der Korrelationskoeffizient nach BRAVAIS/PEARSON ableiten.

76. Häufigkeitsdichte und relative Häufigkeit haben den gleichen Wertebereich.

77. Die Werte der Häufigkeitsdichte sind stets kleiner gleich 1.

78. Die Richtung eines Zusammenhangs zwischen metrischen Merkmalen wird durch die Kovarianz determiniert.

79. Aus $r = 0$ kann nicht geschlossen werden, daß die beiden Merkmale statistisch unabhängig sind.

80. Für eine um Null symmetrische Verteilung ist stets $S_X(\xi) = S_X(-\xi)$.

81. Komparative Merkmale können nur linear transformiert werden, da nur hierdurch die Ordnungsrelationen zwischen den Merkmalsausprägungen erhalten bleiben.

82. Bei vollständiger Assoziation zwischen zwei klassifikatorischen Merkmalen mit k=l Ausprägungen läßt sich die zugehörige Kontingenztabelle stets so gestalten, daß nur die Tabellenfelder der Hauptdiagonalen besetzt sind.

83. Adäquate Darstellungsformen für Häufigkeitsverteilungen sind das Stabdiagramm bzw. das Histogramm.

84. Der geeignete Mittelwert für Meßzahlen ist das harmonische Mittel.

85. Die Indizes nach LASPEYRES und PAASCHE sind stets darstellbar als arithmetisches Mittel von Meßzahlen.

86. Gegen eine Berechnung des Modus für metrische Merkmale sprechen keine methodischen Gründe, sondern lediglich der mögliche Informationsverlust.

87. Der lineare Zusammenhang zweier metrischer Merkmale ist stets positiv, wenn der Regressionskoeffizient positiv ist.

88. Die Bestimmung empirischer Regressionsbeziehungen ist vor allem dann von Vorteil, wenn für die Art der Beziehung kein spezielles Modell (zum Beispiel ein lineares Modell) angegeben werden kann.

89. Mit dem Korrelationsverhältnis kann auch die Stärke nicht-linearer Beziehungen zwischen metrischen Merkmalen gemessen werden.

90. Der Preis eines Gutes steigt innerhalb von 10 Jahren von 1,-- DM auf 4,-- DM, d.h. um 300%. Damit beträgt die durchschnittliche jährliche Wachstumsrate 300%/10=30%.

91. Wenn zwei Merkmale statistisch unabhängig sind, dann gilt $f(x_i|y_j) = f(y_j|x_i)$ für alle i und j.

92. Die durchschnittliche lineare (absolute) Abweichung ist für den Modus minimal.

93. Zwei Merkmale sind nicht statistisch unabhängig, wenn für die zugehörige zweidimensionale Verteilung $f_{ij} \neq f_{i\cdot}f_{\cdot j}$ für irgendein Paar i,j gilt.

94. Die Berechnung des Medians einer Verteilung setzt voraus, daß die Differenzen zwischen den Merkmalswerten sinnvoll definiert sind.

95. Im Gegensatz zu klassifikatorischen Merkmalen ist bei komparativen Merkmalen die Berechnung kumulierter Häufigkeiten sinnvoll.

96. Im Gegensatz zum Korrelationskoeffizienten mißt das Kontingenzmaß γ von GOODMAN/KRUSKAL Stärke und Richtung auch nicht-linearer Beziehungen zweier Merkmale.

97. Eine exakte zeitliche Verkettung von Indizes nach LASPEYRES oder PAASCHE ist nicht möglich.

98. Zeitvergleiche von PAASCHE-Indizes sind aufgrund der ständig wechselnden Gewichtung wenig sinnvoll.

99. Eine Einteilung in Klassen ist nur bei stetigen metrischen Merkmalen von praktischer Bedeutung.

100. Die statistische Unabhängigkeit zweier Merkmale ist eine Eigenschaft zweidimensionaler Verteilungen, die für Merkmale aller Merkmalstypen definiert ist.

101. Ausgleichende Regressionsgeraden schneiden sich wie auch die Regressionslinien stets im Punkt (0;0).

102. Korrelationsverhältnis und Bestimmtheitsmaß messen den durch die Regression bzw. Regressionsgerade erklärten Teil der Varianz.

103. Häufigkeitsverteilungen, die hinsichtlich des arithmetischen Mittels und der Varianz identisch sind, sind auch hinsichtlich aller weiteren Momente identisch.

104. Bei einer Teilerhebung interessiert nur ein Teil der möglichen Merkmalsausprägungen des untersuchten Merkmals.

105. Summenfunktion und empirische Verteilungsfunktion unterscheiden sich nur durch einen Faktor.

106. Der Modus ist nicht für jede Verteilung eindeutig bestimmbar.

107. Der Durchschnittsbestand ist ein arithmetischer Mittelwert.

108. Bei der Berechnung gleitender Durchschnitte muß die Anzahl der Glieder stets ungerade sein, weil anderenfalls eine eindeutige Zuordnung zu den Zeitpunkten nicht möglich ist.

109. Die Berechnung gleitender Durchschnitte hat den Nachteil, daß den Zeitpunkten am Anfang und Ende der Zeitreihe keine Durchschnittswerte zugeordnet werden können.

110. Gleitende Durchschnitte können nur für metrische Merkmale berechnet werden.

111. Bedingte Verteilungen können nur bei zwei- und mehrdimensionalen Verteilungen berechnet werden.

112. Ein negativer Wert des Korrelationsverhältnisses deutet auf die Existenz eines negativen Zusammenhangs zwischen zwei metrischen Merkmalen hin.

113. Durch die Berechnung der relativen Entropie wird unter anderem erreicht, daß ein Streuungsvergleich von Verteilungen von Merkmalen mit unterschiedlich vielen Ausprägungen sinnvoll wird.

114. Für empirische Regressionsbeziehungen gilt stets
$0 \le H^2_{X|Y} = H^2_{Y|X} \le 1.$

115. Die mit Hilfe der Momente definierten Maße für die Schiefe und Wölbung einer Verteilung lassen sich auch für klassifikatorische Merkmale berechnen.

116. Wenn ein Merkmal X ursächlich von einem Merkmal Y abhängt, dann hängt auch Y ursächlich von X ab.

117. Wachstumsraten sind spezielle Indizes.

118. Die Summe aus der Anzahl der konkordanten Paare und der diskordanten Paare ergibt den Umfang der Gesamtheit.

119. Maße wie zum Beispiel die Transinformation, mit denen man Beziehungen zwischen klassifikatorischen Merkmalen beschreibt, werden auch als Beziehungszahlen bezeichnet.

120. Die relativen Häufigkeiten einer zweidimensionalen empirischen Häufigkeitsverteilung werden durch $f_{ij} = n_{i\bullet} n_{\bullet j}/n$ berechnet.

121. Es gibt Verteilungen von Merkmalen mit einer Standardabweichung von -4 und einer Varianz von +16.

122. Wenn X und Y statistisch unabhängig sind, dann ist r = 0.

123. Verteilungen komparativer Merkmale können auch durch Quantile beschrieben werden, weil es zulässig ist, Häufigkeiten komparativer Merkmale zu kumulieren.

124. Eine Gesamtheit sei in zwei Teilgesamtheiten (1 und 2) zerlegt. Dann ist stets $\bar{x} = (\bar{x}_1+\bar{x}_2)/2$ das arithmetische Mittel der Gesamtheit.

125. Randverteilungen können nur bei zwei- und mehrdimensionalen Verteilungen berechnet werden.

126. Das Kennzeichen relativer Streuungsmaße wie zum Beispiel der relativen Entropie oder des Variationskoeffizienten ist ihr Wertebereich, das Intervall [0;1].

127. Die Summenfunktion an der Stelle ξ_o gibt die Anzahl der Merkmalswerte an, die kleiner oder höchstens gleich ξ_o sind.

128. Die charakteristische Eigenschaft komparativer Merkmale läßt sich an folgender Aussage zeigen: Die Note 4 ist doppelt so schlecht wie die Note 2.

129. Alle nicht binären Merkmale sind häufbare Merkmale.

130. Beispiele für Bewegungsmassen sind die Gesamtheit lebendgeborener Kinder in einem Kalenderjahr und die Gesamtheit von eintreffenden Museumsbesuchern im Laufe eines Tages.

131. Der Preis eines Gutes steigt in drei Jahren von DM 80,-- auf DM 106,48. Dann beträgt die durchschnittliche jährliche Preissteigerungsrate genau 10%.

132. Eine Partei hat bei einer Landtagswahl 12% der Stimmen auf sich vereinigt; vier Jahre später sind es - bei gleicher Wahlbeteiligung - nur noch 9,6%. Die Partei hat also insgesamt 2,4% ihrer Stimmen verloren.

133. Der Preisindex für die Lebenshaltung aller privaten Haushalte kann nicht auf der Basis von Subindizes berechnet werden.

134. Beim sogenannten "Nullwachstum" ist der Wachstumsfaktor gleich 0.

135. Die Parameter der ausgleichenden Regressionsgeraden werden nach der Methode der kleinsten Quadrate bestimmt.

136. Bei dreidimensionalen Verteilungen metrischer Merkmale ist jeder Merkmalsträger durch ein Tripel von Merkmalswerten, zum Beispiel durch (x_ν, y_ν, z_ν), gekennzeichnet.

137. In der amtlichen Statistik der Bundesrepublik Deutschland sind Indizes nach LOWE von untergeordneter Bedeutung.

138. Der Durchschnittsbestand eines Lagers in einem bestimmten Beobachtungszeitraum läßt sich stets exakt berechnen.

139. Standardisierte Merkmale sind Merkmale, für die gilt:
$\bar{x} = 1$ und $s^2 = 0$.

140. Metrische Merkmale können in komparative Merkmale transformiert werden.

141. Beim Wertindex nach LASPEYRES stammen die Gewichte aus der Basisperiode, beim Wertindex nach PAASCHE aus der Berichtsperiode. Daher unterscheiden sich die Werte der Wertindizes nach LASPEYRES und nach PAASCHE in aller Regel.

142. Die empirische Verteilungsfunktion eines diskreten metrischen Merkmals kann durch eine Treppenfunktion graphisch dargestellt werden.

143. Gegeben sei die ausgleichende Regressionsgerade $\bar{Y}(X) = 1 + 9{,}5\,X$. Da die Steigung $a_1 = 9{,}5$ deutlich größer als 1 ist, besteht ein starker funktionaler Zusammenhang zwischen den Merkmalen X und Y .

144. Der Modus kann nur bei Häufigkeitsverteilungen klassifikatorischer Merkmale unbestimmt sein.

145. Die gemeinsame Verteilungsfunktion zweier komparativer Merkmale ergibt sich stets als Produkt der entsprechenden Werte der Randverteilungsfunktionen.

146. Der Vergleich von zwei Werten der Entropie ist nur sinnvoll, wenn die Anzahlen der Ausprägungen der betrachteten Merkmale gleich sind oder die Werte der Entropie relativiert werden.

147. Die Transinformation gibt die Richtung des Zusammenhangs zwischen den klassifikatorischen Merkmalen A und B an.

148. Auch aufgrund des Wertebereichs der Varianz bereitet ihre Interpretation häufig Schwierigkeiten.

149. Zu den Maßen der zentralen Tendenz gehören neben Modus und Median auch die durchschnittliche Abweichung und die Varianz.

150. Folgende Merkmale gehören zum Typ der komparativen Merkmale: Klausurnoten, Punktzahl im Turnwettkampf, Rückennummer der Fußballspieler, Temperatur gemessen in Grad Fahrenheit.

151. Der Index nach LASPEYRES ist ein gewogenes arithmetisches Mittel von Meßzahlen mit einem Gewichtungsschema aus der Berichtsperiode.

152. Zu jeder Häufigkeitsverteilung existiert ein arithmetisches Mittel.

153. Die durchschnittliche lineare Abweichung unterscheidet sich von der Varianz vor allem durch die fehlende Quadrierung der Abstände vom jeweiligen Mittelwert.

154. In einer Korrelationstabelle sind Korrelationskoeffizienten tabelliert.

155. Ein Zusammenhangsmaß Z ($0 \le Z \le 1$) nehme den Wert 1 an. Daraus ist zu schließen, daß zwischen den betrachteten Merkmalen ein vollständiger kausaler Zusammenhang besteht.

156. Ein Preisindex nach PAASCHE der Art ${}_{P}P_{t,t_o}$ läßt sich weder berechnen noch sinnvoll interpretieren.

157. Die mittlere Verweildauer ist definiert als das arithmetische Mittel der beobachteten individuellen Verweildauern.

158. Mittlere Aufbauzeit und mittlere Abbauzeit eines Bestands sind stets gleich.

159. Durch Bewegungsmassen ändert sich der Umfang des Bestands im Verlauf der Zeit.

160. Von Ausnahmen abgesehen, stimmen die Werte der bedingten Verteilungen zweier metrischer Merkmale X und Y nicht überein. Es gilt also: $f(x|y_o) \neq f(y|x_o)$.

161. Unter einem Quartilsabstand versteht man in der Statistik den Abstand zwischen der 4. Merkmalsausprägung und dem Mittelwert.

162. Die Entropie läßt sich sowohl mit relativen Häufigkeiten als auch mit absoluten Häufigkeiten berechnen.

163. Die relativen Häufigkeiten einer bedingten Verteilung summieren sich (abgesehen von Rundungsfehlern) stets zu 1 auf:

$$\sum_{i=1}^{k} f(A_i|B_j) = 1.$$

164. Die Wertbereiche der Entropie und der Maßzahl von Herfindahl stimmen überein.

165. Der Variationskoeffizient $V = s/\bar{x}$ ist ein Streuungsmaß für verhältnisskalierte Merkmale, welches von der jeweiligen Maßeinheit der Merkmale unabhängig ist.

166. Sei n_i die absolute Häufigkeit der i-ten Ausprägung eines klassifikatorischen Merkmals und f_i die zugehörige relative Häufigkeit. Dann gilt stets $f_i \leq n_i$.

167. Die Wertebereiche absoluter und relativer Häufigkeiten sind identisch.

168. Der Anfangsbestand B_o und der Endbestand B_n stimmen in einem Fortschreibungsmodell in jedem Falle überein.

169. Voraussetzung für die Berechnung eines Durchschnittsbestands ist die Übereinstimmung von Anfangs- und Endbestand.

170. Ist die Bestimmung der ausgleichenden Regressionsgeraden $\bar{Y}(X)$ für zwei metrische Merkmale X und Y sinnvoll, so ist stets auch die Berechnung der anderen ausgleichenden Regressionsgeraden $\bar{X}(Y)$ sinnvoll.

171. Für den Mittelwert gilt stets: $x_{[1]} \leq \bar{x} \leq x_{[n]}$.

172. Die Häufigkeitsdichte ist wie folgt definiert: $\hat{f}_X(\xi) = f_i \cdot \Delta(x_i)$.

173. Die Ausprägungen komparativer Merkmale werden stets mit Ordinalzahlen bezeichnet, weil man mit Symbolen bzw. Buchstaben nicht rechnen kann.

174. Die Kalenderzeit und die geographische Höhe sind intervallskalierte Merkmale.

175. Die Berechnung konkordanter und diskordanter Paare ist bei klassifikatorischen Merkmalen unzulässig.

176. Die Volkszählung ist ein Beispiel für eine Primärstatistik.

177. Die Regressionskonstante a_o läßt sich stets sinnvoll interpretieren.

178. Für $x_\nu = a + bz_\nu$ ist $d(x_{0,5}) = |b|d(z_{0,5})$.

179. Im additiven Modell $y_i = m_i + u_i$ $(i=1,2,\ldots,n)$ der Zeitreihenanalyse kann die glatte Komponente m_i mit Hilfe gleitender Durchschnitte geschätzt werden.

180. Für eine eindeutige Zuordnung von Häufigkeiten zu Klassen von diskreten metrischen Merkmalen muß stets die Obergrenze der Klasse i-1 gleich der Untergrenze der Klasse i sein.

181. Die Häufigkeitsdichte ist wie folgt definiert: $\hat{f}_X(\xi) = f_i/n_i$.

182. Bei klassifikatorischen Merkmalen ist die Berechnung kumulierter Häufigkeiten unzulässig.

183. Das geometrische Mittel ist ein geeigneter Mittelwert für Meßzahlen mit variabler Bezugszeit.

184. Die Parameter a_o und b_o der beiden ausgleichenden Regressionsgeraden $\bar{Y}(X)$ und $\bar{X}(Y)$ haben stets das gleiche Vorzeichen.

185. Bei klassifikatorischen Merkmalen spielt die Reihenfolge der Merkmalsausprägungen keine Rolle.

186. Der Stimmanteil der Partei XYZ fiel bei den letzten Landtagswahlen um 1,3 Prozentpunkte von 18,7 auf 17,4 Prozent der abgegebenen Stimmen.

187. Der Median ist ein geeignetes Lagemaß für komparative und metrische Merkmale.

188. Eine ausgleichende Regressionsgerade beschreibt die durchschnittliche monotone Abhängigkeit eines metrischen Merkmals von einem anderen metrischen Merkmal.

189. Eine geeignete graphische Darstellungsform für die empirische Verteilungsfunktion eines stetigen Merkmals ist das Histogramm.

190. Bei zweidimensionalen Häufigkeitsverteilungen klassifikatorischer Merkmale ist die Summe der Randhäufigkeiten $\sum_{i=1}^{k} n_{i\bullet}$ immer gleich der

Summe der Randhäufigkeiten $\sum_{j=1}^{l} n_{\bullet j}$, wobei k die Anzahl der Zeilen und l die Anzahl der Spalten der Kontingenztabelle sind.

191. Die Festlegung der Klassenobergrenze der obersten Klasse eines klassierten metrischen Merkmals wirkt sich im allgemeinen nicht auf das Quantil zur Ordnung p = 0,25 aus.

192. Der Median eines komparativen Merkmals U ist definiert durch

$$U_{0,5} = u_{\left[\frac{k+1}{2}\right]} ,$$

wobei k - die Anzahl der Merkmalsausprägungen - ungerade ist.

193. Das Maß von CRAMER ist ein Zusammenhangsmaß für klassifikatorische Merkmale.

194. Bestimmt man Indizes nach LASPEYRES, dann lassen sich - im Gegensatz zu den Indizes nach PAASCHE - neben den Preisindizes auch Mengenindizes bestimmen.

195. Die Spannweite klassifikatorischer Merkmale ist definiert als Differenz zwischen dem größten und kleinsten Merkmalswert.

196. Der Familienstand einer Person deutscher Nationalität ist ein häufbares Merkmal.

197. Die Entropie und das Streuungsmaß vom Typ HERFINDAHL sind sinnvolle Maße der Variabilität klassifikatorischer Merkmale.

198. Die Kovarianz S_{XY} mißt die gemeinsame lineare Streuung der Merkmale X und Y.

199. Die Merkmale Höhe des Haushaltseinkommens, Haushaltsgröße und Art des Einkommens (Einkunftsart) haben zumindest ordinales Skalenniveau.

200. Die Güte einer linearen Beziehung ist allein anhand des Korrelationskoeffizienten nach BRAVAIS/PEARSON sinnvoll interpretierbar.

201. Die absoluten Häufigkeiten n_i eines Merkmals unterscheiden sich von den relativen Häufigkeiten f_i nur durch einen Faktor.

202. Die Standardabweichung eines stetigen metrischen Merkmals kann sowohl für Einzelwerte als auch für klassierte Werte berechnet werden.

203. Eine Beziehungszahl ist ein Quotient aus zwei sachlich verschiedenen Größen, die in sinnvoller Beziehung stehen, wobei diese Größen zumindest ordinales Skalenniveau aufweisen müssen.

204. Klassifikatorische Merkmale sind invariant gegenüber umkehrbar eindeutigen Transformationen (Umbenennungen, Vertauschungen).

205. Das Kontingenzmaß γ von GOODMAN/KRUSKAL mißt die Stärke und Richtung einer monotonen Beziehung zwischen zwei komparativen Merkmalen in einer Kontingenztabelle.

206. Die ausgleichende Regressionsgerade kann sowohl auf der Grundlage von Einzelwerten als auch (approximativ) auf der Basis von klassierten Werten berechnet werden.

207. Bei Kenntnis des Anfangsbestands sowie der Zugänge und Abgänge im Beobachtungszeitraum kann eine Bestandsmasse fortgeschrieben werden.

208. Das Stabdiagramm ist eine geeignete Darstellungsform für die Häufigkeitsverteilung eines diskreten metrischen Merkmals.

209. Das Bestimmtheitsmaß r^2 hat den Wertebereich $-1 \le r^2 \le +1$.

210. In der beschreibenden Statistik versteht man unter der Standardabweichung eine Varianz von eins.

211. Die Körpergröße X ist ein verhältnisskaliertes Merkmal.

212. Die Gewichte eines Preisindex nach LASPEYRES bestehen aus Preis- und Mengenangaben der Berichtszeit.

213. Der Median $x_{0,5}$ eines komparativen oder metrischen Merkmals X wird auch als das Quantil zur Ordnung 0,5 bezeichnet.

214. Die graphische Darstellung der empirischen Verteilungsfunktion $\hat{F}_X(\xi)$ eines klassifikatorischen Merkmals ist üblicherweise eine Treppenfunktion.

215. Die Breite der Medianklasse eines (klassierten) metrischen Merkmals ist für die Berechnung des Medians irrelevant.

216. Das Merkmal Beruf ist ein häufbares Merkmal.

217. Die Kovarianz mißt die gemeinsame lineare Streuung komparativer Merkmale.

218. Das Streuungsmaß auf der Basis der Entropie für komparative Merkmale nimmt seinen maximalen Wert an für $f_1 = f_k = 1/2$ und nicht für den Fall der Gleichverteilung.

219. Voraussetzung für die graphische Darstellung der empirischen Verteilungsfunktion eines stetigen metrischen Merkmals ist die Berechnung der Häufigkeitsdichte.

220. Zwei Merkmale A und B heißen statistisch unabhängig, wenn

$$n_{ij} = \frac{n_{i\cdot} n_{\cdot j}}{n} \text{ für alle } i=1,2,\ldots,k \text{ und } j=1,2,\ldots,l \; .$$

221. Das Maß von CRAMÉR ist ein Zusammenhangsmaß auf der Basis von χ^2 für klassifikatorische Merkmale.

222. Die Varianz eines metrischen Merkmals X wird auch als durchschnittliche Abweichung des Merkmals X bezeichnet.

223. Ein Merkmal X heißt stetig, wenn X abzählbar unendlich viele Ausprägungen hat.

224. Bei komparativen Merkmalen sind alle rangerhaltenden Transformationen zulässig.

225. Der Wert des Bestimmtheitsmaßes zweier standardisierter Merkmale stimmt mit dem Wert des Bestimmtheitsmaßes der zugehörigen nichtstandardisierten Merkmale überein.

3.3 Lösungen

1. R
2. F
3. R
4. F
5. R

6. R
7. F
8. F
9. F
10. F

11. R
12. R
13. R
14. F
15. F

16. R
17. F
18. F
19. F
20. R

21. R
22. F
23. F
24. R
25. F

26. F
27. R
28. F
29. R
30. R

31. R
32. F
33. R
34. F
35. R

36. R
37. R
38. F
39. R
40. F

41. F
42. R
43. F
44. F
45. R

46. R
47. F
48. F
49. R
50. R

51. F
52. F
53. F
54. R
55. R

56. R
57. F
58. R
59. R
60. R

61. F
62. F
63. F
64. R
65. F

66. R
67. R
68. F
69. F
70. F

71. F
72. R
73. F
74. F
75. F

76. F
77. F
78. R
79. R
80. F

81. F
82. R
83. R
84. F
85. F

86. R
87. R
88. R
89. R
90. F

91. F
92. F
93. R
94. F
95. R

96. R
97. R
98. R
99. F
100. R

101. F
102. R
103. F
104. F
105. R

106. R
107. R
108. F
109. R
110. R

111. R
112. F
113. R
114. F
115. F

116. F
117. F
118. F
119. F
120. F

121. F
122. R
123. R
124. F
125. R

126. F
127. R
128. F
129. F
130. R

131. R
132. F
133. F
134. F
135. R

136. R
137. R
138. F
139. F
140. R

141. F
142. R
143. F
144. F
145. F

146. R
147. F
148. R
149. F
150. F

151. F
152. F
153. R
154. F
155. F

156. F
157. R
158. F
159. R
160. R

161. F
162. R
163. R
164. F
165. R

166. R
167. F
168. F
169. F
170. F

171. R
172. F
173. F
174. R
175. R

176. R
177. F
178. R
179. R
180. F

181. F
182. R
183. R
184. F
185. R

186. R
187. R
188. F
189. F
190. R

191. R
192. F
193. R
194. F
195. F

196. F
197. R
198. R
199. F
200. F

201. R
202. R
203. F
204. R
205. R

206. R
207. R
208. R
209. F
210. F

211. R
212. F
213. R
214. F
215. F

216. R
217. F
218. R
219. F
220. R

221. R
222. F
223. F
224. R
225. R

3.4 Aussagen zur schließenden Statistik

1. Wenn eine Gesamtheit zweipunktverteilt ist (zum Beispiel männlich/weiblich), dann folgt - unter der Voraussetzung einer Auswahl mit Zurücklegen - der Anteil $X'/n = P$ der Stichprobeneinheiten mit der Eigenschaft A (zum Beispiel männlich) einer Binomialverteilung.

2. Man begeht keinen Fehler zweiter Art, wenn die Prüffunktion einen Wert des Annahmebereichs annimmt.

3. Ist die Zufallsvariable X stetig und symmetrisch verteilt, so ist die Wahrscheinlichkeit $P(X=\mu)$ gerade gleich 0,5.

4. Der Begriff "Wahrscheinlichkeitsdichtefunktion" ist eigentlich irreführend, weil die Werte dieser Funktion keine Wahrscheinlichkeiten sind.

5. Der Wert der Stichprobenvarianz ist umso kleiner, je größer der Umfang der Stichprobe ist.

6. Stetigkeitskorrekturen sind nur bei der Approximation diskreter Verteilungen durch stetige Verteilungen vorzunehmen.

7. Disjunkte Ereignisse sind stochastisch unabhängig und umgekehrt.

8. Ein aufgrund einer konkreten Stichprobe berechnetes Konfidenzintervall enthält mit einer vorgegebenen Wahrscheinlichkeit von $(1-\alpha)$ den wahren - zu schätzenden - Parameter.

9. In der schließenden Statistik versucht man stets, von den bekannten Parametern einer Gesamtheit auf die unbekannten Parameter einer einzelnen Stichprobe zu schließen.

10. Intervallschätzungen können nicht nur für unbekannte Parameter der Gesamtheit, sondern auch für unbekannte Parameter von Stichproben durchgeführt werden.

11. Der Begriff einer "einfachen" Stichprobe beinhaltet unter anderem die stochastische Unabhängigkeit der betrachteten Zufallsvariablen.

12. Kann bei einem Test H_o nicht verworfen werden, so ist H_o richtig.

13. Die Anzahl der Freiheitsgrade bei χ^2-Tests hängt ab von der Anzahl der aus der Stichprobe geschätzten Parameter.

14. Mit Hilfe statistischer Tests können Hypothesen in aller Regel weder verifiziert noch falsifiziert werden.

15. Kann bei einem Test H_o verworfen werden, so ist H_1 richtig.

16. Systematische Fehler haben auch bei zunehmendem Stichprobenumfang keine Ausgleichstendenz.

17. Bedingte und unbedingte Wahrscheinlichkeiten nehmen nur Werte des Intervalls [0,1] an.

18. Identisch verteilte Zufallsvariable sind stochastisch unabhängig.

19. Wahrscheinlichkeitsdichtefunktionen können Werte größer als 1 annehmen.

20. Bei einer einfachen Zufallsstichprobe strebt die Wahrscheinlichkeit dafür, wenigstens einmal den Wert x der stetigen Zufallsvariablen X zu erhalten, mit zunehmendem Stichprobenumfang n gegen 1.

21. Eine Nullhypothese werde auf dem Signifikanzniveau α verworfen. Dann wird diese Hypothese auch auf jedem Signifikanzniveau $\alpha' > \alpha$ verworfen.

22. Eine Zufallsvariable X heißt standardnormalverteilt, falls $E(X) = 0$ und $Var(X) = 1$.

23. Die Wahrscheinlichkeit, daß eine symmetrisch verteilte diskrete Zufallsvariable einen Wert $x \le \mu_X$ annimmt, ist stets gleich 0,5.

24. Aus $Var(aX) = a^2 Var(X)$ für alle $a \in \mathbb{R}$ folgt, daß die Verteilungen von X und -X die gleiche Varianz haben.

25. Durch eine lineare Transformation der Art $Y = aX + b$ läßt sich die Zufallsvariable X in eine standardnormalverteilte Zufallsvariable Y überführen.

26. Bei normal- und t-verteilten ($\nu \ge 2$) Zufallsvariablen X stimmen Median und E(X) überein.

27. Führt der Test einer Hypothese zu ihrer Ablehnung, so ist damit bewiesen, daß diese Hypothese falsch ist.

28. Die Genauigkeit einer Punktschätzung wächst im allgemeinen mit zunehmendem Umfang der einfachen Stichprobe.

29. Aus der Tatsache, daß der Korrelationskoeffizient r zweier Zufallsvariablen X und Y den Wert 0 annimmt, kann nicht geschlossen werden, daß X und Y stochastisch unabhängig sind.

30. Der Fehler erster Art kann durch Vorgabe eines Signifikanzuniveaus auf α begrenzt werden.

31. Bei einer Voll- oder Totalerhebung werden alle Merkmale der Merkmalsträger erhoben.

32. Wahrscheinlichkeiten zufälliger Ereignisse sind stets (echt) größer als 0 und (echt) kleiner als 1.

33. Der Begriff der "einfachen" Zufallsstichprobe beinhaltet auch die identische Verteilung der betrachteten Zufallsvariablen.

34. Die absoluten Häufigkeiten in Stichproben aus zweipunktverteilten Gesamtheiten sind stets binomialverteilt.

35. Der kritische Bereich eines Tests kann unter anderem auch durch das Signifikanzniveau variiert werden.

36. Mit der Ungleichung von TSCHEBYSCHEFF können auch dann Aussagen über den Parameter μ einer Gesamtheit getroffen werden, wenn ihre Verteilung dem Typ nach unbekannt ist.

37. Bei der Approximation der Binomialverteilung durch die POISSON-Verteilung ist keine Stetigkeitskorrektur durchzuführen, da beide Verteilungen diskret sind.

38. Eine Zufallsvariable wird als stetig bezeichnet, wenn sie abzählbar unendlich viele Werte annehmen kann.

39. Der statistische Test einer wahren Hypothese führt immer zu ihrer Annahme.

40. Jede normalverteilte Zufallsvariable kann durch eine geeignete Transformation in eine standardnormalverteilte Zufallsvariable überführt werden.

41. Die Vereinigung disjunkter (unvereinbarer) Ereignisse ist stets das unmögliche Ereignis.

42. Bei hinreichend großem Umfang n einer einfachen Stichprobe ist das arithmetische Mittel $\bar{X}_n$ einer beliebig verteilten Zufallsvariablen X approximativ normalverteilt.

43. Jede Punktschätzung ist erwartungstreu.

44. Um die Standardabweichung des Schätzers $\bar{X}$ bei einfachen Stichproben zu halbieren, muß (bei bekanntem σ_X) der Stichprobenumfang verdoppelt werden.

45. Die Stichprobenvarianz $\hat{\sigma}_X^2$ kann mit zunehmendem Stichprobenumfang abnehmen.

46. Beim χ^2-Unabhängigkeitstest können die Zeilen und/oder Spalten der gegebenen Kontingenztabelle permutiert werden, ohne daß sich der Wert des Prüfmaßes dadurch ändert.

47. Eine Stichprobenerhebung hat gegenüber einer Totalerhebung bei gleichem Fragenprogramm den Vorteil geringerer Kosten und größerer Aktualität.

48. Eine Zufallsstichprobe hat gegenüber jenen Stichproben, die nicht auf dem Zufallsprinzip beruhen, den Vorteil, daß allenfalls Zufallsfehler vorkommen können.

49. Das Konfidenzintervall für den unbekannten Mittelwert einer Gesamtheit wird bei bekanntem σ_X und unter sonst gleichen Bedingungen mit

zunehmendem Stichprobenumfang kleiner.

50. Unkorrelierte normalverteilte Zufallsvariablen sind stochastisch unabhängig.

51. Ein Beispiel für eine Zufallsauswahl ist die willkürliche Auswahl.

52. Je öfter man einen unverfälschten Würfel wirft, desto sicherer lassen sich die Ergebnisse im Einzelfall vorhersagen.

53. Der statistische Test einer falschen Hypothese führt immer zu ihrer Ablehnung.

54. Die Approximation einer $B(n,\pi)$-verteilten Zufallsvariablen durch die Normalverteilung ist dann besonders gut, wenn π nahe bei 1 liegt.

55. Nimmt eine Zufallsvariable nur einen Wert an, so ist ihre Varianz gleich Null.

56. Ist die Zufallsvariable X stetig und symmetrisch, so gilt $P(X=\mu_X) \neq$ $\neq 0{,}5$.

57. Die Werte $f_X(x)$ einer Wahrscheinlichkeitsdichtefunktion sind nur dann Wahrscheinlichkeiten, wenn $0 \leq f_X(x) \leq 1$ für alle $x \in \mathbb{R}$ ist.

58. Bei der Bemessung von Wahrscheinlichkeiten ist es nicht erforderlich vorauszusetzen, daß die Menge der Elementarereignisse endlich und die Elementarereignisse selbst gleichmöglich sind.

59. Die Axiome von KOLMOGOROFF sind auch auf bedingte Wahrscheinlichkeiten anwendbar.

60. Ist ein Testergebnis statistisch signifikant, so ist es damit auch realwissenschaftlich relevant (bedeutsam).

61. Durch eine hinreichende Vergrößerung der Stichprobenumfänge läßt sich bei einem Mittelwert-Differenzen-Test stets erreichen, daß auch beliebig kleine (praktisch bedeutungslose) Unterschiede zwischen den Mittelwerten statistisch signifikant sind.

62. Für eine empirische Untersuchung kann die Behauptung, daß 90% aller Beamten schwarze Schuhe tragen, eine (statistische) Hypothese sein.

63. Für eine Punktschätzung des Mittelwerts μ_X einer Gesamtheit ist $P(\bar{X}=\mu_X) = 1$.

64. Wenn für zwei Zufallsvariablen X und Y die $Cov(X,Y) = 0$ ist, so sind X und Y stochastisch unabhängig.

65. Für eine Dichtefunktion gilt stets:

$$0 \leq f_X(x) \leq 1 \quad \text{und} \quad \int_{-\infty}^{\infty} f_X(x)dx = 1.$$

66. Die Verteilungsfunktion F_X einer Zufallsvariablen X gibt für jede reelle Zahl b die Wahrscheinlichkeit $P(X \leq b)$ an.

67. Bei Zufallsstichproben treten nur Zufallsfehler auf.

68. Mit Tests statistischer Hypothesen wird festgestellt, ob eine (Null-) Hypothese richtig ist.

69. Der Erwartungswert einer stetigen Zufallsvariablen ist stets positiv.

70. Das Integral einer Wahrscheinlichkeitsdichtefunktion über das Intervall $[a, +\infty]$ kann als Wahrscheinlichkeit interpretiert werden.

71. Sind zwei Zufallsvariablen stochastisch unabhängig, so ist ihre Kovarianz gleich Null.

72. Wegen der Symmetrieeigenschaft der Standardnormalverteilung gilt stets $F_U(-\lambda) = 1 - F_U(\lambda)$.

73. Für zwei stochastisch unabhängige Zufallsvariablen X und Y gilt: $Var(X-Y) = Var(X) + Var(Y)$.

74. Für eine Zufallsvariable X und eine beliebige reelle Zahl a gilt: $Var(aX) = a \cdot Var(X)$.

75. Für stochastisch unabhängige Ereignisse E_1 und E_2 stimmen die bedingten Wahrscheinlichkeiten $P(E_1|E_2)$ und $P(E_2|E_1)$ immer überein.

76. Ein Fehler zweiter Art wird begangen, wenn eine Nullhypothese verworfen wird, obwohl sie richtig ist.

77. Die Verteilung einer Prüffunktion T kann unter der Bedingung angegeben werden, daß H_o richtig ist.

78. Alle stetigen eindimensionalen Verteilungen sind durch den Mittelwert μ und die Standardabweichung σ als Scharparameter charakterisiert.

79. Für alle Zufallsvariablen X und Y gilt: $E(X+Y) = E(X) + E(Y)$.

80. Die Wahrscheinlichkeitsfunktion gibt die Wahrscheinlichkeit dafür an, daß eine diskrete Zufallsvariable X einen bestimmten Wert x annimmt.

81. Für eine Zufallsvariable X ist $U = (X-\mu_X)/\sigma_X$ stets standardnormalverteilt.

82. Stochastisch unabhängige normalverteilte Zufallsvariable sind unkorreliert.

83. Folgt die Zufallsvariable $X' = \sum_{i=1}^{n} X_i$ einer hypergeometrischen Verteilung, so ist die Zufallsvariable $P = X'/n$ "wie" hypergeometrisch verteilt.

84. Im Gegensatz zu anderen Stichprobenverteilungen dient die POISSON-Verteilung ausschließlich als Grenzverteilung anderer Verteilungen. Daher gibt es für die POISSON-Verteilung auch kein Urnenmodell.

85. Eine erwartungstreue Schätzfunktion kann nicht konsistent sein und umgekehrt.

86. Eine binomialverteilte Zufallsvariable läßt sich standardisieren, obwohl ihre Realisationen nur ganze Zahlen sein können.

87. Für hinreichend große Stichprobenumfänge können die Unterschiede zwischen einer Auswahl mit und einer Auswahl ohne Zurücklegen bei praktischen Anwendungen vernachlässigt werden.

88. Der kritische Bereich ist derjenige Teil des Wertebereichs einer Prüffunktion, in dem eine eindeutige Entscheidung hinsichtlich der Richtigkeit der Nullhypothese getroffen werden kann.

89. Zwischen der Multinomialverteilung und der multihypergeometrischen Verteilung besteht unter anderem der folgende Unterschied: Im Gegensatz zur multihypergeometrischen Verteilung ist bei der Multinomialverteilung das Ergebnis der Ziehung einer Stichprobeneinheit vom Ergebnis der vorangegangenen Ziehung unabhängig.

90. Die Werte der Parameter einer hypergeometrischen Verteilung sind für die Güte der Approximation durch eine Normalverteilung ohne Bedeutung.

91. Eine n-dimensionale Zufallsvariable $(X_1, X_2, \ldots, X_n)$ ist nur dann als Zufallsstichprobe interpretierbar, wenn die Komponenten $X_1, X_2, \ldots, X_n$ stochastisch unabhängig und identisch verteilt sind.

92. Das Ergebnis eines Tests ist die Entscheidung, daß eine Hypothese richtig oder falsch ist.

93. Auch bei großem Stichprobenumfang ist das Erhebungsmerkmal in der Stichprobe nicht zwangsläufig normalverteilt.

94. Die Werte von Wahrscheinlichkeitsdichtefunktionen sind als Wahrscheinlichkeiten der zugrundeliegenden Ereignisse interpretierbar.

95. Das schwache Gesetz der großen Zahlen trifft nur Aussagen für Zahlen größer als 1000.

96. Sei $[-\infty, c]$ der kritische Bereich K_α und T die Prüffunktion eines Tests; dann ist $P(T=c)$ gerade gleich α, wenn H_o richtig ist.

97. Zur Berechnung eines konkreten Konfidenzintervalls benötigt man ein Stichprobenergebnis.

98. Eine konsistente Schätzfunktion T_n für den Parameter Θ liefert mit zunehmendem Stichprobenumfang immer bessere Schätzwerte in dem Sinne, daß die Differenz $|T_n - \Theta|$ für alle möglichen Stichproben immer kleiner wird.

99. Bei der Momentenmethode wird der zu schätzende Parameter Θ mit Hilfe der Stichprobenmomente geschätzt.

100. Für Auswahlen mit und ohne Zurücklegen ist die Schätzfunktion $\hat{\mu} = \bar{X}$ erwartungstreu.

101. $P(22 \le \mu_X \le 30) = 1-\alpha$, mit $0 < \alpha < 1$.

102. A bezeichnet das Ereignis, daß ein Studierender männlich ist, und B das Ereignis, daß ein Studierender in der Diplomvorprüfung im Fach Statistik die Note 1 erzielt. Dann wird das Ereignis $A \cap B$ als unmögliches Ereignis bezeichnet.

103. Mittelwert, Varianz und Schiefe sind Momente einer Wahrscheinlichkeitsverteilung.

104. Die Zufallsvariablen X_1 und X_2 sind stochastisch unabhängig, falls $f_{X_1,X_2}(\xi_1,\xi_2) = f_{X_1}(\xi_1) \cdot f_{X_2}(\xi_2)$ für alle $(\xi_1,\xi_2) \in \mathbb{R}^2$.

105. Der kritische Bereich K_α ist - ceteris paribus - umso größer, je größer α ist.

106. Bei einer Zufallsstichprobe stimmen Zielgesamtheit und Auswahlgesamtheit stets überein.

107. Auf der Grundlage von nicht auf dem Zufallsprinzip beruhenden Auswahlen lasen sich bei praktischen Anwendungen (objektive) Wahrscheinlichkeitsaussagen der Art $P(T_n^u \le \Theta \le T_n^o) = 1-\alpha$ nicht treffen.

108. Der systematische Fehler ist ein Fehler, der nicht zufallsbedingt ist. Er kann daher nur bei Auswahlen vorkommen, die nicht auf dem Zufallsprinzip beruhen.

109. Ein Beispiel für eine echte Zufallsauswahl ist die Ziehung der Lottozahlen.

110. Ein kritischer Bereich K_α kann abgeleitet werden aus einer Partition des Stichprobenraums.

111. Tritt ein Ereignis E mit der Wahrscheinlichkeit $P(E) = 0$ ein, dann ist E das unmögliche Ereignis ($\emptyset$).

112. Stochastisch unabhängige Ereignisse sind Ereignisse, die sich bezüglich ihres Eintretens bzw. Nicht-Eintretens wechselseitig nicht beeinflussen.

113. Die Wahrscheinlichkeit dafür, daß beim Werfen eines DM-Stückes die Münze auf dem Rand stehen bleibt, ist vom Maße 0.

114. Für jede Wahrscheinlichkeitsverteilung einer Zufallsvariablen X gilt $P(\mu_X - \sigma_X \leq X \leq \mu_X + \sigma_X) \geq 0$.

115. Die Begriffe "Zufallsauswahl" und "willkürliche Auswahl" sind synonym zu verwenden, da beide Auswahlverfahren auf dem Zufallsprinzip beruhen.

116. Die Güte eines statistischen Tests ist gleich der Wahrscheinlichkeit, eine richtige Nullhypothese nicht zu verwerfen.

117. Das Stichprobenmittel ist ein erwartungstreuer Schätzer für den Anteilswert bei einer Stichprobe ohne Zurücklegen.

118. Für stetige und diskrete Zufallsvariable gilt stets $P(a < X < b) = P(a < X \leq b)$.

119. Die Ergebnisse des χ^2-Anpassungstests hängen unter anderem auch von der Klasseneinteilung des Wertebereichs der Zufallsvariablen ab.

120. Die Hypothese $F_{X_1,X_2}(\xi_1,\xi_2) = F_{X_1}(\xi_1) \cdot F_{X_2}(\xi_2)$ für alle $(\xi_1,\xi_2) \in \mathbb{R}^2$ heißt Unabhängigkeitshypothese.

121. Parameter und Schätzfunktion unterscheiden sich dadurch, daß ein Parameter eine Stichprobenverteilung besitzt, während eine Schätzfunktion - bei gegebenem n - keine Stichprobenverteilung besitzt.

122. Das Signifikanzniveau α eines Tests heißt auch kritischer Wert eines Tests.

123. Das Konfidenzintervall zum Konfidenzniveau 0,95 für μ_X, den Mittelwert der Gesamtheit, ist so zu interpretieren, daß 95% aller möglichen Stichproben Intervallgrenzen liefern, die μ_X einschließen.

124. Wenn X eine standardnormalverteilte Zufallsvariable ist, dann ist $P(X < 5{,}2) \doteq 1$.

125. Die kritischen Bereiche ein- und zweiseitiger Tests unterscheiden sich bei jedem Signifikanzniveau.

126. Fehler bei der Formulierung von Fragen führen auch bei auf dem Zufallsprinzip beruhenden Auswahlverfahren zu systematischen Fehlern.

127. Eine Hypothese werde auf dem Signifikanzniveau $\alpha = 0{,}01$ verworfen.

Dann wird sie auch auf dem Niveau $\alpha = 0,05$ verworfen.

128. Aufgrund des zentralen Grenzwertsatzes ist die Stichprobenverteilung des arithmetischen Mittels $\bar{X}$ nur dann approximativ normal, wenn auch die Gesamtheit approximativ normalverteilt ist.

129. Zwei Zufallsvariable X und Y sind stochastisch unabhängig, wenn $E(X \cdot Y) = E(X) \cdot E(Y)$.

130. Eine ideale Münze ($\pi = 1-\pi = 0,5$) werde 100 mal geworfen, und es trete 100 mal das Ereignis "Wappen" (W) ein. Dann ist wegen $\lim\limits_{n\to\infty} \frac{n(W)}{n} = P(W) = \pi = 0,5$ die Wahrscheinlichkeit dafür, daß auch beim 101. Versuch das Ereignis "Wappen" eintritt, kleiner als 0,5 .

131. Zwei Zufallsvariable X und Y sind stochastisch unabhängig, falls $E(X+Y) = E(X) + E(Y)$.

132. Eine systematische Auswahl ist dann kein geeignetes Ersatzverfahren für die Zufallsauswahl, wenn die Einheiten der Gesamtheit einer periodischen Ordnung folgen und die Ordnung unbekannt ist.

133. Befinden sich in einer Urne rote und schwarze Kugeln (Gesamtzahl 6), so kann man nach 6 Ziehungen von jeweils einer Kugel mit Zurücklegen den Anteil der schwarzen Kugeln exakt angeben.

134. Die Ereignisse E_1, E_2 und E_3 seien paarweise unabhängig. In diesem Falle gilt stets auch $P(E_1 \cap E_2 \cap E_3) = P(E_1) \cdot P(E_2) \cdot P(E_3)$.

135. Der Mittelwert E(X) einer Zufallsvariablen X, die nur die Werte $0,1,2,\dots,n$, annehmen kann, ist stets einer dieser Werte.

136. Für eine POISSON-verteilte Zufallsvariable ist $E(X) = Var(X) = \mu$. Punktschätzer für den Parameter μ sind daher sowohl $\bar{X}$ wie auch $\hat{\sigma}^2$.

137. Eine $B(n,\pi)$-verteilte Zufallsvariable hat n mögliche Ausprägungen.

138. Es ist sinnvoll, Tests einfacher Null- und Alternativhypothesen so zu konstruieren, daß der Fehler 1. Art genau so groß ist wie der Fehler 2. Art.

139. Eine Auswahl ohne Zurücklegen führt zu einer kleineren Stichprobenvarianz als eine Auswahl mit Zurücklegen.

140. Zwei Elementarereignisse sind stets disjunkt.

141. Wird eine unverfälschte Münze acht mal geworfen, so ist die Anzahl der zu erwartenden Kopf-Würfe eine binomialverteilte Zufallsvariable.

142. Alternativhypothesen werden auch als einfache Hypothesen bezeichnet.

143. Die hypergeometrische Verteilung und die Binomialverteilung haben den gleichen Mittelwert.

144. Die Varianz einer diskreten Zufallsvariablen X ist niemals kleiner als 0.

145. Die POISSON-Verteilung wird üblicherweise nicht durch die Binomialverteilung approximiert.

146. Bei zweipunktverteilten Gesamtheiten folgt die Zufallsvariable X': Anzahl der Stichprobeneinheiten mit der Eigenschaft x = 1, einer hypergeometrischen Verteilung, wenn "mit Zurücklegen" ausgewählt wird.

147. Der Test für den Anteilswert π gehört zur Klasse der Tests für parametrische Hypothesen.

148. Mit Hilfe statistischer Tests können nur Hypothesen über Parameter von Verteilungen überprüft werden.

149. Die Stetigkeitskorrektur verbessert die Approximation einer diskreten durch eine stetige Verteilung.

150. Die Zwei-Punkt-Verteilung ist eine Verteilung für zweidimensionale Zufallsvariable.

151. χ^2-Verteilungen sind stets symmetrische Verteilungen.

152. Das Werfen von 3 unverzerrten Würfeln ist eine Stichprobe vom Umfang 3 aus der Gesamtheit aller möglichen Würfe mit einem unverzerrten Würfel.

153. χ^2-Tests sind auch zur Überprüfung von Hypothesen geeignet, die sich nicht auf Scharparameter von Verteilungen beziehen.

154. Die Multinomialverteilung ist eine stetige Verteilung.

155. Stichproben mit Zurücklegen führen stets zu stochastisch unabhängigen Zufallsvariablen.

156. Der Wert der gemeinsamen Verteilungsfunktion einer zweidimensionalen Zufallsvariable (X_1,X_2) an der Stelle (ξ_1,ξ_2) gibt die Wahrscheinlichkeit dafür an, daß X_1 einen Wert kleiner gleich ξ_1 und gleichzeitig X_2 einen Wert kleiner gleich ξ_2 annimmt.

157. Die Eintrittswahrscheinlichkeiten für zwei stochastisch unabhängige Ereignisse sind gleich.

158. Von einem sicheren Ereignis spricht man, wenn bei der Durchführung einer Stichprobenerhebung keine Schwierigkeiten auftreten.

159. Der χ^2-Unabhängigkeitstest ist ein Test der Hypothese, daß zwei Zufallsvariablen aus zwei Gesamtheiten stochastisch unabhängig sind.

160. Der Korrelationskoeffizient von zwei Zufallsvariablen nimmt nur positive Werte an.

161. Die normierte Kovarianz (Korrelationskoeffizient) kann nur für normierte Zufallsvariable berechnet werden.

162. Für disjunkte Ereignisse E und F gilt: $P(E \cup F) = P(E) + P(F)$.

163. Die Zufallsvariable X "Größe eines Menschen in cm" heißt diskret, weil sie nur Werte im Bereich $30{,}0 \le X \le 300{,}0$ annehmen kann.

164. Eine Schätzfunktion ist eine veränderliche Größe, deren Wert von mindestens einer anderen Größe abhängt.

165. Vergleicht man zwei erwartungstreue Schätzfunktionen - bei gleichem Stichprobenumfang - miteinander, dann gilt diejenige als effizienter, die eine kleinere Varianz aufweist.

166. Erwartungstreue ist eine wünschenswerte Eigenschaft von Schätzfunktionen.

167. Ein zentrales Schwankungsintervall für μ ist dadurch gekennzeichnet, daß es symmetrisch zum Mittelwert μ ist.

168. Bindungen treten nur bei stetigen Zufallsvariablen auf.

169. Eine Wahrscheinlichkeitsdichtefunktion hat folgende Eigenschaften:
(1) Ihre Fläche ist auf 1 normiert;
(2) ihre Werte sind Wahrscheinlichkeiten.

170. Die Wahrscheinlichkeitsdichtefunktion gibt an, wie dicht die Wahrscheinlichkeiten diskreter Merkmale beieinander liegen.

171. Der zentrale Grenzwertsatz von LINDEBERG/LEVY besagt, daß alle Zufallsvariablen als Grenzverteilungsfunktion die Verteilungsfunktion einer Normalverteilung besitzen.

172. Erst nach der Ziehung einer Stichprobe kann festgestellt werden, ob das berechnete Konfidenzintervall den unbekannten Parameter mit einer vorgegebenen Wahrscheinlichkeit enthält oder nicht.

173. Der Mittelwert μ der Gesamtheit läßt sich bei bekannter Varianz um so genauer schätzen, je kleiner der Stichprobenumfang ist.

174. Die Verteilungsfunktion ist eine monoton wachsende Funktion, d.h. für $x_1 \le x_2$ gilt $F_X(x_1) \le F_X(x_2)$.

175. Die bedingte Wahrscheinlichkeit eines Ereignisses ist stets größer als die unbedingte Wahrscheinlichkeit.

176. Die Varianz einer Summe von Zufallsvariablen ist stets gleich der Summe ihrer Varianzen.

177. Bei einer bivariaten Normalverteilung kann $\sigma^2_{X_1} = \sigma^2_{X_2}$ sein.

178. Die Varianz einer Zufallsvariablen ist kein Erwartungswert.

179. Der Erwartungswert ist jener Wert aus dem Wertebereich einer Zufallsvariablen, der "auf lange Sicht" im Mittel zu erwarten ist.

180. Erwartungstreue besagt, daß man bei bestimmten Schätzfunktionen allen Grund hat zu erwarten, daß der Schätzwert, der aus einer konkreten Stichprobe berechnet wurde, gleich dem zu schätzenden Parameterwert ist.

181. Eine Wahrscheinlichkeitsfunktion gibt die Wahrscheinlichkeit dafür an, daß eine diskrete Zufallsvariable X einen bestimmten Wert x annimmt.

182. Die Anzahl der Freiheitsgrade bei χ^2-Tests hängt unter anderem von der Anzahl der aus der Stichprobe zu schätzenden Parameter ab.

183. Die kritischen Bereiche ein- und zweiseitiger Tests stimmen bei gleichem Signifikanzniveau stets überein.

184. Für eine stetige Zufallsvariable X gelte P(X=0) = 0. Dann muß auch die Wahrscheinlichkeitsdichtefunktion an der Stelle 0 den Wert 0 haben.

185. Bei einer zweidimensionalen Normalverteilung kann $\sigma^2_{X_1} \neq \sigma^2_{X_2}$ sein.

186. Sind zwei Zufallsvariable X_1 und X_2 stochastisch unabhängig, dann nimmt der Korrelationskoeffizient zwischen X_1 und X_2 den Wert 0 an.

187. Die hypergeometrische Verteilung kann durch die Binomialverteilung approximiert werden, wenn der Auswahlsatz n/N hinreichend groß ist.

188. Durch die KOLMOGOROFFschen Axiome wird den Elementarereignissen des Stichprobenraumes Ω eindeutig eine Wahrscheinlichkeit zugeordnet.

189. Eine Stichprobe ist eine zweckdienlich ausgewählte Teilmenge der Auswahlgesamtheit.

190. Eine Approximation der Binomialverteilung durch die hypergeometrische Verteilung ist immer dann möglich, wenn der Auswahlsatz hinreichend klein ist.

191. Eine Stetigkeitskorrektur ist nötig, wenn eine diskrete Verteilung durch eine stetige Verteilung approximiert wird.

192. Eine zweidimensionale Zufallsvariable (X_1,X_2) heißt diskret, wenn X_1 und X_2 diskret sind.

193. Die Rand- und bedingten Dichtefunktionen der zweidimensionalen Rechteckverteilung sind stets eindimensionale Normalverteilungen.

194. Eine Zufallsstichprobe vom Umfang n ist vor der Ziehung formal darstellbar als n-dimensionale Zufallsvariable $(X_1, X_2, \ldots, X_n)$.

195. Bei praktischen Anwendungen kann eine einfache Zufallsstichprobe aus einer endlichen Gesamtheit durch eine Auswahl mit Zurücklegen erzeugt werden.

196. Die Realisation $\left[t_n^u; t_n^o\right]$ des Intervalls $\left[T_n^u; T_n^o\right]$ heißt auch empirisches Konfidenzintervall.

197. Statistische Hypothesen werden für die Schätzung von Parametern benötigt.

198. Stochastisch unabhängige Zufallsvariable sind unkorreliert und umgekehrt.

199. Die Zielgesamtheit ist die Gesamtheit, über die Informationen beschafft werden sollen.

200. Die Binomialverteilung ist die Grenzverteilung der Normalverteilung.

201. Eine Besonderheit jeder Normalverteilung ist, daß sie den Mittelwert $\mu_X = 0$ und die Standardabweichung $\sigma_X = 1$ hat.

202. Die hypergeometrische Verteilung kann bei hinreichend kleinem Auswahlsatz $\left(\frac{n}{N} \leq 0,05\right)$ durch die Binomialverteilung approximiert werden und umgekehrt.

203. Statistische Testverfahren (Tests) sind Regeln zur Überprüfung von Hypothesen über die Verteilung einer Stichprobe.

204. Die Kovarianz ist ein Maß für den wechselseitigen linearen Zusammenhang zweier Zufallsvariablen X_1 und X_2 ; sie kann positiv, aber auch negativ sein.

205. Der Fehler 1. Art wird häufig auch als β-Fehler bezeichnet.

206. Der Stichprobenraum Ω wird auch als unmögliches Ereignis bezeichnet.

207. Der Median und der Mittelwert μ einer normalverteilten Zufallsvariablen stimmen immer überein.

208. Die willkürliche Auswahl ist ein auf dem Zufallsprinzip beruhendes Auswahlverfahren.

209. Zwei Ereignisse E_1 und E_2 heißen disjunkt, wenn sie nicht gemeinsam eintreten können: $E_1 \cap E_2 = \emptyset$.

210. Die Wahrscheinlichkeitsdichtefunktion ordnet den Ausprägungen/Werten einer Zufallsvariablen X Wahrscheinlichkeiten zu.

211. Die Zwei-Punkt-Verteilung (BERNOULLI-Verteilung) ist eine spezielle Stichprobenverteilung für $n > 1$.

212. Eine Stetigkeitskorrektur verbessert im allgemeinen die Güte der Approximation einer diskreten Verteilung durch eine stetige Verteilung.

213. Eine zweidimensionale Zufallsvariable (X_1, X_2) heißt diskret, wenn X_1 oder X_2 eine diskrete Zufallsvariable ist.

214. Die Varianz einer Summe von stochastisch unabhängigen Zufallsvariablen ist gleich der Summe ihrer Varianzen.

215. Der Fehler 1. Art (α-Fehler) ist stets genau so groß wie der Fehler 2. Art (β-Fehler).

216. Schätz- und Testverfahren beruhen auf im wesentlichen gleichen Überlegungen.

217. Der Test für den Anteilswert π ist bei einer Auswahl mit Zurücklegen aus einer zweipunktverteilten Gesamtheit (gleichzeitig) ein Test für den Parameter π der Binomialverteilung.

218. Der χ^2-Anpassungstest ist ein Test für eine parametrische Hypothese.

219. Eine Zufallsvariable X ist eine Funktion, die jedem Elementarereignis $\omega \in \Omega$ eine reelle Zahl x zuordnet.

220. Der Mittelwert einer Zufallsvariablen X ist ein Erwartungswert.

221. Die POISSON-Verteilung ist eine Grenzverteilung der Binomialverteilung und umgekehrt.

222. Die subjektive Wahrscheinlichkeit ist ein Maß für den individuellen Grad der Überzeugtheit von der Richtigkeit einer Aussage.

223. Die k-Punkt-Verteilung besitzt k Scharparameter.

224. Identische Verteilung der Stichprobenvariablen X_i liegt vor, wenn alle X_i derselben Verteilung folgen.

225. Die Durchführung einer Intervallschätzung für den Mittelwert μ_X bei normalverteilter Gesamtheit setzt eine Punktschätzung für μ_X voraus.

3.5 Lösungen

1. F	46. R	91. F	136. R	181. R
2. F	47. R	92. F	137. F	182. R
3. F	48. F	93. R	138. R	183. F
4. R	49. R	94. F	139. R	184. F
5. F	50. R	95. F	140. R	185. R
6. R	51. F	96. F	141. R	186. R
7. F	52. F	97. R	142. F	187. F
8. F	53. F	98. F	143. R	188. R
9. F	54. F	99. R	144. R	189. R
10. R	55. R	100. R	145. R	190. F
11. R	56. R	101. F	146. F	191. R
12. F	57. F	102. F	147. R	192. R
13. R	58. R	103. R	148. F	197. F
14. R	59. R	104. R	149. R	194. R
15. F	60. F	105. R	150. F	195. R
16. R	61. R	106. F	151. F	196. R
17. R	62. R	107. R	152. R	197. F
18. F	63. F	108. F	153. R	198. F
19. R	64. F	109. R	154. F	199. R
20. F	65. F	110. R	155. R	200. F
21. R	66. R	111. F	156. R	201. F
22. F	67. F	112. R	157. F	202. F
23. F	68. F	113. R	158. F	203. F
24. R	69. F	114. R	159. F	204. R
25. F	70. R	115. F	160. F	205. F
26. R	71. R	116. F	161. F	206. F
27. F	72. R	117. R	162. R	207. R
28. R	73. R	118. F	163. F	208. F
29. R	74. F	119. R	164. R	209. R
30. R	75. F	120. R	165. R	210. F
31. F	76. F	121. F	166. R	211. F
32. F	77. R	122. F	167. R	212. R
33. R	78. F	123. R	168. F	213. F
34. F	79. R	124. R	169. F	214. R
35. R	80. R	125. R	170. F	215. F
36. R	81. F	126. R	171. F	216. R
37. R	82. R	127. R	172. F	217. R
38. F	83. R	128. F	173. F	218. F
39. F	84. F	129. F	174. R	219. R
40. R	85. F	130. F	175. F	220. R
41. F	86. R	131. F	176. F	221. F
42. R	87. F	132. R	177. R	222. R
43. F	88. F	133. F	178. F	223. F
44. F	89. R	134. F	179. R	224. R
45. R	90. F	135. F	180. F	225. R